● 教、学、做一体化教材

国家示范院校重点建设专业

给排水工程技术专业课程改革系列教材

市政给排水工程施工

◎ 主　编　李　杨
◎ 副主编　宋文学　吴　瑞　周　翀
◎ 主　审　满广生　胡　慨

中国水利水电出版社
www.waterpub.com.cn

内 容 提 要

本教材为国家示范院校重点建设专业——给排水工程技术专业课程改革系列教材之一，依据国家示范建设专业人才培养方案和课程建设的目标与要求，按照校企专家多次研究讨论后制定的课程标准编写。本教材实践性强，内容丰富，包括：市政给排水管道开槽施工、市政给排水管道不开槽施工、管网附属构筑物施工、水处理构筑物施工等四部分。

本教材为给排水工程技术专业的教学用书，也可作为市政工程、城镇建设、建筑工程等土建类相关专业和工程技术人员的参考用书。

图书在版编目（CIP）数据

市政给排水工程施工 / 李杨主编. -- 北京 : 中国水利水电出版社, 2010.3(2022.7重印)
（国家示范院校重点建设专业、给排水工程技术专业课程改革系列教材）
ISBN 978-7-5084-7330-7

Ⅰ. ①市… Ⅱ. ①李… Ⅲ. ①市政工程：给水工程－工程施工－高等学校－教材②市政工程：排水工程－工程施工－高等学校－教材 Ⅳ. ①TU991.05

中国版本图书馆CIP数据核字(2010)第038635号

书　　名	国家示范院校重点建设专业 给排水工程技术专业课程改革系列教材 **市政给排水工程施工**
作　　者	主　编　李　杨 副主编　宋文学　吴　瑞　周　翀 主　审　满广生　胡　慨
出版发行	中国水利水电出版社 （北京市海淀区玉渊潭南路1号D座　100038） 网址：www.waterpub.com.cn E-mail：sales@mwr.gov.cn 电话：（010）68545888（营销中心）
经　　售	北京科水图书销售有限公司 电话：（010）68545874、63202643 全国各地新华书店和相关出版物销售网点
排　　版	中国水利水电出版社微机排版中心
印　　刷	北京市密东印刷有限公司
规　　格	184mm×260mm　16开本　17.25印张　420千字
版　　次	2010年3月第1版　2022年7月第6次印刷
印　　数	10001—12500册
定　　价	**52.00**元

前言

本教材依据国家示范院校重点建设专业——给排水工程技术专业的人才培养方案和课程建设目标、要求进行编写。

本专业的人才培养方案和课程重构建设方案由学校及企业专家经过多次研讨论证形成，并在此基础上打破传统学科体系，建立起新的以任务为载体、基于工作过程的课程体系。根据课程教学基本要求，在教材知识选择和内容编排时，以不同种类的任务及任务的完成工序为主线进行，在教材风格上形成理论与实践相结合的鲜明特色。与以往教材对比，本教材本着适度够用的原则精简理论知识，着重和突出学生实际能力的培养。本教材由给排水管道开槽施工、给排水管道不开槽施工、附属构筑物施工、水处理构筑物施工等四部分内容组成，依据《室外给水设计规范》（GB 50013—2006）、《室外排水设计规范》（GB 50014—2006）、《给水排水管道工程施工及验收规范》（GB 50268—2008）等最新国家规范，吸收了近年来市政给排水工程施工领域的新技术和新理论，基本反映了当前我国市政给排水工程施工的技术水平。

本教材由安徽水利水电职业技术学院李杨担任主编，安徽水利水电职业技术学院宋文学、吴瑞，合肥市政公司周翀担任副主编。其中李杨编写学习项目 1、学习项目 2（学习情境 1），宋文学编写学习项目 4，吴瑞编写学习项目 3，周翀编写学习项目 2（学习情境 2、3、4、5）。本教材由安徽水利水电职业技术学院满广生、胡慨担任主审。

本教材可作为高等院校给排水工程、市政工程、建筑工程等专业的专业教材，也可作为从事给排水工程施工、监理等方面工作的人员的参考用书。

本教材在编写过程中，有关院校和单位的同行对本书提出了许多宝贵意见和热情协助，尤其得到了合肥市政公司、安徽省水利安装公司、上海浦东建筑业协会的大力支持，在此一并表示感谢。限于作者水平所限，编写时间仓促，书中难免存在欠妥之处，敬请广大读者批评指正。

编　者

2010 年 2 月

目录

前言

绪　论

1. 学习《市政给排水工程施工》课程的意义

在人类几千年的文明史中，建造了无数的城镇、村落，而一座城镇、一个小区乃至一个村落，要具有良好的使用价值，就必须配备相应的配套设施。比如，目前一个现代化的城市必须配备交通、供电、燃气、供水、排水、电视、电话、网络等设施，北方比较寒冷的地区还需配备采暖设施。这些设施与城镇构成一个整体，成为城镇中不可缺少的组成部分，共同为人民服务。在这些配套设施中，给排水工程是其中重要的一项，深切关系到居民的生活舒适程度。国内外专家普遍认为，给排水工程设施的完善程度从某种意义上反映了一个城镇现代化程度的高低。

《市政给排水工程施工》是给排水工程技术专业的重要专业课之一，对于从事给排水工程的专业技术人员和管理人员，尤其是从事给排水工程施工的技术人员来说，必须学习和掌握市政给排水工程施工的相关施工工艺、施工方法，熟悉《给水排水管道工程施工及验收规范》（GB 50268—2008）等国家标准，这样才能更好的完成施工及管理工作，适应现代化城镇建设的需要。

2.《市政给排水工程施工》的主要内容

《市政给排水工程施工》是给排水工程技术专业的专业课，主要包括给排水管道开槽施工、给排水管道不开槽施工、附属构筑物施工、水处理工厂施工等方面内容。

（1）给排水管道开槽施工。本部分主要介绍了给排水管道开槽施工的常用工艺，重点介绍了球墨铸铁给水管道开槽施工、塑料给水管道开槽施工、钢筋混凝土排水管道开槽施工、波纹排水管道开槽施工等施工工艺及质量控制标准。

（2）给排水管道不开槽施工。本部分主要介绍了给排水管道不开槽施工的常用工艺，重点介绍了顶管施工、水平定向钻穿越施工、气动矛施工、夯管锤施工等施工工艺及质量控制标准。

（3）附属构筑物施工。本部分主要介绍了给排水管道工程中的附属构筑物施工工艺，重点介绍了阀门井、雨水口、检查井、化粪池等附属构筑物的施工工艺及质量控制标准。

（4）水处理工厂施工。本部分主要介绍了自来水厂和污水处理厂的施工工艺，重点介绍了各种常规构筑物施工工艺及质量控制标准。

3. 本课程的特点及学习要求

《市政给排水工程施工》是一门实践性、应用性很强的课程，内容多、包含知识范围广，涉及到《建筑材料》、《地基与基础》、《给排水管道工程》、《水处理工程技术》等很多本专业其它课程内容，在学习之前必须熟悉这些知识。由于本门课程实践性很强，在课程教学过程中应注意结合当地工程实际情况，充分安排实际工程参观及动手实训项目，按照现行的“标准”、“规范”、“手册”等，理论实践相结合，同时，必须严格注意安全，树立安全意识。此外，在日常生活中，对于相关工程应多注意、多观察，从中体会、思考和领悟。

学习项目 1　市政给排水管道开槽施工

学习目标：本学习项目重点介绍了给水管道、排水管道开槽施工的基本知识，学习时重点掌握各种管材开槽施工工艺与质量控制，并通过实训加以强化。

学习情境 1.1　管道工程的施工准备

在城镇基础建设中，包含大量的给水、排水管道工程，目前国内管道工程使用的管材种类比较多，主要有金属管和非金属管两大类，金属管材有铸铁管、钢管；非金属管材有预应力钢筋混凝土管、自应力钢筋混凝土管、塑料管、混凝土管、钢筋混凝土管等。对于大型排水干管，还有采用现场浇筑或砌筑的管渠。由于管道的工艺特性不同，其所用管材、接口形式、基础类型以及施工方法各不相同。开槽施工是给排水管道工程施工的常用工艺之一，本章重点介绍了球墨铸铁给水管道开槽施工、塑料给水管道开槽施工、钢筋混凝土排水管道开槽施工、波纹排水管道开槽施工等施工工艺及质量控制标准。

1.1.1　工程交底

施工单位应认真学习、研究施工图及所有施工文件，了解设计意图和要求，并进现场踏勘，重点检查环境保护、建筑设施、公用管线、交通配合、地区排水以及工程施工等情况，考虑必要的技术措施和要求，在图纸会审时提出意见。建设单位发送的《图纸会审纪要》，是编制施工组织设计的必要依据。

1.1.1.1　图纸种类及内容

室外给排水工程图主要有平面图、断面图和节点图等三种图样。

（1）给水排水管道平面图：室外给水排水管道平面图表示室外给水排水管道的平面布置情况。

（2）给水排水管道纵断面图：主要反映室外给水排水平面图中某条管道在沿线方向的标高变化、地面起伏、坡度、坡向、管径和管基等情况，识读步骤分为三步：

1）首先看是哪种管道的纵断面图，然后看该管道纵断面图形中有哪些节点。

2）在相应的室外给水排水平面图中查找该管道及其相应的各节点。

3）在该管道纵断面图的数据表格内查找其管道纵断面图形中各节点的有关数据。

（3）给水排水管道沟槽开挖断面图：反映了管道开挖断面、基础处理及土方回填等要求。

（4）给水排水节点详图：在室外给水排水平面图中，对检查井、消火栓井和阀门井以及其内的附件、管件等均不作详细表示。为此，应绘制相应的节点图，以反映本节点的详细情况。

室外给水排水节点图分为给水管道节点图、污水排水管道节点图和雨水管道节点图三种图样。通常需要绘制给水管道节点图，而当污水排水管道、雨水管道的节点比较简单时，可不绘制其节点图。室外给水管道节点图识读时可以将室外给水管道节点图与室外给水排水平面图中相应的给水管道图对照着看，或由第一个节点开始，顺次看至最后一个节点止。

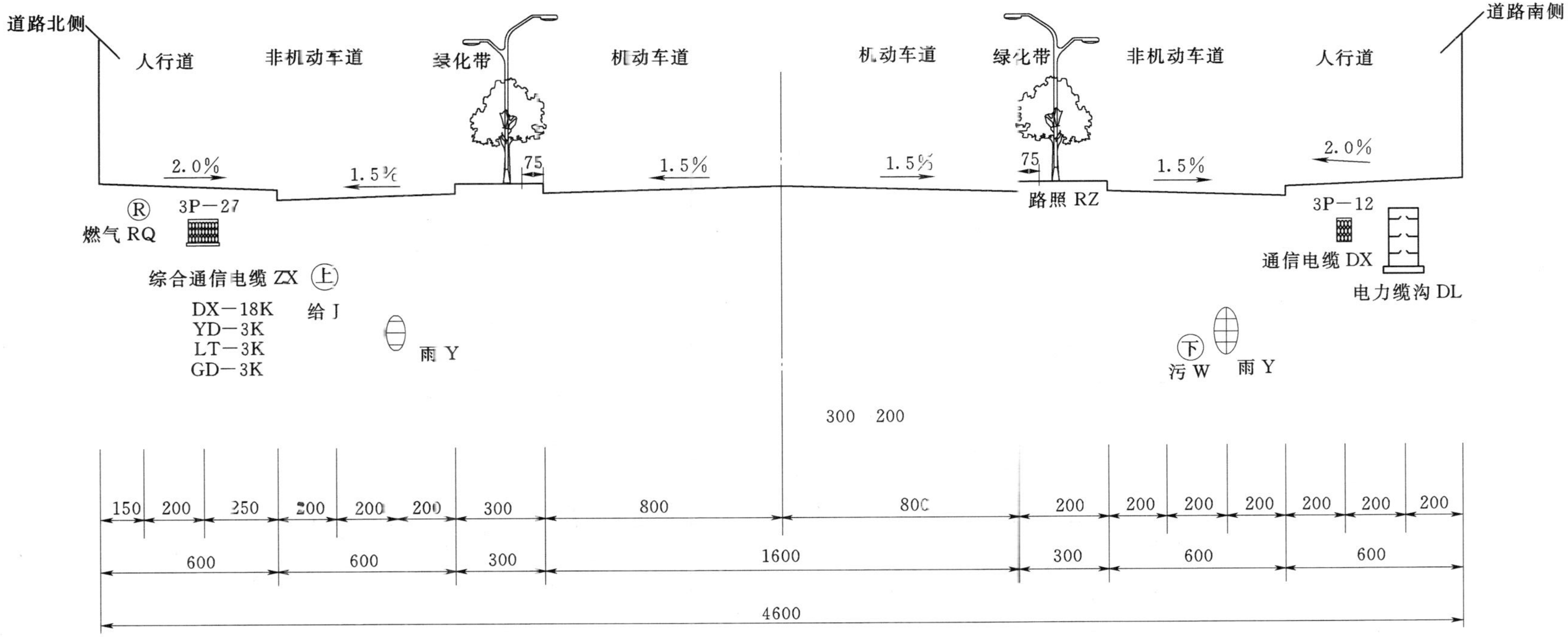

道路管线标准横断面(1)

(K0＋000～K1＋840路段)

竖 1：100
横 1：200

图例

—— DL ——	电力电缆沟	—— J ——	给水道
—— DX ——	通信电缆	—— W ——	污水管
—— ZX ——	综合通信电缆	—— Y ——	雨水管
—— RZ ——	道路照明	—— RQ ——	燃气管

附注：1. 本图适用于道路里程 K0＋000～K1＋840 路段道路管线标准横断面。

2. 本图尺寸单位均以 cm 计。

3. 未说明之处详见市政给水排水设计总说明及按现行规范标准执行。

图 1.1 道路管线标准横断面图

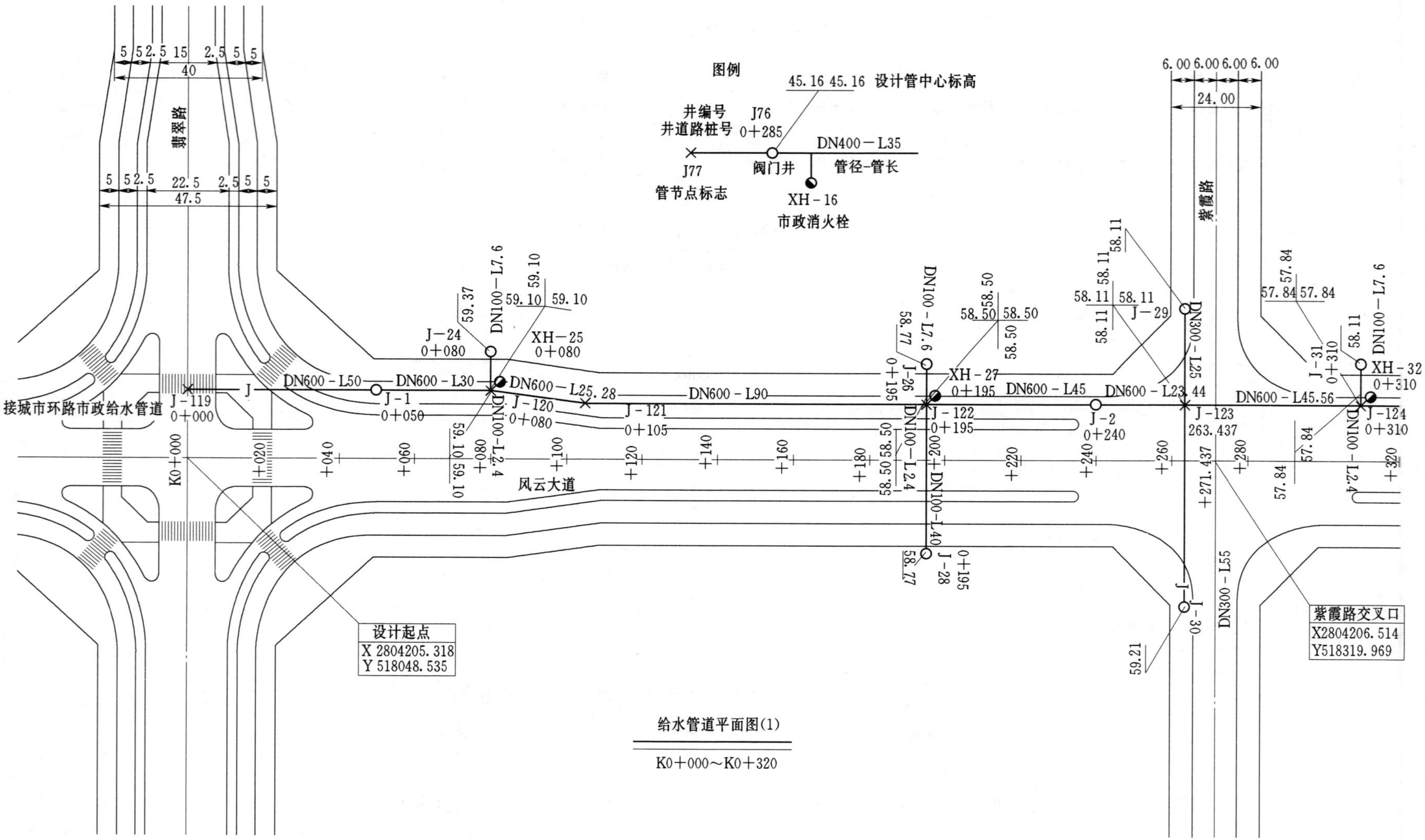

图例
井编号
井道路桩号
J76
0+285
45.16 45.16 设计管中心标高
DN400－L35
管径-管长
阀门井
J77
管节点标志
XH－16
市政消火栓
翡翠路
紫霞路
风云大道
接城市环路市政给水管道
设计起点
X 2804205.318
Y 518048.535
紫霞路交叉口
X2804206.514
Y518319.969
DN600－L50
DN600－L30
DN600－L25.28
DN600－L90
DN600－L45
DN600－L23.44
DN600－L45.56
DN300－L25
DN300－L55
J－119
0+000
J－24
0+080
XH－25
0+080
J－120
J－121
0+105
J－26
XH－27
0+195
J－122
J－28
J－2
0+240
J－29
J－123
263.437
J－30
J－31
0+310
XH－32
J－124
K0+000
给水管道平面图(1)
K0+000～K0+320

图 1.2　给水管道平面图

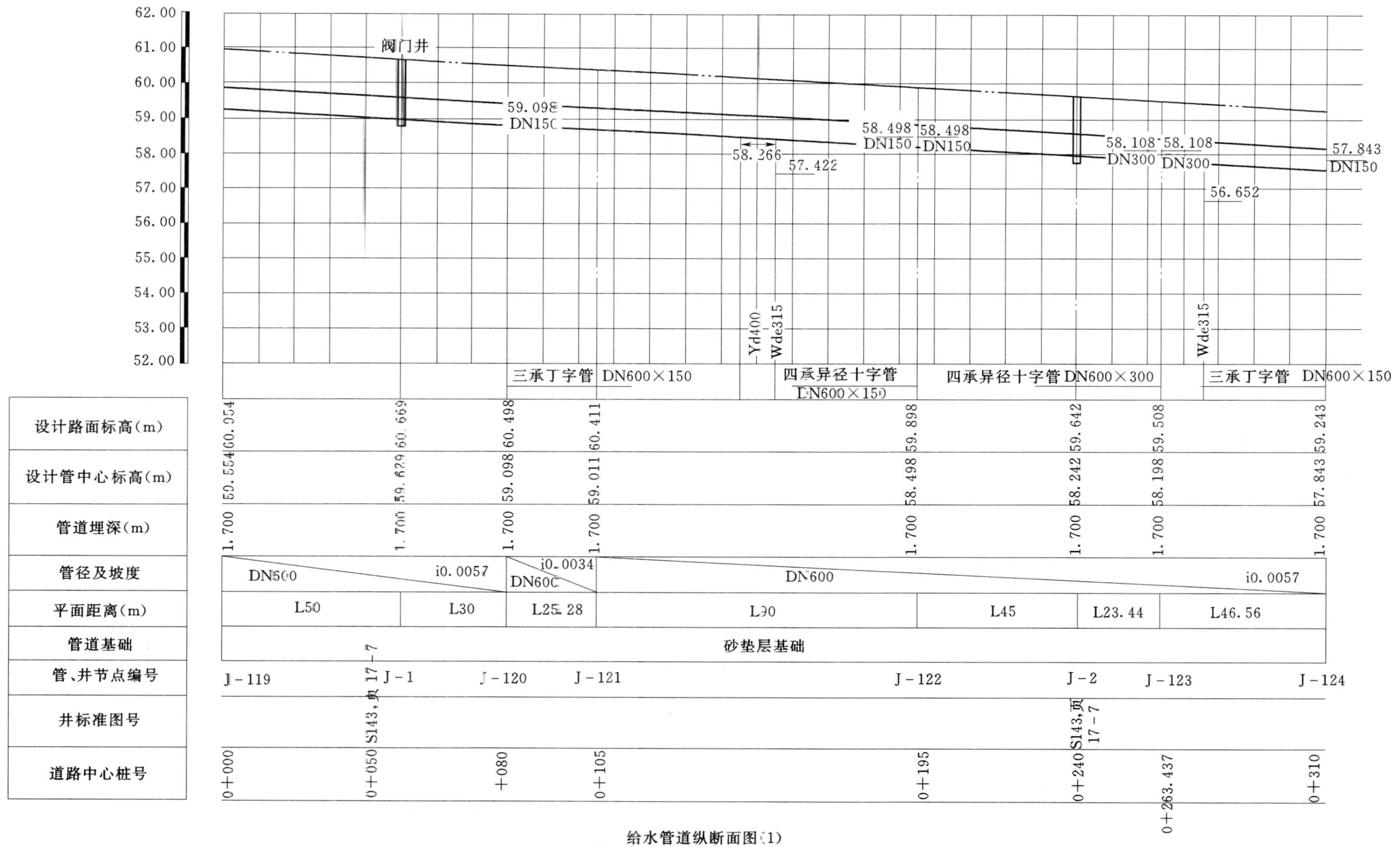

给水管道纵断面图(1)

K0+000～K0+310

图 1.3 给水管道纵断面图

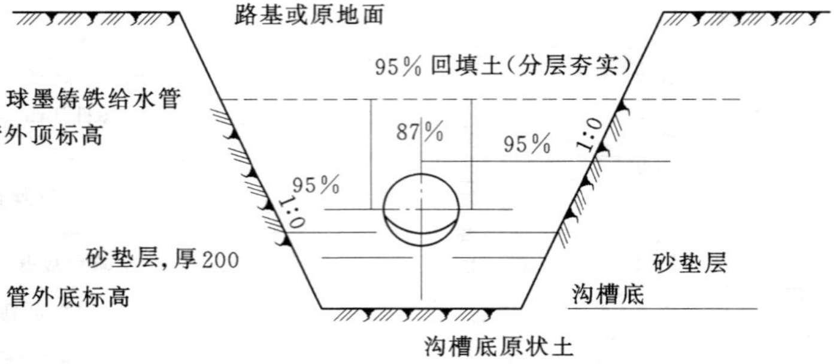

给水管沟槽开挖断面一

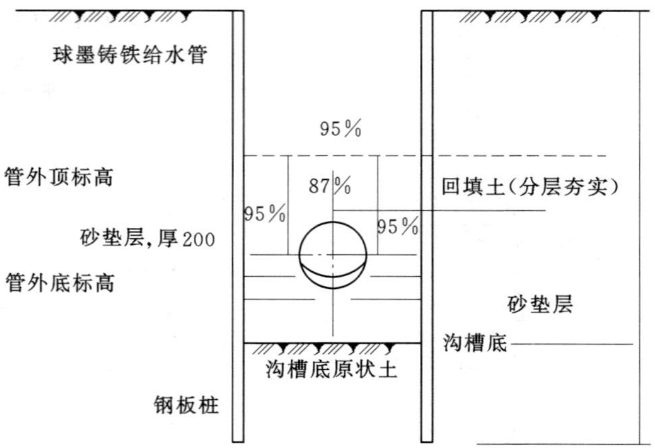

给水管沟槽开挖断面二

开沟挖槽宽度表 B 值　　单位:mm

管径 mm ＼ 深度 m	$H \leqslant 1.5$	$1.5 < H \leqslant 2.0$	$2.0 < H \leqslant 4.0$
DN200	1000	1100	1200
DN300	1100	1200	1300
DN400	1200	1300	1400
DN600	1400	1500	1600
DN800	1600	1800	2000

附注:

1. 本图单位:除注明外,其余均以 mm 计。
2. 管槽开挖时应注意边坡稳定,施工中注意采用措施及时排除基槽积水,严禁基槽长期泡水。
3. 开挖施工及排水工程中应注意保持土壤的原状结构,避免扰动或超挖基底,应做到基槽以开挖立即进行管基施工,不得使基底暴露过久。基底设计标高 30cm 厚,不得提前挖除,应在管基施工的同时方可挖除。万一基底土壤已扰动或超挖,必须给予夯填碎石并找平。
4. 基槽边 1m 内不得堆土,同时堆土高度不得超过 1.5m。
5. 钢板桩采用 20＃B 槽钢,支撑密度按单侧 3 根/米计。
6. 管槽边坡如下:$H \leqslant 1.0$m 时 $a = 0.2$;$1.0\text{m} < H \leqslant 2.0$m 时 $a = 0.33$。
7. 管道基础中碎石的粒径为 25～38mm,碎石的粒径≤40mm,基础中下部为砂石或砾石垫层,厚 15cm,上部为中砂垫层,厚 5cm。
8. 本图仅为参考施工方案,施工单位可根据实际情况合理确定经济实用的方案。

图 1.4　沟槽开挖断面

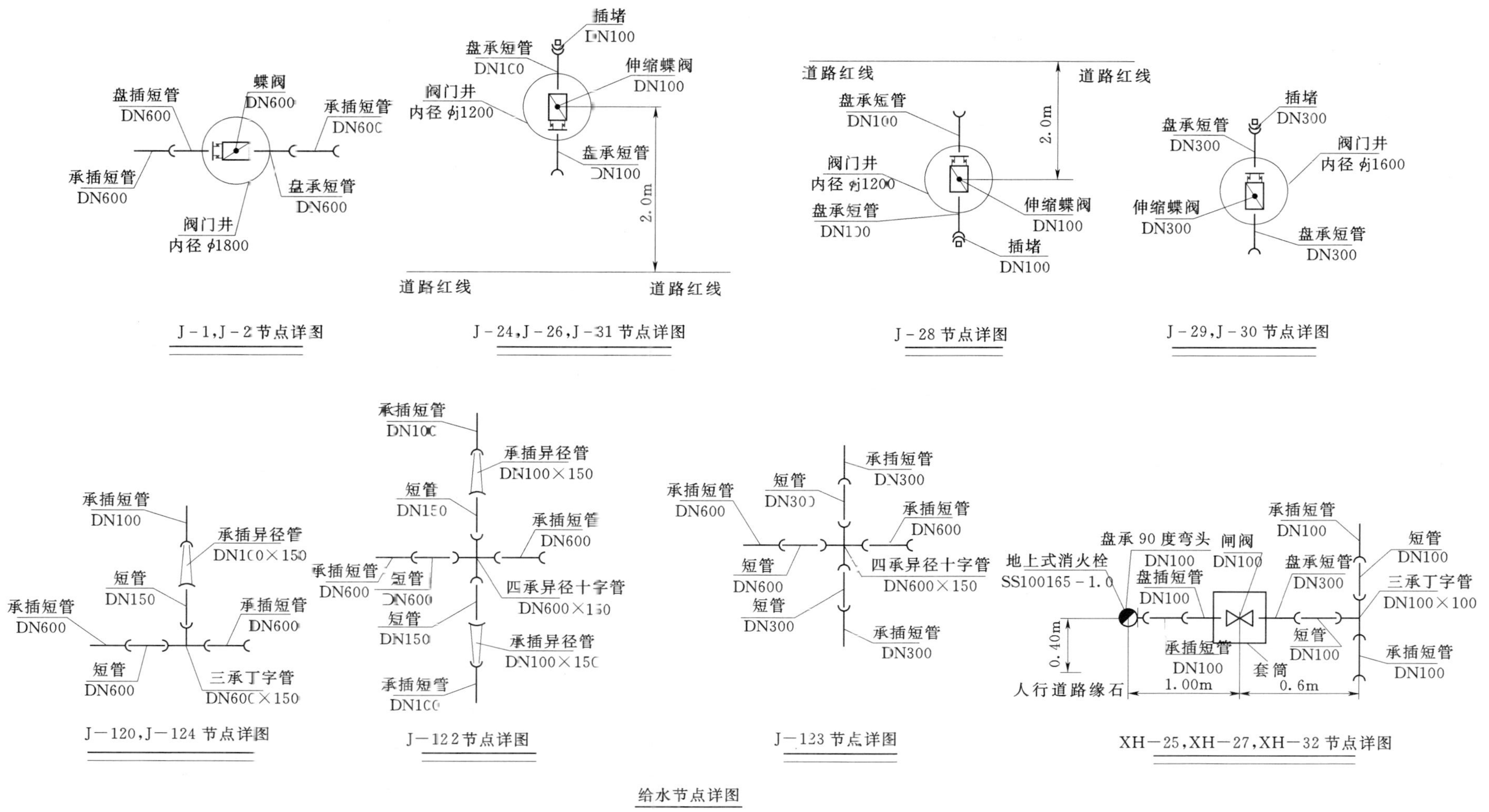
蝶阀
DN600
盘插短管
DN600
承插短管
DN600
承插短管
DN600
盘承短管
DN600
阀门井
内径 ϕ1800
J－1，J－2 节点详图
插堵
DN100
盘承短管
DN100
伸缩蝶阀
DN100
阀门井
内径 ϕ1200
盘承短管
DN100
2.0m
道路红线
道路红线
J－24，J－26，J－31 节点详图
道路红线
道路红线
盘承短管
DN100
2.0m
阀门井
内径 ϕ1200
盘承短管
DN100
伸缩蝶阀
DN100
插堵
DN100
J－28 节点详图
插堵
DN300
盘承短管
DN300
阀门井
内径 ϕ1600
伸缩蝶阀
DN300
盘承短管
DN300
J－29，J－30 节点详图
承插短管
DN100
承插异径管
DN100×150
短管
DN150
承插短管
DN600
承插短管
DN600
短管
DN600
三承丁字管
DN600×150
J—120，J—124 节点详图
承插短管
DN100
承插异径管
DN100×150
短管
DN150
承插短管
DN600
承插短管
DN600
短管
DN600
四承异径十字管
DN600×150
短管
DN150
承插异径管
DN100×150
承插短管
DN100
J—122 节点详图
短管
DN300
承插短管
DN300
承插短管
DN600
承插短管
DN600
短管
DN600
四承异径十字管
DN600×150
短管
DN300
承插短管
DN300
J—123 节点详图
承插短管
DN100
短管
DN100
盘承 90 度弯头
DN100
闸阀
DN100
地上式消火栓
SS100165－1.0
盘插短管
DN100
盘承短管
DN300
三承丁字管
DN100×100
0.40m
承插短管
DN100
短管
DN100
承插短管
DN100
套筒
人行道路缘石
1.00m
0.6m
XH—25，XH—27，XH—32 节点详图
给水节点详图

图 1.5　给水节点详图

1.1.1.2　工程图纸识读

（1）工程描述。某城市新建道路风云大道欲敷设一条球墨铸铁给水管道，管径为 DN600，从翡翠路接入，工程采用开槽施工法，具体信息见施工图。

（2）图纸识读。见图 1.1～图 1.5。

1.1.2　现场核查

1. 资料分析及现场核查

分析建设单位提供的地质勘探报告中的工程地质、水文地质资料和工程范围内现有地下构筑物和管线的详细资料。对于所给资料应进行现场核查，经过现场核查后的资料才能作为编制施工组织设计的依据。

现场核查的主要内容有：

（1）摸清原有的地下管线系统，如管道长度、管径、标高、渗漏情况、排水管道的排水方向、检查井的完好状况以及河流位置、地貌变化等情况，并摸清以往暴雨后的积水情况，以便考虑施工期间的排水措施。

（2）调查工程范围内的建筑物，包括结构特征、基础做法、建筑年代等，估计施工期间的影响程度。

（3）核实地下构筑物的位置、深度，施工范围内树木、坟墓、临时堆物、堆土等的数量，联系建设单位和有关单位予以清除、迁移、砍伐，对于施工现场的农业用地、农作物，联系建设单位落实征地及青苗补偿等手续。

（4）核对各种公用事业地下管线的位置、数量、口径、深度、接头形式，核对各种架空线的杆位、高度（地面至架空线的净高、数量及电压等）。

（5）了解工程用地情况、施工期间现场交通状况、交通运输条件以及对施工的影响程度。

（6）在水体中或岸边施工时，应掌握水体的水位、流量、流速、潮汐、浪高、冲刷、淤积、漂浮物、冰凌和航运等状况以及有关管理部门的法规和对施工的要求。

（7）配合建设单位召开有关单位的配合会议，落实施工期间的协调和配合，核实施工现场附近的测量标志。

2. 施工执照办理

在工程开工前，必须办理好施工执照（包括掘路执照、施工许可证和临时占用道路许可证等），并与工程所在地有关单位、部门取得联系，召开施工配合会议取得支持，搞好协调配合工作。

3. 施工方案编制及材料配备

接受施工任务后，在深入调查研究和现场核实的基础上，根据工程性质、特点、地质环境和施工条件，提出施工方案，编制施工组织设计和施工图预算，安排劳动力、材料供应和施工机具的配备，有效地指导和组织施工。

1.1.3　施工测量

本工程为开槽施工 DN600 球墨铸铁给水管道，K0＋000 至 K0＋310 标段，其中设计起点风云大道与翡翠路交口坐标为（X＝2804205.318，Y＝518048.535），风云大道与紫霞路交口坐标为（X＝2804206.514，Y＝518319.969）。

1.1.3.1 施工测量的内容

1. 桩橛交接

(1) 在开工前建设单位一般应组织勘测或设计单位到工地向施工单位交桩。在交接桩之前双方应共同拟定交接桩计划。

(2) 交接桩时，由勘测或设计单位备齐有关图表，包括给水排水的基线桩、辅助基线桩、水准基点桩、构筑物中心桩以及各桩的控制桩和护桩示意图等，并按上述图表逐个桩橛进行交点。

(3) 水准点标高应与邻近水准点标高闭合。施工单位接桩完毕，应立即组织力量复测，接桩时应检查各主要桩橛的稳定性、护桩设置的位置、个数、方向是否合乎标准，并应尽快增设必要的护桩。

(4) 交接桩完毕后，双方应作交接记录，说明交接情况存在的问题及解决的办法，由双方交接负责人及具体交接人员签章。

2. 测量放线

(1) 给水管道放线。一般每隔20m设中心桩，排水管道放线一般每隔10m设中心桩。给排水管道在检查井处、变换管径处、分支处、阀门井室处均应设中心桩，必要时设置护桩或控制桩。

(2) 给水排水管道放线抄平后，应绘制管路纵断面图。

(3) 给水排水管线测量工作应有正规的测量记录本，认真详细记录，必要时应附示意图，并应将测量的日期、工作地点、工作内容以及司镜、记录、对点、拉线、扶尺等参加测量人员的姓名记录，测量记录均应有专人妥善保管，随时备查，作为工程竣工的原始资料。

1.1.3.2 临时水准点的设置和要求

开工前，应根据设计图纸和由建设单位指定的水准点放设临时水准点，临时水准点应设置在不受施工影响的固定构筑物上，并应妥善保护，详细记录在测量手册上。临时水准点的设置要求：

(1) 开槽铺设管道的沿线临时水准点，每200m不宜少于一个。

(2) 设置的临时水准点应与沿线泵站、桥梁、道路设置的水准点相校核至符合要求。

(3) 施工设置的临时水准点、管道轴线控制桩、高程桩必须经过复核方可使用，并应经常校核。

(4) 临时水准点的设置应与观测点靠近，不应设置在现场堆料或构筑物施工开挖处。

(5) 临时水准点应设置在交通要道、主要管道和挖填方范围以外，房屋和构筑物基础压力影响线以及机械震动范围以外。

1.1.3.3 施工测量的允许偏差

应符合表1.1的规定。

表1.1 施工测量的允许偏差

项目	允许偏差		项目	允许偏差	
水准测量高程闭合差	平地	$\pm 20\sqrt{L}$ (mm)	导线测量相对闭合差	开槽施工管道	1/1000
	山地	$\pm 6\sqrt{n}$ (mm)		其他方法施工管道	1/3000
导线测量方位角闭合差		$40\sqrt{n}$ (″)	直接丈量测距的两次较差		1/5000

注 1. L为水准测量闭合线路的长度(km)。
2. n为水准或导线测量的测站数。

1.1.3.4　施工测量注意事项

（1）在两个以上施工单位施工的工程衔接处，所设置的临时水准点应相互测校调整，以防差错；

（2）在管道中心线和转折点的适当位置设置施工控制桩，控制桩应妥善保护；

（3）测量时，应对仪器进行检查调整，对原始记录做详细校对。

1.1.4　施工交底

施工交底是实施全员参加施工管理的重要环节，应予以足够的重视。交底时，必须讲清工程意义、设计要求、工程地质、环境条件、施工进度、操作方法、质量目标、技术要点、环保要求、安全措施及主要经济技术指标等，技术关键部位应组织专题交底，使每一位施工人员都明确自己的任务和目标。

1.1.5　管道工程的施工组织设计

大型管道工程施工应编制施工组织设计，一般的管道工程施工应编制施工方案。施工组织设计应在充分调查研究的基础上，根据工程性质、特点、地质环境和施工条件编制，有效地指导施工。施工组织设计的内容详见《给排水工程项目管理》，在此只介绍管道工程施工设计的有关内容。

1.1.5.1　管道工程施工设计的内容

（1）施工平面及剖面布置图。

（2）确定分段施工顺序。

（3）降水、支撑及地基处理措施。

（4）砌筑、现浇及装配管渠等的施工方法设计。

（5）安全施工及保证质量的措施。

1.1.5.2　施工设计图

1. 施工总平面图

（1）工程分段、施工程序及流水作业运行方向。

（2）施工机械、材料、成品、土方堆放及临时设施便道等分布情况。

（3）变压器的位置、接水、接电及其用量。

2. 施工断面图

施工断面图包括沟坑、便道、交通隔离、施工排水、支撑、地基加固等横断面布置形式。

3. 施工工艺图

（1）原有管道封塞位置和采取木塞、橡皮塞、砖砌等方法以及铺设临时管道的走向和接通方位等。

（2）现场交通和运输路线等安排。

（3）根据施工作业需要的井点布置形式和周转程序。

（4）现场施工沉降的影响范围、地面构筑物和地下管线的拆迁范围或加固措施、绿化树木需迁移部分的长度和要求。

（5）公用事业管线的拆迁长度和要求，以及采取加固措施的断面示意图。

1.1.6　其他准备工作

1. 施工排水

在管道工程施工时，要重视地面水的侵入和地下水的排除，特别是在多雨时、汛期，必须提出有效防止雨水侵入和排除的措施，确保施工范围内建（构）筑物的安全和施工的顺利进行。

2. 封拆管道头子

封堵和拆除管道头子，是城市排水工程施工时的一项关键性工作，它是保证分段施工，施工排水、截流、改道、连通等必须的技术措施，也是质量检验、闭水试验的必要手段，特别是对原有管道衔接、交汇等。封拆头子对安全威胁很大，必须认真采取有效措施。

学习情境 1.2 沟 槽 开 挖

1.2.1 一般要求

1.2.1.1 给水排水管道埋深

给水排水管道埋深应符合下列要求：

（1）非冰冻区的金属管道管顶埋设深度一般不小于 0.7m，当管道强度足够或者采取相应措施时也可小于 0.7；非金属管道管顶的埋设深度一般不宜小丁 1m。

（2）冰冻地区的管顶埋设深度除决定于上述因素外，还应考虑土壤的冻结深度，在无保温措施时，给水管道管顶埋设深度一般不小于土壤冻结深度加 0.2m，排水管道管内底埋设深度不小于冰冻深度减 0.15m。

1.2.1.2 沟槽开挖

沟槽开挖宜分段快速施工，敞沟时间不宜长，管道安装完毕及时验收，合格后立即回填。挖好的沟槽应保证管道安装后的中心线、标高和坡度均能符合设计要求，沟底应平整，沟边不坍塌，沟槽应有足够的宽度。

1.2.1.3 水平净距

给水排水管道与建筑物、铁路和其它管道的水平净距，应根据建筑物基础的结构、路面种类、卫生安全、管道埋深、管径、管材、施工条件、管内工作压力、管道上附属构筑物的大小及有关规定等条件确定。一般不得小于表 1.2、表 1.3 中的规定。

表 1.2　给水管与其他管线及建（构）筑物之间的最小水平净距　单位：m

序号	建（构）筑物或管线名称			与给水管线的最小水平净距	
				$D\leqslant 200$mm	$D>200$mm
1	建筑物			1.0	3.0
2	污水、雨水排水管			1.0	1.5
3	燃气管	中低压	$P\leqslant 0.4$MPa	0.5	
		高压	$0.4\text{MPa}<P\leqslant 0.8$MPa	1.0	
			$0.8\text{MPa}<P\leqslant 1.6$MPa	1.5	
4	热力管			1.5	
5	电力电缆			0.5	
6	电信电缆			1.0	

续表

序号	建（构）筑物或管线名称		与给水管线的最小水平净距	
			$D \leqslant 200mm$	$D > 200mm$
7	乔木（中心）		1.5	
8	灌木			
9	地上杆柱	通信照明及<10kV	0.5	
		高压铁塔基础边	3.0	
10	道路侧石边缘		1.5	
11	铁路钢轨（或坡脚）		5.0	

表1.3　给水管与其他管线最小垂直净距　　单位：m

序号	管　线　名　称		与给水管线的最小垂直净距
1	给水管线		0.15
2	污、雨水排水管线		0.40
3	热力管线		0.15
4	燃气管线		0.15
5	电信管线	直埋	0.50
		管沟	0.15
6	电力管线		0.15
7	沟渠（基础底）		0.50
8	涵洞（基础底）		0.15
9	电车（轨底）		1.00
10	铁路（轨底）		1.00

1.2.2　沟槽断面

1. 沟槽断面的形式

沟槽断面的形式有直槽、梯形槽、混合槽等。还有一种两条或多条管道埋设同一槽内的联合槽，如图1.6所示。

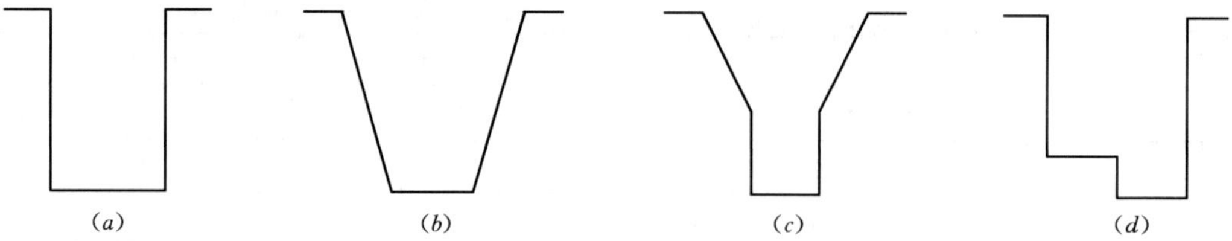

图1.6　沟槽断面形式

(a) 直槽；(b) 梯形槽；(c) 混合槽；(d) 联合槽

正确选择沟槽的开挖断面，可以为管道施工创造便利条件，保证施工安全，减少开挖土方量。选定沟槽断面通常应考虑以下因素：土的种类、水文地质情况、施工方法、施工环境、支撑条件、管道断面尺寸、管节长度和管道埋深等。

本工程给水管道沟槽采用梯形槽和直槽两种形式，如图 1.7，当槽深 $H \leqslant 2.0$m 时选用梯形槽，当 $2.0 < H \leqslant 4.0$m 时选用直槽，其中直槽采用钢板桩支撑。

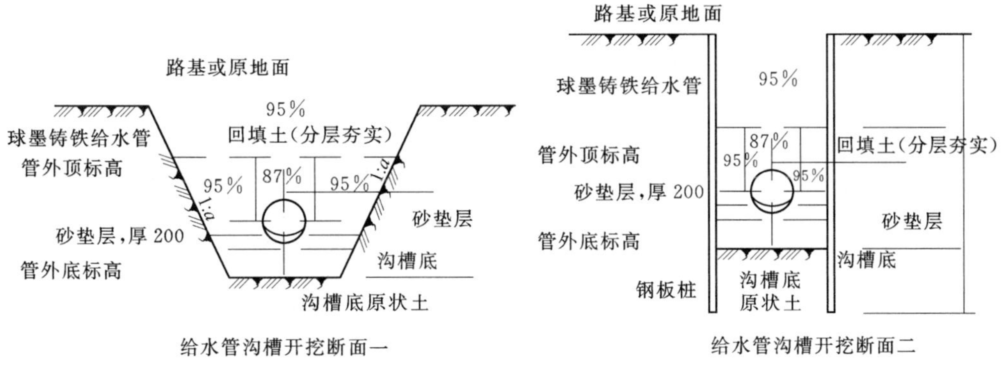

图 1.7　沟槽断面形式

2. 沟槽断面的宽度

管道沟槽底部的开槽宽度，可以按下式确定：

$$B = D_0 + 2(b_1 + b_2 + b_3) \tag{1-1}$$

式中：B 为沟槽底宽，mm；D_0 为管道结构的外缘宽度，mm；b_1 为管道一侧的工作面宽度，mm；见表 1.4；b_2 为管道一侧的支撑厚度，一般可取 150～200mm；b_3 为现场浇筑混凝土或钢筋混凝土管渠一侧模板的厚度，mm。

表 1.4　　沟槽底部每侧工作面宽度

管道的外径 D_o (mm)	管道一侧的工作面宽度 b_1 (mm)		
	混凝土类管道		金属类管道、化学建材管道
$D_o \leqslant 500$	刚性接口	400	300
	柔性接口	300	
$500 < D_o \leqslant 1000$	刚性接口	500	400
	柔性接口	400	
$1000 < D_o \leqslant 1500$	刚性接口	600	500
	柔性接口	500	
$1500 < D_o \leqslant 3000$	刚性接口	800～1000	700
	柔性接口	600	

注　1. 槽底需设排水沟时，b_1 应适当增加；
2. 管道有现场施工的外防水层时，b_1 宜取 800mm；
3. 采用机械回填管道侧面时，b_1 需满足机械作业的宽度要求。

3. 不支撑开直槽的最大深度

一般沟槽均采用梯形断面，在无地下水天然湿度的土中开挖沟槽，如沟深不超过表 1.5 的数值时，可采用不支撑直立的沟槽断面。

表 1.5　不支撑开直槽的最大深度　单位：m

土　质	允 许 深 度	土　质	允 许 深 度
砂土和砂砾石	1.0	黏　土	1.5
砂质粉土和粉质黏土	1.25		

4. 梯形槽的边坡

为了保持沟槽槽壁的稳定，槽壁应有一定的边坡，边坡坡度常用高宽比表示，如图1.8表示。

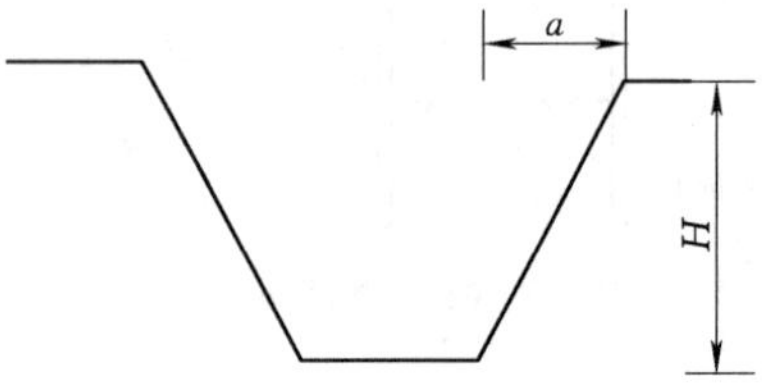

图 1.8　槽壁边坡示意图

$$槽壁坡度=\frac{H}{a}$$

沟槽槽壁边坡坡度按设计要求确定，如设计无明确规定时，对于地质条件良好、土质均匀、地下水位低于沟槽底，沟槽深度在5m以内，不加支撑的边坡最陡坡度可参见表1.6。

表 1.6　深度在5m以内沟槽的最陡边坡

土 的 类 别	边坡坡度（高：宽）		
	坡顶无荷载	坡顶有静载	坡顶有动载
中密的砂土	1：1.00	1：1.25	1：1.50
中密的碎石类土（充填物为砂土）	1：0.75	1：1.00	1：1.25
硬塑的粉土	1：0.67	1：0.75	1：1.00
中密的碎石类土（充填物为黏性土）	1：0.50	1：0.67	1：0.75
硬塑的粉质黏土、黏土	1：0.33	1：0.50	1：0.67
老黄土	1：0.10	1：0.25	1：0.33
软土（经井点降水后）	1：1.25	—	—

5. 土方量计算

沟槽土方量根据土的自然状态体积计算，将沟槽分为若干个计算段，逐段计算。每段的起止点应为：沟槽坡度变换点、沟槽平面转折点、沟槽断面形状变换点和地形起伏突变等处，如无上述变化时一般以相邻两检查井之间或两个测量桩标之间为一个计算段，每段的土方量可采用以下简化公式计算。

$$V=\frac{F_1+F_2}{2}L \tag{1-2}$$

式中：V 为计算段相邻两断面间的土方量，m^3；F_1、F_2 为计算段相邻两断面间的面积，m^2；L 为计算段长度，m。

对于直埋承插式管道，应将管道接口工作坑的土方量增加进去。

1.2.3　沟槽开挖

在管道工程施工中，沟槽开挖的工作量占整个工程的很大比重，应该合理地组织沟槽开挖。对于埋设较深、距离较长、直径较大的管道，由于土方量多，管道穿越地段的水文地质和工程地质变化较大，在施工前应采取挖深和钻探的方法查明与施工相关的地下情况，调查的主要内容有：各管段的地下水位和土质情况，已有地下管道与施工管线有关或交叉的具体位置，地下各种电缆的具体位置，施工管道与已建的管道、构筑物衔接的平面位置和高程校对等，以便合理地采取相应的措施。沟槽开挖的方法有两种，即人工开挖与机械开挖，应根据沟槽的断面形式、地下管线的复杂程度、土质坚硬程度、工作量和施工场地的大小以及机械配备、劳动力等条件确定。

1.2.3.1 机械开挖

机械开挖沟槽时应注意下列事项：

(1) 机械开挖应严格控制标高，为防止超挖或扰动槽底面，槽底应留 0.2～0.3m 厚的土层暂时不挖，待临铺管前用人工清理挖至标高，并同时修整槽底。

(2) 沟槽开挖需要井点降水时，应提前打设井点抽水，将地下水位稳定至槽底以下 0.5m 时方可开挖，以免产生挖土速度过快，因土层含水量过大支撑困难，不能及时支护导致塌方危险。井点提前抽水的时间参见表 1.7。

表 1.7 **井点降水提前抽吸时间参考表**

土层性质	土层疏干			土体加固	
	开槽	顶管	工作坑洞口	开槽	工作坑后靠
黏性土层	3～5	>7	5～7	>14	>21
砂性土层	2～3	>5	3～5	>10	>14

(3) 沟槽开挖需要支撑时，挖土应与支撑互相配合，机械挖土后及时支撑，以免槽壁失稳导致坍塌。当采用挖掘机挖土时，挖掘机不得进入未设支撑的区域内。

(4) 对地下管线和各种构筑物应尽可能临时迁移，如无法迁移，必须挖出使其外露，并采取吊、托等加固措施，同时对挖掘机司机作详细交底，如无把握，应改为人工挖土。

1.2.3.2 人工开挖

在工作量不大、地面狭窄、地下有障碍物或无机械施工条件等情况下，采用人工开挖。人工开挖沟槽，应集中人力尽快挖成，转入下一工序施工。开挖时应注意下列事项。

(1) 沟槽应分段开挖，并应合理确定开挖顺序和分层开挖深度，若有坡度，应由低向高处进行，当接近地下水时，应先开挖最低处土方，以便在最低处排水。

(2) 开挖人员不应分布过密，以间隔 5m 为宜，在开挖过程中和敞沟期间应保持沟壁完整，防止坍塌，必要时应支撑保护。

(3) 开挖的沟槽如不能立即铺管，应在沟底留 0.15～0.2m 的一层暂不挖除。待铺管时再挖至设计标高。

(4) 沟槽底不得超挖，如有局部超挖，应用相同的土壤填补，并夯至接近天然密实度，或用砂、砂砾石填补。槽底遇有不易清除的大块石，应将其凿至槽底以下不少于 0.15m，再用砂土填补夯实。

(5) 开挖沟槽遇有管道、电缆或其它构筑物时，应严加保护，并及时与有关单位联系，会同处理。

1.2.3.3 多层槽的层间留台宽度

当沟槽开挖深度较大时，应分层开挖，合理确定分层开挖的深度，并应在层间设置台阶。人工开挖沟槽时的槽深超过 3m 时应分层开挖，每层的深度不宜超过 2m。多层槽的层间留台宽度放坡时不应小于 0.8m，直槽时不应小于 0.5m，安装井点设备时不应小于 1.5m。当沟槽采用机械开挖时，沟槽的分层深度应按机械性能确定。

1.2.3.4 槽边堆土的有关规定和注意事项

沟槽开挖时，弃土若堆在槽边，沟槽每侧临时堆土或施加其他荷载时，应保证槽壁稳定且不影响施工。沟槽弃土应尽量堆在沟上的一侧，如沟槽较深，可两侧堆土。堆土坡角距槽口上缘距离不宜小于 0.8m，堆土高度不宜超过 1.5m。

沟槽堆土不得影响建筑物、各种管线和其它设施的安全，不得掩埋消火栓、管道闸阀、雨水口、测量标志以及各种地下管道的井盖，以免影响正常使用。

在农田里开槽时，表层土与下层生土分开堆置，以利表层土回用，同时要方便原土层回填时的装取和运输。在高压线变压器附近开槽时，一般应尽量避免在高压线下堆土，如必须堆土时，除按供电部门的有关规定办理外，还要考虑堆、取土机械及行人攀援、电压线类等安全因素。

1.2.3.5 沟槽开挖注意事项

（1）应向施工人员进行详细的施工交底，内容一般包括挖槽断面、堆土位置、地下情况、安全要求等。

（2）挖土机械应保持良好的工作状态，挖槽时为了确保槽底土壤不被扰动和破坏、开挖时应在设计槽底高程以上留 20cm 左右不挖，此层用人工清除。单斗挖土机和吊车不得在架空线路正下方工作，如在架空线路一侧工作时，其与线路的垂直、水平安全距离，不应小于表 1.8 的规定。

（3）在街道、厂区、居民区及公路上开挖沟槽，无论工程大小，应在沟槽两端设立安全设施和警告标志，如护栏、路障及危险旗。在夜晚应悬挂红灯。

表 1.8　大型施工机具与高压输电线路安全距离

输电线路电压（kV）	最小垂直安全距离（m）	最小水平安全距离（m）	
		开阔地区	途经受限制地区
1～10	4.5	交叉：3m	3.5
35	7.0	平行：设备最高位置	5.0
60～110	7.5		5.5
151～220	7.5		6.0
330	8.5	高加 8m	7.0

注　最小水平安全距离指边线与施工设备边缘之距离。

1.2.3.6 沟槽开挖的质量标准

（1）不扰动天然地基或地基处理符合设计要求。

（2）槽壁平整，边坡坡度符合施工设计的规定。

（3）槽底不得受水浸湿或受冻。

（4）沟槽中心线每侧的净宽不小于式（1-1）中 B 值的一半。

(5) 沟槽允许偏差，根据建设部标准《给水排水管道工程施工及验收规范》(GB 50268—2008)，应符合表 1.9 的规定。

表 1.9 沟 槽 允 许 偏 差

序号	检查项目	允许偏差(mm)		检查数量		检查方法
				范围	点数	
1	槽底高程	土方	±20	两井之间	3	用水准仪测量
		石方	+20、−20			
2	槽底中线每侧宽度	不小于规定		两井之间	6	挂中线用钢尺量测，每侧计 3 点
3	沟槽边坡	不陡于规定		两井之间	6	用坡度尺量测，每侧计 3 点

1.2.4 沟槽支撑

支撑是防止沟槽土壁坍塌的一种临时性挡土结构。一般情况下，沟槽土质较差、深度较大而又挖成直槽时，或高地下水位、砂性土质并采用表面排水措施时，均应支设支撑。支设支撑的直壁沟槽，可以减少土方量，缩小施工面积，减少拆迁。在有地下水时，支设板桩支撑，由于板桩下端深入槽底，延长了地下水的渗水途径，起到一定的阻水作用。但支撑增加材料消耗。也给以后工序作业带来不便。因此，是否设置支撑，应根据土质、地下水情况、槽深、槽宽、开挖方法、排水方法和地面荷载等情况确定。

1.2.4.1 沟槽支撑的形式和适用范围

1. 支撑形式

沟槽支撑一般由木材或钢材制作。支撑形式有横撑、竖撑和板桩撑等。横撑分断续式水平撑（疏撑）和连续式水平撑（密撑）两种，疏撑是撑板之间有间距，分单板撑、井字撑和稀撑等；密撑是各撑板间紧密相接。部分支撑的形式如图 1.9 所示。

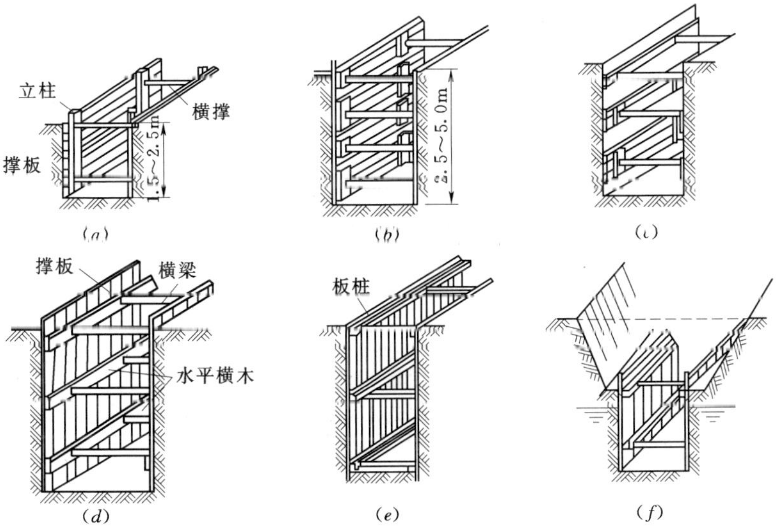

图 1.9 沟槽支撑形式

(*a*) 连续式水平支撑；(*b*) 连续式水平支撑；(*c*) 断续式水平支撑；
(*d*) 竖撑；(*e*) 板桩撑；(*f*) 部分支撑法

2. 支撑的适用范围

(1) 横撑：横撑用于土质较好，地下水量较小的沟槽。当在砂质土壤，挖深在1.5～2.5m时，采用图1.9(*a*)种形式，而沟槽挖深在2.5～5.0m，并有少量地下水时，可采用图1.9(*b*)种形式；如开挖段土质较硬则可采用图1.9(*c*)种形式。

(2) 竖撑在土质较差，地下水较多或散砂中开挖时，采用图1.9(*d*)种形式。竖撑的特点是撑板可在开槽过程中先于挖土插入土中，在回填以后再拔出，因此，支撑和拆撑都较安全。

(3) 板桩撑常用于地下水严重、有流砂的弱饱和土层中。板桩在沟槽开挖之前用打桩机打入土中，并且深入槽底一定长度，故在沟槽开挖及其以后的施工中，不但能起到保证安全的作用，还可延长地下水的渗水路径，有效地防止流砂渗入。

1.2.4.2 沟槽支撑的间距和材料

1. 沟槽支撑的间距

深度在5m以内的支撑间距参见表1.10。

表1.10 **管沟支撑间距** 单位：m

图示	间距	管沟深度	
		3m以内	3～5m
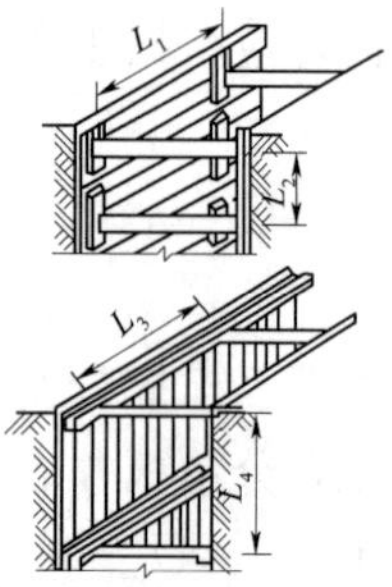	L_1	1.2～2.5	1.2
	L_2	1.0～1.2	1.0
	L_3	1.2～1.5	1.2
	L_4	1.0～1.2	1.0

注 撑板长度(*L*)一般为4m。

2. 沟槽支撑的材料

沟槽支撑的材料可选用钢材、木材或钢木混合使用。钢支撑的撑板采用钢模板，横梁或纵梁采用槽钢、工字钢，横撑可采用钢管。深度在5m以内支撑材料的规格尺寸参见表1.11。

表1.11 **沟槽支撑材料规格尺寸**

支撑名称	管沟深度(m)		说明
	≤3	3～5	
撑板(cm)	5×20	5×20	1. 撑板长度一般为400cm； 2. 连续水平撑板宽度不限制
板桩(cm)	5～7.5×20	5～7.5×20	1. 为便于施打，板桩不宜过长； 2. 板桩应打入沟底土中30cm，有流砂的管沟打入50～80cm
立柱(cm)	10×10	15×15	深槽可用工字钢
横撑(cm)	ϕ8～10	ϕ15	亦可用钢管及工具式横撑
水平横木(cm)	10×10	15×15	当支撑点间距>2.5m时可用工字钢

1.2.4.3 钢板桩

钢板桩作为一种临时支护结构，既挡土又防水。由于它强度高，接合紧密、不易漏水、施工简便、速度快，因此在沟槽支撑中应用较广泛。

钢板桩支撑一般采用槽钢、工字钢或定型钢板桩，槽钢长度一般为6～12m，定型板（拉森板桩）长度一般为10～20m。钢板桩的入土深度应根据沟槽开挖深度、土层性质、施工周期、施工荷载、地面超载以及支撑布置等因素经计算后确定。入土深度除应保证板桩自身的稳定外，还应保证沟槽不会出现隆起或管涌现象。按照现场支撑条件和施工实际情况，应根据沟槽的开挖深度和土层的物理力学性质选取合适的板桩入土深度（T）和沟槽深度（H）的比值，板桩入土深度和沟槽深度的比值参见表1.12。

表1.12　　板桩入土深度和沟槽深度的比值

槽深（m）	T/H	槽深（m）	T/H
5m以内	0.35	>7	0.65
5～7	0.5		

表1.12中的T/H值适用于一般土质条件，当土质条件较好，液性指数$I_L \leqslant 0.25$的硬塑黏性土，降水良好的砂性土层中，T/H值可适当减小；当土质条件较差。在$I_L \geqslant 1$的软塑、流塑的黏性土、降水效果不明显的黏性夹粉砂的土层中，T/H值可适当增加。

槽钢作为钢板桩材料，一般在开挖前将钢板桩用打桩机打入土中。然后边挖土，边加横撑稳固。槽钢之间采用搭接（咬口）组合，搭接组合方式又分稀疏搭接和密接两种。密搭接用料多，但阻止流砂与塌方效果较好。槽钢板桩咬口排列方式如图1.10所示。

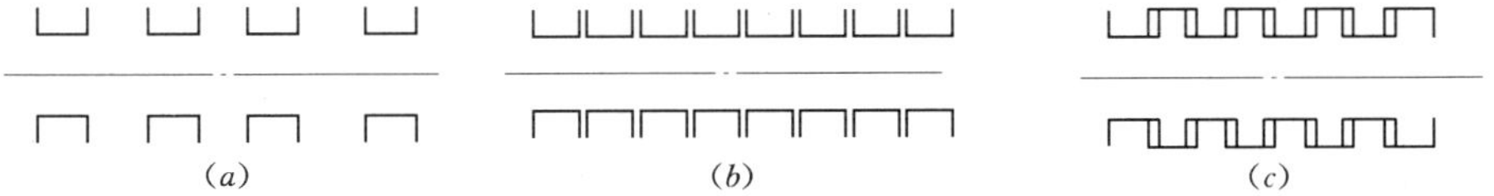

图1.10　钢板桩支撑平面布置图
（*a*）间隔排列；（*b*）无间隔排列；（*c*）咬口排列

1. 钢板桩打设方式

钢板桩的打设方式通常有如表1.13所示的几种。

2. 钢板桩打设工艺

（1）钢板桩打设的工艺过程：钢板桩矫正→安装围檩支架→钢板桩打设。

（2）钢板桩矫正：对所要打设的钢板桩要保证外形平直，弯曲变形的桩，可用油压千斤顶顶压或火烘等方法进行矫正。

（3）围檩支架安装：围檩支架的作用是保持钢板桩垂直打入和打入后钢板桩墙面平直。围檩支架由围檩和围檩桩组成（图1.11），其形式平面上有单面围檩和双面围檩之分，在高度上有单层、双层和多层之分。围檩支架多为钢制（H钢、工字钢、槽钢）和木质，但都必须牢固，尺寸要准确。围檩支架每次安装的长度，视具体情况而定，应考虑重复使用，以提高利用率。

表 1.13　　钢板桩常见的几种打设方式

打桩方式	施工要点	优缺点
单桩打入法	以一块或两块钢板桩为一组，从一角开始逐块（组）插入	优点：施工简便，速度快 缺点：单块打入易向一边倾斜，误差积累不易纠正，墙面平直度难控制 用于桩长度不大（约 $10m^3$），工程要求不高时较适宜
双层围檩打入法	在地面上一定高度处离轴线一定距离，先筑起双层围檩架，而后将板桩依次在围檩中全部插好，再逐渐按阶梯状将板桩逐块打至设计标高	优点：能保证板桩墙的平面尺寸，垂直度和平直度 缺点：施工复杂，不经济，速度慢
屏风法	用单层围檩，每10～20块钢板桩组成一个施工段，插入土中一定深度形成较短的屏风墙，对每一个施工段，先将其两端1～2块钢板桩打入，严格控制其垂直度，用电焊固定在围檩上，然后对中间的钢板桩再按顺序分1/2或1/3板桩高度打入	优点：能防止板桩过大的倾斜和扭转；能减少打入的累计倾斜误差；由于分段施工，不影响邻近钢板桩施工 缺点：桩的自立高度大，要采取措施保证墙的稳定和操作安全

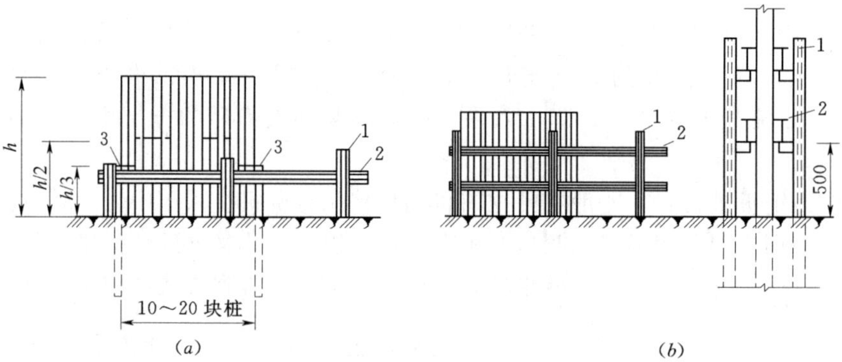

图 1.11　钢围檩支架

(a) 单层围檩；(b) 双层围檩

1—围檩桩；2—围檩；3—两端先打入的定位桩

(4) 钢板桩打设：先用吊车将钢板桩吊至插桩点处进行插桩，插桩时锁口对准，每插入一块即套上桩帽轻轻加以锤击。在打桩过程中，为保证钢板桩的垂直度，用两台经纬仪加以控制。为防止锁口中心线位移，可在打桩进行方向的钢板桩锁口处设卡板，阻止板桩位移，同时在围檩上预先标出每块板桩的位置，以便随时检查校正。

3. 施工机具

打桩机械有柴油打桩机、落锤打桩机、静力压桩机等。

4. 注意事项

(1) 打桩常用机具应提前作好检修，主要有运桩车、桩帽、锤架、送桩器、调桩机等。

(2) 打桩过程中若发现板桩入土过慢，桩锤回弹过大，应查明原因，进行处理后方可继续施打。

(3) 打桩前应查明地下管线和地下构筑物，必要时将管线外露。采取施工保护措施后再打设板桩或局部不打设板桩，采取其他支护措施。

(4) 选择打桩机时一般掌握锤重是桩重的3倍。

1.2.4.4 沟槽支撑注意事项

（1）撑板必须随挖土深度及时安装，雨季施工不得空槽过夜。

（2）撑板应均匀地与槽壁紧贴，当有空隙时用土填实。

（3）撑板必须牢固可靠，并应经常检查，发现松动及时加固。

（4）在软土或其他不稳定土层中采用撑板支撑时，开始支撑的开挖沟槽深度不得超过1.0m。以后挖深与支撑交替进行，每次交替的深度宜为0.4～0.8m。

（5）劈裂、腐朽的木料不得作为支撑材料。

（6）采用木料支撑时，横撑应在垂直垫板上，横撑端下方应钉木托；在水平垫板上，横撑端应用铁抓钉与水平托板钉牢，且横撑端头下方亦钉木托。

（7）上下沟槽应设安全梯，严禁攀登横撑。

1.2.4.5 拆撑

沟槽内的施工过程全部完成后，应将支撑拆除。拆撑施工的注意事项如下：

（1）拆撑时应边回填土边拆除，拆除时必须注意安全，继续排除地下水。

（2）竖撑拆除时，一般先填土至下层撑木底面，再拆除下撑，然后还土至半槽，再拆除上撑，拔出木板或板桩。竖撑板或板桩一般采用导链或吊车拔出。

（3）水平撑拆除时。先松动最下一层的横撑，抽出最下一层撑板。然后回填土。回填完毕后再拆上一层撑板，依次将撑板全部拆除，最后将立木拔出。如果一次拆撑有危险时，必须进行倒撑，即另用撑木将上半槽撑好后，再拆除原有支撑。

（4）拆撑前，应仔细检查沟槽两边的建筑物、电杆及其他外露管道等是否安全，必要时应进行加固。

1.2.5 沟槽回填

1.2.5.1 沟槽回填时间

沟槽回填应在管道隐蔽工程验收合格后进行。凡具备回填条件，均应及时回填，防止管道暴露时间过长造成损失。

1.2.5.2 沟槽回填前应具备的条件

（1）预制管节现场铺设管的现浇混凝土基础强度、接口抹带或预制构件现场装配的接缝水泥砂浆强度不小于$5N/mm^2$。

（2）现场浇筑混凝土管道的强度达到设计规定。

（3）混合结构的矩形管道或拱形管道，其砖石砌体水泥砂浆强度达到设计规定；当管道顶板为预制盖板时，并应装好盖板。

（4）现场浇筑或预制构件现场装配的钢筋混凝土拱形管道或其他拱形管道应采取措施，确保回填时不发生位移或损伤。

（5）压力管道水压试验前，除接口外，管道两侧及管顶以上回填高度不应小于0.5m，水压试验合格后，及时回填其余部分。

（6）管径大于900mm的钢管道，必要时可采取措施控制管顶的竖向变形。

（7）回填前必须将槽底杂物（草包、模板及支撑设备等）清理干净。

（8）回填时沟槽内不得有积水，严禁带水回填。

1.2.5.3 沟槽回填土料的要求

（1）槽底至管顶以上0.5m范围内，不得含有机物、冻土以及大于50mm的砖石等硬块；在抹带接口处、防腐绝缘层或电缆周围，应采用细粒土回填。

（2）采用砂、石灰土或其他非素土回填时，其质量要求按施工设计规定执行。

（3）回填土的含水量，宜按土类和采用的压实工具控制在最佳含水量附近。

1.2.5.4　回填施工

沟槽回填施工包括还土、摊平和夯实等施工过程。

（1）还土时应按基底排水方向由高至低分层进行，同时管腔两侧应同时进行。沟槽底至管顶以上50cm的范围内均应采用人工还土，超过管顶50cm以上时可采用机械还土。还土时按分层铺设夯实的要求，每一层应采用人工摊平。沟槽回填土的夯实通常采用人工夯实和机械夯实两种方法。

（2）回填土压实的每层虚铺厚度，应按采用的压实工具和要求的压实度确定。对一般压实工具，铺土厚度参见表1.14。

表1.14　回填土压实每层的虚铺厚度　单位：cm

压实工具	虚铺厚度	压实工具	虚铺厚度
木夯、铁夯	不应大于20	压路机	20～30
蛙式夯、人力夯	20～25	振动压路机	不应大于40

（3）回填土每层的压实遍数，应按回填土的要求压实度、采用的压实工具、回填土的虚铺厚度和含水量经现场试验确定。

（4）回填压实应逐层进行。管道两侧和管顶以上50cm范围内的压实，应采用薄铺轻夯夯实、管道两侧夯实面的高差不应超过30cm，管顶50cm以上回填时，应分层整平和夯实，若使用重型压实机械压实或较重车辆在回填土上行驶时，管道顶部以上必须有一定厚度的压实回填土，其厚度通常不小于70cm。

1.2.5.5　回填土的压实度

沟槽回填土的压实度见表1.15和表1.16。柔性管道沟槽回填部位与压实度如图1.12所示。

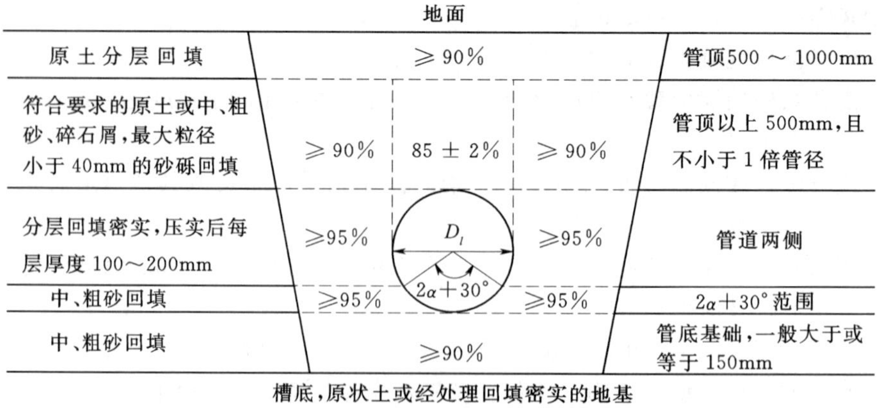

图1.12　柔性管道沟槽回填部位与压实度示意图

（注：2α+30°为管基有效支承角。其中2α是设计计算出的管道基础中心角，加30°是考虑到施工作业的不利因素影响而采取的保险措施，该部位回填应采用木夯等机具夯实。）

表 1.15　刚性管道沟槽回填土压实度

序号	项目				最低压实度（%） 重型击实标准	最低压实度（%） 轻型击实标准	检查数量 范围	检查数量 点数	检查方法
1	石灰土类垫层				93	93	100m	每层每侧一组（每组3点）	用环刀法检查或采用现行国家标准《土工试验方法标准》GB/T 50123中其他方法
2	沟槽在路基范围外	胸腔部分	管侧		87	90	两井之间或1000m²		
			管顶以上500mm		87±2（轻型）				
		其余部分			≥90（轻型）或按设计要求				
		农田或绿地范围表层500mm范围内			不宜压实、预留沉降量、表面整平				
3	沟槽在路基范围内	胸腔部分	管侧		87	90			
			管顶以上250mm		87±2（轻型）				
		由路槽底算起的深度范围（mm）	≤800	快速路及主干路	95	98			
				次干路	93	95			
				支路	90	92			
			>800～1500	快速路及主干路	93	95			
				次干路	90	92			
				支路	87	90			
			>1500	快速路及主干路	87	90			
				次干路	87	90			
				支路	87	90			

注　表中重型击实标准的压实度和轻型击实标准的压实度，分别以相应的标准击实实验法求得的最大干密度为100%。

表 1.16　柔性管道沟槽回填土压实度

槽内部位		压实度（%）	回填材料	检查数量 范围	检查数量 点数	检查方法
管道基础	管底基础	≥90	中、粗砂	—	—	用环刀法检查或采用现行国家标准《土工试验方法标准》GB/T 50123中其他方法
	管道有效支撑角范围	≥95		每100m	每层每侧一组（每组3点）	
管道两侧		≥95	中、粗砂、碎石屑、最大粒径小于40mm的砂砾或符合要求的原土	两井之间或每1000m²		
管顶以上500mm	管道两侧	≥90				
	管道上部	85±2				
管顶500～1000mm		≥90	原土回填			

注　回填土的压实度，除涉及要求用重型击实标准外，其他皆以轻型击实标准试验获得最大干密度为100%。

1.2.5.6　回填土的施工要点和注意事项

（1）管道两侧和管顶以上50cm的范围内还土，应由沟槽两侧对称进行，不得直接扔在管道上。

（2）需要拌和的回填材料，应在运入槽内前拌和均匀，不得在槽内拌和。

（3）管道基础为弧形基础时，管道与基础之间的三角区应填实。夯实时，管道两侧应对称进行，且不得使管道位移或损伤。

(4) 采用木夯、蛙式夯等压实工具时，应夯夯相连；采用压路机时，碾压的重叠宽度不得小于20cm。

(5) 管道覆土较浅，管道的承载能力较低，压实工具的荷载较大，或原土回填达不到要求的压实度时，可与设计单位协商采用石灰土、砂、砂砾等具有结构强度或容易压实的材料回填，其压实度标准应由设计文件规定。为提高管道的承载能力，也可采取措施加固管道。

(6) 检查井、雨水口及其它井室周围的回填，应符合下列规定：

1) 现场浇筑混凝土或砌体水泥砂浆强度应达到设计规定。

2) 路面范围内的井室周围，应采用石灰土、砂、砂砾等材料回填，其宽度不宜小于40cm。

3) 井室周围的回填，应与管道沟槽的回填同时进行。当不便同时进行时，应留台阶形接茬。

4) 井室周围回填压实时应沿井室中心对称进行，且不得漏夯。

5) 回填材料压实后应与井壁紧贴。

(7) 沟槽冬期施工。寒冷地区沟槽上方开挖不宜在冬期施工。如必须在冬期施工时，施工方法应经技术经济比较后确定。施工前应周密计划，作好施工准备，做到连续施工。

1) 沟槽开挖。

a. 开挖冻土可采用钢钎撬挖、爆破开挖、重锤击碎或在开挖面上撒厚约25cm的锯末(或谷壳)，焖火烘烤加温融化后开挖。

b. 每天开挖沟槽工作结束前，在沟底可留有厚约30cm的虚土暂不清除，作为防冻层，第二天上班后边清理虚土边开挖实土。

c. 管道或管道基础下的基土不应是冻结的土壤(无膨胀的砂土、砾石土及岩石沟底除外)。

d. 沟槽挖好后、用隔热材料加以覆盖，防止沟底受冻。常用的保温材料一般为干砂、锯末、草帘、树叶、虚土等，其厚度视气温而定，一般为15～20cm。

e. 禁止在沟槽内烧火取暖，以防边坡冻土融化坍塌。

2) 沟槽冬期施工回填的特殊要求。

a. 回填土必须在不冻的情况下进行夯实，可采用缩短填和夯的间隔时间或采取地表加热解冻措施。

b. 管顶以上0.5m范围以外，回填时可均匀掺入冻土，其数量不得超过填土总体积的15%，且冻块尺寸不得超过100mm；槽底至管顶0.5m范围内的回填土不得含有冻土块。

c. 回填工作应连续进行，防止基土或已填土层受冻。

d. 沟槽上口结冰或积雪应于回填前清除，回填过程中也应随时清除。

e. 回填土应连续分层进行，每层的铺土厚度较夏季小，一般为20cm。

学习情境1.3 管道地基处理

土体在天然状态下承受荷载能力的大小与土体的天然组分有关。因此，管道地基是否需要处理决定于地基土的强度。若地基土的强度满足不了工程需要时，则应加固。地基土的加固方法比较多、管道地基的常用加固方法有换土、压实、挤密和排水3种方式。

1.3.1 换土和压实

换土是管道工程加固地基经常采用的一种方法。换土垫层作为地基的持力层，以提高地基承载力，并通过垫层的应力扩散作用，减少对垫层下面地基单位面积的荷载。采用透水性大的材料作垫层时、有助于土中水分的排除，加速含水黏性土层的固结。

换土有两种方式，一是挖除换填，另一是强制挤出换填。挖除换填是将基础底面下一定深度的弱承载土挖去，换为低压缩性的散体材料，如素土、灰土、砂、卵石、碎石、块石等。强制挤出换填是不挖除原弱土层，而借换填土的自重下沉将软弱土挤出。这种方法施工方便，但难以保证换填断面的形状正确，从而可能导致上部结构失稳。

压实就是用机械的方法，使土孔隙率减小，密度提高。压实加固是各种土加固方法中施工最简单、成本最低的方法。管道地基的压实方法主要是夯实法。

1.3.1.1 素土垫层

素土垫层是先挖去基础下的部分土层或全部软弱土层，然后分层回填素土，夯实而成。一般适用于处理湿陷性黄土和杂填土地基。

(1) 材料要求。素土垫层的土料，不得使用淤泥、表面耕植土、冻土、垃圾、膨胀土以及有机物含量大于8%的土作为填料。土料含水量应控制在最佳含水量范围内，误差不得大于2%。

(2) 施工要点。

1) 填土应从最低部分开始进行，分层铺设，分层夯实。

2) 清除槽底全部的软弱土层，铲除槽底的草皮、树根、淤泥。

3) 垫层施工完毕后，应立即进行下道工序施工，防止水浸、晒裂。

1.3.1.2 砂和砂石垫层

砂和砂石垫层适用于处理槽底有地下水或含水量较大的黏性土地基

(1) 材料要求。砂和砂石垫层所需材料，宜采用颗粒级配良好、质地坚硬的中砂、粗砂、砾石、卵石和碎石，当采用细砂时、宜掺入一定量的卵石或碎石。

(2) 施工要点。

1) 铺砂前应将槽内浮土清除，槽底和两侧如有孔洞应先填实。

2) 垫层的底面深度不同时，土面应挖成踏步或斜坡搭接，并按先深后浅的顺序施工。

3) 捣实方法为插振法时，使垫层淋水达到饱和状态后，用插入式振动器振捣，插入间距不大于振动器有效作用半径的1.4倍，并避免插至土层。

4) 捣实方法为水撼法时，注水使略高于砂面1.4cm，用钢叉垂直插入摇撼数下后拔出。每层往复摇撼3~4遍，插入点间距10cm，直至叉自0.5m高自由落下，插入深度不超过10cm为止。水撼法在湿陷性黄土和膨胀土地区不得使用。

(3) 质量要求。砂垫层每层夯实后的密实程度应达到中密标准，即孔隙比不应大于0.65。测定方法系用容积不小于200cm^{3}的环刀取样。现场简易测定方法是：将直径16mm、长195cm的平头钢筋，自由落距50cm时垂直贯入砂层。当贯入深度小于7cm时为合格。

1.3.1.3 灰土垫层

灰土垫层施工简单，取材容易，是一种最经济的地基处理方法。适用于加固一般深2m以内的各种地基，但不宜用于地下水位以下的地基加固。

(1) 材料要求。土料可采用就地挖出的土，但不得采用表面耕植土和冻土。土料应过筛，其粒径不得大于15mm，石灰在使用前1～2d消解并过筛，粒径不应大于5mm。

(2) 材料配比。灰土常用体积配合比为：石灰∶土＝2∶8或3∶7。拌合时，根据气候和土的湿度适量浇水，拌好的灰土应颜色均匀一致，土料含水量应保持在最佳含水量状态。如土料水分过多或不足时，可晾干或洒水湿润，如有球团应打碎。

(3) 施工要点。

1) 施工前先验槽，并将槽底夯两遍。

2) 铺灰土应分段分层进行并夯实，采用蛙式夯时，灰土虚铺厚度为20～25cm，夯实遍数不少于4遍，夯实后约10～15cm厚。

3) 入槽的灰土不得隔日夯，夯实后3d内不得浸泡。灰土打完后，不能立即进行下一工序施工时，应作临时遮盖；遇雨应将松软灰土除去并补填夯实。

4) 质量要求。灰土垫层的质量应逐层用环刀取样，测定干容重。夯打坚实的灰土声音清脆。

1.3.2　挤密桩加固地基

挤密加固是承压土层内，打设很多桩或桩孔，在桩孔内灌入砂，成为砂桩，以挤密土层，减小孔隙体积，增加土体强度。或者将原木打入槽内，成为短木桩加固地基。

1.3.2.1　砂桩

(1) 适用条件。当沟槽开挖遇到粉砂、细砂、亚砂土及薄层砂质黏土，下卧透水层时，由于排水不利发生扰动，深度在0.8～2.0m时，可采用砂桩法挤密排水来提高承载力。

(2) 施工工艺。砂桩法是先用钢套管打入土中，然后将砂子（中、粗砂，含泥量不超过5%）灌入钢管内，并进行捣实，随灌砂随逐步拔出钢管，混凝土桩靴打入土中后自由脱落。砂桩法施工工艺参见图1.13。

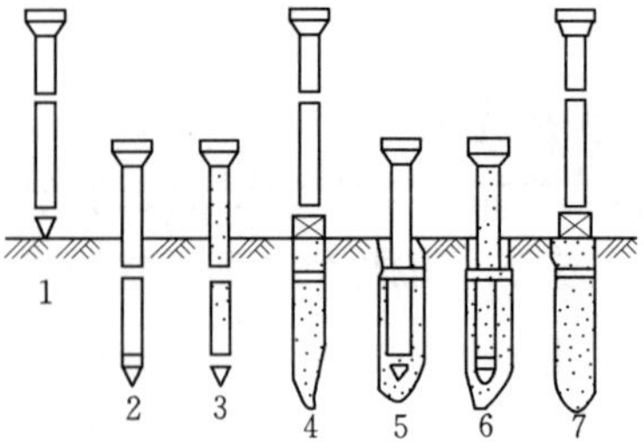

图1.13　砂桩施工程序图

1—桩架就位，桩尖插在桩位上；2—打到设计标高；3—灌注黄砂；4—拔起桩管（活瓣桩尖张开），黄砂留在桩孔内；5—再将桩管打到设计标高；6—灌注黄砂；7—拔起桩管完成扩大砂桩

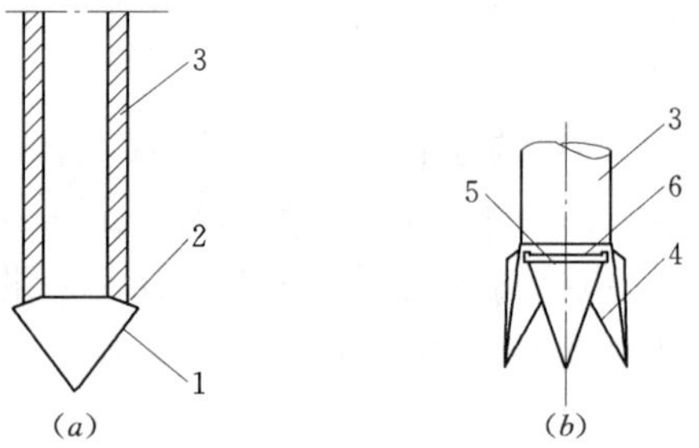

图1.14　钢套管和桩靴示意图

1—混凝土（木）制桩靴；2—麻绳垫（防水减振）；3—钢套管；4—活瓣桩尖；5—锁轴；6—活门开启限位装置

(3) 机具设备。

1) 钢套管：钢套管由钢管及其下端的桩靴组成。混凝土桩靴和活瓣式桩靴参见图1.14。

2) 设备：砂桩施工所用设备主要有落锤、振动式打桩机和拔桩机。在软土地区使用振动式打桩应注意避免过分扰动软土。

（4）砂桩设计。

1）布置：砂桩可按梅花形布置。间距约为0.7～1.0m。最外边一排砂桩轴线应距管道基础宽度的边缘至少10cm。

2）桩孔面积：砂桩的面积应根据土壤的原始孔隙比和设计要求的密实度确定。当管道沟槽的槽底宽度为B时，1m长沟槽上砂桩的总面积为

$$\Omega=\frac{e_0-e_1}{1+e_0}B \tag{1-3}$$

式中：Ω为1m长沟槽上桩孔的总面积；e_0为挤密前土的孔隙比；e_1为挤密后土的孔隙比；B为沟槽底宽，m。

3）桩孔数量：砂桩的孔径约20～30cm，根据孔径可求出桩孔的断面面积A，则每米长沟槽上所需的砂桩数量为

$$N=\frac{\Omega}{A} \tag{1-4}$$

式中：N为桩孔数量，个；Ω为每米长沟槽上的砂桩总断面面积，m^2；A为单个桩孔的横断面面积，m。

4）单根桩孔的用砂量：每一根桩孔用砂的总重量为

$$g=\frac{AH\gamma}{1+e_1}(1+\omega) \tag{1-5}$$

式中：g为1根桩孔用砂重量，kN；A、e_1为意义同上式；H为砂桩长度，m；ω为砂的含水量，%；γ为砂的重度，kN/m^3。

（5）施工要点。

1）砂桩顶应铺砂垫层，将砂桩渗出的水引出排除。

2）砂桩的施工顺序应从两边向中间进行。

3）往套管中装砂时，应分层填入，边填入，边捣实，并逐步拔起套管；在拔套管时，必须使砂在套管中经常保持1～1.25m的高度。

4）砂桩中实际灌填的砂不得少于计算的95%。

（6）质量要求。

1）砂桩应连续，不断桩，不缩颈；

2）桩的垂直度应不大于$L/100$（L为桩长）；

3）桩长应符合设计要求，平面位移不大于$D/2$（D为桩径）。

1.3.2.2 短木桩法加固地基

这种方法是用木桩将扰动的土壤挤密，使其承载能力增加，同时，也可将荷载通过木桩传递给深层地基中，如图1.15所示。这种方法处理效果好，但用木材较多。适用于一般槽底软土深0.8～2m的地基。

（1）有关技术参数。木桩可用落叶松、红松、云南松和杉木。木桩直径为10～20cm，长1～3m。木桩入土深度不应小于1.5m。桩间距一般为0.5～0.7m。

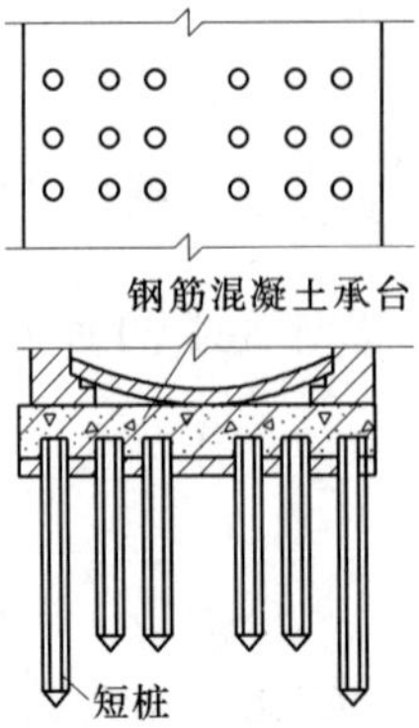

图 1.15　短木桩基础

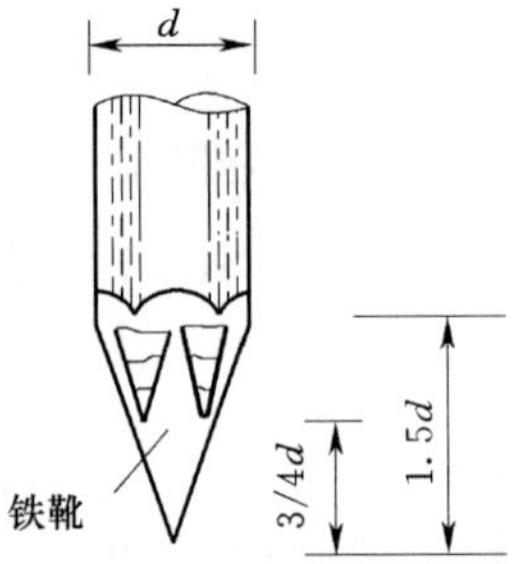

图 1.16　木桩安铁靴示意图

（2）施工要点。

1）木桩制作：应去皮去枝，将桩尖削成对称的三棱或四棱，长度为直径的 1.5 倍。土质较硬时配铁桩靴（见图 1.16）。桩长一般比设计深度长 200～300mm，以便截桩。

2）锤击沉桩：可以人工用 18 磅锤打入，至数锤打不动为止，大木桩用落锤或其它设备沉桩。截桩后在沉台下面填一层级配砂砾或碎石。

3）为防止打桩时将木桩打裂，可用 1～8mm 厚扁铁焊制桩箍套在木桩顶部。

学习情境 1.4　下　　管

下管是在沟槽和管道基础已经验收合格后进行。为了防止将不合格或已经损坏的管材及管件下入沟槽。下管前应对管材进行检查与修补；管子经过检验、修补后，在下管前应先在槽上排列成行（称排管）。经核对管节、管件无误方可下管。

重力流管道一般从最下游开始逆水流方向铺设，排管时应将承插口朝向施工前进的方向。压力流管道若为承插铸铁管时，承口应朝向介质流来的方向，并宜从下游开始铺设，以插口去对承口，当在坡度较大的地段，承口应朝上，为便于施工，由低处向高处铺设。

1.4.1　下管方法

下管的方法要根据管材种类、管节的重量和长度、现场条件及机械设备等情况来确定，一般分为机械下管和人工下管两种形式。

1.4.1.1　人工下管法

人工下管多用于施工现场狭窄、不便于机械操作或重量不大的中小型管子，以方便施工，操作安全为原则，可根据工人操作的熟练程度、管节长度与重量、施工条件及沟槽深浅等情况，考虑采用何种下管方法。常用的下管方法有压绳下管法和塔架下管法及溜管下管法。

1. 压绳下管法

压绳下管法在人工下管法中应用较为广泛，方式也较多。如人工压绳下管法和立管压绳下管法，见图 1.17 和图 1.18。人工压绳下管法适用于管径为 400～600mm 的管子，立管压绳下管法适用于较大管径。它们的基本操作方法是在管子两端各套一根大绳，然后由人工再借助一些工具（如撬棍、立木或管子）控制大绳，使管子沿槽壁徐徐溜入槽底。

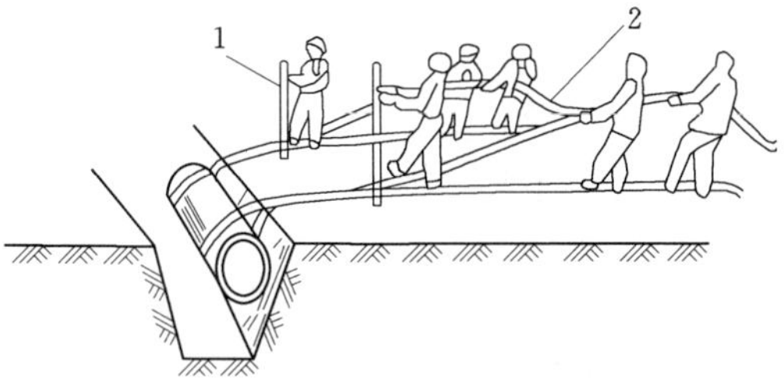

图 1.17 人工压绳下管法

1—撬棍；2—下管大绳

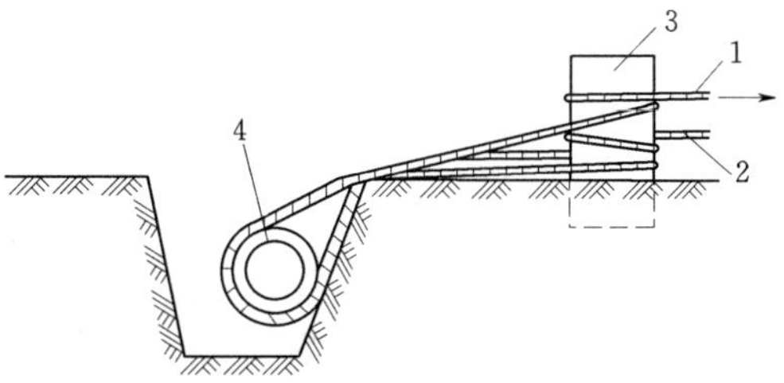

图 1.18 立管压绳下管法

1—放松绳；2—绳子固定端；3—立管；4—管子

下管用的大绳应质地坚固，不断股，不糟朽，无夹心，其直径选择可参考表 1.17。

表 1.17 **下管大绳截面直径参考值** 单位：mm

管子直径			大绳截面直径
铸铁管	预应力钢筋混凝土管	混凝土及钢筋混凝土管	
≤300	≤200	≤400	20
350～500	300	500～700	25
600～800	400～500	800～1000	30
900～1000	600	1100～1250	38
1100～1200	800	1350～1500	44
—		1600～1800	50

立管压绳下管充当立柱的管子最小管径可参照表 1.18 选用。

表 1.18 **下混凝土管的管柱最小直径** 单位：mm

<table>
<tr><th>下管的直径</th><th>管柱最小直径</th><th>下管的直径</th><th>管柱最小直径</th></tr>
<tr><td>≤1100</td><td>600</td><td rowspan="2">1500～1800</td><td rowspan="2">800</td></tr>
<tr><td>1250～1350</td><td>700</td></tr>
</table>

2. 塔架下管法

利用装在塔架下的吊链进行下管，其方法是先将管子滚至架下横跨沟槽的横梁上，然后将它吊起，撤掉横梁后，将管子下到槽底。塔架的种类有三角塔架、四角塔架及高凳等，如图 1.19 所示。

3. 立管溜管法

将由两块木板组成的三角木槽斜放在沟槽内，管子的一端用带有铁钩的大绳钩住管子，绳子的另一端由人工控制将管子沿木槽溜入沟槽内。此法适用于管径小于 300mm 以下的混凝土管、缸瓦管。

1.4.1.2 机械下管

机械下管一般是用汽车式或履带式起重机械进行下管，机械下管有分段下管和长管段下管两种方式。分段下管是起重机械将管子分别吊起后下入沟槽内，这种方式适用于大直径的铸铁管和钢筋混凝土管，长管段下管是将钢管节焊接连接成长串管段，用 2～3 台起

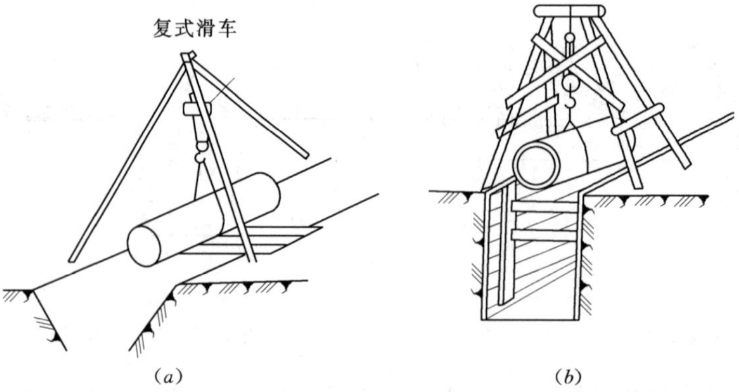

图 1.19　塔架下管法

(a) 三角塔架下管；(b) 高凳下管

吊机联合起重下管。由于长管段下管需要多台起重机共同工作，操作要求高，故每段管道一般不宜多于 3 台起重机联合下管。长管段下管方式如图 1.20 所示。

图 1.20　长管段下管法

机械下管注意事项如下：

(1) 机械下管时，起重机沿沟槽开行距沟边应间隔 1m 的距离，以避免沟壁坍塌。

(2) 吊车不得在架空输电线路下作业，在架空线路附近作业时，其安全距离应符合当地电业管理部门的规定。

(3) 机械下管应有专人指挥。指挥人员必须熟悉机械吊装的有关安全操作规程和指挥信号，驾驶员必须听从信号进行操作。

(4) 绑（套）管子应找好重心，平吊轻放。不得忽快忽慢和突然制动。

(5) 起吊及搬运管材、配件时，对于法兰盘面、非金属管材承插口工作面，金属管防腐层等。均应采取保护措施，以防损坏。吊装闸阀等配件，不得将钢丝绳捆绑在操作轮及螺栓孔上。

(6) 在起吊作业区内。任何人不得在吊钩或被吊起的重物下面通过或站立。

(7) 管节下入沟槽时，不得与槽壁支撑及槽下的管道相互碰撞；沟内运管不得扰动天然地基。

1.4.2　管子的运输、装卸和堆放

1.4.2.1　管子的运输

管子在运输过程中，应有防止滚动和互相碰撞的措施。非金属管材可将管子放在有凹槽或两侧钉有木楔的垫木上，管子上下层之间应有垫木、草袋或麻袋隔开。装好的管子应用缆绳或铁丝绑牢，金属管材与缆绳或铁丝绑扎的接触处，应垫以草袋或麻袋等软衬，以免防腐层受到损伤。铸铁直管装车运输时，伸出车体外部分不应超过管子长度的 1/4。

非金属管材应尽量避免在坚硬或碎石地面上滚动，短距离搬运可在管下垫以草袋或在木板上滚运。金属管材的短距离滚运，也应清除地面上的石块等杂物，以免损坏防腐层，严禁在地面上拖拉管子。

1.4.2.2 管子的装卸

装卸管子宜用吊车，捆绑管子可用绳索兜底平吊或套捆立吊，如图 1.21 所示，不得将吊绳由管膛穿过吊运管子。采用兜底平吊管子时，吊绳与管子的夹角不宜过小，一般夹角大于 45°为宜。装卸管子时严禁管子互相碰撞和自由滚落，更不得向地面抛掷。

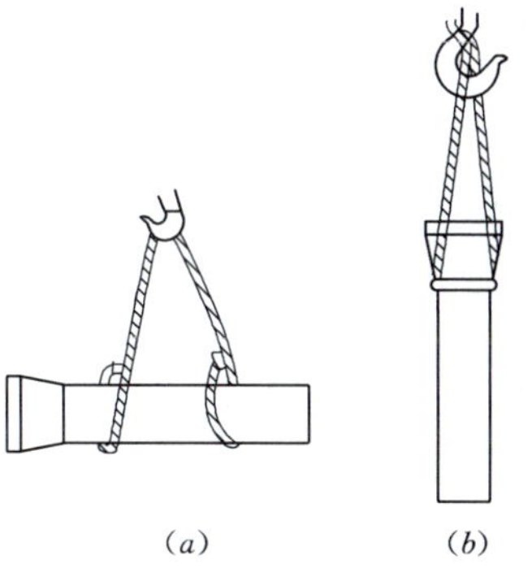

图 1.21 管材捆吊

(a) 兜底平吊；(b) 套捆立吊

1.4.2.3 管子的堆放

管子堆放场地要平整，不同类别和不同规格的管子要分开堆放。垛与垛之间要留有通道，以便进出管料。

管径较小时，金属管材可以纵横交错堆放。每层管子的承插口相间平放，但应注意堆放时将管子用木块垫好，以免管子滚动。非金属管材应用垫木垫起，每层管子之间的垫木必须上下对齐在一条直线上，每根管子的两块垫木间距宜为 0.6 倍的管子长度。铸铁管、钢管堆放管垛高度不得超过 3m，垛旁设支柱，防止管子滚动。预应力、自应力钢筋混凝土管的堆放层数参见表 1.19。

表 1.19 管节堆放高度 单位：mm

管径	自应力混凝土管	预应力混凝土管	管径	自应力混凝土管	预应力混凝土管
100～150	7 层		400～500		4 层
200～250	5 层		600～800		3 层
300～400	4 层		800～1200		2 层
500～600	3 层		>1400		1 层

1.4.3 稳管

稳管是将按设计高程和位置、稳定在地基或基础上。对距离较长的重力流管道工程一般由下游向上游进行施工，以便使已安装的管道先期投入使用，同时也有利于地下水的排除。

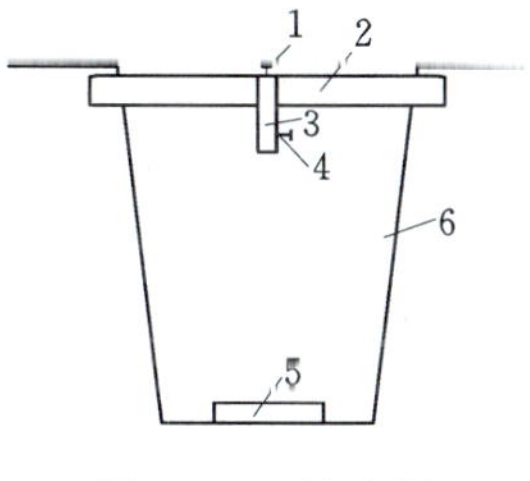

图 1.22 坡度板

1—中心钉；2—坡度板；3—立板；4—高程钉；5—管道基础；6—沟槽

稳管时，控制管道的轴线位置和高程是十分重要的，也是检查验收的主要项目。管道轴线位置的控制常用的有中心线法和边线法。高程控制是沿管线每 10～15m 埋设一坡度板（又称龙门板、高程样板），板上有中心钉和高程钉，如图 1.22 所示，利用坡度板上的高程钉进行控制。

1.4.3.1 高程控制

在稳管前由测量人员将管道的中心钉和高程钉测设在坡度板上，两高程钉之间的连线即为管底坡度的平行线，称为坡度线。坡度线上的任何一点到管内底的垂直距离为一常数，称为下反数。稳管时用一木制样尺（或称高程尺）垂直放入管内底中心处。根据下反数和坡度线则可控制高程。样尺高度一般取整数。以 50cm 一档为宜，使样尺高度固定，不易搞错。

坡度板应设置在稳定地点，每一管段两头的检查井处和中间部位放测的三块坡度板应能通视。坡度板必须经复核后方可使用，在挖至底层土、做基础、稳管等施工过程中应经常复核，发现偏差及时纠正，放样复核的原始记录必须妥善保存，以备查验。

1.4.3.2　轴线位置控制

1. 中心线法

在连接两块坡度板的中心钉之间的中线上挂一垂球，在管内放置一块带有中心刻度的水平尺，当垂球线穿过水平尺的中心刻度时，表示针子已对中，如图 1.23（*a*）所示。

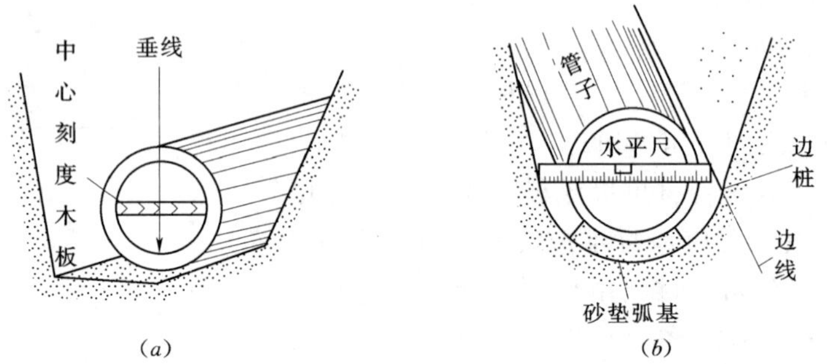

图 1.23　中心控制

（*a*）中心线法；（*b*）边线法

2. 边线法

即在管子同一侧，钉一排边桩、边桩高度接近管中心处，在每个边桩上钉一小钉，其位置距离管道轴线的水平位置为一常数。稳管时，在边桩上的小钉挂上边线。使管外皮与边线保持同一距离，则管道即处于中心位置，如图 1.23（*b*）所示。

学习情境 1.5　管道安装与试验

1.5.1　球墨铸铁给水管安装

球墨铸铁管属于柔性管。是近十几年来引进和开发的一种管材，具有强度高、韧性大、抗腐蚀能力强的特点。球墨铸铁管管口之间采用柔性接头，且管材本身具有较大的延伸率，使管道的柔性较好，在埋地管道中能与管周围的土体共同工作，改善了管道的受力状态。提高了管网的供水可靠性，因此得到了越来越广泛的应用。

球墨铸铁管的接口主要有三种形式，即滑入式（简称 T 型）、机械式（简称 K 型）和法兰式（简称 RF 型）。前两种为柔性接口，法兰式可承受纵向力。球墨铸铁管一般采用 T 型接口，施工方便，只要将插口插入承口就位即可。施工实践表明，这种接口具有可靠的密封性。能承受 1.0MPa 的管网压力；良好的抗震性和耐腐蚀性；操作简单，安装技术易掌握，改善了劳动条件，质量可靠，接口完成后即可通水，是一种较好的接口形式。

球墨铸铁管安装与验收规范：

（1）管节及管件的规格、尺寸公差、性能应符合国家有关标准规定和设计要求，进入施工现场时其外观质量应符合下列规定：

1）管节及管件表面不得有裂纹，不得有妨碍使用的凹凸不平的缺陷。

2）采用橡胶圈柔性接口的球墨铸铁管，承口的内工作面和插口的外工作面应光滑、轮廓清晰，不得有影响接口密封性的缺陷。

（2）管节及管件下沟槽前，应清除承口内部的油污、飞刺、铸砂及凹凸不平的铸瘤；柔性接口铸铁管及管件承口的内工作面、插口的外工作面应修整光滑，不得有沟槽、凸脊缺陷；有裂纹的管节及管件不得使用。

（3）沿直线安装管道时，宜选用管径公差组合最小的管节组对连接，确保接口的环向间隙应均匀。

（4）采用滑入式或机械式柔性接口时，橡胶圈的质量、性能、细部尺寸，应符合国家有关球墨铸铁管及管件标准的规定，并应符合下列规定：

1）材质应符合相关规范的规定。

2）应由管材厂配套供应。

3）外观应光滑平整，不得有裂缝、破损、气孔、重皮等缺陷。

4）每个橡胶圈的接头不得超过2个。

（5）橡胶圈安装经检验合格后，方可进行管道安装。

（6）安装滑入式橡胶圈接口时，推入深度应达到标记环，并复查与其相邻已安好的第一至第二个接口推入深度。

（7）安装机械式柔性接口时，应使插口与承口法兰压盖的轴线相重合；螺栓安装方向应一致，用扭矩扳手均匀、对称地紧固。

（8）管道沿曲线安装时，接口的允许转角应符合表1.20的规定。

表1.20 沿曲线安装接口的允许转角

管径 D_i (mm)	允许转角 (°)
75～600	3
700～800	2
≥900	1

1.5.1.1 滑入式球墨铸铁管安装

滑入式（又称推入式）接口形式见图1.24。

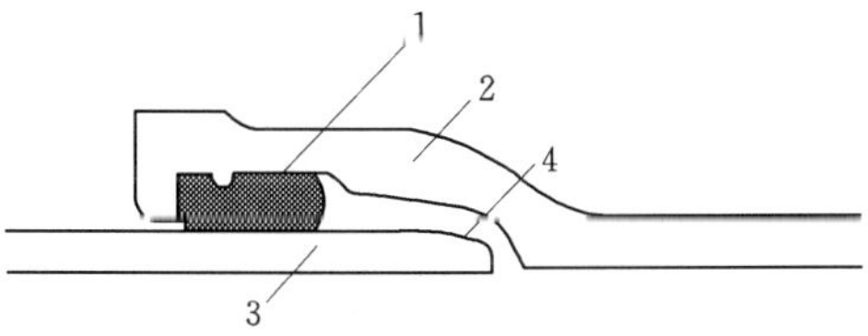

图1.24 滑入式接口
1—胶圈；2—承口；3—插口；4—坡口（锥度）

1. 安装前的准备工作

（1）检查铸铁管有无损坏、裂缝，管口尺寸是否在允许范围。

（2）管口的毛刺和杂物清除干净。

（3）橡胶圈应形体完整、表面光滑，无变形、扭曲现象。

（4）检查安装机具是否配套齐全，工作状态是否良好。

2. 安装

（1）球墨铸铁管T型接头安装程序为：

下管→清理管口→清理胶圈、上胶圈→安装机具设备→在插口外表面和胶圈上刷润滑剂→顶推管子使之插入承口→检查。

（2）安装要点。

1）下管：应按下管的技术要求将管子下到槽底，如管体有向上放的标志，应按标志摆放管子。

2）清理管口：将承口内的所有杂物予以清除，并擦洗干净，因为任何附着物都可能造成接口漏水。

3）清理胶圈、上胶圈将胶圈上的粘接物清擦干净；把胶圈弯成心形或花形（大口径）装入承口槽内（图 1.25），并用手沿整个胶圈按压一遍，确保胶圈各个部分不翘不扭，均匀一致地卡在槽内。

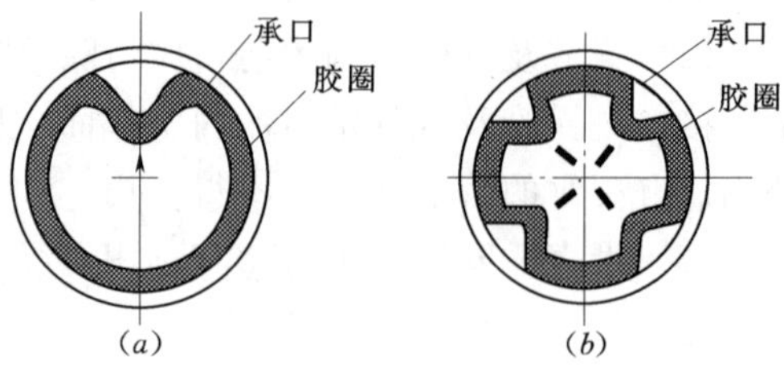

图 1.25　胶圈的安装方法

（a）心形安装；（b）花形安装

4）安装机具设备：准备好的机具设备安装到位，安装时注意不要将已清理的管子部位再次污染。

5）在插口外表面和胶圈上刷润滑剂：润滑剂用厂方提供的，也可用肥皂水，将润滑剂均匀地刷在承口内已安装好的胶圈内表面，在插口外表面刷润滑剂时应注意刷至插口端部的坡口处。

6）顶推管子使之插入承口：球墨铸铁管柔性接口的安装顶推方法可采用撬棍顶入法、千斤顶拉杆法、捯链（手拉葫芦）拉入法、牵引机拉入法等。

7）检查：检查插口推入承口的位置是否符合要求；用探尺伸入承插口间隙中检查胶圈位置是否正确。

3. 安装工具

安装球墨铸铁管 T 型接口所使用的工具，按照顶推工艺的要求不同而有所差异，常用的工具有吊链、手扳葫芦、环链、钢丝绳、勾子、扳手、撬棍、探尺、钢卷尺等，目前也有一些单位使用专用机具，如连杆千斤顶和专用环（见图 1.26、图 1.27），对球墨铸铁管 T 型接口进行安装拆卸比较方便。连杆千斤顶适用的管径为 DN80～DN250，专用环适用的管径为 DN300～DN2000。表 1.21 为部分安装机具选用参考表。

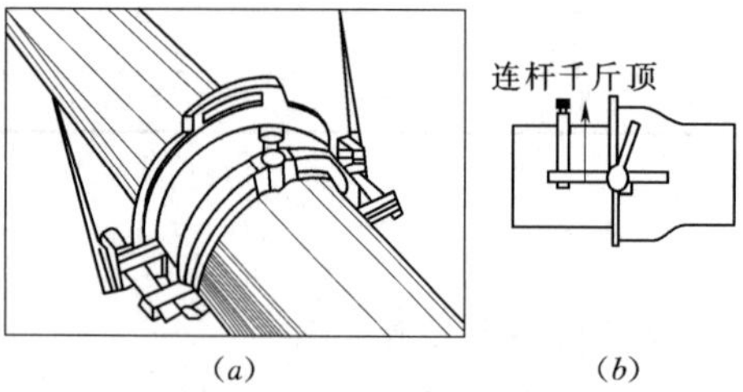

图 1.26　连杆千斤顶

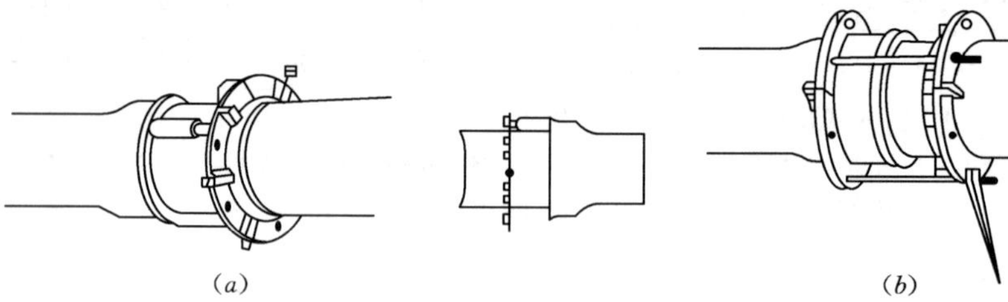

图 1.27　专用环

（a）用专用环安装；（b）用专用环拆卸

4. 注意事项

（1）胶圈应在承口槽内插正，并用手压实。

（2）安装完一节管子后，当卸下安装工具时，接口可能要脱开，故安装前应准备好配套工具，如用钢丝绳和手扳葫芦将安装好的管子锁住，见图 1.28。锁管时应在插口端作出标记，锁管前后均应检查使之符合要求。

表 1.21　　　　**部分安装机具选用参考表**

工具名称	适用管径 (mm)	规格	数量
手扳葫芦	200～400	1.5t	1
	500～600	3t	1
	700～900	3t	2
	1000～1200	6t	2
	1400～2000	6t	3
环链	200～450	Ⅰ类，公称直径 6.3	1
	500～600	Ⅰ类，公称直径 8.0	1
	700～900	Ⅰ类，公称直径 8.0 Ⅱ类，公称直径 8.0	1 1
	1000～1200	Ⅰ类，公称直径 10.0 Ⅱ类，公称直径 10.0	1 1
	1400～1600	Ⅰ类，公称直径 10.0 Ⅱ类，公称直径 10.0	1 2
	1800～2000	Ⅰ类，公称直径 12.0 Ⅱ类，公称直径 12.0	1 2
钢丝绳	80～150	ϕ13	1
	200～450	ϕ10	1
	500～600	ϕ12.5	1
	700～900	ϕ14	2
	1000～1200	ϕ16	2
	1400～1600	ϕ18	3
	1800～2000	ϕ20	3

(3) 当管子需要截短后再安装时，插口端应加工成坡口形状。

(4) 在弯曲段利用管道接口的借转角安装时，应先将管子沿直线安装，然后再转至要求的角度，转角后弯曲的内侧将有部分进入承口内，外侧有部分伸出。

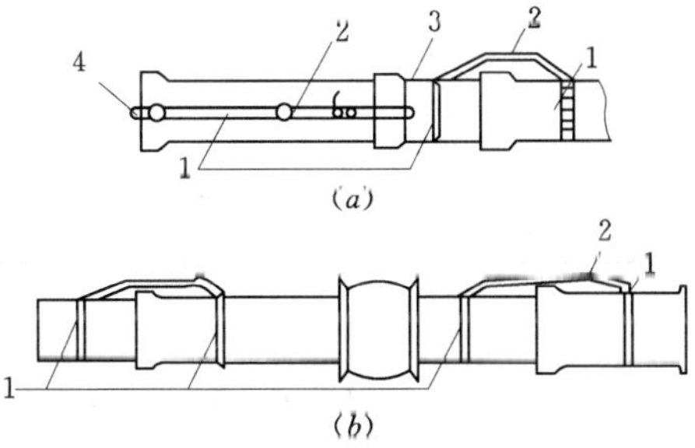

图 1.28　锁管

1—钢丝绳；2—手扳葫芦；3—环链；4—钩子

1.5.1.2　机械式球墨铸铁管安装

机械式（又称压兰式）球墨铸铁管柔性接口，是将铸铁管的承插口加以改造，使其适应一个特殊形状的橡胶圈做为挡水材料，外部不需其它填料。不需要复杂的安装机具，施工较简单，但要有附设配件。机械式接口主要由铸铁直管、压兰、螺栓和橡胶圈组成，接口形式有 A 型和 K 型，见图 1.28。A 型接口适用于 DN75～DN350 的管子，K 型接口适用的管径为 DN75～DN2600，表 1.22 为 A、K 型球墨铸铁管的外径及周长尺寸。

表 1.22 A型、K型球墨铸铁管的管径及周长尺寸 单位：mm

公称直径	实外径	外径允许偏差	外径的范围	外周长的范围
75	93	±2	91～95	285.9～298.5
100	118	±2	116～120	364.4～377
150	169	±2	167～171	524.6～537.2
200	220	±2	218～222	684.9～697.4
250	271.6	±2	269.6～273.6	847～859.5
300	322.8	+2、-3	319.8～324.8	1004.7～1020.4
350	374	+2、-3	371～376	1165.5～1181.2
400	425.6	+2、-3	422.6～427.6	1327.6～1343.3
450	476.8	+2、-3	473.6～478.8	1487.9～1504.2
500	528	+2、-3	525～530	1649.3～1665
600	630.8	+2、-3	627.8～632.8	1972.3～1988
700	733	+2、-3	730～735	2293.4～2309.1
800	836	+2、-3	833～838	2616.9～2632.7
900	939	+2、-3	936～941	2940.5～2956.2
1000	1041	+2、-4	1037～1043	3257.8～3276.7
1100	1144	+2、-4	1140～1146	3581.4～3600.3
1200	1246	+2、-4	1242～1248	3901.9～3920.7
1350	1400	+2、-4	1396～1402	4385.7～4406.5
1500	1554	+2、-4	1550～1556	4869.5～4888.3
1600	1650	+4、-5	1645～1654	5167.9～5196.2
1650	1701	+4、-5	1696～1705	5328.2～5356.4
1800	1848	+4、-5	1843～1852	5790～5818.2
2000	2061	+4、-5	2056～2065	6459.1～6487.4
2300	2280	+4、-5	2275～2284	7147.1～7175.4
2400	2458	+4、-5	2453～2462	7706.3～7734.6
2600	2684	+4、-5	2679～2688	8416.3～8444.6

1. 准备工作

机械式接口铸铁管的安装准备工作主要有下列几项：

(1) 管子与配件。

1) 检查管子有无损坏和缺陷。管子的外径和周长的尺寸偏差是否在允许的范围内。对管子的承口和插口尺寸进行全面的量测，并编号记录保存，选用管径相差最小的管子相组合。

2) 清理管口，检查和修补防腐层。

3) 选配胶圈。

4) 选配压兰和螺栓。

(2) 其他准备工作。在管道安装前还应做好验槽、清槽工作，将接口工作坑挖好，准备好管子的吊装设备和安装工具。吊装机具应在安装前仔细检查，以确保安全。

2. 安装方法

(1) 安装程序。下管→清理插口、压兰和橡胶圈→压兰和胶圈定位→清理承口→刷润滑剂→对口→临时紧固→螺栓全方位紧固→检查螺栓扭矩。

(2) 安装要求。

1) 下管：按下管要求将管子和配件放入沟槽，不得抛掷管子和配件以及其他工具和材料。管子放入槽底时应将承口端的标志置于正上方。

2) 压兰与胶圈定位：插口、压兰及胶圈清洁后，在插口上定出胶圈的安装位置，先将压兰送入插口，然后把胶圈套在插口已定好的位置处。

3) 刷润滑剂：刷润滑剂前应将承插口和胶圈再清理一遍，然后将润滑剂均匀地涂刷在承口内表面和插口及胶圈的外表面。

4) 对口：将管子稍许吊起，使插口对正承口装入，调整好接口间隙后固定管身，卸去吊具，对口间隙见表 1.23。

表 1.23　机械式球墨铸铁管允许对口间隙　单位：mm

公称直径	A 型	K 型	公称直径	A 型	K 型
75	19	20	1000	—	36
100	19	20	1100	—	36
150	19	20	1200	—	36
200	19	20	1350	—	36
250	19	20	1500	—	36
300	19	32	1600	—	43
350	32	32	1650	—	45
400	32	32	1800	—	48
450	32	32	2000	—	53
500	32	32	2100	—	55
600	32	32	2200	—	58
700	32	32	2400		63
800	32	32	2600	—	71
900	32	32			

5) 临时紧固：将密封胶圈推入承插口的间隙，调整压兰的螺栓孔使其与承口上的螺栓孔对正，先用 4 个互相垂直方位上的螺栓临时紧固。

6) 紧固螺栓：将全部的螺栓穿入螺栓孔，并安上螺母，然后按上下左右交替紧固的工序，对称均匀地分数次上紧螺栓。

7) 检查：螺栓上紧之后，用力矩扳手检验每个螺栓的扭矩。螺栓的扭矩值见表 1.24。

表 1.24　　螺栓的紧固扭矩

管　径（mm）	螺栓规格	紧固的扭矩（N·m）	管　径（mm）	螺栓规格	紧固的扭矩（N·m）
75	M16	60	700～800	M24	140
100～600	M20	100	900～2600	M30	200

3. 曲线安装

机械式球墨铸铁管沿曲线安装时，接口的转角不能过大，接口的转角一般是根据管子的长度和允许的转角计算出管端偏移的距离进行控制。机械式球墨铸铁管的允许转角和管端的偏移距离见表 1.25。

表 1.25　　曲线连接时允许的转角和管端的最大偏移值

公称直径（mm）	允许转角 θ（°）	管子的允许偏移值（cm）		
		4m	5m	6m
75	500	35	—	—
100	500	35	—	—
150	500	—	44	—
200	500	—	44	—
250	400	—	35	—
300	320	—	—	35
350	450	—	—	50
400	410	—	—	43
450	350	—	—	40
500	320	—	—	35
600	250	—	—	29
700	230	—	—	26
800	210	—	—	22
900	200	—	—	21
1000	150	—	—	19
1100	140	—	—	17
1200	130	—	—	15
1350	120	—	—	14
1500	110	—	—	12
1600	130	10	13	—
1650	130	10	13	—
1800	130	10	13	—
2000	130	10	13	—
2100	130	10	13	—
2200	130	10	13	—
2400	130	10	—	—
2600	130	10	—	—

4. 注意事项

(1) 所安装的管子必须符合设计要求。

(2) 沟槽的位置应符合设计要求，槽底的高程、中心线应准确，安装管子时应使承口端的产品标记位于管子顶部。

(3) 管道的弯曲部位应尽量使用弯头，如确需利用管道接口借转时，管子转过的角度应在表1.25允许的范围内。

(4) 切管一定用切管专用管和切管专用工具。切口应与管轴线垂直。在切口处如有内衬和防腐层损伤应进行修补。管子切好后，应对切管部的外周长和外径进行实测，听得结果应符合表1.22的规定。

(5) 下管时管子的捆吊，应采用兜底两点平吊的方法，使用的吊具应不损伤管子和管件。为防止管子被损伤，在管子和吊具之间宜垫以橡胶板或其他柔性缓冲垫。

(6) 豫胶圈应随用随从包装中取出，暂时不用的胶圈一定用原包装封存，放在阴凉、干燥处保存。

(7) 管子安装前，应将接口工作坑挖好。

1.5.2 钢管安装

钢管具有抗弯、抗扭强度及抗应变性能均比铸铁管和预应力钢筋混凝土管强，能耐高压。韧性好，管壁薄，重量轻，运输方便，管材长，接口少。但它比铸铁管的价格高，耐腐蚀性差，使用寿命短。适用于长距离输水管道及城市中的大口径给水管道、室内管道及各种工艺管道。

1.5.2.1 钢管及管件制作

1. 钢管焊接制作

大直径输水钢管采用钢板现场卷焊成管，管线中各种零件也用钢板卷制拼装焊接。

1) 下料。钢板毛料可以用各种剪切机、龙门剪床、切割机剪裁，电弧切割，氧—乙炔氧割枕气割或手工切割。电弧割、气割和人工切割的切割面不平整，有大量的机械加工余量。

2) 卷管。毛料用卷板机滚弯成圆，经常采用的有：

a. 三辊对称式卷板机（图1.29）。滚弯前，应调整滚轴的间距，滚轴之间的相对距离 H 和 B（见图1.30）都是可变的，调整 H 值较调整 B 值容易。滚轴直径、毛料厚度和卷圆直径之间，可按图1.30所示，求出关系式。由于材料的同弹量难于精确确定，故实际是以经验，逐次试滚以达到要求的卷圆半径。

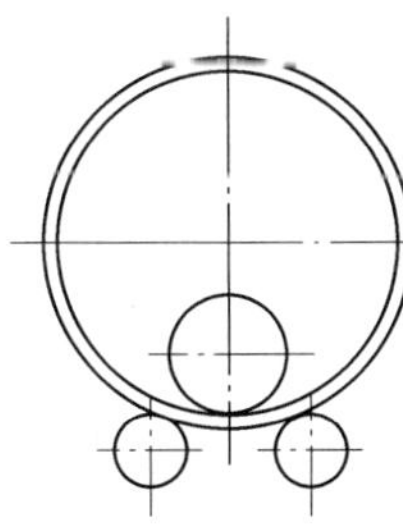

图1.29 三辊卷板机示意图

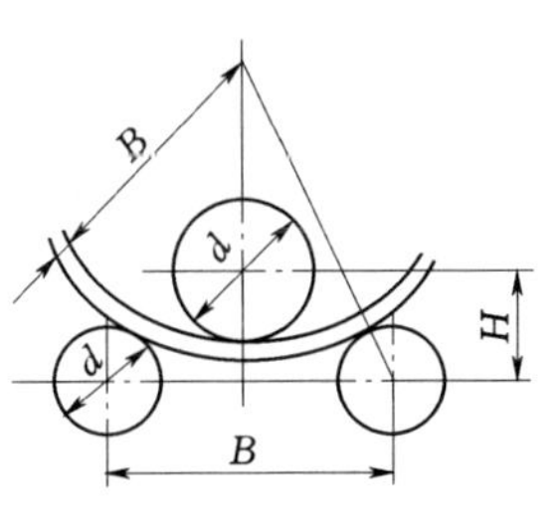

图1.30 滚弯各项参数示意图

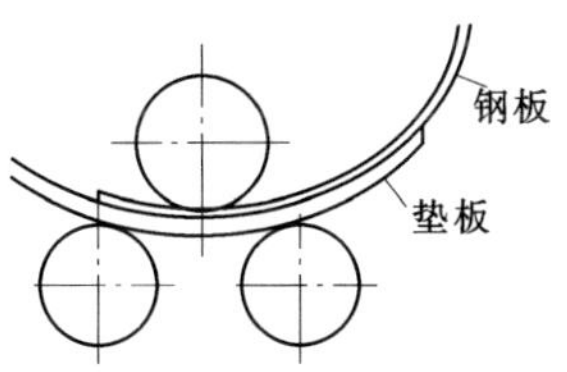

图1.31 垫板消除直线段

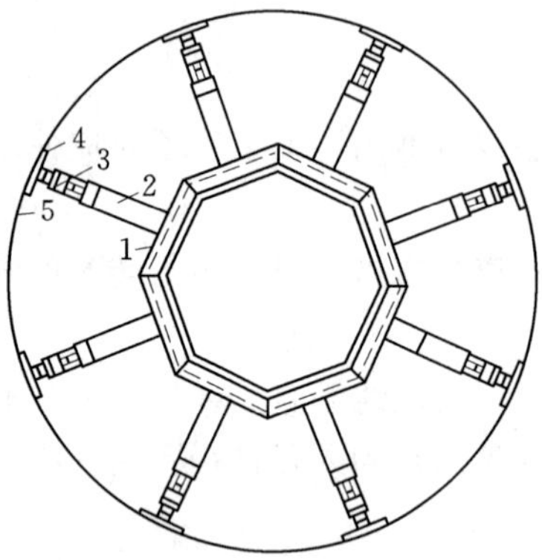

图 1.32 米字形支撑

1—箱形梁；2—套管；3—螺旋千斤顶；4—弧形衬板；5—钢管

三辊卷板机弯曲时，板边可在弧形垫板上预弯（见图 1.31）或在水压机上预弯。以避免起尾两端因卷板机上滚不到而成直线段。

b. 四辊卷板机卷圆。四辊卷板机板边预弯时不需要弧形垫板。三辊机上辊和四辊机侧辊倾斜安装后可卷制大小头等锥形零件，但辊筒倾角均不大于10°～12°。

卷板机卷圆可能产生的缺陷有：边缘歪斜、弯曲半径小于规定值、产生锥度和椭圆度、起鼓等。

管子卷圆后焊接和堆放时，可用米字形活动支撑撑于管内，并校正弧度误差（见图 1.32）。

3）管道焊接的施工要点见表 1.26。

表 1.26　管道焊接的施工要点

施工阶段	焊接施工要点及有关规定
管道焊接前准备	1. 管道内泥、污垢等物清理，管口边缘和焊口两侧 10～15mm 范围内的表面除锈，露出金属光泽； 2. 坡口的加工：在毛料卷圆前应进行，它能提高焊缝强度，见表 1.27； （1）当管壁厚度大于 4mm 时，需对焊接管端进行坡口处理，坡口上部夹角为 60°～70°，靠里皮边缘上应留 1.0～4.0mm 宽的钝边； （2）气焊切割加上坡口的方法：适合Ⅲ、Ⅳ级焊缝的坡口加工，加工后除净表面氧化皮，磨削凹凸不平处； （3）Ⅰ、Ⅱ级焊缝若采用等离子弧切割时，需先除净加工表面的热影响层，机械加工适合Ⅰ、Ⅱ级焊缝和高压管道的坡口加工； 3. 焊前预热：降低或消除焊接接头的残余应力，防裂纹产生、改善焊缝的热影响区的金属组织与性能，由材料的淬硬性、焊件厚度及使用条件、施焊时的环境温度等综合考虑钢管焊前的预热； 4. 椭圆度：用圆弧样板检查卷圆钢管的椭圆度，如图 1.33 所示。样板弧长为周长的 1/6～1/4。纠正椭圆度的方法是在卷板机上再滚弯若干次，或在弧度误差处用焊枪加热矫正； 5. 焊工：须持证上岗（即取得施焊范围的合格资质证），焊接地下压力钢管通常采用手工电焊。焊接工具和下管机械的配备、检验； 6. 焊条：按出厂说明书进行烘干，使用过程须保持干燥；焊条药皮应无脱落和显著裂纹；焊条材料与被焊材料相同或基本相近（指焊条的化学成分、机械强度、工作条件及工艺件）；质量符合国标《碳钢焊条》、《低合金焊条》的规定。选用焊条直径与牌号见表 1.28 及表 1.29（当用自动焊或半自动焊时）
管道的焊接	1. 焊缝的要求： （1）当管径不大于 800mm 时，采用单面焊，管径大于 800mm 时，采用双面焊； （2）纵向焊缝应放在管道中心线上半圆的 45°左右。 2. 对口的要求： （1）各管节对口时，纵向焊缝应错开，其间距：当 $DN<600$mm 时，$C \not< 100$mm，当 $DN \geqslant 600$mm 时，$C \not< 300$mm； （2）有加固环的钢管，在加固环对焊时，对焊焊缝与管节纵向焊缝应错开 $\not<$100mm 的间距，加固环距管节的环向焊缝不小于 50mm，管接口距离弯管的起弯点不小于管径，且不小于 100mm； （3）对口时，内壁要齐平，用长 400mm 的直尺在接口内壁周围顺序贴靠，其错口的允许偏差为 0.2δ（δ 为壁厚），且不大于 2mm，不同壁厚的管节对口时，管壁厚度不大于 3mm，当大于 3mm 时，应将接口边缘削成坡口，使壁厚一致，坡口切削长度为 4（$\delta_1-\delta_2$）。如果两管径相差大于小管管径的 15%时，可用渐缩管连接，渐缩管的长度不小于 2（DN_1-DN_2），且不小于 200mm。严禁在对口间隙帮条夹焊或用加热法去缩小间隙及强力接口

续表

施工阶段	焊接施工要点及有关规定
管道的焊接	(4) 环向焊缝距支架净距≮100mm，直管管段两相邻环向焊缝的间距不小于 200mm，管道任何位置不得有十字形焊缝。 3. 开孔要求： (1) 管道上任何位置不得开方孔； (2) 干管的纵向、环向焊缝处，不得接支管或开孔； (3) 直线管段不宜加短节，必须加短节的，其长度不大于 800mm，且严禁在短节和管件上开孔。 4. 闭合焊接：组合钢管固定口焊接，夏季应在气温较低时施焊（不高于 30℃）。两管段间的闭合焊接，除按以上规定焊接外，必要时与设计院洽商，设柔性接口代替闭合焊接（设伸缩节）。 5. 点焊要求：钢管对口检查合格后，进行点焊，且应符合下列规定： (1) 点焊对称性进行，其厚度应与第一层焊接厚度相近，并用与接口相同焊条； (2) 钢管的纵向焊缝及螺旋焊缝处不得点焊，点焊长与间距见表 1.30。 6. 寒冷的冬季焊接要求：(或在恶劣的环境下的焊接)： (1) 清除管道下的冰、雪、霜等； (2) 工作环境的风力大于 5 级，相对湿度大于 90%或雪天时，不加保护措施的不得施焊； (3) 冬季焊接环境温度低于表 1.31 规定时，应采取预热措施；一般在 5℃以上施焊
焊后检验	1. 无损探伤检验：有特殊要求需要作无损探伤检验时，其取样数量与要求等级按设计规定执行，凡不合格的焊缝必须返修，返修后仍按原规定方法进行探伤检验。返修的次数不得超过 3 次。 2. 检查前应将妨碍检查的渣皮、飞溅物清理干净。 3. 应在油渗、无损探伤、水压试验前进行外观检查，试压后，补做防腐绝缘层。 4. 管径≥800mm 的，应逐口进行焊缝油渗检验，不合格的铲除重焊。 5. 焊缝的外观质量要求见表 1.31。 6. 焊后要进行热处理

表 1.27　电弧焊管端修口各部尺寸

修口形式	壁厚 t (mm)	间隙 b (mm)	钝边 p (mm)	坡口角度 α (°)
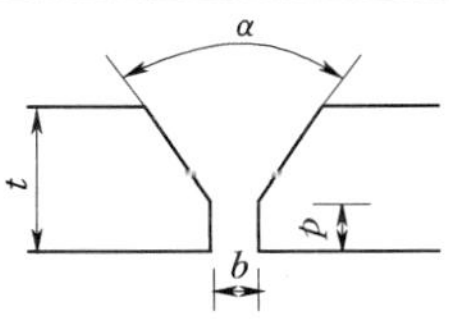	4～9	1.5～2.0	1.0～1.5	60～70
	10～26	2.0～3.0	1.5～4.0	60±5

表 1.28　选用焊条牌号

材料类别	钢号	焊丝牌号	焊剂牌号
碳素钢	Q235 钢	焊 08 高（H08A）	431
屈服点 350MPa 的普通低合金钢	16Mn 钢	焊 08 锰高（H08MnA）	431

表 1.29　焊条直径的选用

焊条直径 (mm)	适用情况
2.0	适于焊最薄钢材
2.5～3.2	适于焊较薄钢材
4.0、5.0、6.0	适于焊厚钢材

表 1.30　点焊长度的规定

管径 (mm)	点焊长度 (mm)	环向点焊点（处）
350～500	50～60	5
600～700	60～70	6
>800	80～100	点焊间距不大于 400mm

表 1.31　　冬期焊接环境温度的规定

钢　　号	环境温度（℃）	预热宽度（mm）	预热达到温度（℃）
含碳量<0.2%碳素钢	<－20	焊口每侧不小于40	100～150
0.2%<含碳量<0.3%	<－10		
16Mn钢	<0		100～200

表 1.32　　焊缝外观质量指标

项　目	指　　标
外观	不得有熔化金属流到焊缝外未熔化的母材上，焊缝和热影响区表面不得有裂纹、气孔、弧坑和灰渣等缺陷；表面光顺、均匀，焊道与母材应平缓过渡，根部应焊透
宽度	应焊出坡口边缘2～3mm（指加强面）
表面余高	小于等于1＋0.2倍坡口边缘宽度且不大于4mm
咬边	深度小于或等于0.5mm，焊缝两侧咬边总长不得超过焊缝长度的10%，且连续长不大于100mm
错边	小于或等于0.2t，且不大于2mm
未焊满	不允许

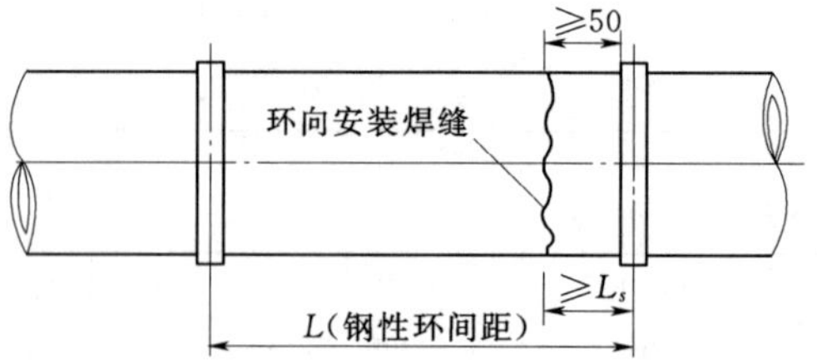

图 1.33　环向安装焊缝

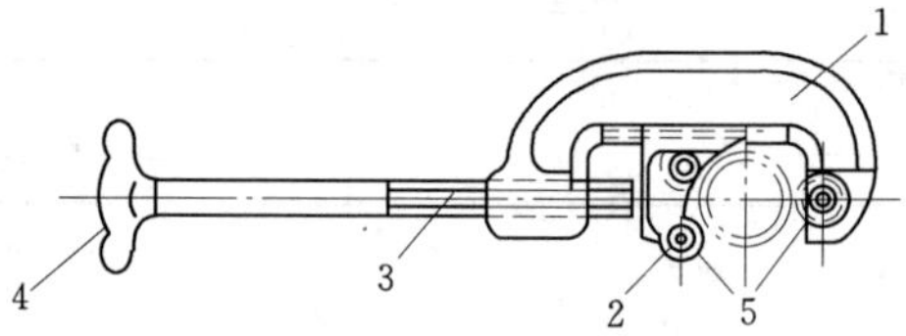

图 1.34　三滚割管器

1—割管器架；2—滑块；3—螺杆；4—把手；5—滚刀

2. 钢管的切割

钢管的切割方法，内容与要求见表1.33。

表 1.33　　钢管的切割

项　目				内　容　与　要　求
切割机具				常用套丝切割机、电动自爬割管机、风动轻型厚壁切割机
切割方法	机械切割	锯割	手锯	由锯弓、锯条组成，锯弓长度可以锯条长度来调节，常用300mm长的锯条，粗齿锯条每英寸长上18齿，细齿锯条每英寸长上24齿，细齿锯割力小不卡齿，但速度太慢，适于 *DN*400内钢管锯割，固定在压力钳上操作
			机锯	用装有高速钢锯条的锯床锯割 *DN*200mm以下的各种金属管，锯前必须检查电源，传动装置、防护罩是否良好安全，存油器内是否有规定数量的存油。管子垫稳、放平、夹紧、先手动转盘，正常后再开车空转几次后再正式锯割，管子在快要锯断前，就降速，防止管落伤人

续表

项目				内容与要求
切割方法	机械切割	刀割	滚刀割管器	滚刀割管器见图 1.34～图 1.35，用 1/8A 号工具钢做滚刀，切割口径为15～25、25～50、50～80、80～100mm 的管子时，滚刀相应地做成直径为 30、35、40、50mm，比手锯快，但管口内侧出毛刺，会缩小过水断面，要修整
			自爬式电动割管机	尤其适用于坑下，架空管道的切割及抢修工程上用，产品型号见表 1.34，图 1.36 为 J3up—70 型机，该类型割管机体积小，重量积，通用性强，使用维修简单，效率高，切割面平整。但防水性差，因电动机不能泡在水里
			卡盘式电动切管机	适于大、中口径金属管道，切割质量好，刀具简单，无需人工操作，但安装校正占用的时间较多，笨重，通用性差，切割机具制做困难，如图 1.37。主要技术参数见表 1.35
		磨削切割		利用高速旋转的砂轮切断管子，G2230 型卧式磨削机装有直径为 400mm，厚 3mm 的砂轮片，一般选用直径为 125～250mm 的砂轮片，软轴砂轮片切割法是一种途径，但国内用电动砂轮片切割
	气割			1. 用氧、乙炔的气体火焰使管壁预热到 1100～1150℃燃点，再向气割处喷射高压氧气流，使金属燃烧，高压氧的吹力将燃烧中产生的溶渣吹掉，重复预热—燃烧—吹渣过程，即完成气割钢管； 2. 无论管子转动或固定，割嘴须保持垂直于管子表面，割透后，将割嘴逐渐前倾，到与割点的切线呈 70°～80°角，割断修正后的管口端面与管子中心线保持垂直； 3. 一般从管子下部开始气割，割断后用锉刀、手动砂轮等清除切口处的氧化铁渣； 4. 割嘴与氧气压力的确定与割件厚度有关，见表 1.36； 5. 割嘴与割件表面的距离一般以焰心末端距离割件 3～5mm 为宜
切割的一般要求				$DN \leqslant 50$mm 的中、低压碳钢管、高压钢管或合金钢管、镀锌钢管均用机械切割法； $DN > 50$mm 的中、低压碳钢管常用气割法切割，高压钢管或合金钢管若用氧－乙炔焰切割时，必须将切割表面的热影响区排除，其厚度一般不小于 0.5mm
切口的质量要求				1. 切口表面应平整，不得有裂纹、重皮、毛刺、凹凸、缩口、溶渣、氧化铁、铁屑等杂物； 2. 切口平面倾斜偏差为管子直径的 1%，但不得超过 3mm，高压钢管或合金钢管切断面应及时标上原有标记

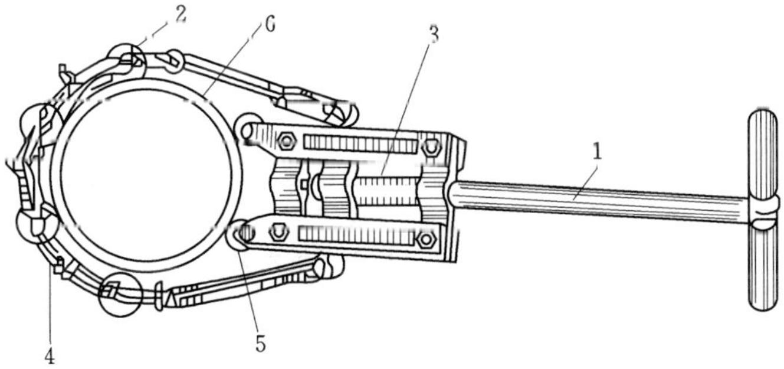

图 1.35 多滚刀式割管器

1—摇柄；2—链安切割轮；3—收紧丝杆；4—链条；5—门架切割轮；6—被切管子

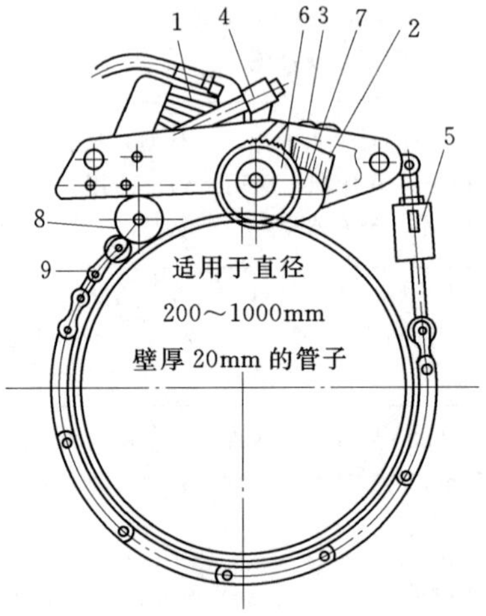

图1.36　自爬式电动割管机

1—电动机；2—变速箱；3—爬行进给离合器；4—进刀机构；5—爬行夹紧机构；6—切割刀具；7—爬轮；8—导向轮；9—被切割管子

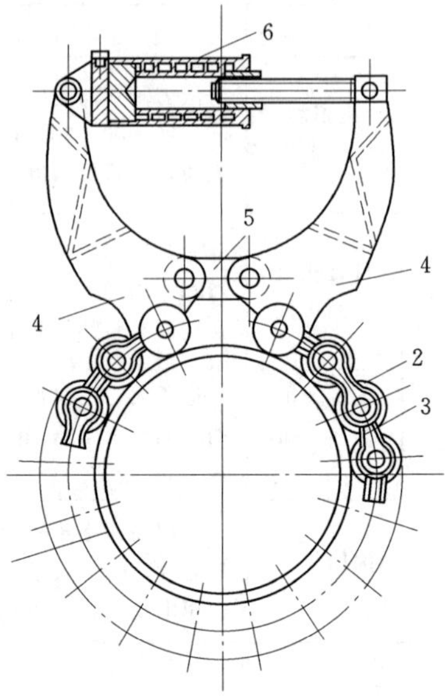

图1.37　卡盘式电动切管机

1—管体；2—刺刀轮；3—链板；4—剪柄；5—拉板；6—油压千斤顶

表1.34　自爬式电动割管机主要技术参数

产品型号	J_3up－35	J_3up－70
电源	三相380V50Hz	
额定输出功率(kW)	1.5	1.0
铣刀轴转速(r/min)	35	70
爬行进给速度(mm/min)	40	85
最大切割深度(mm)	36	割断20、坡口12
适用管材	铸铁管、碳钢管、低合金钢管、不锈钢管，高合金钢管	铸铁管、碳钢管、低合金钢管
适用口径(mm)	150～1200	200～1000
管子周围最小爬行空间(mm)	300	350
主机重量(kg)	80	60

表1.35　卡盘式电动切管机主要技术参数

切割机规格(mm)	1200	1000	900	700	500	400	300
割管范围 (mm)	1000～1200	800～1000	800～900	600～700	300～500	300～400	200～300
电动机功率 (kW)		1.7			1.6		1.5

表 1.36　　割嘴号码、氧气压力与割件厚度的关系

割件厚度（mm）	割炬		氧气压力（MPa）	乙炔压力（MPa）
	型　号	割炬号码		
≤4 4～10	G01－30	1～2 2～3	0.3～0.4 0.4～0.5	0.001～0.12
10～25 25～50 50～100	G01－100	1～2 2～3 3	0.5～0.7 0.5～0.7 0.6～0.8	0.001～0.12
100～150 150～200 200～250	G01－300	1～2 2～3 3～4	0.7 0.7～0.9 1.0～1.2	0.001～0.12

3. 钢管的下管与管道放线检验

1）组合钢管的管段在下管前对管段的长度、吊距位置确定，应由施工方案、管径、壁厚、外防腐材料、下管方法、安全、环境等确定。

2）管道坐标、标高的允许偏差见表 1.37。

表 1.37　　钢管道安装允许偏差

项　目	允许偏差		项　目	允许偏差	
	无压力管道	压力管道		无压力管道	压力管道
轴线位置	15	30	轴线位置	±10	±20

按系统检查管道的起点、终点、分支点和变向点，以及各点之间的直线管段。室外以每 50m 抽查一点，不足 50m 的不抽查。

3）水平管道纵、横方向弯曲的允许偏差为 1mm/m。

4）管道安装工作如有间断，应及时封闭敞开的管口。

5）管节下沟前先检查内外防腐层，合格后方可下管。

1.5.2.2　钢管连接

1. 钢管对口

（1）不同壁厚的钢管的对口参见图 1.38 和图 1.39。

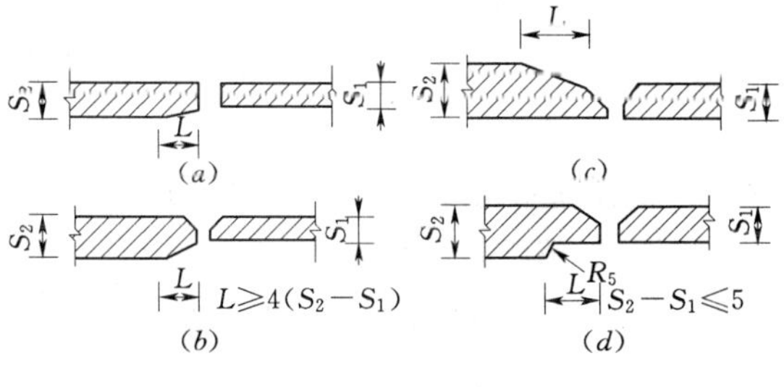

图 1.38　不同壁厚钢管对口的坡口

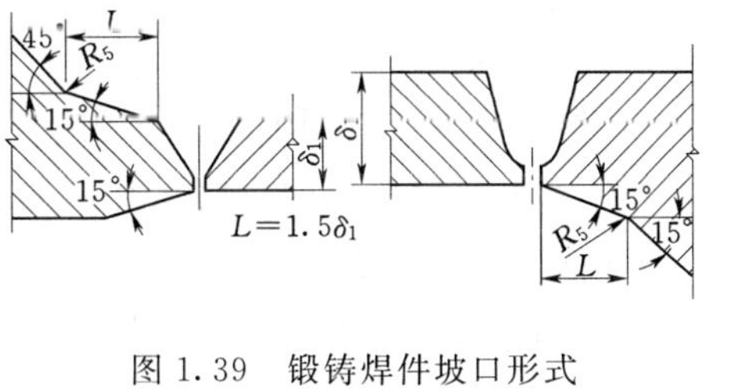

图 1.39　锻铸焊件坡口形式

（2）不得强力对口。当存在间隙偏大、错口、不同心等缺陷时，不得强力对口，也不

表1.38 管端接口的最大间隙

管壁设计厚度δ（mm）	6～9	9以上
间隙L（mm）	1.5～2.5	2.5～3.0

得用加热伸长管子或加扁铁、多层垫等方法去连接管道，管端接口间隙不得超过表1.38规定的尺寸，若超过、则应加入短管去连接。

2. 垫管

（1）管子对口后应垫牢固，避免焊接或预热过程中产生变形，也不得搬动管子，或使管子悬空，处于外力作用下施焊。

（2）钢管若在基岩或坚硬地基上埋设，需加砂或砂砾垫层，垫层的厚度不小于10cm，90°弧基也应铺砂垫层。

3. 接口焊接

（1）点焊：一般分上下左右四处定位焊，最少不应少于3处。

（2）定位点焊后，检查与调直，若发现焊肉有裂纹等缺陷，应及时处理。

（3）转动焊接、减少仰焊，提高速度，保证焊接质量。

（4）用电弧焊进行多层焊时，焊缝内堆焊的各层，其引弧和熄弧的地方彼此不应重合。焊缝的第一层应呈凹面，并保证根部焊透，中间各层要把两焊接管的边缘全部结合好，最后一层应把焊缝全部填满，并保证自焊缝过渡到母材的平缓。

（5）每道焊缝均应焊透，且不得有裂纹、夹渣、气孔、砂眼等缺陷。焊缝表面成形良好。

4. 钢管的法兰连接

钢管常用法兰连接，其优点是结合面的密闭性好，强度高。

（1）连接要点。

1）根据管径、管道工作压力及拆卸方便，易于加工等来按设计要求选定法兰。

2）不宜用在埋地管道，因螺栓易锈蚀，拆卸也困难。

3）法兰的密封性。

a. 观测检查法兰的密封面及密封垫片，是否有影响密封性能的缺陷存在。

b. 密封面与管子中心线垂直，其偏差不得大于法兰盘凸出外径的0.5%，并不得超过2mm。

c. 插入法兰内的管子端部至法兰密封面应为管壁厚度的1.3～1.5倍。不得用强紧螺栓去消除歪斜。

d. 清洁密封面后再连接法兰，焊肉高出密封面部分要锉平，垫圈放置要平正。口径大于600mm的法兰接口以及用拼粘垫片的法兰接口均应在两法兰密封面上各涂铅油一遍，以利接口的严密。

4）保持法兰连接同轴，螺栓孔中心偏差一般不超过孔径的5%，并保证螺栓自由穿入，使用铸铁螺纹法兰时，管子与法兰上紧后，管子端部距密封面应不少于5mm。

5）使用相同规格的螺栓。安装方向应一致，紧固螺栓时应对称，均匀地拧紧，严禁先拧紧一侧，再拧紧另一侧，螺母应在法兰的同一侧平面上。紧固好的螺栓应露出螺母之外2～3扣。但其长度最多不应大于螺栓直径的1/2。

6）紧固管件法兰时，须待管体温度稳定之后进行。

5. 钢管回填土特殊要求

（1）钢管竖向变形的控制。钢管道的竖向变形不大于设计规定，且不大于 DN 的2%。

为防止钢管道在回填时出现较大变形，回填土施工中要严格遵守操作规程及有关规定，DN＞800mm 的管道回填土前，在管内采取临时竖向支撑，见图1.40。

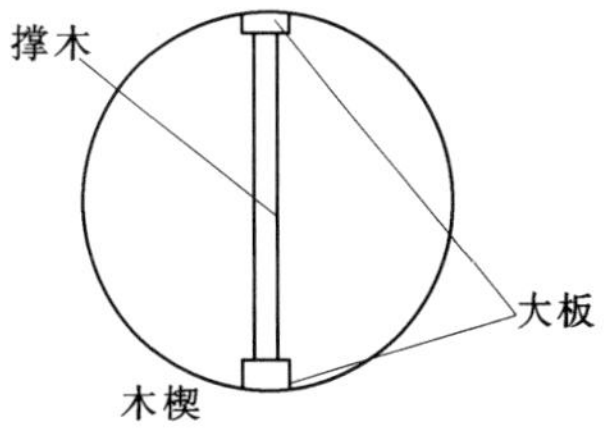

图1.40　钢管内临时支顶

（2）对管道回填土及管道内支撑的要求。

1）检查管道。回填土前检查管道内的竖向变形或椭圆度是否符合要求，不合格者要支顶合格，方可回填。

2）分段回填与支撑。胸腔回填土应分段进行，需要在管内采取临时支撑措施的管段，在填土前应支撑稳妥，其方法如下：

a. 在管道内竖向上、下用5cm×20cm大板紧贴管壁，再用直径大于10cm圆木，或10cm×10cm、10cm×12cm的方木支顶（或用支撑器），并在下面用硬木楔（撑木与大板之间）背紧。每管节支2～3道。

b. 支撑后的管道，竖向径距比水平径距略大1%～2%D（预拱度）。

c. 如竖向变形较大，用支撑木楔背不起来，可用小千斤顶支顶合适再背。

3）回填要求。

a. 填土前要检查管底两侧三角处砂是否密实，缺砂或不密实要补填密实。

b. 胸腔两侧填土必须同时进行，两侧回填高度不要相差一层（0.2～0.3m）以上。

c. 测量、控制土的最佳含水量，以达到设计密实度，以保证钢管的强度、刚度和稳定性，特别是管子与砂垫层接触的部分的夯实质量。

d. 胸腔填土至管顶以上时，要检查管道变形与支撑情况，无问题时再继续回填，否则需采取措施处理后再填。总之，胸腔填土是防止钢管道竖向变形的关键工序。

e. 回填土到设计高度后（有临时支撑的拆撑后），应再次量测管子尺寸并记录，以确认管道回填后的质量。

f. 回填土不得采用粉砂、淤泥、石块或冻土等。

g. 回填土的夯实指标见表1.39。

表1.39　管周回填土夯实指标

土料名称	土颗粒最大容重（t/m^3）	最佳含水量重量比（%）	设计采用回填土之压缩模量 E_s（kg/cm^2）
砂土（不包括粉细砂）	1.8～1.88	8～12	100以上
黏质粉土	1.85～2.08	9～15	50～100
粉质黏土	1.85～1.95	12～15	40～80
黏土	1.58～1.7	19～23	

1.5.3　硬聚氯乙烯（UPVC）给水管道安装

硬聚氯乙烯管道作为室外给水管材正得到越来越多的广泛的应用。它与金属管道相比，具有重量轻、耐压强度好、输送流体阻力小、耐化学腐蚀性能强、安装方便、投资低、使用寿命长等特点。本节主要根据《给水排水管道工程施工及验收规范》（GB

50268—2008）编写。

1.5.3.1　规范要求

（1）管节及管件的规格、性能应符合国家有关标准的规定和设计要求，进入施工现场时其外观质量应符合下列规定：

1）不得有影响结构安全、使用功能及接口连接的质量缺陷。

2）内、外壁光滑、平整，无气泡、无裂纹、无脱皮和严重的冷斑及明显的痕纹、凹陷。

3）管节不得有异向弯曲，端口应平整。

4）橡胶圈应符合规范要求。

（2）管道铺设应符合下列规定：

1）采用承插式（或套筒式）接口时、宜人工布管且在沟槽内连接；槽深大于3m或管外径大于400mm的管道，宜用非金属绳索兜住管节下管；严禁将管节翻滚抛入槽中。

2）采用电熔、热熔接口时，宜在沟槽边上将管道分段连接后以弹性铺管法移入沟槽；移入沟槽时，管道表面不得有明显的划痕。

（3）管道连接应符合下列规定：

1）承插式柔性连接、套筒（带或套）连接、法兰连接、卡箍连接等方法采用的密封件、套筒件、法兰、紧固件等配套管件，必须由管节生产厂家配套供应；电熔连接、热熔连接应采用专用电器设备、挤出焊接设备和工具进行施工。

2）管道连接时必须对连接部位、密封件、套筒等配件清理干净，套筒（带或套）连接、法兰连接、卡箍连接用的钢制套筒、法兰、卡箍、螺栓等金属制品应根据现场土质并参照相关标准采取防腐措施。

3）承插式柔性接口连接宜在当日温度较高时进行，插口端不宜插到承口底部，应留出不小于10mm的伸缩空隙，插入前应在插口端外壁做出插入深度标记；插入完毕后，承插口周围空隙均匀，连接的管道平直。

（4）电熔连接、热熔连接、套筒（带或套）连接、法兰连接、卡箍连接应在当日温度较低或接近最低时进行；电熔连接、热熔连接时电热设备的温度控制、时间控制，挤出焊接时对焊接设备的操作等，必须严格按接头的技术指标和设备的操作程序进行；接头处应有沿管节圆周平滑对称的外翻边，内翻边应铲平。

（5）管道与井室宜采用柔性连接，连接方式符合设计要求；设计无要求时，可采用承插管件连接或中介层做法。

（6）管道系统设置的弯头、三通、变径处应采用混凝土支墩或金属卡箍拉杆等技术措施；在消火栓及闸阀的底部应加垫混凝土支墩；非锁紧型承插连接管道，每根管节应有3点以上的固定措施。

（7）安装完的管道中心线及高程调整合格后，即将管底有效支撑角范围用中粗砂回填密实，不得用土或其他材料回填。

1.5.3.2　管道连接

硬聚氯乙烯给水管道可以采用橡胶圈接口、黏接接口、法兰连接等形式。最常用的是橡胶圈和粘接连接，橡胶圈接口适用于管径为63～315mm的管道连接；粘接接口只适用于管外径小于160mm管道的连接；法兰连接一般用于硬聚氯乙烯管与铸铁管等其他管材阀件等的连接。粘接接口的施工环境温度为 5℃以上，橡胶圈接口的施工环境温度为 −10℃以上。

1. 橡胶圈连接（R—R 连接）

（1）橡胶圈的性能要求。当管道采用橡胶圈接口（R—R 接口）时，所用的橡胶圈不应有气孔、裂缝、重皮和接缝，其性能应符合下列要求：

1）邵氏硬度为 45°～55°。

2）伸长率≥500%。

3）拉断强度≥16MPa。

4）永久变形<20%。

5）老化系数>0.8（在 70℃温度情况下，历时 144h）。

（2）连接程序：准备→清理工作面及胶圈→上胶圈→刷润滑剂→对口、插入→检查。

（3）操作方法及要求。

1）准备：检查管材、管件及橡胶圈的质量，并根据作业项目参考表 1.40 准备工具。当连接的管子需要切断时，需在插口端另行倒角，并应划出插入长度标线，然后再进行连接。最小插入长度应符合表 1.41 的规定。切断管材时，应保证断口平正且垂直管轴线。

表 1.40　各作业项目的施工工具表

作业项目	工具种类
锯管及坡口	细齿锯或割管机，倒角器或中号板锉、万能笔、量尺
清理工作面	棉纱或干布
涂润滑剂	毛刷，润滑剂
连接	手动葫芦或插入机，绳
安装检查	塞尺

表 1.41　管子接头最小插入长度

公称外径（mm）	63	75	90	110	125	140	160	180	200	225	280	315
插入长度（mm）	64	67	70	75	78	81	86	90	94	100	112	113

2）清理：将承口内的橡胶圈、插口端工作面及橡胶圈清理干净，不得有土或其他杂物。

3）上胶圈：将橡胶圈正确安装在橡胶圈沟槽中，不得装反或扭曲。为了安装方便可用水浸湿胶圈，但不得在橡胶圈上涂润滑剂安装。

4）刷润滑剂：用毛刷将润滑剂均匀地涂在装嵌在承口处的橡胶圈和管子插口端外表面上，但不得将润滑剂涂到承口的橡胶圈沟槽内；润滑剂可采用 V 型脂肪酸盐，禁止用黄油或其他油类作润滑剂。

5）对口插入：将连接管道的插口对准承口。保持插入管端的平直、用手动葫芦或其他拉力机械将管一次插入至标线，若插入阻力过大，切勿强行插入，以防橡胶圈扭曲。

6）检查：用塞尺顺承插口间隙插入，沿管圆周检查橡胶圈的安装是否正确。

2. 胶黏剂连接（T—S连接）

（1）连接程序。准备→清理工作面→试插→刷黏结剂→黏结→养护。

（2）操作方法。

1）准备：检查管材、管件质量、根据作业项目按表1.42准备施工工具。

表1.42　各项作业的施工工具表

作业项目	工具种类
切管及坡口	同表1.40
清理工作面	除同表1.40之外，尚需丙酮清洗剂
粘结	毛刷、胶黏剂

连接的管子需要切断时，须将插口处做成坡口后再进行连接。切断管子时，应保证断口平整且垂直管轴线。加工成的坡口应符合下列要求：坡口长度一般不小于3mm；坡口厚度约为管壁厚度的1/3～1/2。坡口完后，应将残屑消除干净。

2）清理工作面：管材或管件在粘合前，应用棉纱或干布将承口内侧和插口外侧擦试干净，使被粘结面保持清洁，无尘砂与水迹。当表面粘有油污时，须用棉纱蘸丙酮清洁剂擦拭干净。

3）试插：粘接前应将两管试插一次，使插入深度及配合情况符合要求，并在插入端表面划出插入承口深度的标线。管端插入承口深度应不小于表1.43的规定。

表1.43（a）　粘结连接管材插入深度

管材公称外径（mm）	20	25	32	40	50	63	75	90	110	125	140	160
管端插入承口深度（mm）	16.0	18.5	22.0	26.0	31.0	37.5	43.5	51.0	61.0	68.5	76.0	86.0

表1-43（b）　粘结剂标准用量

公称外径（mm）	20	25	32	40	50	63	75	90	110	125	140	160
粘接剂用量（g/个）	0.40	0.58	0.88	1.31	1.94	2.97	4.10	5.73	8.43	10.75	13.37	17.28

4）涂刷黏接剂：用毛刷将黏接剂迅速涂刷在插口外侧及承口内侧结合面上时，宜先涂承口，后涂插口，宜轴向涂刷，涂刷均匀适量。每个接口黏接剂用量参见表1.44。

表1.44　粘结后静止固化时间　　单位：min

公称外径（mm）	管材表面温度		
	45～70℃	18～40℃	5～18℃
63以下	1～2	20	30
63～110	30	45	60
110～160	45	60	90

5）粘接：承插口涂刷黏接剂后，应立即找正方向将管端插入承口，用力挤压，使管端插入的深度至所划标线，并保证承插接口的直度和接口位置正确。管端插入承口粘接后，用手动葫芦或其他拉力器拉紧，并保持一段时间（*DN*＜63时，保持时间大于30s；*DN*＝63～160时，保持时间大于60s），然后才能松开拉力器，以防止接口滑脱。

6）养护：承插接口连接完毕后，应及时将挤出的黏接剂擦拭干净。粘接后，不得立即对结合部位强行加载，其静置固化时间不应低于表 1.44 的规定。

1.5.3.3 硬聚氯乙烯给水管道试压与验收

管道铺设完毕后要进行管道系统的试压工作，这是工程质量自检及工程验收的重要步骤。硬聚氯乙烯管道工程的试压工作除了参照“给水管道水压试验及冲洗消毒”的有关内容进行外，还应按照以下规定进行。

1. 硬聚氯乙烯给水管道试压

（1）试压分段。硬聚氯乙烯给水管道试压管段的长度视具体情况而定。对于无节点连接的管道，试压管段长度不宜大于 1.5km；有节点的管道，试压段长度不宜大于 1km。

（2）试压准备。试压的准备工作请参照“给水管道水压试验及冲洗消毒”的有关内容。

（3）管道充水。管道充水时应缓慢地进行，充水的同时应排出管道内的空气。管道充满水后，在无压情况下至少保持 12h。

（4）试压方法。硬聚氯乙烯给水管道的水压试验有严密性试验和强度试验两项内容。

1）严密性试验。管道充水 12h 后，将管内水压加到 0.35MPa，并保持 2h，检查各部位是否有渗漏或其他不正常现象。试验时为保持管内压力可向管内补水。严密性试验时，若在 2h 中无渗漏现象为合格。

2）强度试验。严密性试验合格后进行强度试验。管内试验压力不得超过设计工作压力的 1.5 倍，最低不宜小于 0.5MPa，并保持试压 2h 或者满足设计的特殊要求。每当压力降落 0.02MPa 时，则应向管内补水。为保持管内压力所增补的水为漏水量的计算值。若漏水量不超过表 1.45 中所规定的允许值，则试验管段承受了强度试验。

表 1.45 不同管径每公里管段允许漏水量表

管外径（mm）	每公里长管段允许漏水量（L/min）		管外径（mm）	每公里长管段允许漏水量（L/min）	
	粘接连接	橡胶圈连接		粘接连接	橡胶圈连接
63～75	0.2～0.24	0.3～0.5	200	0.56	1.4
90～110	0.26～0.28	0.6～0.7	225～250	0.7	1.55
125～140	0.35～0.38	0.9～0.95	280	0.8	1.6
160～180	0.42～0.5	1.05～1.2	315	0.85	1.7

（5）试压时的注意事项。

1）对于粘接连接的管道须在安装完毕 48h 后才能进行试压。

2）试压管段上的三通、弯头，特别是管端的盖堵的支撑要有足够的稳定性。若采用混凝土结构的止推块，试验前要有充分的凝固时间，使其达到额定的抗压强度。

3）试压时，向管道充水的同时排除管内空气，进水应缓慢，以防发生气锤或水锤现象。

2. 硬聚氯乙烯给水管道的冲洗，消毒和竣工验收

管道系统的冲洗、消毒和竣工验收请参见“给水管道水压试验及冲洗消毒”的有关内容。

1.5.4 室外给水管道水压试验及冲洗消毒

给水管道铺设完毕后要进行管道系统的试压工作，这是管道工程质量检查与验收的重要环节。给水管道的试压按使用介质分为水压试验和气压试验；按试压目的分为强度试验

和严密性试验。管道工作压力大于或等于0.1MPa时，进行压力管道的强度及严密性试验。管道工作压力小于0.1MPa时，进行无压力管道的严密性试验。

1.5.4.1　一般规定

（1）水压试验前沟槽应部分回填，管顶以上回填土厚度不应少于0.5m，管口处暂不回填，以便检查和修理。水压试验合格后，应及时回填沟槽的其余部分。

（2）对粘接连接的化学建材管道，水压试验必须在粘接连接安装24h后进行，浸泡时间不少于24h。

（3）对有水泥砂浆衬里的球墨铸铁管和钢管，宜在不大于工作压力的条件下充分浸泡再进行试压，浸泡时间不少于24h。

（4）水压试验前，对试压管段应采取有效的固定和保护措施，但接头部位必须明露。当承插给水铸铁管管径不大于350mm时，试验压力不大于1.0MPa时，在弯头或三通处可不做支墩。

（5）水压试验管段长度一般不要超过1000m，非金属管段不宜超过500m，超过长度宜分段试压，并应在管件支墩达到强度后方可进行。

（6）试压管段不得采用闸阀做堵板，不得与消火栓、水泵接合器等附件相连，已设置这类附件的要设置堵板，各类阀门在试压过程中要全部处于开启状态。

（7）管道水压试验前后要做好水源引进及排水疏导路线的设计。

（8）管道灌水应从下游缓慢灌入。灌入时，在试验管段的上游管顶及管段中的凸起点应设排气阀将管道内的气体排除。

（9）冬季进行水压试验应采取防冻措施。试压完毕后及时放水。

（10）水压试验的压力表应校正，弹簧压力计的精度不应低于1.5级，最大量程宜为试验压力的1.3～1.5倍，表壳的公称直径不应小于150mm，压力表至少要有两块。

1.5.4.2　管道试压

（1）试压前，对三通、弯头等承受压力较大处，应设置支墩，避免破坏管道或抵消产生的推力。按图1.41、图1.42所示铺设连接试验管道，进水管段，安装阀门、试压泵、压力表等。

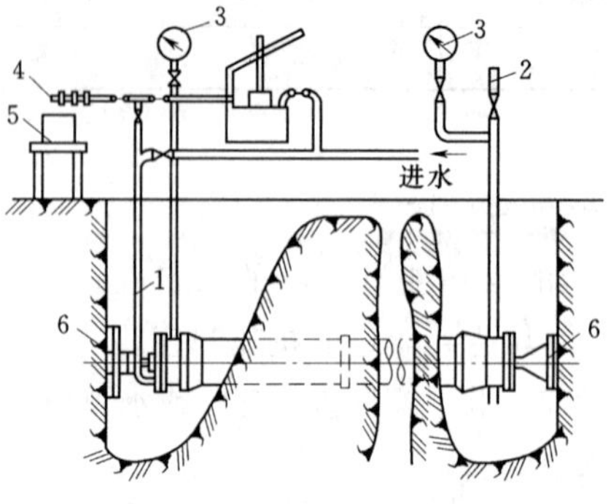

图1.41　放水法试验示意图

1—进水管；2—排气管；3—压力表；4—放水口；5—水桶；6—后背

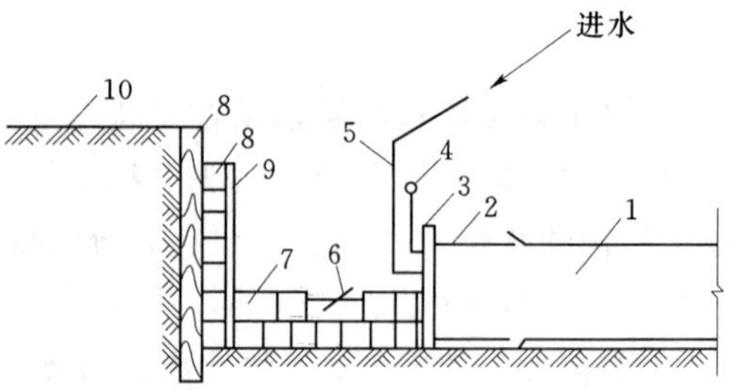

图1.42　试压后背支撑示意图

1—试验管段；2—短管乙；3—法兰盖堵；4—压力表；5—进水管；6—千斤顶；7—顶铁；8—方木；9—钢板；10—后座墙

表 1.46　　压力管道水压试验的允许压力降　　单位：MPa

管材种类	工作压力 P	试验压力	允许压力降
钢管	P	$P+0.5$，且不小于 0.9	0
球墨铸铁管	≤0.5	$2P$	0.03
	>0.5	$P+0.5$	
预（自）应力钢筋混凝土管、预应力钢筒混凝土管	≤0.6	$1.5P$	
	>0.6	$P+0.3$	
现浇钢筋混凝土管渠	≥0.1	$1.5P$	
化学建材管	≥0.1	$1.5P$，且不小于 0.8	0.02

表 1.47　　压力管道水压试验的允许渗水量

管道内径 D_i（mm）	允许渗水量 [L/(min·km)]		
	焊接接口钢管	球墨铸铁管、玻璃钢管	预（自）应力混凝土管、预应力钢筒混凝土管
100	0.28	0.70	1.40
150	0.42	1.05	1.72
200	0.56	1.40	1.98
300	0.85	1.70	2.42
400	1.00	1.95	2.80
600	1.20	2.40	3.14
800	1.35	2.70	3.96
900	1.45	2.90	4.20
1000	1.50	3.00	4.42
1200	1.65	3.30	4.70
1400	1.75	—	5.00

（2）缓慢充水，冲水后应把管内空气全部排尽。

（3）预试验阶段：空气排尽后，将排气阀门关闭好，进行缓慢加压，升至试验压力并稳压 30min，期间如有压力下降可注水补压，但不得高于试验压力；检查管道接口、配件等处有无漏水、损坏现象，如有，则应及时停止试压，查明原因并采取相关措施后重新试压。

（4）主试验阶段：停止注水补压，稳定 15min；当 15min 后压力下降不超过表 1.46 中所列允许压力降数值时，将试验压力降至工作压力并保持恒压 30min，进行外观检查，若无漏水现象，则水压试验合格。

（5）升压过程中，若发现弹簧压力计表针摆动、不稳、且升压缓慢则气体没排尽，应重新排气后再升压。试压时，应逐步加压，每次升压为 0.2MPa 为宜，每升一级应检查后背、支墩、管身及接口，无异常现象时再继续升压。水压试验过程中，后背顶撑、管道两端严禁站人。

（6）试压过程中，全部检查若发现接口渗漏，应作出明显标记，待压力降至零后，制定修补措施全面修补，再重新试验，直至合格。

1.5.4.3　管道冲洗消毒

（1）试验合格后，进行冲洗，冲洗合格后，应立即办理验收手续，组织回填。

（2）新建室外给水管道与室内管道连接前，应经室内外全部冲洗合格后方可连接。

（3）冲洗流速：一般不小于1.0m/s，连续冲洗，否则不易将管道内的杂物冲洗掉。

（4）冲洗时间：对于主要输水管的冲洗，由于冲洗水量过大，管网降压严重，因此管道冲洗应避开用水高峰，安排在管网用水量较小、水压偏高的夜间进行，并在冲洗过程中严格控制水压变化。

（5）管道第一次冲洗应用清洁水冲洗至出水口水样浊度小于3NTU为止，冲洗流速应大于1.0m/s。

（6）管道第二次冲洗应在第一次冲洗后，用有效氯离子含量不低于20mg/L的清洁水浸泡24h后，再用清洁水进行第二次冲洗，直至水质检测、管理部门取样化验合格为止。新安装的饮用水管道消毒浸泡用水量及漂白粉用量可按表1.48选用。

表1.48　每100m管道消毒用水量及漂白粉用量

管径 *DN*（mm）	15～50	75	100	150	200	250	300	350	400	450	500	600
用水量（m^3）	0.8～5	6	8	14	22	32	42	56	75	93	116	168
漂白粉用量（kg）	0.09	0.11	0.14	0.14	0.38	0.55	0.93	0.97	1.3	1.61	2.02	2.9

1.5.5　钢筋混凝土排水管道安装

1.5.5.1　混凝土排水管道的管口形式

预制的混凝土和钢筋混凝土管的直径为200～2600mm，管口形状有平口、企口、承插口等。

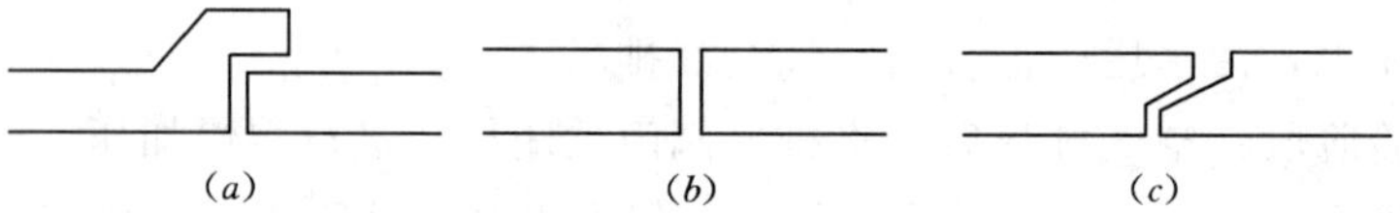

图1.43　管口形式

(*a*) 承插口；(*b*) 平口；(*c*) 企口

1.5.5.2　水泥砂浆抹带接口

水泥砂浆抹带接口为刚性接口，一般适用于地基土质较好的雨水管道，或用于地下水位以上的污水支线管道，企口管、平口管均可采用此种接口。

1. 操作程序

浇筑管座混凝土→勾捻管座部分管内缝→管外皮抹带处凿毛清洗→管座上部内缝支垫托→抹带→勾捻管座以上内缝→接口养护。

2. 操作要点

（1）抹带尺寸为：$DN \leq 1000$mm，带宽120mm；$DN > 1000$mm，带宽150mm；带厚均为30mm。

(2) 抹带及接口均用 1：2.5 水泥砂浆，水泥宜采用强度等级 32.5 级普通硅酸盐水泥；砂子应过 2mm 孔径筛子（斜放），含泥量不得大于 3%。

(3) 抹带前将管口及外皮抹带处洗刷干净。

(4) 抹带砂浆应分两层做完。第一层砂浆的厚度约为带厚的 1/3，并压实使管壁粘结牢固，在表面划成线槽，以利于与第二层结合，待第一层砂浆初凝后抹第二层，用弧形抹子捋压成形，初凝后再用抹子赶光压实。

(5) 基础与抹带相接处混凝土表面应凿毛洗净，使之粘接牢固。

(6) 抹带完成后，应立即用平软材料覆盖，3～4h 后洒水养护。水泥砂浆抹带接口形式见图 1.44。

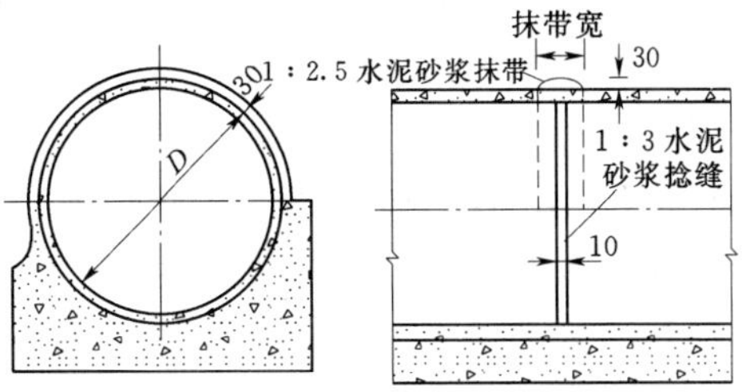

图 1.44　水泥砂浆抹带接口

3. 管缝处理

(1) $DN \geqslant 700$mm 管道，勾捻管内缝时，人在管内先用水泥砂浆将内缝填实抹平，然后反复捻压密实，灰浆不得高出管内壁。

(2) $DN < 700$mm 管道，应配合浇筑管座，用麻袋球或其他工具在管内来回拖动，将流入管内的灰浆拉平。

4. 抹带工具

抹带工具主要有浆桶、刷子、铁抹子、弧形抹子等，弧形抹子可用 2～3mm 厚的钢板制作，并应有一定的弹性。

1.5.5.3　钢丝网水泥砂浆抹带接口

钢丝网水泥砂浆抹带接口的强度较高，属于刚性接口，适用于地基土质较好的具有带形基础的雨水、一般污水管道。钢丝网水泥砂浆抹带接口形式见图 1.45。

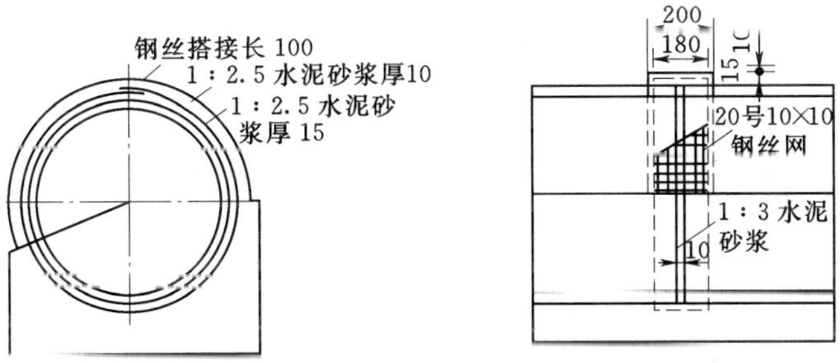

图 1.45　钢丝网水泥砂浆抹带

1. 操作程序

基础和管口凿毛洗净→浇筑管座混凝土→将加工好的钢丝网片插入管座的对口砂浆中→勾捻管内下部管缝→上部内缝支托架→抹第一层水泥砂浆→按钢丝网片→抹第二层水泥砂浆→勾捻管内上部管缝→养护。

2. 操作要点

(1) 抹带尺寸为：带宽 200mm，带厚 25mm，钢丝网宽度 180mm。

(2) 当管径≤50mm 时，应刷去浆皮。

(3) 抹带前先刷一道水泥浆，然后安装好弧形边模。

（4）第一层砂浆厚约15mm，抹完后稍凉有浆皮儿出现时，将管座内的钢丝网兜起，紧贴底层砂浆，上部搭接处用钢丝扎牢，钢丝网头应塞入网内使网表面平整。

（5）第一层水泥砂浆初凝后再抹第二层水泥砂浆，初凝后赶光压实。

（6）抹带完成后，应立即养护，方法同水泥砂浆抹带接口。

3. 材料和工具

（1）钢丝网的规格一般为20号10mm×10mm，钢丝网应无锈、无油垢，按设计要求事先截好，留出的搭接长度不小于100mm。搭接处用20号或22号镀锌铁丝绑扎。

（2）水泥砂浆抹带和填缝均用1∶2.5水泥砂浆，

（3）抹带工具浆桶、刷子、铁抹子、抹具等。钢丝网抹带的模具，用以控制带宽和带厚。

1.5.5.4 承插水泥砂浆接口

承插水泥砂浆接口为刚性接口，一般适用于小口径雨水管道。

1. 操作程序

清洗管口→安第一节管并在承口下部座满灰浆→安第二节管，做接口→清理管膛→养护。承插管水泥砂浆接口形式参见图1.46。

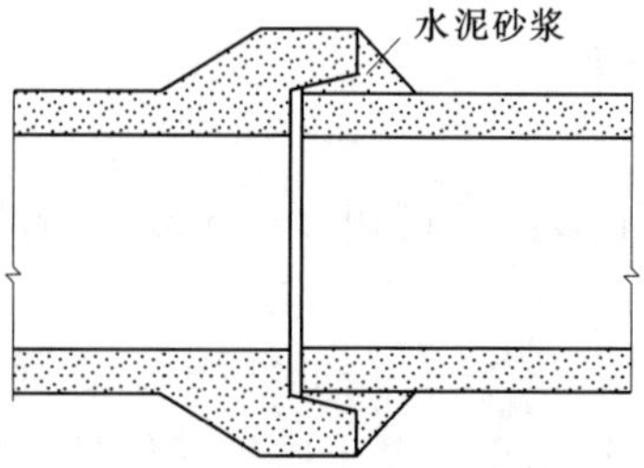

图1.46 承插管水泥砂浆接口

2. 操作方法

（1）管道承口应朝来水方向，承口下部灰浆为1∶2水泥砂浆，管道位置应符合设计要求。

（2）安装第二节管子之前，先在承口内和插口外刷一道素水泥浆，然后将第二节管子挤入做满灰浆的承口内，接口缝隙用1∶2水泥砂浆填捣密实。口部抹成斜面。为防止水泥砂浆裂缝，斜面部分水泥砂浆应分两次压实，最后抹光。

（3）挤入管内的水泥砂浆应及时抹光或清除。

3. 接口材料

密封材料为1∶2水泥砂浆，材料要求同水泥砂浆抹带接口。

1.5.5.5 平基法安装混凝土排水管道

管道施工时，平基混凝土、安管、做管座和接口分四步进行的方法，称为平基法，又称普通法。适用于雨期施工或地基不良者，常用于雨水管道。

1. 施工程序

开槽、验槽→浇筑混凝土平基→养护→下管→安管→浇筑管座混凝土→抹带接口→养护→闭水试验→回填土方。

2. 施工要点

（1）平基混凝土应在验槽合格后及时浇筑，终凝前不得泡水，并应进行养护；

（2）平基混凝土的高程应严格控制，不得高于设计高程，低于设计高程不超过10mm；

（3）平基混凝土强度达到5MPa以上时，方可直接下管；

（4）安管的对口间隙，$DN \geqslant 700$mm时为10mm；$DN < 700$mm时可不留间隙；

（5）浇筑管座混凝土前平基应凿毛冲净；

（6）平基管子相接触的三角部分，应用同强度等级混凝土中的软灰填捣密实；

（7）浇筑管座混凝土时，应两侧同时进行，以防将管子挤偏。

1.5.5.6　“四合一”施工法

“四合一”施工法。即把平基、稳管、管座、抹带4道工序合在一起一次完成的施工方法。这种方法速度快，结构整体性好，适用于小口径的抹带接口管道施工。

1. 操作程序

开槽、验槽→支模→下管→排管→浇筑混凝土平基→稳管→做管座→抹带→养护→闭水试验→回填土方。

2. 施工要点

（1）支模：由于“四合一”施工法要在模板上滚运和放置管子，故模板安装应特别牢固。模板材料一般使用15cm×15cm的方木，模板内部可用支杆临时支撑，外侧用铁钎支牢。若管道为90°管座时，可一次支设模板，支设高度略高于90°基础高度；如果是135°及180°管座基础，模板宜分两次支设，上部模板应待管子铺设合格后再安装。

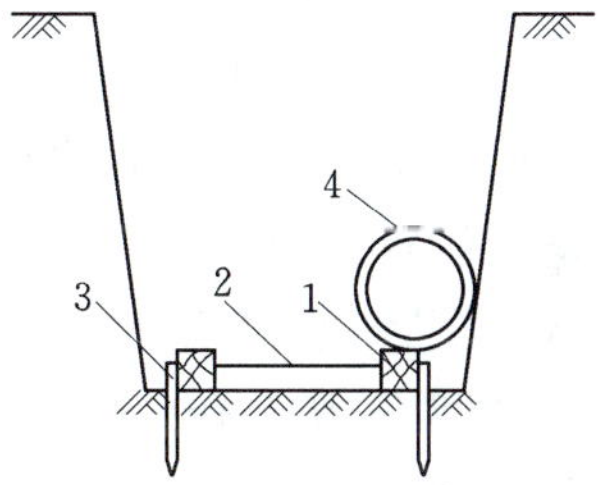

图1.47　“四合一”施工法

1—15cm×15cm方木底模；2—临时撑杆；3—铁钎；4—管子

（2）浇筑平基混凝土：平基混凝土应振捣密实，混凝土面作成弧形，并高出平基面2～4cm（视管径大小而定）。混凝土的坍落度一般采用2～4cm，应按管径大小和地基吸水程度适当调整。稳管前，在管口部位应铺适量的抹带砂浆，以增加接口的严密性。

（3）稳管：将管子从模板上移至混凝土面，轻轻揉动至设计高程（一般可掌握高出设计高程1～2mm，以备安装好的管子自沉）。如果管子下沉过多，可将管子撬起，在下部填补混凝土或砂浆，重新揉至设计标高。

（4）管座：若平基混凝土和管座混凝土为一次支模浇筑，管子稳好后，直接将管座的两肩抹平。对于分两次支设模板的，管子稳好后，支搭管座模板，浇筑两侧管座混凝土，补填接口砂浆，认真捣固密实，抹平管座两肩，同时用麻袋球或其他工具在管内来回拖动，拉平砂浆。

（5）抹带：管座混凝土浇筑完毕立即进行抹带，使带和管座连成一体。抹带与稳管至少相隔2～3节管子，以免稳管时碰撞管子影响接口质量。抹带完成后随即勾捻内缝。

前三合一法，即将平基、稳管、接口三道工序连续操作，待闭水试验合格后，再浇筑混凝土管座。$DN<500$mm的普通混凝土管，管座为180°或包管时，可采用这种方法。

后三合一法，即先浇筑平基，待平基混凝土达到一定强度后，再将稳管、接口、浇筑管座混凝土三道工序连续进行。管径在500～900mm普通混凝土管可采用后三合一法。

1.5.5.7　垫块法安管

管道安装时，先铺设垫块（每节管下两个垫块），再在垫块上安管做接口，然后再浇筑混凝土基础和管座的安管方法，称为垫块法。这种安管方法的优点是平基和管座同时浇筑，整体性好，且管道接口的施工质量容易保证，是污水管道常用的施工方法。

1. 施工程序

预制垫块→安垫块→下管→在垫块上安管→支模→浇筑混凝土基础→接口→养护。

2. 预制混凝土垫块

垫块混凝土的强度等级同混凝土基础。垫块长等于管径的 0.7 倍，高等于平基厚度，允许偏差为（0～－10），宽大于或等于高。

3. 施工要点

（1）垫块应放置平稳，并测量高程使之符合设计要求。

（2）管子的对口间隙 $DN>700$mm 以上者约 10mm 左右。

（3）管子位置固定后，一定要用石子将管子卡住并及时做接口和浇筑混凝土基础。

（4）管底部混凝土要注意振捣密实，防止形成管子漏水的通道。

（5）如是钢丝网水泥砂浆抹带接口，应在插入部分另加适当抹带砂浆，认真捣固，并保持钢丝网位置正确。

1.5.6 聚氯乙烯双壁波纹排水管安装

1.5.6.1 聚氯乙烯双壁波纹管的优点

（1）重量轻，仅为混凝土管的 1/5。

（2）管节长，管子单节长度在 6m 以上，接口少，安装工作量和渗漏几率大大减少。

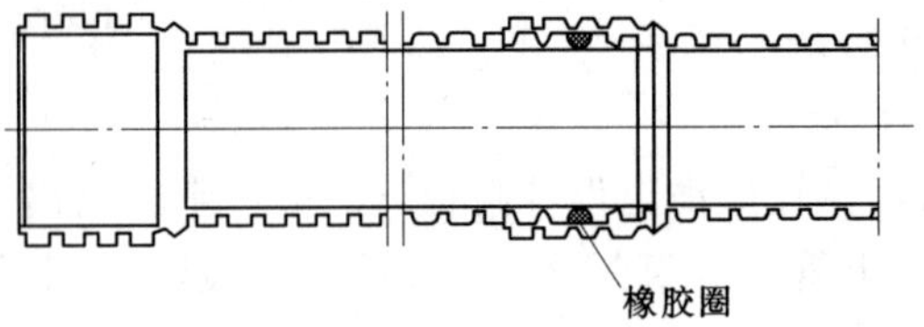

图 1.48　双壁波纹管

（3）管道基础简化，无需做混凝土基础，槽底夯实后只需敷设一层砂土即可。

（4）接口简单可靠，接口为柔性承插式接口，橡胶圈密封，易于安装调整，抗震性能和密封性能优良。

（5）内壁光滑，水力条件好，流通量大。

（6）耐腐蚀性优异（见图 1.48）。

1.5.6.2 管道基础

（1）管道基础采用砂砾垫层基础。对一般的土质地段，基底可铺一层厚度为 0.1m 的粗砂基础；对软土地基，且槽底处在地下水位以下时，下层用粒径为 5～40mm 的碎石铺垫，厚度不超过 150mm，上层用粗砂铺平，厚度不得小于 50mm。

（2）管道基础应夯实紧密，表面平整。管道基础的接口部位应预留凹槽以便接口操作。接口完成后，随即用砂回填密实。

1.5.6.3 管道安装及连接

（1）管道安装可采用人工安装，槽深不大时可由人工抬管入槽，槽深大于 3m 或管径大于 400mm 时，可用非金属绳索溜管入槽，依次平稳地放在砂砾基础管位上。严禁用金属绳索勾住两端管口或将管材自槽边翻滚抛入槽中。混合槽或支撑槽，可采用从槽的一端集中下管，在槽底将管材运送到位。

（2）管材安装时，应将插口顺水流方向，承口逆水流方向安装，安装应由低点向高点依次安装。

（3）调整管材长短时可用手锯切割，断面应垂直平整，不应有损坏。

(4) 管道接头应采用橡胶密封圈柔性连接，橡胶圈接口应注意以下几点：

1) 接口前，应先检查橡胶圈是否配套完好，确认橡胶圈安放位置及插口的插入深度。

2) 接口时，先将承口的内壁清理干净，并在承口内壁及插口橡胶圈上涂润滑剂（首选硅油），然后将承插口端面的中心轴线对齐。

3) 插口插入承口时，小口径管可由人力用软绳吊住被安装管道的插口，另一端部设置横挡板，由人工用长撬棍斜插入基础，并抵住管端部中心位置横挡板，然后用力将该管徐徐插入承口内。公称直径大于 400mm 的管道，可用缆绳系住管材，用手扳葫芦等提升工具安装。严禁采用施工机械强行推顶管子承口。

4) 为防接口合拢时已铺设管道轴线位置移动，需采用稳管措施。具体方法可在编织袋内灌满黄砂，封口后压在已铺设管道的顶部，管道连接后，应复核管道的高程和轴线，使其符合要求。

5) 雨期施工应采取防止管材漂浮措施，可先回填到管顶以上大于 1 倍管径的高度。

6) 冬期施工应采取防冻措施，不得使用冻硬的橡胶圈。

1.5.6.4　管道修补

(1) 管道敷设后，因意外因素造成管壁出现局部损坏，当损坏部位的面积或裂缝长度和宽度不超过规定时，可采取粘贴修补措施。

(2) 管壁局部损坏的孔洞直径或边长不大于 20mm 时，可用聚氯乙烯塑料胶粘剂在其外部粘贴直径不大于 100mm 与管材同样材质的圆形板。

(3) 管壁局部损坏孔洞为 20～100mm 时，可用聚氯乙烯塑料胶粘剂在其外部粘贴不小于孔洞最大尺寸加 100mm 与管材同样材质的圆形板。

(4) 管壁局部出现裂缝，当裂缝长度不小于管周长的 1/12 时，可在其裂缝处粘贴长度大于裂缝长度加 100mm，宽度不小于 60mm 与管材同样材质的板，板两端宜切割成圆弧形。

(5) 管道修补时，应先将损坏部位周围 50mm 以内的筋去除，再用砂纸或锉刀磨平。

(6) 粘接前，应先用环己酮刷粘接部位基面，待干后尽快涂刷胶粘剂进行粘贴，外贴用的板材宜采用从相同管径管材的相应部位切割的弧形板。外贴板材的内侧同样必须先清洗干净，采用环己酮涂刷基面后再涂刷胶粘剂。

(7) 对不大于 20mm 的孔洞，在粘贴完成后，可用土工布包缠固定，固化 24h 后即可还土；对大于 20mm 的孔洞和裂缝，视具体情况而定。

1.5.6.5　管道与检查井连接

(1) 管道与检查井的连接，应按设计图纸施工。当采用承插管件与检查井井壁连接时，承插管件应由生产厂配套提供。

(2) 管件或管材与砖砌或混凝土浇制的检查井连接，可采用中介层做法。即在管材或管件与井壁相接部位的外表面预先用聚氯乙烯胶粘剂、粗砂做成中介层，然后用水泥砂浆砌入检查井的井壁内（见图 1.49）。中介层的做法按以下步骤：先用毛刷或棉纱将管壁的外表面清理干净，然后均匀地涂一层聚氯乙烯胶粘剂，紧接着在上面甩撒一层干燥的粗砂，固化 10～20min，即形成表面粗糙的中介层。中介层的长度视管道砌入检查井内的长度而定，可采 0.24m。

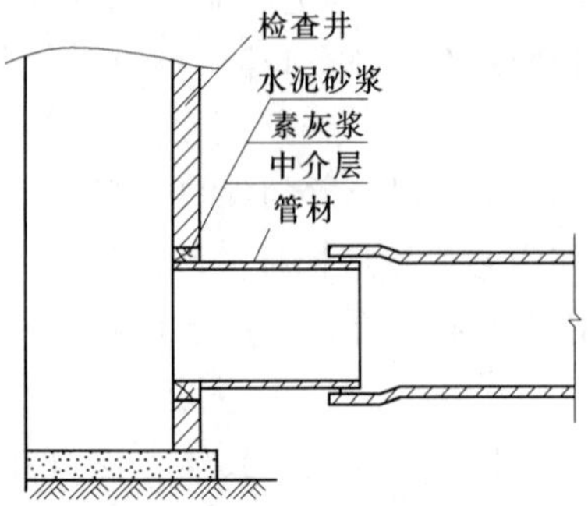

图1.49　管道与检查井的连接（一）

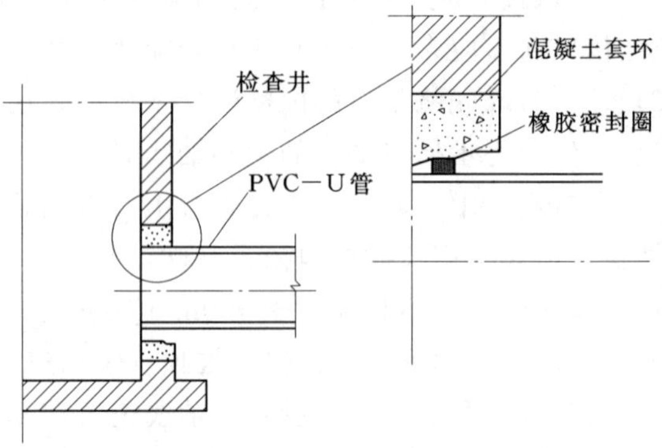

图1.50　管道与检查井的连接（二）

(3) 管道与检查井的连接采用柔性连接时，可用预制混凝土套环和橡胶密封圈接头（见图1.50）。混凝土外套环应在管道安装前预制好，套环的内径按相应管径的承插口管材的承口内径尺寸确定。套环的混凝土强度等级值不低于C20，最小壁厚不应小于60mm，长度不应小于240mm。套环内壁必须平滑，无孔洞、鼓包。混凝土外套环必须用水泥砂浆砌筑。在井壁内，其中心位置必须与管道轴线对准。安装时，可将橡胶圈先套在管材插口指定的部位与管端一起插入套环内。

(4) 预制混凝土检查井与管道连接的预留孔直径应大于管材或管件外径0.2m，在安装前预留孔环周表面应凿毛处理，连接构造宜按前述第（2）条规定采用中介层方式。

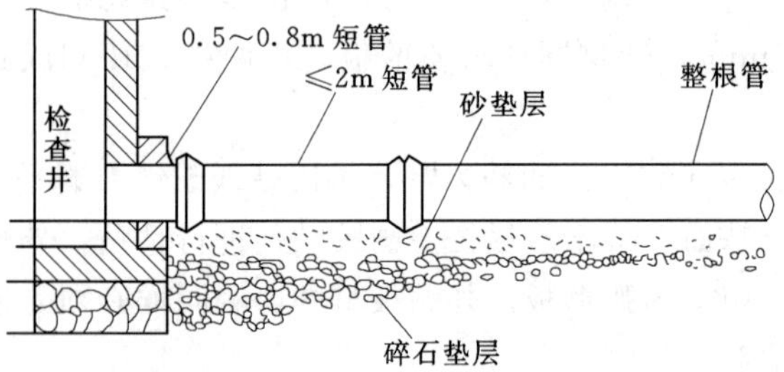

图1.51　软土地基上管道与检查井连接

(5) 检查井底板基底砂石垫层，应与管道基础垫层平缓顺接。管道位于软土地基或低洼、沼泽、地下水位高的地段时，检查井与管道的连接，宜先采用长0.5～0.8m的短管按第（2）条或第（3）条的要求与检查井连接，后面接一根或多根（根据地质条件）长度不大于2.0m的短管，然后再与上下游标准管长的管段连接（图1.51）。

1.5.6.6　施工要点

(1) 管道基础可采用天然地基或砂垫层，沟底不能超挖。一般在土质较好的地段，槽底铺一层砂垫层，厚度不小于10cm，对软土地基可采用15cm厚，粒径为5～40mm的碎石或砾石铺筑，其上再用50mm厚的中粗砂铺垫平整。

(2) 管道安装时，下管采用非金属绳索，不得采用串心吊装，清理承口内壁和插口外壁，装橡胶圈，涂抹润滑剂（硅油），管口对接后，确认橡胶圈安装位置和插口深度，复核管道高程和中心线的位置。

(3) 回填时，应分层对接分层夯实，土料符合管道沟槽回填土料的要求，回填时应使管道胸腔部位出现向上的竖向变形，以抵消一部分由于管道上部荷载作用引起的变形。

（4）双壁波纹管质量轻，若管沟内有积水，受浮力作用会使管道上浮，接口脱开。因此，雨期施工或在地下水位较高地区施工，应重视管道的抗浮问题，防止管道出现漂管事故。主要措施有：沟槽内不存有积水，防止河水和地表水侵入，管道尽量分段施工，管道安装检查后及时回填。

（5）双壁波纹管因材质轻，下管后稍受外力即会产生水平位移。为了确保管道位置准确，可沿管道周围每 2m 设一定位桩，直至回填土达到管顶以上 10cm 时再将定位桩拔出。

1.5.7 管道交叉处理

地下管线和构筑物种类繁多，在埋设给水排水管道时，经常出现互相交叉的情况，排水管埋设一般比其他管道深。给水排水管道有时与其他几种管道同时施工，有时是在已建管道的上面或下面穿过。为了保证各类管道交叉时下面的管道不受影响和便于检修，上面管道不致下沉破坏，必须对交叉管道进行必要的处理。管道交叉的情况比较复杂，在考虑处理方法时必须摸清各类管道对交叉的要求，无论采用什么处理方法，都应与有关管道的主管部门进行联系并取得同意。

1.5.7.1 圆形排水管道与上方给水管道交叉且同时施工

混凝土或钢筋混凝土预制圆形管道与其上方钢管或铸铁管交叉且同时施工，若钢管或铸铁管的内径不大于 400mm 时，宜在混凝土管道两侧砌筑砖墩支撑，如图 1.52 所示。砖墩的砌筑应符合下列规定：

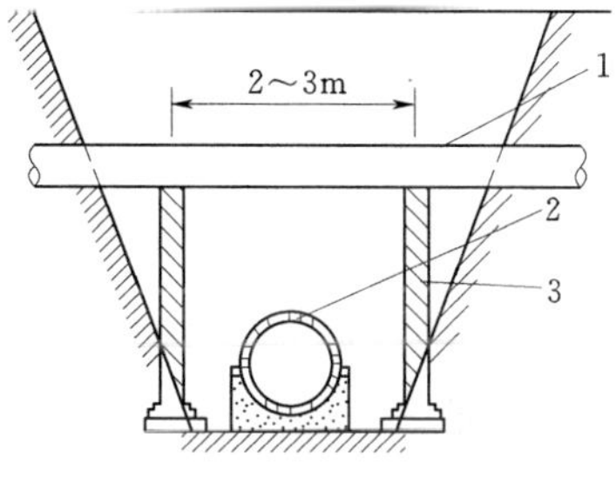

图 1.52 圆形管道两侧砖墩支撑图
1—铸铁管道或钢管道；2—混凝土圆形管道；3—砖砌支墩

（1）应采用黏土砖和水泥砂浆，砖的强度等级不应低于 MU7.5；砂浆不应低于 M7.5。

（2）砖墩基础的压力不应超过地基的允许承载力。

（3）砖墩的尺寸应采用下列数值：

1）宽度。砖墩高度在 2m 以内时，用 240mm。高度每增加 1m，宽度增加 125mm。

2）长度。不小于钢管或铸铁管道的外径加 300mm。

3）砖墩顶部砌筑管座，其支撑角不小于 90°。

（4）当覆土高度不大于 2m 时，砖墩间距宜为 2～3m。

（5）对铸铁管道，每一管节不少于 2 个砖墩。

当钢管或铸铁管道为已建时，应在开挖沟槽时加以妥善保护并及时通知有关单位处理后再砌筑砖墩支撑。

1.5.7.2 矩形排水管道与上方给水管道交叉

混合结构或钢筋混凝土矩形管道与其上方钢管或铸铁管道交叉时，顶板与其上方管道底部的空间宜采用下列措施：

（1）净空不小于 70mm 时，可在侧墙上砌筑砖墩支撑管道；当在顶板上砌筑砖墩时，应不超过顶板的允许承载力（图 1.53）。

（2）净空小于 70mm 时可在顶板与管道之间采用低强度等级的水泥砂浆或细石混凝土填实，其支撑角不应小于 90°（图 1.54）。

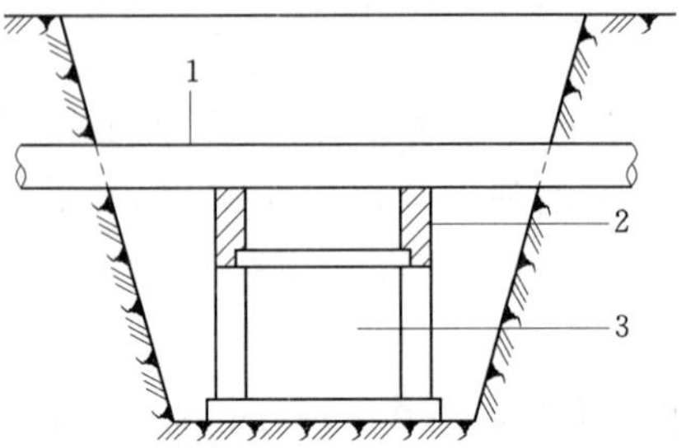

图 1.53 矩形管道上砖墩支撑

1—铸铁管道或钢管道；2—混合结构或钢筋混凝土矩形管道；3—砖砌支墩

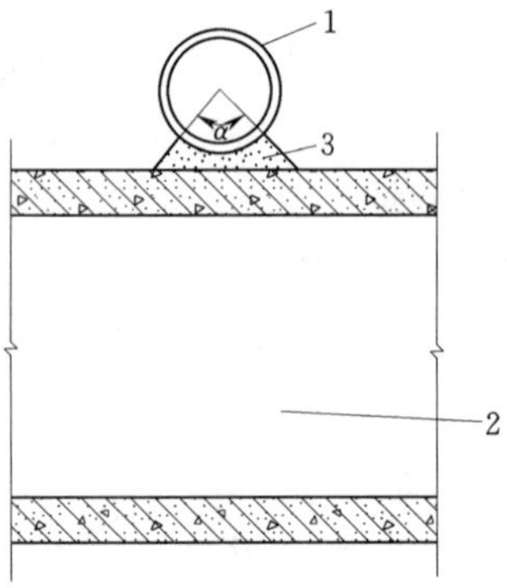

图 1.54 矩形管道上填料支撑

1—铸铁管道或钢管道；2—混合结构或钢筋混凝土矩形管道；3—低强度等级的水泥砂浆或细石混凝土；α—支撑角

1.5.7.3 排水管道与下方给水管道交叉

圆形或矩形管道与下方的给水管道或铸铁管道交叉且同时施工时，宜对下方的管道加设套管或管廊（图 1.55），并符合下列规定：

（1）套管、管廊的内径不应小于被套管道外径加 300mm。

（2）套管或管廊的长度不宜小于上方排水管道基础宽度加管道交叉高差的 3 倍，且不小于基础宽度加 1m。

（3）套管可采用钢管、铸铁管或钢筋混凝土管；管廊可采用砖砌或其他材料砌筑的混合结构。

（4）套管或管廊两端与管道之间的孔隙应封堵严密。

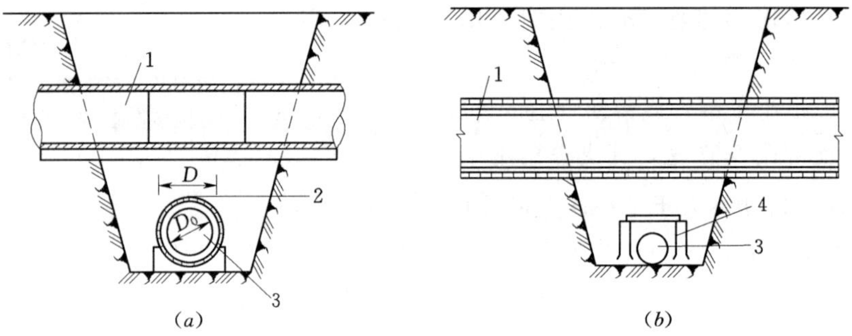

图 1.55 套管和管廊

（a）套管；（b）管廊

1—排水管道；2—套管；3—铸铁管道或钢管道；4—管廊

1.5.7.4 排水管道与上方电缆管块交叉

排水管道与其上方的电缆管块交叉时，宜在电缆管块基础以下的沟槽中回填低强度等级的混凝土、石灰土或砌砖。其沿管道方向的长度不应小于管块基础宽度加 300mm，并应符合下列规定：

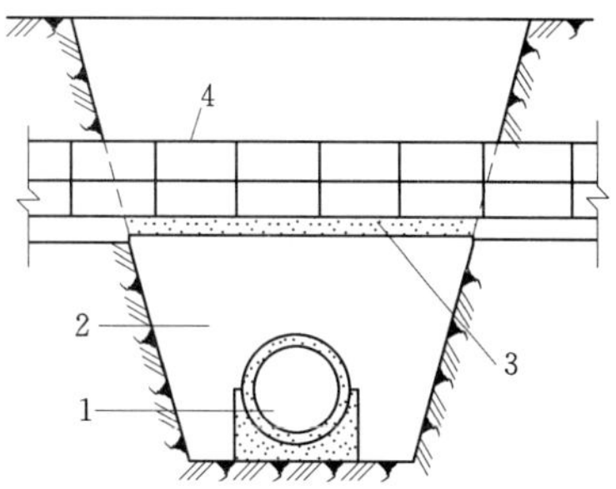

图 1.56 电缆管块下方回填图
1—排水管道；2—回填材料；
3—中砂或粗砂；4—电缆管块

（1）排水管道与电缆管块同时施工时，可在回填材料上铺一层中砂或粗砂，其厚度不宜小于 100mm（见图 1.56）。

（2）当电缆管块已建时，应符合下列规定：

1）当采用混凝土回填时，混凝土应达电缆管块基础底部，其间不得有空隙。

2）当采用砌砖回填时，砖砌体的顶面宜在电缆管块基础低面以下不小于 200mm，再用低强度等级的混凝土填至电缆管块基础底部，其间不得有空隙。

1.5.7.5 给水管道与交叉管道高程一致时的处理

地下的各种管道交叉时，若管道高程一致，应主动和有关单位联系，取得对方的配合，协商处理。处理的原则如下：

（1）软埋电缆线让刚性管道（沟）。

（2）压力流管道让重力流管道。

（3）小口径管道让大口径管道。

（4）后敷设管道让已敷设管道。

上述原则应灵活掌握，通过技术经济比较确定具体的处理方案。给水管道和其他管道高程一致时的处理方法通常有以下几种：

（1）输水干管同雨水干管和污水干管的过水断面上方交叉。这种情况可以采用将相交部位的雨水干管、污水干管保持坡底及过水断面积不变的前提下，压缩其高度，改为方沟。输水管设置在盖板上，管底和盖板间留 50mm 间隙，填以黏土，在雨、污水管的侧旁沟底至输水管间用砂夹石回填夯实，如图 1.57 所示。

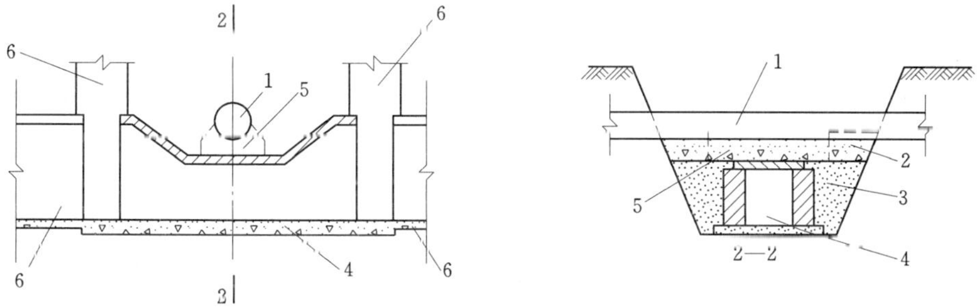

图 1.57 给水管同排水管道断面的上部交叉
1—给水管；2—混凝土管座；3—砂夹石；4—雨水方沟；5—黏土垫层；6—检查井

（2）输水干管从通讯电缆沟的下方交叉。处理时，可将电缆沟的宽度增加，高度压缩，但在输水管的两侧设电缆井，交叉的电缆沟底做钢筋混凝土垫板，从输水管沟底至电缆沟底板间填砂，如图 1.58 所示。

（3）输水干管和大型涵洞交叉。输水干管若从涵洞下方穿越，管道埋深过深，此时可采用变更管材，将水泥压力管、铸铁管改为钢管，从涵洞上方翻越。对埋深过浅的钢管采取管沟加盖板及加混凝土面层或套管加混凝土面层的两种处理方法。若从涵洞上方难以翻越时，亦可从涵洞基础以下穿越，并设钢筋混凝土套管。穿越管道两端宜设柔性接口。

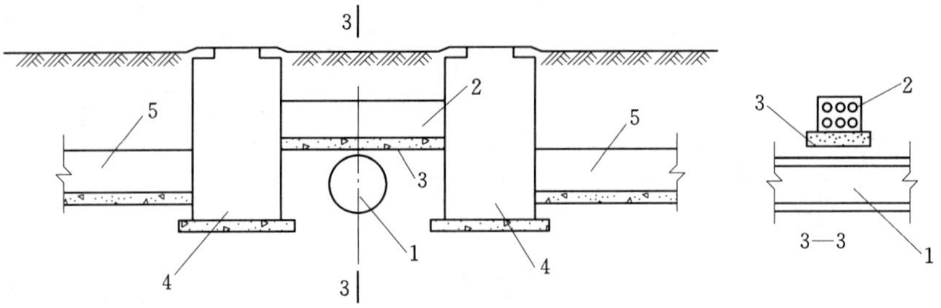

图 1.58　输水干管从电缆沟的下方交叉

1—给水管；2—改位的通讯电缆沟；3—钢筋混凝土垫板；4—电缆沟检查井；5—原位的通讯电缆沟

1.5.8　排水管道严密性试验

污水、雨污水合流及湿陷土、膨胀土地区的雨水管道，回填土前应采用闭水法进行严密性试验。

1.5.8.1　闭水试验应具备的条件

管道闭水试验时，试验管段应具备下列条件：

(1) 管道及检查井外观质量已检查合格。

(2) 管道未还土且沟槽内无积水。

(3) 全部预留孔洞应封堵不得漏水。

(4) 管道两端堵板承载力经核算并大于水压力的合力；除预留进出水管外，应封堵坚固不得漏水。

(5) 顶管施工，其注浆孔封堵且管口按设计要求处理完毕，地下水位于管底以下。

1.5.8.2　闭水试验的方法

排水管道作闭水试验，宜从上游往下游进行分段，上游段试验完毕，可往下游段倒水，以节约用水。排水管道闭水试验装置参见图 1.59。

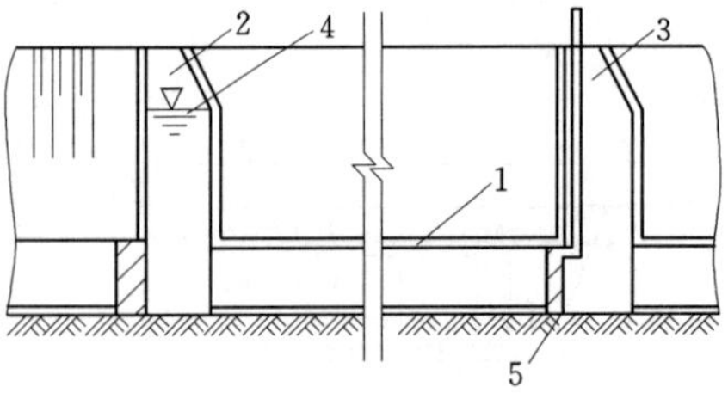

图 1.59　闭水试验装置示意图

1—试验管段；2—下游检查井；3—上游检查井；4—规定闭水水位；5—砖堵

1. 试验分段

试验管段应按井距分离，长度不应大于 1km，带井试验。

2. 试验水头

(1) 试验段上游设计水头不超过管顶内壁时，试验水头从试验段上游管顶内壁加 2m 计。

(2) 试验段上游设计水头超过管顶内壁时，试验水头以试验段上游设计水头加 2m 计。

(3) 当计算出的试验水头小于 10m，但已超过上游检查井井口时，试验水头以上游检查井井口高度为准。

3. 试验步骤

(1) 将试验段管道两端的管口封堵，管堵如用砖砌，必须养护 3～4d 达到一定强度后，再向闭水段的检查井内注水。

(2) 试验管段灌满水后浸泡时间不少于 24h，使管道充分浸透。

(3) 当试验水头达规定水头开始计时，观察管道的渗水量，直至观测结束时，应不断向试验管段内补水，保持试验水头恒定。渗水量的观测时间不得小于 30min。

(4) 渗水器的计算。实测渗水量按下式计算：

$$q=\frac{W}{TL} \tag{1-6}$$

式中：q 为实测渗水量，L/(min·m)；W 为补水量，L；T 为实测渗水量观测时间，min；L 为试验管段长度，m。

1.5.8.3 闭水试验标准

(1) 排水管道闭水试验允许渗水量应符合表 1.49 的规定。

表 1.49　　无压管道闭水试验允许渗水量

管材	管道内径 D_1 (mm)	允许渗水量 [m^3/(24h·km)]	管材	管道内径 D_1 (mm)	允许渗水量 [m^3/(24h·km)]
钢筋混凝土管	200	17.60	钢筋混凝土管	1200	43.30
	300	21.62		1300	45.00
	400	25.00		1400	46.70
	500	27.95		1500	48.40
	600	30.60		1600	50.00
	700	30.00		1700	51.50
	800	35.35		1800	53.00
	900	37.50		1900	54.48
	1000	39.52		2000	55.90
	1100	41.45			

(2) 管道内径大于表 1.49 的规定时，实测渗水量应小于或等于按下式计算的渗水量：

$$Q=1.25\sqrt{D} \tag{1-7}$$

式中：Q 为允许渗水量，m^3/(24h·km)；D 为管道内径，mm。

(注：化学建材管道的实测渗水量应小于或等于按下式计算的允许渗水量。$Q=0.0046D$。)

(3) 异形截面管道的允许渗水量可按周长折算为圆形管道计算。

(4) 在水源缺乏的地区，当管径大于 700mm 时，按井段抽验 1/3。

学习情境 1.6　管 道 工 程 验 收

管道工程因大都是地下工程，施工中需要进行隐蔽工程的中间验收，施工完毕后要进行竣工验收。由于管道工程工作面分散，中间验收是分段进行的，竣工验收可分段验收，也可全工程整体验收。

管道工程验收的内容包括外观验收、断面验收、严密性验收和水质检查验收。外观验收是对管道基础、管材及接口、节点及附属构筑物进行验收；断面验收是对管道的高程、中线和坡度进行验收；严密性验收是对管道进行水密性试验或气密性试验；水质检查验收是对给水管道进行细菌等项目的检查验收。

1.6.1　中间验收

中间验收包括对管基、管接口、排管、土方回填、节点组合、井室砌筑等外观验收和严密性验收。中间验收应根据验收的内容不同，分别填写有关的验收记录。下列隐蔽工程应进行中间验收。

(1) 管道及附属构筑物的地基和基础。

(2) 管道的位置及高程。

(3) 管道的结构和断面尺寸。

(4) 管道的接口、变形缝及防腐层。

(5) 管道及附属构筑物的防腐层。

(6) 地下管道的交叉处理。

(7) 土方回填的质量。

1.6.2 竣工验收

(1) 竣工验收时，应提供的文件及资料如下：

1) 施工设计图纸及工程预算。

2) 施工执照、土地征借函件及开工通知单。

3) 原地面高程、地形测量记录、纵横剖面图。

4) 地上、地下障碍拆迁平面图和重要记录。

5) 设计变更文件。

6) 竣工图、竣工说明及工程决算。

7) 主要材料和制品的合格证及验收记录。

8) 管道位置及高程测量记录。

9) 预埋件、预留孔位置、高程。

10) 各种堵头位置与做法。

11) 混凝土、砂浆、防腐、防水及检验记录。

12) 管道的水压试验或闭水试验记录。

13) 中间验收记录及有关资料。

14) 回填土压实度的检验记录。

15) 预留工程观测设施实测记录。

16) 工程质量检验评定记录。

17) 给水管道的冲洗及消毒记录。

18) 工程质量事故处理记录。

19) 工程全面验收的凭证。

20) 其他。

(2) 竣工验收鉴定。竣工验收时，应核实竣工验收资料，并进行必要的复验和外观检查。对下列项目应作出鉴定，并填写竣工验收鉴定书。

1) 管道的位置及高程。

2) 管道及附属构筑物的断面尺寸。

3) 给水管道配件安装的位置和数量。

4) 给水管道的冲洗及消毒。

5) 外观。

6) 其他。

给水排水管道工程竣工验收后，建设单位应将有关设计、施工及验收的文件和技术资料立卷归档。

1.6.3 部分竣工验收表格

1. 给排水管道工程分项、分部、单位工程划分表（见表 1.50）

表 1.50　　给排水管道工程分项、分部、单位工程划分表

<table>
<tr><td colspan="3">单位工程
（子单位工程）</td><td colspan="2">开（挖）槽施工的管道工程、大型顶管工程、盾构管道工程、浅埋暗挖管道工程、大型沉管工程、大型桥管工程</td></tr>
<tr><td colspan="3">分部工程
（子分部工程）</td><td>分项工程</td><td>验　收　批</td></tr>
<tr><td colspan="3">土方工程</td><td>沟槽土方（挖槽开挖、沟槽支撑、沟槽回填）、基坑土方（基坑开挖、基坑支护、基坑回填）</td><td>与下列验收批对应</td></tr>
<tr><td rowspan="11">管道主体工程</td><td>预制管开槽施工主体结构</td><td>金属类管、混凝土类管、预应力钢筒混凝土管、化学建材管</td><td>管道基础、管道接口连接、管道铺设、管道防腐层（管道内防腐层、钢管外防腐层）、钢管阴极保护</td><td>可选择下列方式划分：
①按流水施工长度；
②排水管道按井段；
③给水管道按一定长度连续施工段或自然划分段（路段）；
④其他便于过程质量控制方法</td></tr>
<tr><td>管渠（廊）</td><td>现浇钢筋混凝土管渠、装配式混凝土管渠、砌筑管渠</td><td>管道基础、现浇钢筋混凝土管渠（钢筋、模板、混凝土、变形缝）、装配式混凝土管渠（预制构件安装、变形缝）、砌筑管渠（砖石砌筑、变形缝）、管道内防腐层、管廊内管道安装</td><td>每节管渠（廊）或每个流水施工段管渠（廊）</td></tr>
<tr><td rowspan="6">不开槽施工主体结构</td><td>工作井</td><td>工作井围护结构、工作井</td><td>每座井</td></tr>
<tr><td>顶管</td><td>管道接口连接、顶管管道（钢筋混凝土管、钢管），管道防腐层（管道内防腐层、钢管外防腐层）、钢管阴极保护，垂直顶升</td><td>顶管顶进：每 100m；
垂直顶升：每个顶升管</td></tr>
<tr><td>盾构</td><td>管片制作、掘进及管片拼装、二次内衬（钢筋、混凝土）、管道防腐层、垂直顶升</td><td>盾构掘进：每 100 环；
二次内衬：每施工作业断面；
垂直顶升：每个顶升管</td></tr>
<tr><td>浅埋暗挖</td><td>土层开挖、初期衬砌、防水层、二次内衬、管道防腐层、垂直顶升</td><td>暗挖：每施工作业断面；
垂直顶升：每个顶升管</td></tr>
<tr><td>定向钻</td><td>管道接口连接、定向钻管道、钢管防腐层（内防腐层、外防腐层）、钢管阴极保护</td><td>每 100m</td></tr>
<tr><td>夯管</td><td>管道接口连接、夯管管道、钢管防腐层（内防腐层、外防腐层）、钢管阴极保护</td><td>每 100m</td></tr>
<tr><td rowspan="2">沉管</td><td>组对拼装沉管</td><td>基槽浚挖及管基处理、管道接口连接、管道防腐层、管道沉放、稳定管及回填</td><td>每 100m（分段拼装按每段，且不大于 100m）</td></tr>
<tr><td>预制钢筋混凝土沉管</td><td>基槽浚挖及管基处理、预制钢筋混凝土管节制作（钢筋、模板、混凝土）、管节接口预制加工、管道沉放、稳管及回填</td><td>每节预制钢筋混凝土管</td></tr>
<tr><td colspan="2">桥管</td><td>管道接口连接、管道防腐层（内防腐层、外防腐层）、桥管管道</td><td>每跨或每 100m，分段拼装按每跨或每段，且不大于 100m</td></tr>
<tr><td colspan="3">附属构筑物工程</td><td>井室（现浇混凝土结构、砖砌结构、预制拼装结构）、雨水口及支连管、支墩</td><td>同一结构类型的附属构筑物不大于 10 个</td></tr>
</table>

注 1. 大型顶管工程、大型沉管工程、大型桥管工程及质构、浅埋暗挖管道工程，可设独立的单位工程。
2. 大型顶管工程：指管道一次顶进长度大于 300m 的管道工程。
3. 大型沉管工程：指预制钢管混凝土管沉管工程；对于成品管组对拼装的沉管工程，应为多年平均水位水面宽度不小于 200m，或多年平均水位水面宽度 100～200m 之间，且相应水深不小于 5m。
4. 大型桥管工程：总跨长度不小于 300m 或主跨长度不小于 100m。
5. 土方工程中涉及地基处理、基坑支护等，可按现行国家标准《建筑地基基础工程施工质量验收规范》（GB 50202）等相关规定执行。
6. 桥管的地基与基础、下部结构工程，可按桥梁工程规范的有关规定执行。
7. 工作井的地基与基础、围护结构工程，可按现行国家标准《建筑地基基础工程施工质量验收规范》（GB 50202）、《混凝土结构工程施工质量验收规范》（GB 50204）、《地下防水工程质量验收规范》（GB 50208）、《给水排水构筑物工程施工及验收规范》（GB 50141）等相关规定执行。

2. 分项工程（验收批）质量验收记录表

验收批的质量验收记录由施工项目专业质量检查员填写，监理工程师（建设项目专业技术负责人）组织施工项目专业质量检查员进行验收，并按表 1.51 记录。

表 1.51　　分项工程（验收批）质量验收记录表

编号：________

工程名称		分部工程名称		分项工程名称	
施工单位		专业工长		项目经理	
验收批名称、部位					
分包单位		分包项目经理		施工班组长	
	质量验收规范规定的检查项目及验收标准		施工单位检查评定记录		监理（建设）单位验收记录
主控项目	1				
	2				
	3				
	4				
	5				合格率
	6				合格率
一般项目	1				
	2				
	3				合格率
	4				合格率
	5				合格率
	6				
施工单位检查评定结果	项目专业质量检查员：　　年　月　日				
监理（建设）单位验收结论	监理工程师（建设单位项目专业技术负责人）　　年　月　日				

3. 分项工程质量验收记录表

分项工程质量应由监理工程师（建设项目专业技术负责人）组织施工项目技术负责人等进行验收，并按表 1.52 记录。

表 1.52　　分项工程质量验收记录表

编号：________

工程名称		分项工程名称		验收批数	
施工单位		项目经理		项目技术负责人	
分包单位		分包单位负责人		施工班组长	

序号	验收批名称、部位	施工单位检查评定结果	监理（建设）单位验收结论
1			
2			
3			
4			
5			
6			
7			
8			
9			
10			
11			
12			
13			
14			
15			
16			
17			
18			
19			

检查结论	施工项目 技术负责人： 年　月　日	验收结论	监理工程师 （建设项目专业技术负责人） 年　月　日

4. 分部（子分部）工程质量验收记录表

分部（子分部）工程质量应由总监理工程师和建设项目专业负责人、组织施工项目经理和有关单位项目负责人进行验收，并按表1.53记录。

表1.53　　分部（子分部）工程质量验收记录表

编号：________

<table>
<tr><td colspan="2">工程名称</td><td colspan="3"></td><td>分部工程名称</td><td></td></tr>
<tr><td colspan="2">施工单位</td><td></td><td>技术部门负责人</td><td></td><td>质量部门负责人</td><td></td></tr>
<tr><td colspan="2">分包单位</td><td></td><td>分包单位负责人</td><td></td><td>分包技术负责人</td><td></td></tr>
<tr><td>序号</td><td colspan="2">分项工程名称</td><td>验收批数</td><td>施工单位检查评定</td><td colspan="2">验　收　意　见</td></tr>
<tr><td>1</td><td colspan="2"></td><td></td><td></td><td colspan="2" rowspan="11"></td></tr>
<tr><td>2</td><td colspan="2"></td><td></td><td></td></tr>
<tr><td>3</td><td colspan="2"></td><td></td><td></td></tr>
<tr><td>4</td><td colspan="2"></td><td></td><td></td></tr>
<tr><td>5</td><td colspan="2"></td><td></td><td></td></tr>
<tr><td>6</td><td colspan="2"></td><td></td><td></td></tr>
<tr><td>7</td><td colspan="2"></td><td></td><td></td></tr>
<tr><td>8</td><td colspan="2"></td><td></td><td></td></tr>
<tr><td>9</td><td colspan="2"></td><td></td><td></td></tr>
<tr><td></td><td colspan="2"></td><td></td><td></td></tr>
<tr><td></td><td colspan="2"></td><td></td><td></td></tr>
<tr><td colspan="3">质量控制资料</td><td colspan="2"></td><td colspan="2"></td></tr>
<tr><td colspan="3">安全和功能检验
（检测）报告</td><td colspan="2"></td><td colspan="2"></td></tr>
<tr><td colspan="3">观感质量验收</td><td colspan="2"></td><td colspan="2"></td></tr>
<tr><td rowspan="5">验
收
单
位</td><td colspan="2">分包单位</td><td colspan="4">项目经理　　　　年　月　日</td></tr>
<tr><td colspan="2">施工单位</td><td colspan="4">项目经理　　　　年　月　日</td></tr>
<tr><td colspan="2">设计单位</td><td colspan="4">项目负责人　　　　年　月　日</td></tr>
<tr><td colspan="2">监理单位</td><td colspan="4">总监理工程师　　　　年　月　日</td></tr>
<tr><td colspan="2">建设单位</td><td colspan="4">项目负责人（专业技术负责人）　　　　年　月　日</td></tr>
</table>

5. 单位（子单位）工程质量竣工验收

单位（子单位）工程质量竣工验收应按表 1.54～表 1.57 记录。单位（子单位）工程质量竣工验收记录由施工单位填写，验收结论由监理（建设）单位填写，综合验收结论由参加验收各方共同商定，建设单位填写；并应对工程质量是否符合规范规定和设计要求及总体质量水平做出评价。

表 1.54　　单位（子单位）工程质量竣工验收记录表

编号：________

工程名称		类型		工程造价	
施工单位		技术负责人		开工日期	
项目经理		项目技术负责人		竣工日期	
序号	项　目	验　收　记　录		验　收　结　论	
1	分部工程	共　　分部，经查　　分部 符合标准及设计要求　　分部			
2	质量控制资料核查	共　项，经审查符合要求　　项， 经核定符合规范规定　　项			
3	安全和主要使用功能核查及抽查结果	共核查　　项，符合要求　　项， 共抽查　　项，符合要求　　项， 经返工处理符合要求　　项			
4	观感质量检验	共抽查　　项，符合要求　　项， 不符合要求　　项			
5	综合验收结论				
参加验收单位	建设单位	设计单位	施工单位	监理单位	
	（公章） 项目负责人 年　月　日	（公章） 项目负责人 年　月　日	（公章） 项目负责人 年　月　日	（公章） 总监理工程师 年　月　日	

表 1.55　　单位（子单位）工程质量控制资料核查表

<table>
<tr><td colspan="2">工程名称</td><td></td><td>施工单位</td><td colspan="2"></td></tr>
<tr><td>序号</td><td colspan="3">资　料　名　称</td><td>份数</td><td>核查意见</td></tr>
<tr><td>1</td><td>材质质量保证资料</td><td colspan="2">①管节、管件、管道设备及管配件等；②防腐层材料、阴极保护设备及材料；③钢材、焊材、水泥、砂石、橡胶止水圈、混凝土、砖、混凝土外加剂、钢制构件、混凝土预制构件</td><td></td><td></td></tr>
<tr><td>2</td><td>施工检测</td><td colspan="2">①管道接口连接质量检测（钢管焊接无损探伤检验、法兰或压兰螺栓拧紧力矩检测、熔焊检验）；②内外防腐层（包括补口、补伤）防腐检测；③预水压试验；④混凝土强度、混凝土抗渗、混凝土抗冻、砂浆强度、钢筋焊接；⑤回填土压实度；⑥柔性管道环向变形检测；⑦不开槽施工土层加固、支护及施工变形等测量；⑧管道设备安装测试；⑨阴极保护安装测试；⑩桩基完整性检测、地基处理检测</td><td></td><td></td></tr>
<tr><td>3</td><td>结构安全和使用功能性检测</td><td colspan="2">①管道水压试验；②给水管道冲洗消毒；③管道位置及高程；④浅埋暗挖管道、盾构管片拼装变形测量；⑤混凝土结构管道渗漏水调查；⑥管道及抽升泵站设备（或系统）调试、电气设备电试；⑦阴极保护系统测试；⑧桩基动测、静载试验</td><td></td><td></td></tr>
<tr><td>4</td><td>施工测量</td><td colspan="2">①控制桩（副桩）、永久（临时）水准点测量复核；②施工放样复核；③竣工测量</td><td></td><td></td></tr>
<tr><td>5</td><td>施工技术管理</td><td colspan="2">①施工组织设计（施工方案）、专题施工方案及批复；②焊接工艺评定及作业指导书；③图纸会审、施工技术交底；④设计变更、技术联系单；⑤质量事故（问题）处理；⑥材料、设备进场验收；计量仪器校核报告；⑦工程会议纪要；⑧施工日记</td><td></td><td></td></tr>
<tr><td>6</td><td>验收记录</td><td colspan="2">①验收批、分项、分部（子分部）、单位（子单位）工程质量验收记录；②隐蔽验收记录</td><td></td><td></td></tr>
<tr><td>7</td><td>施工记录</td><td colspan="2">①接口组对拼装、焊接、拴接、熔接；②地基基础、地层等加固处理；③桩基成桩；④支护结构施工；⑤沉井下沉；⑥混凝土浇筑；⑦管道设备安装；⑧顶进（掘进、钻进、夯进）；⑨沉管沉放及桥管吊装；⑩焊条烘陪、焊接热处理；⑪防腐层补口补伤等</td><td></td><td></td></tr>
<tr><td>8</td><td>竣工图</td><td colspan="2"></td><td></td><td></td></tr>
<tr><td colspan="3">结论：

施工项目经理：
年　月　日</td><td colspan="3">结论：

总监理工程师：
年　月　日</td></tr>
</table>

表 1.56　　单位（子单位）工程观感质量核查表

工程名称			施工单位			
序号	检　查　项　目		抽查质量情况	好	中	差
1	管道工程	管道、管道附件位、附属构筑物位置				
2		管道设备				
3		附属构筑物				
4		大口径管道（渠、廊）：管道内部、管廊内管道安装				
5		地上管道（桥管、架空管、虹吸管）及承重结构				
6		回填土				
7	顶管、盾构、浅埋暗挖、定向钻、夯管	管道结构				
8		防水、防腐				
9		管缝（变形缝）				
10		进、出洞口				
11		工作坑（井）				
12		管道线形				
13		附属构筑物				
14	抽升泵站	下部结构				
15		地面建筑				
16		水泵机电设备、管道安装及基础支架				
17		防水、防腐				
18		附属设施、工艺				
观感质量综合评价						
结论： 施工项目经理： 年　月　日			结论： 总监理工程师： 年　月　日			

注　地面建筑宜符合现行国家标准《建筑工程施工质量验收统一标准》（GB 50300）的有关规定。

表 1.57 单位（子单位）工程结构安全和使用功能性检测记录表

<table>
<tr><td>工程名称</td><td colspan="2"></td><td>施工单位</td><td></td></tr>
<tr><td>序号</td><td colspan="2">安全和功能检查项目</td><td>资料核查意见</td><td>功能抽查结果</td></tr>
<tr><td>1</td><td colspan="2">压力管道水压试验（无压力管道严密性试验）记录</td><td></td><td></td></tr>
<tr><td>2</td><td colspan="2">给水管道冲洗消毒记录及报告</td><td></td><td></td></tr>
<tr><td>3</td><td colspan="2">阀门安装及运行功能调试报告及抽查检验</td><td></td><td></td></tr>
<tr><td>4</td><td colspan="2">其他管道设备安装调试报告及功能检测</td><td></td><td></td></tr>
<tr><td>5</td><td colspan="2">管道位置高程及管道变形测量及汇总</td><td></td><td></td></tr>
<tr><td>6</td><td colspan="2">阴极保护安装及系统测试报告及抽查检验</td><td></td><td></td></tr>
<tr><td>7</td><td colspan="2">防腐绝缘检测汇总及抽查检验</td><td></td><td></td></tr>
<tr><td>8</td><td colspan="2">钢管焊接无损检测报告汇总</td><td></td><td></td></tr>
<tr><td>9</td><td colspan="2">混凝土试块抗压强度试验汇总</td><td></td><td></td></tr>
<tr><td>10</td><td colspan="2">混凝土试块抗渗、抗冻试验汇总</td><td></td><td></td></tr>
<tr><td>11</td><td colspan="2">地基基础加固检测报告</td><td></td><td></td></tr>
<tr><td>12</td><td colspan="2">桥管桩基础动测或静载试验报告</td><td></td><td></td></tr>
<tr><td>13</td><td colspan="2">混凝土结构管道渗漏水调查记录</td><td></td><td></td></tr>
<tr><td>14</td><td colspan="2">抽升泵站的地面建筑</td><td></td><td></td></tr>
<tr><td>15</td><td colspan="2">其他</td><td></td><td></td></tr>
<tr><td colspan="2">结论：

施工项目经理：
年 月 日</td><td colspan="3">结论：

总监理工程师：
年 月 日</td></tr>
</table>

注 抽升泵站的地面建筑宜符合现行国家标准《建筑工程施工质量验收统一标准》（GB 50300）的有关规定。

6. 闭水法试验记录表

表1.58 管道闭水试验记录表

<table>
<tr><td colspan="2">工程名称</td><td colspan="2"></td><td>试验日期</td><td colspan="2">年 月 日</td></tr>
<tr><td colspan="2">桩号及地段</td><td colspan="5"></td></tr>
<tr><td colspan="2">管道内径
(mm)</td><td>管材种类</td><td colspan="2">接口种类</td><td colspan="2">试验段长度
(m)</td></tr>
<tr><td colspan="2"></td><td></td><td colspan="2"></td><td colspan="2"></td></tr>
<tr><td colspan="2">试验段上游
设计水头(m)</td><td>试验水头
(m)</td><td colspan="4">允许渗水量[m^3/(24h·km)]</td></tr>
<tr><td colspan="2"></td><td></td><td colspan="4"></td></tr>
<tr><td rowspan="6">渗
水
量
测
定
记
录</td><td>次数</td><td>观测起始
时间 T_1</td><td>观测结束时间
T_2</td><td>恒压时间
T(min)</td><td>恒压时间内补入的
水量 W(L)</td><td>实测渗水量
q[L/(min·m)]</td></tr>
<tr><td>1</td><td></td><td></td><td></td><td></td><td></td></tr>
<tr><td>2</td><td></td><td></td><td></td><td></td><td></td></tr>
<tr><td>3</td><td></td><td></td><td></td><td></td><td></td></tr>
<tr><td></td><td></td><td></td><td></td><td></td><td></td></tr>
<tr><td colspan="6">折合平均实测渗水量[m^3/(24h·km)]</td></tr>
<tr><td>外观
记录</td><td colspan="6"></td></tr>
<tr><td>评语</td><td colspan="6"></td></tr>
</table>

施工单位： 试验负责人：

监理单位： 设计单位：

建设单位： 记录员：

7. 注水法试验记录表

表 1.59　　注水法试验记录表

<table>
<tr><td colspan="2">工程名称</td><td colspan="2"></td><td>试验日期</td><td colspan="2">年　月　日</td></tr>
<tr><td colspan="2">桩号及地段</td><td colspan="5"></td></tr>
<tr><td colspan="2">管道内径
(mm)</td><td>管材种类</td><td colspan="2">接口种类</td><td colspan="2">试验段长度
(m)</td></tr>
<tr><td colspan="2"></td><td></td><td colspan="2"></td><td colspan="2"></td></tr>
<tr><td colspan="2">工作压力
(MPa)</td><td>试验压力
(MPa)</td><td colspan="2">15min 降压值
(MPa)</td><td colspan="2">允许渗水量
[L/(min・km)]</td></tr>
<tr><td colspan="2"></td><td></td><td colspan="2"></td><td colspan="2"></td></tr>
<tr><td rowspan="7">渗水量测定记录</td><td>次数</td><td>达到试验压力的时间 t_1</td><td>恒压结束时间 t_2</td><td>恒压时间 T (min)</td><td>恒压时间内补入的水量 W (L)</td><td>实测渗水量 q [L/(min・m)]</td></tr>
<tr><td>1</td><td></td><td></td><td></td><td></td><td></td></tr>
<tr><td>2</td><td></td><td></td><td></td><td></td><td></td></tr>
<tr><td>3</td><td></td><td></td><td></td><td></td><td></td></tr>
<tr><td>4</td><td></td><td></td><td></td><td></td><td></td></tr>
<tr><td>5</td><td></td><td></td><td></td><td></td><td></td></tr>
<tr><td colspan="6">折合平均实测渗水量 [L/(min・km)]</td></tr>
<tr><td>外观</td><td colspan="6"></td></tr>
<tr><td>评语</td><td colspan="6"></td></tr>
</table>

施工单位：　　　　　　　　　　试验负责人：

监理单位：　　　　　　　　　　设计单位：

建设单位：　　　　　　　　　　记录员：

8. 闭气法试验记录表

表 1.60　　管道闭气检验记录表

<table>
<tr><td>工程名称</td><td colspan="6"></td></tr>
<tr><td>施工单位</td><td colspan="6"></td></tr>
<tr><td>起止井号</td><td colspan="6">号井段至____号井段____共____ m</td></tr>
<tr><td>管　径</td><td colspan="2">ϕ____ mm ____管</td><td colspan="2">接口种类</td><td colspan="2"></td></tr>
<tr><td>试验日期</td><td></td><td>试验次数</td><td>第____次
共____次</td><td>环境温度</td><td colspan="2">℃</td></tr>
<tr><td>标准闭气时间 (s)</td><td colspan="6"></td></tr>
<tr><td rowspan="2">≥1600mm 管道的内压修正</td><td>起始温度 T_1
(s)</td><td>终止温度 T_2
(s)</td><td colspan="2">标准闭气时间时的管内压力值 P (Pa)</td><td colspan="2">修正后管内气体压降值
ΔP (Pa)</td></tr>
<tr><td></td><td></td><td colspan="2"></td><td colspan="2"></td></tr>
<tr><td>检验结果</td><td colspan="6"></td></tr>
</table>

施工单位：　　　　　　　　　　试验负责人：

监理单位：　　　　　　　　　　设计单位：

建设单位：　　　　　　　　　　记录员：

复 习 思 考 题

1. 管道工程施工准备包括哪些内容?
2. 沟槽断面有几种形式? 选择断面形式应考虑哪些因素?
3. 什么情况下沟槽及基坑开挖需要加固? 常用加固方法有哪些?
4. 沟槽土方回填的注意事项及质量要求?
5. 明沟排水的组成和适用场合是什么?
6. 简述施工测量的目的和步骤。
7. 人工下管时可以采取哪些方法? 机械下管时应注意哪些问题?
8. 室外给水管道常用的管材有哪些? 各使用在什么场合?
9. 简述管道中心和高程控制的方法和操作要点。
10. 简述球墨铸铁管的性能、使用场合及其施工方法。
11. 简述钢管回填土有哪些特殊要求?
12. 简述硬聚氯乙烯给水管道有哪几种连接方式?
13. 试述室外给水管道水压试验方法及其要求。
14. 试述钢筋混凝土排水管道钢丝网水泥砂浆抹带接口操作程序如何?
15. 试述聚氯乙烯双壁波纹排水管敷设过程中管壁局部破损修复方法如何?
16. 何为"四合一"施工法? 其操作程序如何?
17. 试述室外排水管道严密性试验方法及其要求。
18. 试述管道工程验收包括哪些内容? 竣工验收应提供哪些文件及资料?

学习项目2　市政给排水管道不开槽施工

学习目标：本学习项目重点介绍了给排水管道不开槽施工的基本知识，学习时重点掌握各种不开槽施工工艺与质量控制，并通过实训加以强化。

地下管道不开槽施工是指一切在地下铺设或修复旧管道利用少开挖或不开挖技术的施工方法。采用这一方法不需要在地面全线开挖，而只要在管线的特定场所出发采用暗挖的方法就可在地下敷设管道。改明挖敷设为暗挖敷设这是管道不开槽施工的特点。这一特点对交通繁忙、人口密集、地面建筑物众多、地下构筑物和管线复杂的城市来说是非常重要的。敷设新的煤气、热力、电力、给水、排水等地下管道以及地下通道，沿用以往开槽敷设已感到越来越困难，甚至难以实施。为了减少对交通、市民正常活动的干扰，减少房屋的拆迁，改善市容和环境卫生，地下管道的不开挖施工目前已成为市政基础设施施工中的最佳方案。

不开槽施工敷设管道的应用有以下几个方面。

1. 穿越管道

管道穿越的对象通常有高速公路、高等级公路、城区交通干道以及铁路等不便中断交通的交通要道，另外还有穿越江河等不便中断水上交通或无法排水施工的河流、大江和海峡。

2. 通向水域管道

通向水域的管道通常有深水取水管道和深水排污管道等两大类，管道的一端与水体连通。

3. 构（建）筑物下管道

管道在地面构（建）筑物下敷设，这在城区是经常遇到的，这些构（建）筑物通常有居民区、厂区、公园、街道、地下已有管道、隧道、防洪大堤等。

4. 埋置较深的管道

有些管道虽然可以开槽埋设，但因埋置太深，土方量较大，也往往采用不开槽方法施工。

地下管道不开槽敷管通常有以下几种：顶管、定向钻敷管、气动矛敷管和夯管锤等。

学习情境2.1　顶　管　施　工

2.1.1　顶管施工概述

2.1.1.1　顶管施工简介

顶管施工是当前一种常用的管道不开槽施工技术，其示意图如图2.1所示。早在20世纪50年代，北京和上海就有用顶管方法穿越铁路和堤坝的先例。北京首次顶管是在铁路路基下顶进钢筋混凝土管，上海首次顶管是穿越黄浦江江堤的钢管。

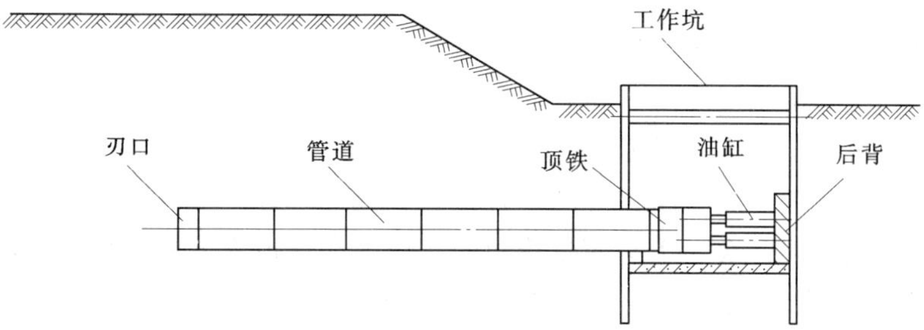

图 2.1 顶管示意图

20 世纪 60 年代，北京和上海都有计划地开发和推广顶管，并取得了一定的成绩。北京因地下水位较低，干法施工的钢筋混凝土顶管比较成熟，并且得到了推广。上海地处长江三角洲，地下水位较高，施工难度较大，特别是钢筋混凝土管接头的渗漏问题，曾一度困扰顶管的发展和推广。

70 年代，工业大口径水下长距离顶管技术在上海首先取得成功。1978 年，研制成功三段双铰型工具管，解决了百米顶管技术，三段双铰型工具管获国家发明三等奖；1981 年，ϕ2600 的管道穿越甬江，第一次应用中继环获得成功，顶进长度达 581m；1987 年，引入计算机控制、激光指向、陀螺仪定向等先进技术，管道顶进长度超千米，达 1120m，使我国的顶管施工技术处于世界领先地位，并获得国家科技进步一等奖。从此以后，顶管技术开始被工业、市政建设方面广泛采用。

上海的混凝土顶管首先在小口径顶管上得到突破。1985 年引进日本的 DN800mm 遥控顶管掘进机，在消化吸收的基础上，1989 年研制成功第一台泥水平衡遥控掘进机 DN1200，1992 年研制成功第一台外径为 ϕ1440 土压平衡掘进机。同时混凝土管的制作和接头技术都有了很快地提高。1989 年，上海第一期合流污水工程中引进德国的大口径混凝土顶管技术，从此大口径混凝土顶管得到了较快地发展。1992 年，上海奉贤开发区污水排海顶管工程中，将一根直径为 DN1600 的钢筋混凝土管，向杭州湾深水区单向一次顶进 1511m，成为我国第一根依靠自主力量单向一次顶进超千米的钢筋混凝土管。

混凝土顶管技术成熟后，曲线顶管应运而生。在上海污水治理二期工程中得到比较广泛地应用，过黄浦江的污水管道采用了竖向曲线顶管；在陆上多处采用曲线顶管，并且取得了成功，这对在旧城区改造中采用曲线顶管具有重要的意义。

顶管技术的迅速发展，具有代表性的是超长距离顶管的不断出现，截止 2005 年，单向一次顶进千米以上的顶管已达 15 根。按用途分：上水管 5 根，下水管 7 根，天然气管 3 根。按穿越对象分：穿越黄浦江 1 根，穿越黄河 4 根，穿越海峡 1 根，深海排放污水管 6 根，穿插越地面构建筑物 3 根。按管材分：钢管 11 根，钢筋混凝土管 4 根。其中，1997 年 4 月完成的上海黄浦江上游引水工程中的长桥支线顶管，将 ϕ3500 的钢管单向一次顶进 1743m，再创钢管顶管的世界纪录。2001 年 12 月完成的浙江省嘉兴污水排海顶管，将一根 DN2000 钢筋混凝土单向顶进 2050m，刷新了顶管一次顶进长度的世界纪录，使我国的超长距离顶管技术无论是钢管还是混凝土顶管，都处于世界领先地位。

我国钢管顶管的最大口径是上海黄浦江上游引水工程中的长桥支线顶管，内径为 ϕ3500；混凝土顶管的最大口径是上海合流污水一期工程中的 DN3500 顶管，内径为

ϕ3500mm，外径为 ϕ4160mm。

我国顶管管材和一般国家一样，大量的是钢筋混凝土管和钢管，其中钢管主要用于上水管，混凝土管主要用于下水管。随着玻璃钢制管技术的引进，上海周边地区玻璃钢顶管已经起步。2001 年，在浙江省上虞污水工程中，将直径 1200 的玻璃纤维增强夹砂玻璃钢管，用顶管法分别穿越一级公路和运河，各顶进 84m 和 74m，都获得了成功。

世界上混凝土顶管首次超千米的是德国的汉堡下水道顶管工程，将一根直径为 2.6m、壁厚 350mm 的钢筋混凝土管，从一只工作井单向顶进 1200m，其中包括 500m 直线段、400m 曲线段和 300m 的直线段，采用全气压施工。工程于 1970 年完成。

世界上顶管管道的最大口径是 4.4m，也在德国。世界上顶管最快的速度是英国在 1980 年创造的，在 9.5h 内将管径为 ϕ1524mm 的钢筋混凝土管道顶进 49m。

2.1.1.2　顶管分类

顶管的分类方法很多，下面的分类是按技术成熟、国内已被广泛采用的原则来分的。

1. 按管道口径分

按顶管管道的口径大小可分为小口径、中口径、大口径 3 种。这里所说的口径是指管道的内径（以下相同）。

小口径是指不适宜进入操作的管道。根据我国目前实际施工情况，并参照国外进入操作的最小口径的规定，我国的这一口径确定为 ϕ800mm 为宜。所以，小口径顶管是指管径小于 ϕ800mm 的顶管。

大口径是指操作人员进出管道比较方便的管径。根据实践经验，这一口径确定为 ϕ1800mm 为宜。也就是说大口径顶管是指管径≥ϕ1800mm 的顶管。

设管道内径为 d，管道按口径划分如下：

小口径管道：$d<800$mm；

中口径管道：800mm$\leqslant d<$1800mm；

大口径管道：1800mm$\leqslant d$。

2. 按顶进距离分

按顶进距离的长短可分为中短距离、长距离和超长距离 3 种。这里所说的距离是指管道单向一次顶进长度（以下相同）。

长距离顶管与中短距离顶管的区分以是否采用中继环比较合适，根据目前顶管技术所达到的水平，顶管长度一般在 300m 左右才采用中继环，而超长距离顶管是专指千米以上的顶管。以 L 代表管道单向一次顶进的长度，则

中短距离顶管：$L\leqslant$300m；

长距离顶管：300m$<L<$1000m；

超长距离顶管：$L\geqslant$1000m。

3. 按管材分

按顶管管道的材料分，可分为钢管顶管、钢筋混凝土顶管和其他管材的顶管。

目前，钢管顶管和钢筋混凝土顶管已广泛应用，其他管材是指铸铁管、玻璃钢管、复合管。这些管道在国外已有应用先例，在国内尚未广泛应用。玻璃钢管顶管可能是今后开发的方向。

4. 按地下水位分

按地下水位分，可分为干法顶管和水下顶管两种。

管道顶进土层有无地下水，对施工方法的选择非常重要，选择不当会危及顶管施工安全或影响施工成本。

5. 按管轴线分

按顶管轴线是否弯曲分，可分为直线顶管和曲线顶管。

直线顶管是指管轴线为直线的顶管，直线可以是水平的，也可以是斜向的，均属于直线顶管。

曲线顶管是指管轴线为弯曲的顶管，其中可以包括直线段。曲线的弯曲方向可以在水平方向上，也可以在垂直方向上，均称曲线顶管。

上述顶管分类是根据工程本身固有特点而分的。任何顶管工程，设计中必然规定管径的大小、管道的材料、距离的长短、地下水的位置、管轴线是直线还是曲线。比如某顶管工程，管道直径DN2000、钢筋混凝土管、单向一次顶进长度为800m、管线埋深低于地下水位、轴线有一弧段，则该工程可称为“大口径混凝土水下长距离曲线顶管”。

顶管分类还可按工艺分，工艺是施工方法，不是工程固有的，工艺集中反映在工具管上，在工具管一节中再讨论按工艺分类。

2.1.1.3　工艺与特点

采用顶管法，在敷设管道前，管线的一端事先建造一个工作坑（井）。在坑内的顶进轴线后方，布置一组行程较长的油缸（称主站油缸，简称主油缸）。一般左右成对布置，如2只、4只、6只或8只，根据管径大小而定。将敷设的管道放在主油缸前面的导轨上，管道的最前端安装工具管。主油缸顶进时，以工具管开路，推着前面的管道穿过坑壁上的穿墙管（孔）把管道压入土中。与此同时，进入工具管的泥土被不断挖掘排出管外。当主油缸达到最大行程后缩回，放入顶铁，主油缸继续顶进。如此不断加入顶铁，管道不断向土中延伸。当坑内导轨上的管道几乎全部顶入土中后，缩回主油缸，吊去全部顶铁，将下一节管段吊下坑，安装在管段的后面，接着继续顶进，如此循环施工，直至顶完全程。

顶管法的特点是顶管管道既起掘进空间的支护作用，又是构筑物的本身。顶管法与盾构法在这一双重功能上是相同的，所不同的是顶管法（插入）以顶入管段延长管道，拼装处在管道的尾部，而盾构法以拼装管片延长管道，拼装处在盾构的后部，管片要通过管内运输。二者相比，顶管法适合于较小的管径，盾构适合于较大的管径。顶管法敷设的管道整体性较好、刚度较大。盾构适合于较大的管径，管径越大越显示其优越性。

2.1.1.4　适用范围

1. 适用管径

管道的管径一般指内径，内径又称口径。钢筋混凝土管用DN冠名，例如2m内径的管道，用DN2000表示；钢管用ϕ冠名，例如3m内径的钢管，用ϕ3000表示。冠名后的数字代表管道内径，以毫米为单位，可以省略。

顶管法施工在理论上可适用于任何管径，但实际上是有一定的限制。在制管厂制造的与工地制造的管道，其管径上限是有所区别的。

制造厂制造的管径上限取决于运输条件。管道一般是顺向放在车厢内运输的。公路运输的标准宽度是2.5m，这相当于DN2000的钢筋混凝土管或者是ϕ2400的钢管。超宽运输是要经过批准的，极限是 3.6m，相当于 DN3000 的混凝土管或者是 ϕ3500 的钢管。若要在公路上运输更大直径的管段，管段就必须在车厢内横放。于是运输宽度便是管段的长度，即管段的长度一般不得超过 2.5m，最长也不得超过 3.0m。另外还有运输高度的限制，连车带货的总高度未经许可不得超过 4.0m。若用低货位运输汽车，装货高度还可以增加 0.5m 左右。因此可装运管段的最大外径为 3.5m，相当于 DN3000 的钢筋混凝土管或者是 ϕ3500 的钢管。所以，制造厂制造的钢筋混凝土管的管径上限是 DN3000，钢管是 ϕ3500。

直径更大的管段则必须在工地现场制造。为此，需要大量的生产设备和场地，而且还需要足够大的成品堆场。这样，便可制造出 DN5600 的钢筋混凝土管或 ϕ6500 的钢管。从顶管技术角度来看，这是顶管管径的上限。

但从经济的角度来考虑，上述最大管径是不经济的。一般认为无论是钢管还是钢筋混凝土管，管道内径的上限是 ϕ4000。

2. 适用土层

顶管适用土层很广，特别适用于黏性土、粉性土和砂土，也适用于卵石、碎石、风化残积土等非黏性土。但对淤泥、沼泽地及岩石来说，若采用顶管，要经过详细地分析，有条件地采用，淤泥、沼泽地不能无条件地采用顶管，一方面由于淤泥流动性太大，难以防止工作面的坍塌；另一方面由于淤泥承载力太低，管道顶进过程中难以形成必要的导向力，管道容易偏差，管轴线容易失稳。对岩石来说，只适用于强风化岩。强度较高的岩石则采用岩石掘进机或采用矿山法施工。

任何一种顶管施工方法，都有局限性。因此，对具体土层，必须选择与之相适应地顶管施工方法。

2.1.2　顶管施工设备及顶进施工

2.1.2.1　顶管工具管

工具管是顶管的关键机具，一般应具有以下功能：掘进、防塌、出泥和导向等。不同工具管有不同的特性，所以应依据工程的特点、地质情况和设计要求选择工具管。工具管可由专业生产工具管的制造商，也可由施工单位自行解决，但专业化程度不高。

顶管按工艺分类实际上是工具管的分类。按功能不同，工具管分类如下：

工具管分类
- 掘进功能
  - 手掘式
  - 挤压式
  - 半机械式
  - 机械式
  - 水力挖掘式
- 防塌功能
  - 机械平衡
  - 泥水平衡式
  - 土压平衡式
  - 气压平衡式
- 出泥功能
  - 干出泥
  - 泥水出泥

1. 简易工具管

简易工具管一般是指刃口工具管。这种工具管纠偏简单，人工挖掘，如图 2.2（*a*）

所示。这是顶管发展初期最早采用的一种工具管，至今在特定的土质条件下仍然被采用。这是因为刃口工具管构造简单，只要土质好，适合掘进，施工成本是比较低的。

(1) 构造。刃口工具管有两类：无纠偏装置和有纠偏装置［图 2.2 (*b*)、(*c*)］。刃口又分有格栅和无格栅两种。有无格栅应根据管径的大小和土体稳定程度而定，一般而论，管径较大的应有格栅。但也有这种情况，管径虽大而土体稳定的也可以不用格栅。合理的办法是格栅做成活动的，可拆可装，根据实际情况决定装或拆除。

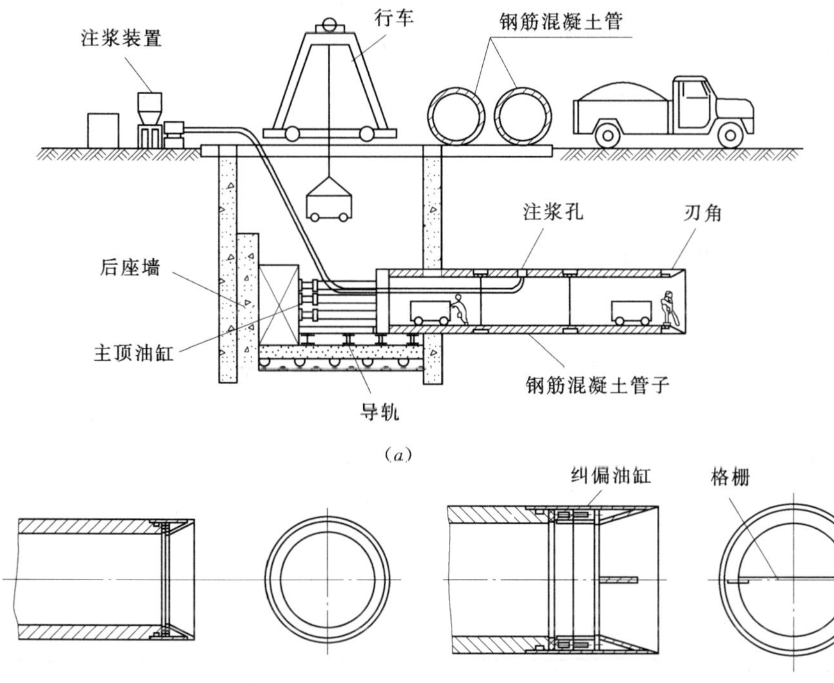

图 2.2　简易工具管

(*a*) 人工掘进顶管；(*b*) 无纠偏装置、无格栅刃口工具管；(*c*) 有纠偏装置、有格栅刃口工具管

(2) 原理。刃口工具管的原理是：刃口起切土作用并保护钢筋混凝土管，另外还起导向作用。

有纠偏装置的刃口，依靠纠偏油缸改变刃口的方向，实现纠偏。无纠偏装置的刃口工具管纠偏方法如下（见图 2.3）。

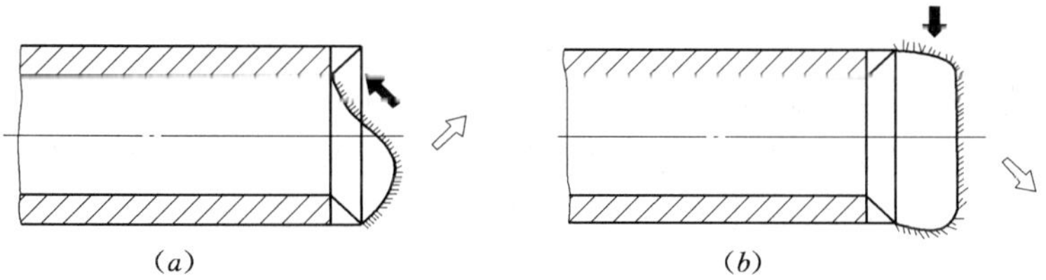

图 2.3　挖土纠偏示意图

(*a*) 管内挖土纠偏；(*b*) 管外挖土纠偏

⬆—纠偏阻力；⇧—纠偏方向

1）管内挖土纠偏：开挖面的一边保留土体，另一边被开挖，顶进时土体的正面阻力移向保留土体的一侧。管道向该侧纠偏。

2）管外挖土纠偏：管内的土被挖净，并挖出刃口，管外形成洞穴。洞穴的边缘，一边在刃口的内侧，一边在刃口的外侧，顶进时管道顺着洞穴方向移动。

（3）特点。刃口切土，人工掘进，格栅防塌，简易纠偏。

（4）适用范围。

1）适用土质：适用于无地下水（包括降水）并对沉降无严格要求的粗砂、细砂、粉砂、砂质粉土、黏质粉土。不适用于渗透系统较大的土层，例如含水卵石层、砂土、砂质粉土。也不适用含水量较高的淤泥。

2）适用管径：中、大口径。

3）适用距离：中、短距离。

2. 挤压式工具管

挤压式工具管是由刃口发展而来的。对含水量较高、孔隙比较大的淤泥质土和部分淤泥，可采用挤压式工具管。

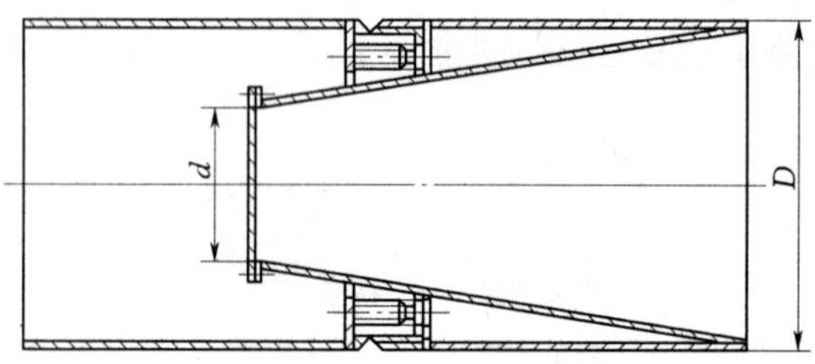

图 2.4　挤压式工具管

（1）构造。将刃口工具管的刃口锥面向内延长成喇叭状，即成挤压式工具管（图 2.4）。

喇叭口的大端是工具管的外径，小端是进泥口，进泥口的面积与工具管进泥面的面积之比叫挤压式工具管的开口率。

$$a=d^2/D^2 \tag{2-1}$$

式中：a 为开口率；D 为工具管的外径；d 为进泥口的内径。

（2）原理。挤压式工具管的工作原理是，当工具管在顶力的作用下向前推进时，工具管正面的土体向压力较低的方向流动，从进泥口进入工具管。要实现上述过程，需要具备以下条件：

1）要有足够厚的覆盖层。工具管正面土体的最大被动土压力要大于土体挤入工具管的阻力，否则地面会隆起。

2）工具管进泥口要有一定的阻力，使工具管的正面土体不会流入工具管。否则，地面会下沉。

土体挤入工具管的阻力大小随开口率的改变而改变。阻力与开口率成反比，开口率大阻力就小，开口率小阻力就大。开口率的大小应该根据土的流动性来决定。土的流动性大，开口率要小；流动性小，开口率要大。土的流动性大小，可根据天然含水量和孔隙比判别。

均质土工具管开口率可以固定。但对不均质土，开口率最好能改变。这时可将锥管分段，可拆可装可接长。要增加阻力将锥管接长，要减小阻力又可将锥管拆卸。

在淤泥层中顶进，挤压式工具管在息工期间应将进泥口封住，以防止涌土和预防管涌。

（3）特点。刃口切土，挤压出泥，挤压防塌，简易纠偏。

（4）适用范围。

1）适用土质：淤泥质土和部分淤泥。

2）适用管径：中、小口径。

3）适用距离：中、短距离。

4）沉降要求：不高。

3. 局部气压工具管

局部气压工具管是由全气压工具管发展而来的。以往在地下水位以下的土层中顶管，一般要降低地下水位。降水的方法有管内明排，管外降水。但是在渗透量很大，或在水域下施工，则无法实现。在这种情况下压缩空气排水法成为顶管施工的有效手段。早期的压缩空气排水法是将作业面全部加压缩空气，人员和车辆的出入都需要经过变压舱，这就是全气压施工。全气压施工尽管有许多不足之处，但气压施工的优点仍然是明显的。这一方法最早是在盾构施工中采用，并为人们所熟知。1970 年世界上第一根千米顶管，汉堡的下水道顶管工程，就是采用全气压施工。

全气压施工的主要缺点是劳动条件差、施工效率低，气压冒顶对工程和人员安全构成较大的威胁。在总结全气压施工的基础上，我国研究成功了局部气压施工方法。局部气压施工将加压缩空气的范围仅限于开挖面，而操作人员仍在常压下工作，因而大大改善了劳动条件；弃土用管道排放，施工效率高；压缩空气万一冒顶，不对工程和人员构成威胁。

局部气压工具管是一种对付复杂土层的工具管，它与土压平衡、泥水平衡和机械挖掘工具管可成互补型机型。土压平衡和泥水平衡工具管虽然有较好的平衡功能，但对障碍物或较大粒径的砾石层无计可施；机械挖掘式工具管虽然可以对付这些土层，但工作面上不允许有大量的积水，排水困难时还得有助于全气压施工，局部气压工具管弥补了上述工具管的不足。

(1) 构造。局部气压工具管有三段有铰式和二段无铰式两种。早期为三段双铰型，主要用于复杂地层和超长距离的钢管顶管。后来又开发二段无铰型，主要用于土层比较单一的顶管。

1）三段双铰型局部气压工具管。三段双铰型局部气压工具管（见图 2.5）由前、中、后 3 段组成。前段与中段之间设置一对水平铰（18），通过上下纠偏油缸（17）的伸和缩，可以使前段绕水平铰上下转动；同样，可用垂直铰（8）和左右纠偏油缸（9）实现中段并带动前段绕垂直铰左右转动，由此实现纠偏。前段与铰座用螺栓连接，拆卸方便，以便根据不同土质更换不同形式的前段。

为了防止地下水和泥砂通过段间缝隙进入工具管，在段与段之间设置了内外两道密封装置，密封可靠，并能承受 40m 左右的水头压力。

工具管内部分隔成 3 个舱室。前部为冲泥舱，其前端是刃脚（1）和格栅（2），它们的作用是切土和挤土。胸板（4）将冲泥舱与后面的操作室分开，操作室处于常压。胸板上设有观察窗和各种仪表，可直接掌握冲泥和排泥的情况。在常压下可以打开小水密门（11）从操作室进入冲泥舱。在局部气压施工时进入冲泥舱，应向操作室加气压，在气压下进入。工具管后部为控制室。控制室与操作室由气闸门（20）分开。从工具管外进入控制室要经过大水密门（21）。在特殊情况下，控制室可以变成变压室，具备全气压施工的条件。

工具管顶进时，正面的泥土通过格栅挤压进入冲泥舱，然后被水枪破碎冲成泥水，泥水通过吸泥口（13）、吸泥管（19）、清理窨井（24），最后被排泥管送出管外。

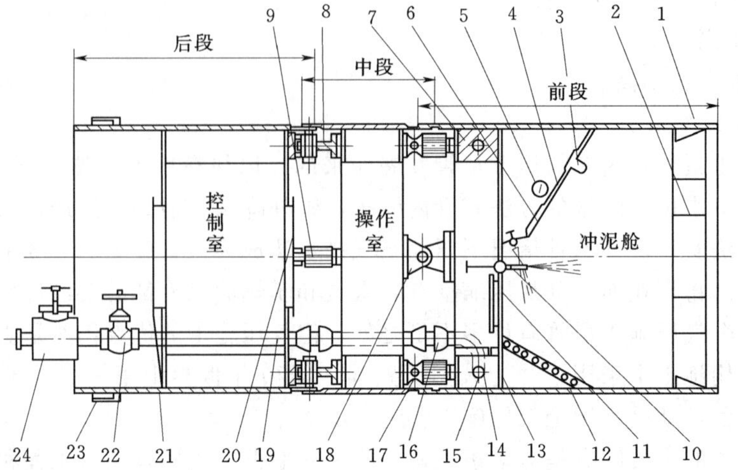

图 2.5　三段双铰型工具管

1—刃脚；2—格栅；3—照明灯；4—胸板；5—真空压力表；6—观察窗；7—高压水舱；8—垂直铰；9—左右纠偏油缸；10—水枪；11—小水密门；12—吸口格栅；13—吸泥口；14—阴井；15—吸泥管进口；16—双球活接头；17—上下纠偏油缸；18—水平铰；19—吸泥管；20—气闸门；21—大水密门；22—吸泥管闸阀；23—泥浆环；24—清理窨井

工具管尾部设置泥浆环（23），可向管壁与土体之间压注触变泥浆，以减少管壁的摩阻力。

三段双铰型工具管的主要技术数据见表2.1。

表2.1　　三段双铰型工具管的主要技术数据

型　　号	DG3.5	DG3.0	DG2.6	DC2.4	DG2.2	DG2.0
外形尺寸（mm）	ϕ3618×8320	ϕ3106×7500	ϕ2694×6870	ϕ2496×6000	ϕ2294×5800	ϕ2090×5180
被引导钢管内径（mm）	ϕ3500	ϕ3000	ϕ2600	ϕ2400	ϕ2200	ϕ2000
最大正面阻力（kN）	11500	8000	8000	6000	6000	5000
上下纠偏角（°）	±2	±2	±2	±2	±2	±2
上下纠偏力矩（kN·m）	4620	3900	1710	1700	1420	810
左右纠偏角（°）	±2	±2	±2	±2	±2	±2
左右纠偏力矩（kN·m）	7600	4700	3260	1700	2300	1190
泥浆壁厚（mm）	25	25	25	25	25	25
自重（kN）	625	380	280	210	170	140

2）二段型局部气压工具管。二段型局部气压工具管与三段型相比，除三段变成二段外，其余基本与二段双铰型相同，也有操作室和冲泥舱，但省略了控制室。因此不具备全气压施工功能。

二段型局部气压工具管可用于混凝土顶管，也可用于钢管顶管，这两种工具管是有区别的。这是因为混凝土管与钢管顶管纠偏机理不一样，混凝土顶管工具管较短，钢管顶管工具管较长，特别是前段。图2.6是用于钢管顶管的二段型工具管，前段比较长。这两种工具管之间不能盲目借用，否则，可能会造成工具管纠偏困难或导向失灵。

（2）工作原理。工具管顶进时，刃脚切土，格栅挤土，使顶力小于正面被动土压力，同时要大于主动土压力。格栅的密度是固定的，遇到较硬的土层阻力较大时，水枪要冲掉格栅上的泥；阻力更大时，水枪可冲出格栅，将工具管正面冲空，形成一锅底（形如立起来的锅底）；遇较弱土层阻力较小时，则保留格栅上的土塞。

三段双铰型工具管首创局部气压施工。局部气压施工保留了全气压施工的全部优点，解决了全气压施工中的许多弊端，成为一种崭新的施工方法。这一施工方法在 1978 年由上海基础工程公司研究成功。当时曾引起国内外工程界的高度重视。此后不久，局部气压施工在国外很快也在顶管中被采用。

（3）功能。水力冲泥，气压平衡，人工排障，测力纠偏。

（4）适用范围。

1）适用土质：淤泥质土、黏性土、砂性土、碎石层、砾石层。不适用于岩层和承载力极低的淤泥。

2）适用管径：大于 1600mm 的中大口径。

3）适宜距离：中距离、长距离、超长距离。不宜在短距离的顶管中采用。

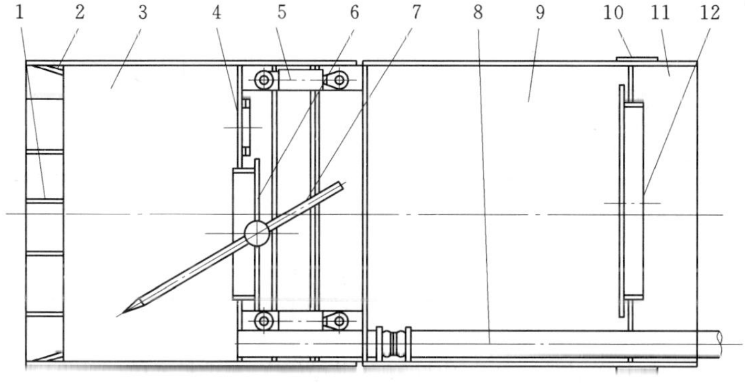

图 2.6　二段型局部气压工具管示意图

1—格栅；2—刃脚；3—冲泥舱；4—观察窗；5—纠偏油缸；6—水密门；7—水枪；8—排泥管；9—操作室；10—泥浆环；11—后段；12—气闸门

4. 土压平衡式工具管

随着顶管技术的发展，出现了众多的机械掘进机的机型，全断面钻削式掘进机以它的掘进效率高、施工安全、适用土层广、齐土方便等得到各方面的欢迎。土压平衡式工具管是其中的佼佼者。

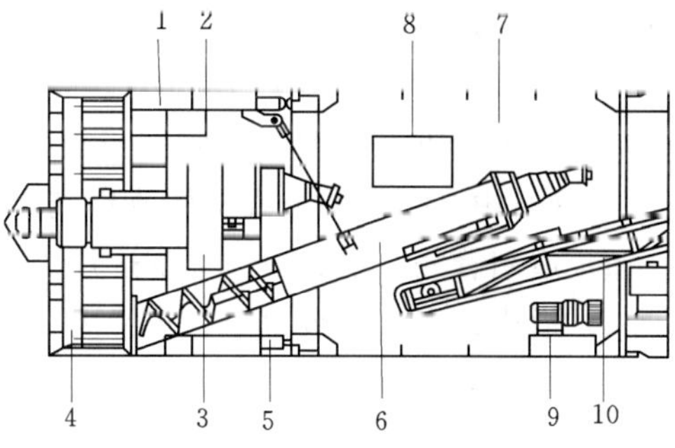

图 2.7　土压平衡式工具管

1—前段；2—隔板；3—刀盘驱动装置；4—刀盘；5—纠偏油缸；6—螺旋输送机；7—后段；8—操纵台；9—油压泵站；10—皮带运输机

（1）构造。土压平衡式工具管的典型机型见图 2.7，分前后两段（1）和（7），前后段之间安装纠偏油缸（5）。工具管最前端是刀盘（4），刀盘后面是隔板（2），隔板把前段分成两部分，隔板前面是搅拌舱，承受水压力、土压力。后面是动力舱，处于常压。隔板通过刀盘的轴，还固定刀盘的驱动装置（3），另外还有螺旋输送机（6）的出口。工具管的后段与跟进管段联结。

刀盘的支承形式有中心支承式、中间支承式和周边支承式（见图2.8）。驱动装置又有液压和电动两种。螺旋输送机分有轴、无轴两种（见图2.9），无轴的允许通过的粒径较大。

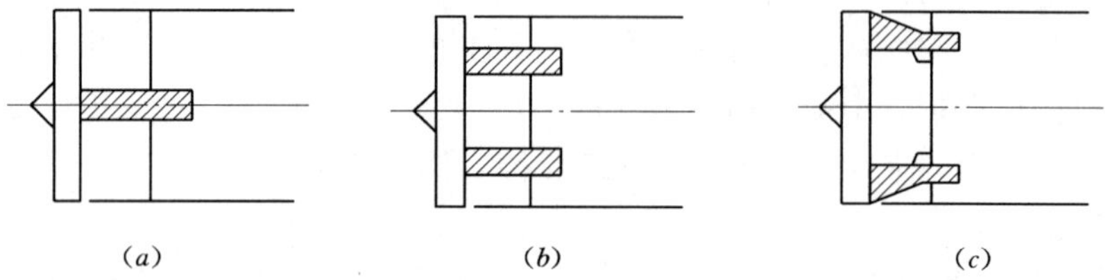

图2.8　刀盘支承形式示意图

(*a*) 中心支承式；(*b*) 中间支承式；(*c*) 周边支承式

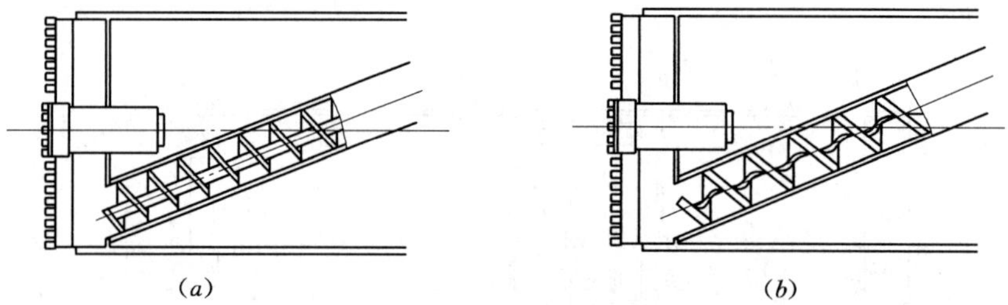

图2.9　螺旋输送机

(*a*) 有轴型；(*b*) 无轴型

(2) 原理。随着工具管的顶进，刀盘在不断转动，开挖面钻削下来的泥土进入搅拌舱，被搅拌成软塑状态的均质土。不能软化的天然土，要加入水、黏土或其他物质使其塑化，搅拌成具有一定塑性和流动性的弃土，由螺旋输送机排出搅拌舱，再由其他输送设备排放到管外。

所谓土压平衡是指搅拌舱内的土压力可以人为地控制在某一压力范围内，与掘进机所处地层的土压力抗衡，以减少施工对土体的扰动和损失。

(3) 适用范围。

1) 适用土质：黏土、粉质黏土以及黏粒和粉粒含量大于30%的黏质粉土。在砂性土、砂砾石中必须加黏土或土体改良剂。

2) 适用管径：小、中、大都适用。

3) 适用距离：一般为中、长距离。

5. 泥水平衡式工具管

泥水平衡式工具管是全断面钻削式掘进机的另一种机型。全断面切削的土压平衡式工具管适用的经济土层是黏性土，在砂性土中施工并不经济，而泥水平衡式恰巧与其相反，它的经济土层是砂性土而不是黏性土，可以说泥水平衡式工具管是土压平衡式工具管的互补机型。

(1) 构造。泥水平衡式工具管(见图2.10)分前后两段(5.7),段与段之间安装纠偏油缸(1)。前段的端部是刀盘(4),刀盘为面板式,在刀架处有开口,刀架上的刀可以双向切削,并可前后伸缩。前伸时切削量增加,开口度增加,进泥量加大;缩回时,切削量减少,开口度也因刀架后退而减小,进泥量减小。刀架的前伸和后缩是通过进泥口的开闭装置(6)来实现的。刀盘的后面是隔板,将前段分成两部分,隔板的前方是泥水舱,承受泥水压力;后方是动力舱,处于常压。刀盘的主轴通过隔板,轴座固定在隔板上。隔板的下方,左右排列进出泥管(8.9),进出泥管上各有控制阀门。工具管的后段与顶进。

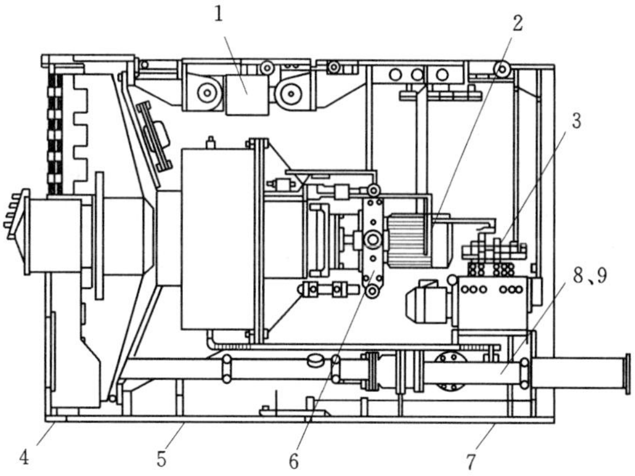

图2.10 泥水平衡式工具管

1—纠偏油缸;2—驱动电动机;3—油压装置;4—切削刀盘;5—前段;6—开口度调节装置;7—后段;8—进泥管;9—排泥管

(2) 原理。随着工具管的推进,刀盘在不断转动,进泥管不断供泥水,排泥管不断将混有弃土的泥水排出泥水舱。泥水舱要保持一定的压力,使刀盘在有泥水压力的情况下向前钻进。泥水平衡式工具管是一种以全断面切削土体,以泥水压力来平衡土压力和地下水压力,又以泥水作为输送弃土介质的机械式工具管。

泥水平衡工具管的基本原理是泥水护壁。在泥水式顶管施工中,要使挖掘面保持稳定,必须向泥水舱注入一定压力的泥水。泥水在压力作用下向土体内部渗透,在开挖面形成一层泥皮。泥皮的作用,一方面阻止泥水继续向土体内部渗透,另一方面,泥水的压力通过泥皮作用在开挖面,防止坍塌。不同土质要求泥水的比重也不一样,见表2.2。

表2.2　　泥水比重与土质的关系

土 质	渗 透 系 数	颗 粒 含 量 (%)	比 重
黏土及粉土	$10^{-9}\sim10^{-7}$	5～15	1.025～1.075
粉砂及细砂	$10^{-7}\sim10^{-5}$	15～25	1.075～1.125
砂	$10^{-5}\sim10^{-3}$	25～35	1.125～1.175
粗砂、砂砾	$10^{-3}\sim10^{-1}$	35～45	1.175～1.225
砾石	10^{-1}以上	45以上	1.225以上

(3) 适用范围。

1) 土质:渗透系数小于10^{-3}cm/s的砂性土。其他土质都要采取附加措施。

2) 管径:小、中、大管径都适用。

3) 距离:中、长距离。

6. 多刀盘土压平衡式工具管

通常的土压平衡式工具管为全断面切削工具管,也叫大刀盘切削工具管,平衡性能好，但构造复杂，机身较重。多刀盘土压平衡式工具管是前者的一种简易工具管，切削面虽然较小，但仍具备土压平衡的功能。它的特点是价格低廉、操作容易、维修方便和单位自重小，与大刀盘相比机身振动小，可以减少施工对土体的液化影响。

（1）构造。多刀盘土压平衡式工具管的构造如图 2.11 所示，四把切削搅拌刀盘对称地安装在前段隔板上，伸在泥土中。隔板将前段分为左右两舱：左舱为泥土舱，右舱为动力舱。螺旋输送机的进泥口安装在隔舱板的下部，成悬臂式。隔舱板水平轴线的左右和垂直轴线的上方各安装一只隔膜式土压力表。隔舱板的中心开有一入孔，通常是用盖板把它盖住。

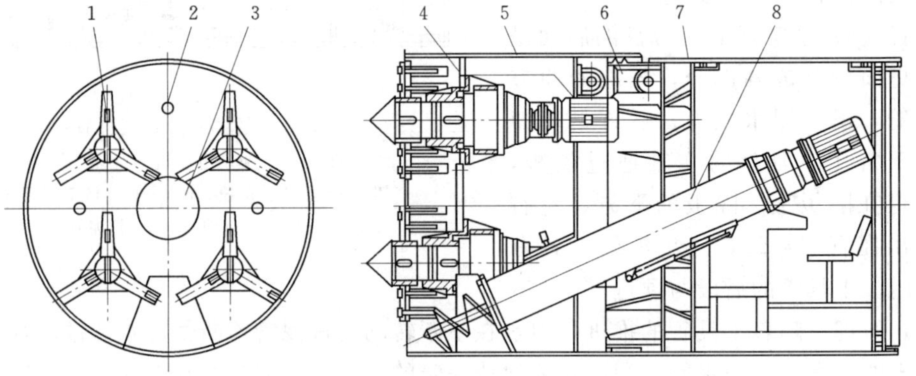

图 2.11　多刀盘土压平衡式工具管

1—小刀盘；2—土压力表；3—入孔；4—隔舱板；5—前段；6—纠偏油缸；7—后段；8—螺旋输送机

前后段之间有四组纠偏油缸，段间设置密封。后段右边是电气操作台，左边是电气柜和液压纠偏系统。操作台上有一台显示角度的倾斜仪，反映前段水平状态，以指导纠偏。

（2）特点。多刀盘土压平衡式工具管的切削是局部的，其余部分的土靠挤压挤进入刀盘切削范围，切削后再输入螺旋输送机，所以它的正面阻力比大刀盘要大，它的适用土层比大刀盘少，最小覆盖层比大刀盘大。

多刀盘土压平衡式工具管原设计是 4 刀盘机型，切削面为全断面的 60%左右，其余部分为挤压面，仍属于土压平衡式机型。但市面上出现 3 刀盘机型，甚至 2 刀盘、单刀盘机型，其切削面很难超过全断面的 50%，这类不到 4 刀盘的机型不能单纯地称之为土压平衡式机型，切削面过小的属于挤压式改进机型，施工设计时，按挤压式机型计算为宜。

多刀盘土压平衡式工具管适用于软土地层的顶管，尤其适合于软黏土层。如果向泥舱反加黏性土，可适用粉质黏土。

（3）适用范围。

1）土质：软黏土、粉质黏土。

2）管径：中、大口管。

3）距离：长、中、短距离。

7. 机械挖掘式工具管

全断面钻削式掘进机有许多优点，但最大的弱点是不宜在有大石块或有地下障碍物的土层中施工。挖掘式工具管在某些方面弥补了全断面掘进机的不足。

(1) 构造。在任何一种工具管的外壳内，安装一台小型挖掘机，便成为一台机械挖掘式工具管。机械挖掘式工具管管端一般是敞开的，见图 2.12，便于挖掘和排除障碍。这种形式的工具管只适合管径较大的顶管。

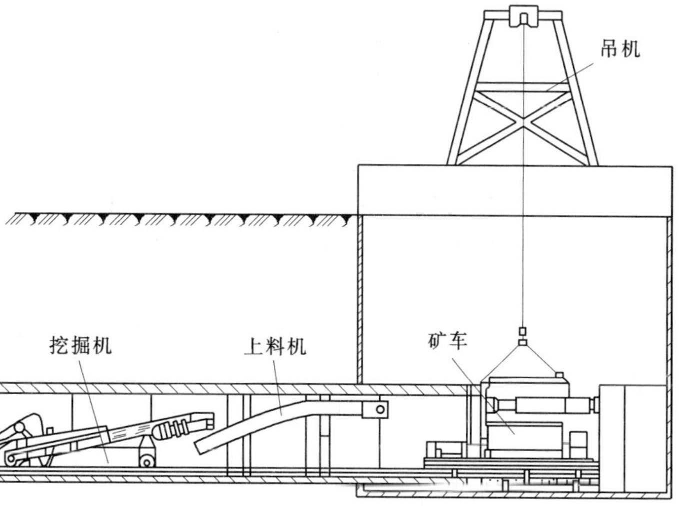

图 2.12　机械挖掘式工具管工作示意图

如果要求挖掘机在管道内挖掘无死角，不但体积小，而且效率还要高，则可选用专用的机械挖掘式工具管，图 2.13 是其中的一种。工具管分前后两段，段间安装纠偏油缸。

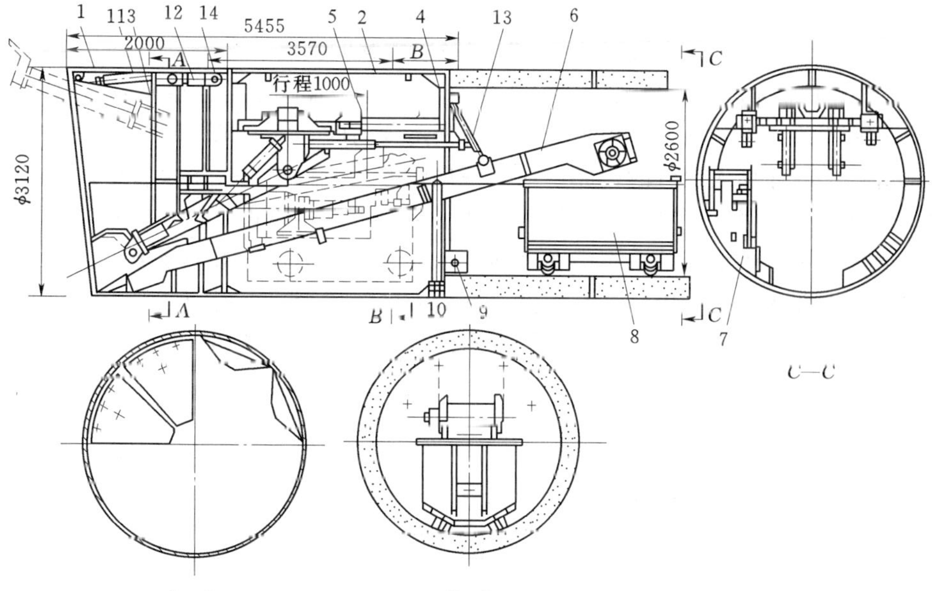

图 2.13　机械挖掘工具管

1—前段；2—后段；3—胸板；4—挖掘机车架；5—挖掘机；6—皮带运输机；7—油泵车；8—运土小车；9—液压绞车；10—定位立柱；11—胸板启闭油缸；12—纠偏油缸；13—升降油缸；14—密封圈

前段安装一台挖掘机，车架（4）固定在后段上，挖掘机（5）可以在车架上前后移动。挖掘臂悬挂在下方，可以绕竖轴转动。挖掘臂分内外两节，可以前后伸缩。铲斗为反铲，操作起来非常方便，而且开挖面无死角。挖掘下来的弃土由皮带运输机向后转输，并装上小车。挖掘机由人工操作，这是一种半机械挖掘式工具管。

这种半机械的挖掘式工具管与手掘式工具管不同之处仅仅是改手工挖掘为半机械挖掘。一般不采用格栅，为了防止掌子面坍塌，可采用如下措施：

1）采用遮檐式刃口，使工具管正前方形成帽檐状挡土盾。掌子面上有帽檐状盾壳的保护，下有还未开挖的土体阻滑，可防止塌方。

2）工具管正上方设置数块胸板。胸板是活动的，根据需要可以提起，也可以放下挡土。放下时，可将工具管上部全部挡住，减小掌子面的自由高度，增加掌子面土体的稳定。胸板的启闭是由油缸控制的，胸板对掌子面的推力也由油缸控制，只要将油缸后腔上的溢流阀调定在设定压力上，工具管顶进时胸板对掌子面的推力就能保持不变。

（2）适用范围。

1）土质：无地下水或水量不大能明排的土层。如黏性土、砂性土、砂砾层、杂填土。

2）管径：中、大口管。

3）距离：中、短距离较为适合。

2.1.2.2 中继环

顶管的关键设备是工具管，长距离顶进的关键设备是中继环。距离较长的管道，因管道四周的摩阻力越来越大，单凭主站油缸顶推是不够的。一方面主站的顶力有限，不可能无限增加，另一方面主站所能施加的顶力受到管道允许顶力和后背允许顶力的制约。为了解决上述问题，就出现了中继环。中断环的作用是分散主站的顶力，管道由中继环分段顶进。一般来说，一次顶进距离大于100m时应采取中继间技术。

图2.14是中继顶进的示意图。最前面的是工具管，紧跟着的是管道，随着顶进距离的增长，主站的顶力不断增加，当顶力增加到预定顶力时，安装第一只中继环。中继环后再安装管道。中继环加入顶管时，先启动第一只中继环，承担第一区段管道的顶进。主站顶进时，一号中继环回缩，第二区段的管道被主站顶进。距离再增加，用同样的方法再增加二号中继环、三号中继环。采用中继环顶管，就是将一根长管道分成数个区段，区段与区段之间加入中继环，每只中继环只承担顶推前面区段的管道，后面区段由它后面的中继环顶推，最后区段由主站承担顶推。一般主站的顶力要大于中继环的顶力。

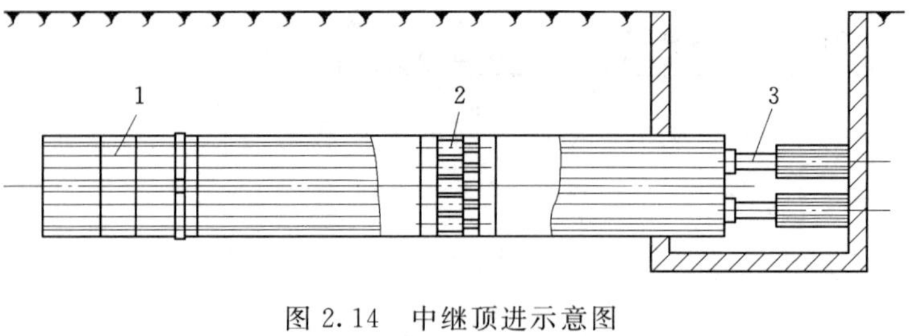

图2.14 中继顶进示意图

1—工具管；2—中继环；3—主油缸

1. 钢管中继环

钢管顶管中继环是一种早期使用的中继环，构造简单，加工成本低，但是密封不够可靠，不宜用于超长距离顶管和曲线顶管，其构造如图 2.15。在中继环的前后管段上各设置一道环形梁，前后环形梁之间安装数十只油缸。在后段环形梁外周有一只与前段环形梁连成一体的钢护套管，另有两道密封圈嵌固在此钢护套管上。随着油缸的伸缩，钢护套管连同密封圈一起在后环形梁的外缘滑移。中继环密封圈的作用是为阻止管道外的泥、水向管道内渗漏。中继环的最大行程 20cm，中继油缸的顶力每台一般为 250kN，有时为 500kN，均为柱塞油缸。中继环的主要技术性能见表 2.3。

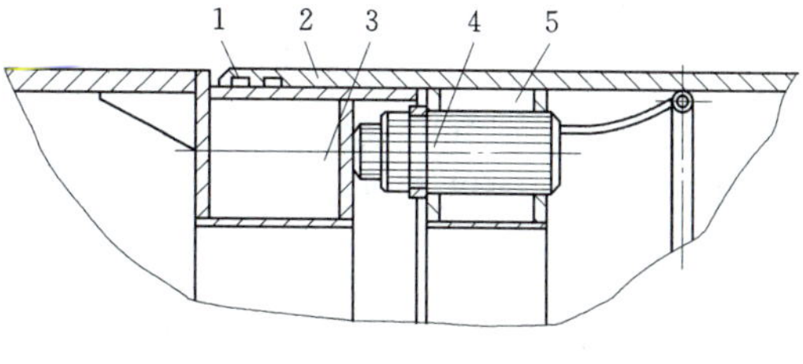

图 2.15 钢管中继环构造图

1—密封圈；2—钢护套管；3—后段环形梁；4—中继油缸；5—前段环形梁

表 2.3 **中继环的主要技术性能**

公称口径 (mm)	油缸数量 (只)	额定顶力 (kN)	最大顶力 (kN)	允许转角 (°)	重量 (t)
2000	30	6000	7500	0.35	4.5
2200	32	6400	8000	0.35	5.0
2400	36	7200	9000	0.35	5.5
2600	40	8000	10000	0.35	6.0
2800	44	8800	11000	0.35	6.6
3000	48	9600	12000	0.35	7.4
3500	56	12000	14000	0.35	11.0

顶管结束后，先拆除中继环的油缸，再割除中继环的前后环形梁，恢复管道的通径，最后将前后管段焊接成一体。为了加强管体，还可在前后段之间加焊一层钢板。但加强后管道直径减小，直径方向减小两层钢板的厚度。

2. 钢筋混凝土管中继环

钢筋混凝土顶管中继环的构造常见的如图 2.16。这种中继环前后的管段是特制的。在前后管段之间加入一只钢护套管（3），钢护套管与管段套接，也有在预制时浇筑在一起的。不论是前者还是后者，中继环动作时，钢护套管与前方管段相对是静止的。中继环的后方管段，预制时在其管端埋入一只带有凹槽的密封座，密封圈及其调节密封圈的弧形压板安装在此凹槽内，凹槽后方还有顶推弧形压板的调节螺栓，可以调节密封圈的压紧程度。密封圈磨损后。通过调节螺栓再压紧密封圈仍然起密封作用。数十只油缸安装在前后管段之间，固定在钢护套管上。密封圈的断面可以较大，部分磨损后仍然可以使用，但磨损到一定程度后，仍然需要更换。更换时需要在气压下进行。

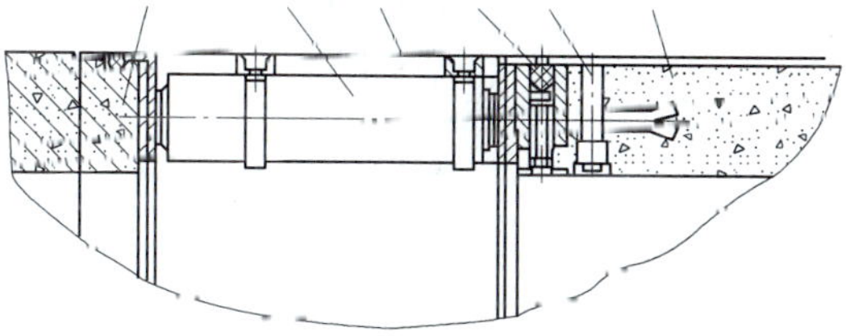

图 2.16 钢筋混凝土管中继环

1—前方管段；2—油缸；3—钢护套管；4—可调密封圈；5—注浆孔；6—后方管段

顶管结束后，拆掉油缸，前后管段靠拢，其余处理与普通管段相同。

这种钢筋混凝土管中继环的优点是密封圈的压缩率可调，密封圈磨损后，再次压紧可以继续使用。与钢管中继环相比，可以承受较高的水压力，使用寿命较长。但更换密封圈仍然比较困难，同样需要在气压下进行。不适用于超长距离顶管。

3. 组合密封中继环

组合密封中继环是在综合钢管和钢筋混凝土管中继环优点的基础上设计而成的，其密封装置可拆、可装、可调节、可组合、可在常压下调换密封圈，从而克服了在高水头、复杂地质条件下由于中继环密封圈的磨损而造成中继环渗漏的技术难题，满足了各种复杂地质条件下的超长距离直线和曲线的顶管需要。经专家评定，一致认为该成果总体水平达到了国际先进水平。该密封装置既可以用于钢管顶管，又可用于钢筋混凝土顶管。

组合密封中继环的基本组件是密封装置。密封装置的构造见图2.17，以密封座5为基础，其上安装密封圈2、弧形压板3和调节螺栓4，组成密封装置。密封装置安装在钢筋混凝土管的后段管壁上或安装在钢管中继环的后段环形梁上构成中继环的密封。密封装置安装好后用螺栓6固定。每只中继环的密封装置可以用一只也可以用二只，根据每只中继环的重要性选择。一般情况，先安装的中继环工作次数多，采用双组密封装置，而后面的中继环可采用单组；复杂地层密封圈容易磨损的中继环采用双组密封装置，而密封圈磨损较慢的地层可采用单组密封装置；预计施工结束时仍不需要更换密封圈的中继环，可采用单密封装置，施工中要更换密封圈的中继环，则应采用双组密封装置。

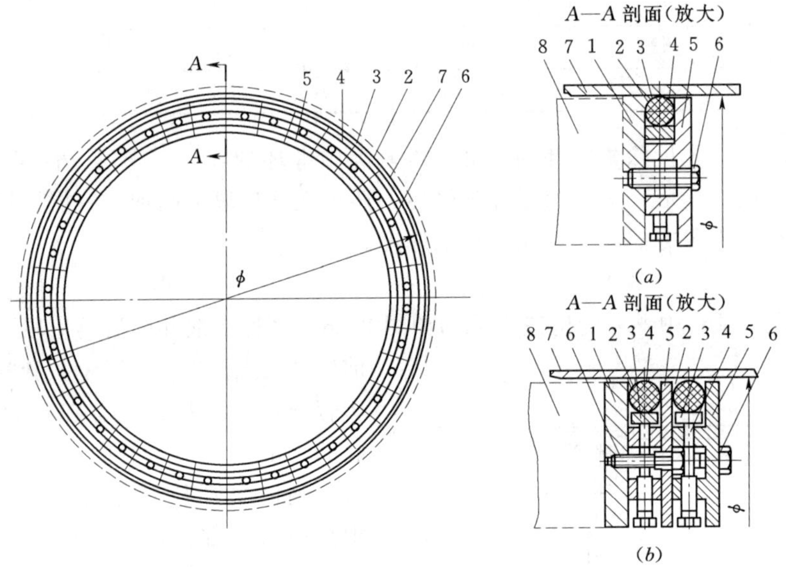

图2.17　组合密封中继环的密封装置

(a) 单组密封装置剖视图；(b) 双组密封装置剖视图

1—固定环；2—密封圈；3—弧形压板；4—调节螺栓；5—环形密封座；6—固定螺栓；7—钢护套管；8—后方管段

双组密封装置的中继环紧挨后段的为第一道密封装置，正常情况下密封圈不压紧，不起密封作用，即不与钢护套管摩擦。这道密封称修理密封，意思是只有在修理时才起密封作用。第二道密封装置为工作密封，正常状态密封圈被压紧在钢护套管上，处于密封状态，阻止地下水和泥砂向管道内渗漏。一旦密封圈局部被磨损，出现渗漏，通过拧紧调节螺栓4，推动弧形压板3将磨损段的密封圈压紧，直至制止渗漏。但这种调节不可能无限地进行下去，密封圈磨损到一定程度后，仍需要更换新密封圈。更换新密封圈时，先拧紧第一道密封装置的调节螺栓，将修理密封的密封圈与钢护套管压紧，替代工作密封起密封作用；退回工作密封装置的调节螺栓，使密封圈与钢护套管脱开，将中继环顶开，顶开距离应大于100mm，逐个缩回中继环全部油缸；拆卸工作密封装置的所有固定螺栓，并将工作密封装置向油缸方向移动；用新密封圈调换磨损的密封圈；将工作密封装置复位，拧紧固定螺栓；再调整好调节螺栓，使工作密封圈与钢护套管压缩，恢复密封。最后将修理密封圈缩回，使其不与钢护套管接触，再次处于待命状态。中继环修复完成，可以继续施工。顶管结束后，中继环的处理同以往中继环。

组合密封中继环就是通过更换密封圈的办法来解决密封圈的磨损问题。提高中继环的使用寿命，特别适用于超长距离顶管。图2.18是该密封装置用于钢管中继环的情况。图2.19是该密封装置用于钢筋混凝土管中继环的情况。钢筋混凝土顶管中采用组合密封中继环后，可以省掉专供中继环的特殊管段，可减少管段制作成本。

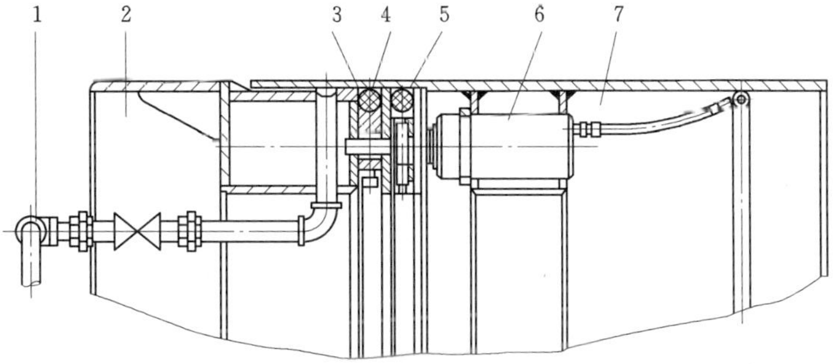

图2.18 钢管组合密封中继环

1—压浆管路；2—后方管路；3—固定螺栓；4—修理密封；5—工作密封；6—油缸；7—钢护套管

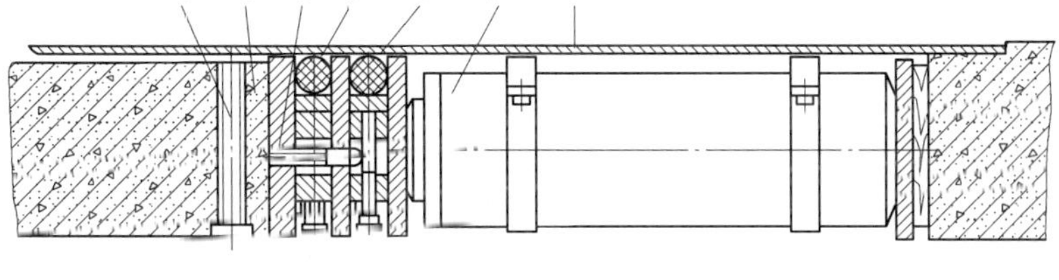

图2.19 钢筋混凝土管组合密封中继环

1—压浆管；2—后方管道；3—固定螺栓；4—修理密封；5—工作密封；6—油缸；7—钢护套管

2.1.2.3 顶进系统

安装在工作坑（井）内的顶推设备统称为顶进系统，其中主要设备是主油缸，其作用是造成强大的顶力将管道沿着设计轴线顶出工作坑（井）。如图2.21、图2.22所示。

1. 定位

(1) 主油缸的合力中心。数台主油缸组成顶管主站。主油缸布置原则是左右对称，可以是2、4、6、8台。无论采用几台油缸，其合力中心是依据顶推的需要决定的。在穿墙

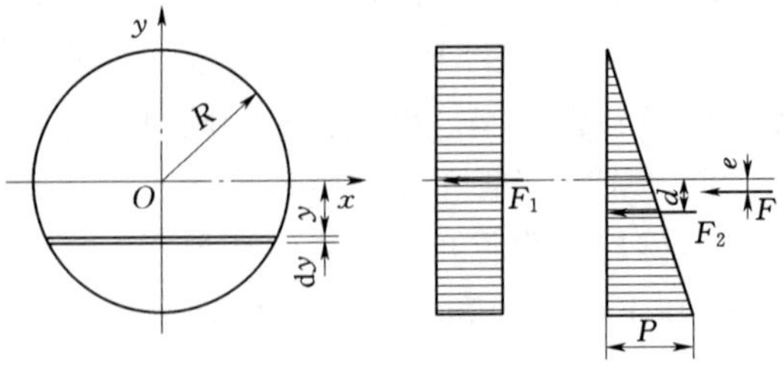

图 2.20 正面阻力计算简图

阶段，与主油缸顶力抗衡的是工具管的正面阻力，如果主站的合力中心偏上，管道穿墙后可能偏下。反之，合力中心偏下，管道可能偏上。

工具管正面阻力的合力中心可通过计算确定。正面阻力可分解成三角形和矩形两部分，矩形部分的台力中心通过圆心，三角形部分的合力中心低于圆心（见图 2.20）。

假设三角形的底边压强为 P，三角形的压强方程为：

$$p=\frac{P}{2R}(R-y) \tag{2-2}$$

三角形阻力：

$$F_2=\frac{P}{2}\pi R^2=\frac{\pi R^2}{2}P \tag{2-3}$$

三角形阻力的合力中心可通过积分求得：

$$\begin{aligned}F_2 d &= \int_{-R}^{R}\frac{P}{2R}(R-y)y2\sqrt{R^2-y^2}\,\mathrm{d}y \\ &= P\left(\int_{-R}^{R}y\sqrt{R^2-y^2}\,\mathrm{d}y-\int_{-R}^{R}\frac{1}{R}y^2\sqrt{R^2-y^2}\,\mathrm{d}y\right)\end{aligned}$$

积分后得：

$$\frac{\pi R^2 P}{2}d=-\frac{\pi}{8}PR^3$$

$$d=-\frac{1}{4}R \tag{2-4}$$

三角形阻力的合力中心比管中心低 R/4。由此可见圆形断面与矩形断面的三角形阻力合力中心是有区别的。

正面阻力的合力中心：

$$e=\frac{F_1 0+F_2 d}{F}=\frac{F_2 d}{F_1+F_2} \tag{2-5}$$

当 $F_1=0$ 时，F_2 的合力中心就是 F 的合力中心。当 $F_1 \gg F_2$ 时，F 的合力中心接近管中心。这说明覆盖层较厚时，不能忽视三角形阻力的影响，顶力的合力中心要低于管中心，低近 $R/4$。

管道穿墙时，工具管入土较浅，土的支承面较小，支承面的应力就较大，工具管容易下沉。入土深度增加后支承面应力很快就减少，工具管不再下沉。为了防止穿墙初期工具管下沉，顶力的合力中心也应偏下。

一方面覆土较薄时，合力中心需要下移，另一方面，穿墙时为防止管道下偏，合力中心也需要下移。所以，顶力合力中心一般要求低于管中心，约 $R/5 \sim R/4$。

（2）坑（井）底标高。钢管顶进设备布置见图 2.21，钢筋混凝土管顶进设备布置见图 2.22。

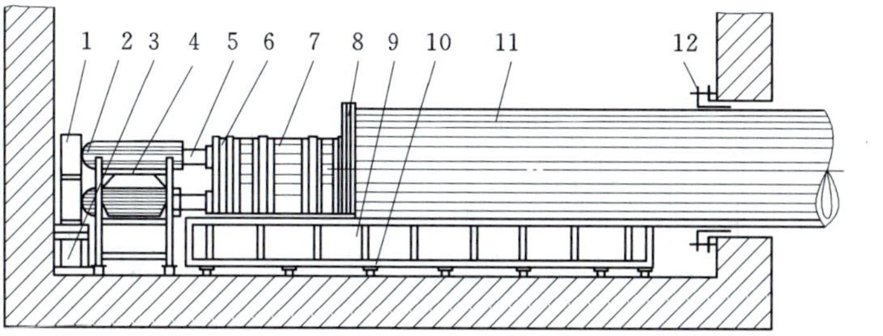

图 2.21　钢管顶管顶进系统

1—后座；2—油缸调整垫；3—后座支架；4—油缸支架；5—主油缸；6—刚性顶铁；7—U 形顶铁；8—环形顶铁；9—导轨；10—预埋板；11—管道；12—穿墙止水

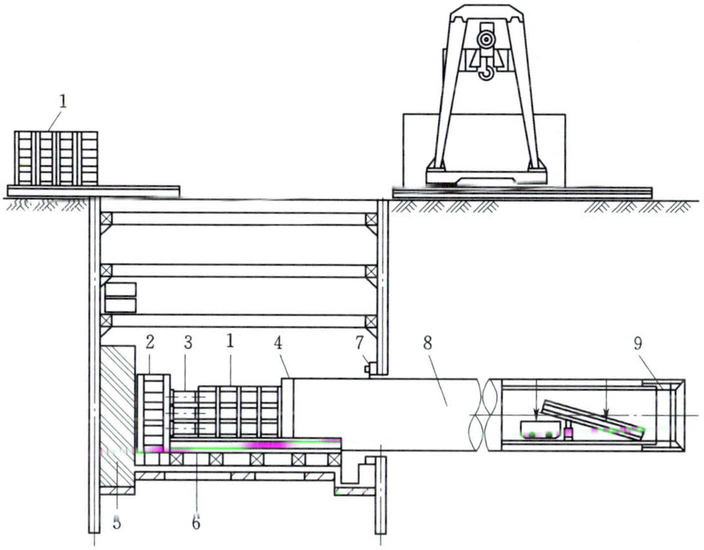

图 2.22　钢筋混凝土顶管顶进系统

1—顶铁；2—油缸架；3—油缸；4—环形顶铁；5—后背；6—导轨；7—穿墙止水；8—管道；9—工具管

管轴线离底板的高度：

$$H=\frac{D}{2}+H_1 \tag{2-6}$$

式中：H 为管轴线离底板的高度；D 为管道的外径；H_1 为管底离底板的高度。钢管取 $H_1=800\sim900\text{mm}$，钢筋混凝土管取 $H_1=400\sim450\text{mm}$。

钢管顶管时 H_1 较大，这是为了满足电焊操作空间的需要。

2. 顶进设备

管轴线离底板的高度确定以后，主油缸的合力中心高度也相应确定。顶进设备安装时均应以此为依据。顶进设备包括：导轨、主油缸、顶铁、后背及后座。

（1）导轨。导轨安装在前方，接近穿墙管。它的作用是支托未入土的管段和顶铁，起导向的作用。

钢管顶管导轨见图 2.23，是拼装式的，轴线方向的长度可任意组合。支托钢管的轮

子间距 B_2 是可以调节的，因此同一付导轨可适合几种不同管径的顶管。

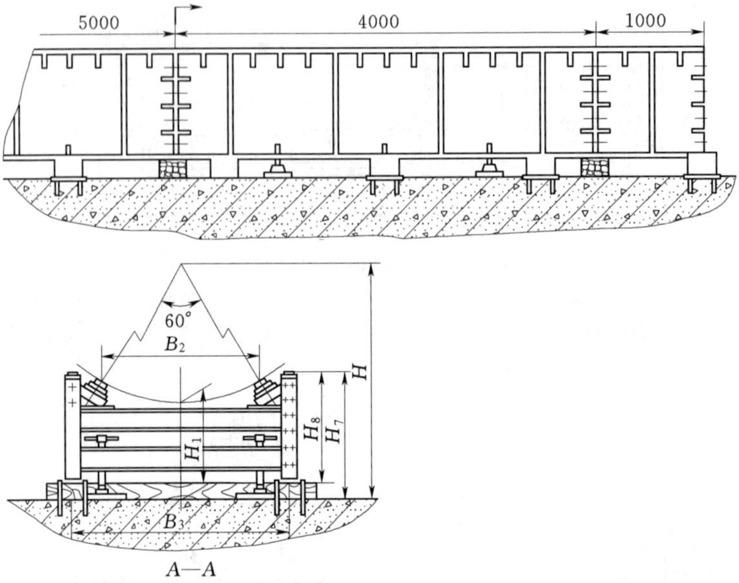

图 2.23　钢管顶管导轨

钢筋混凝土管导轨见图 2.24，支托轨道有两种，一种是面支承；另一种是线支承。管道较大时，宜采用面支承。

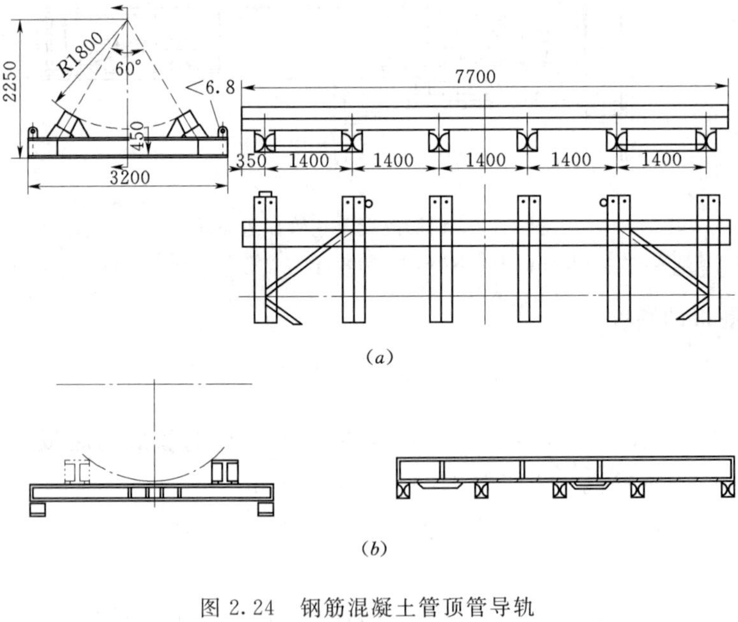

图 2.24　钢筋混凝土管顶管导轨

(a) 面支承；(b) 线支承

导轨应牢固地固定在底板上，底板上应有预埋板与导轨联结。导轨对管道的支承角一般选用 60°。导轨安装应顺直、平行，等高或略高于该处管道的设计高程，其纵坡应与管道的设计一致。

导轨安装的允许偏差为：

轴线位置：左右3mm。

顶面高程：0～+3mm。

两轨间距：±2mm。

（2）主油缸。主油缸是顶进系统的核心，安装时，应根据已确定的合力中心位置，左右对称布置。主油缸轴线应与管轴线平行，与后背（或后座）垂直。油缸着力点无间隙。主油缸一般应安放在支架上，主油缸的支架如图2.25所示。对自重较轻的主油缸可以不用支架（见图2.26）。

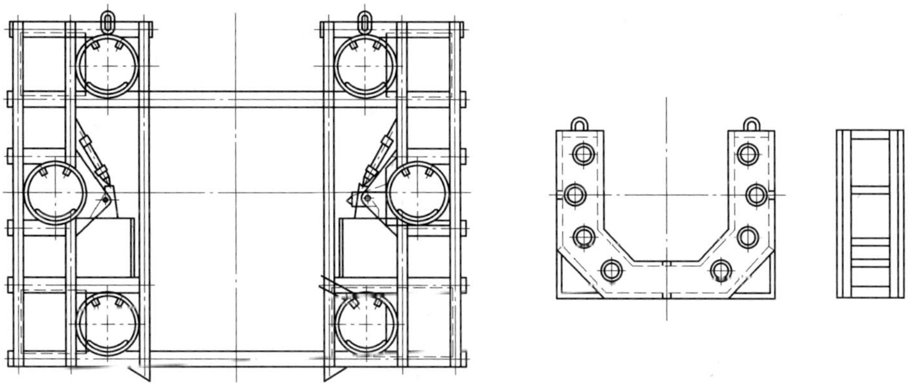

(*a*)　　　　(*b*)

图2.25　油缸支架

（*a*）框架支架；（*b*）U形支架

主油缸的顶力一般采用1000kN、2000kN、3000kN和4000kN，行程要长，一般应大于1m，否则影响顶管施工效率。长行程油缸是发展方向，行程长可以减少吊放顶铁的次数，提高施工效率。如行程长度超过下井管段的长度，则可以取消顶铁，施工效率更高。钢筋混凝土管段一般长度为2.0m或2.5m。所以采用行程3.0m的主油缸就可以取消顶铁。国外直线顶管，管段长度采用3.0m或3.5m，采用4.0m行程的长油缸，取消顶铁（见图2.26），4.0m行程的长油缸国内已有引进。

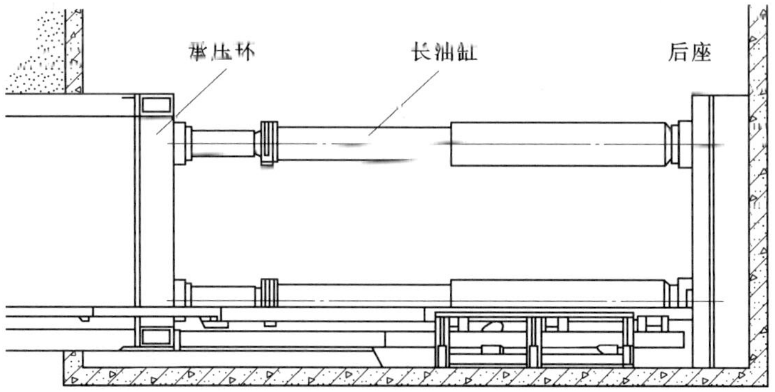

图2.26　长行程油缸顶管示意图

长行程油缸一般是双行程等推力油缸。其外形见图 2.27。油缸行程分两节，而且每节顶力不减。它的工作原理见图 2.28。第一节工作时，顶力由大活塞产生。第一节顶到位后，第二节活塞杆继续向前伸出。第二节的顶力由第二节活塞杆的液压面加第二节活塞杆内的小活塞面共同产生。该油缸的工作原理也可以理解为由两只双作用油缸组成，其中第二只油缸是第二活塞杆，这是一只倒装的油缸。

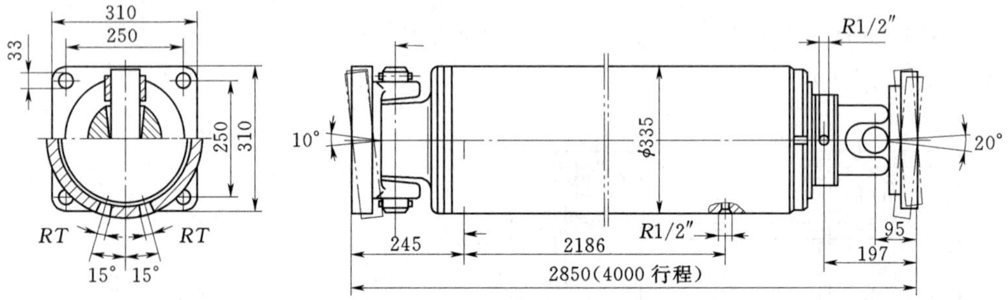

图 2.27　双行程等推力油缸

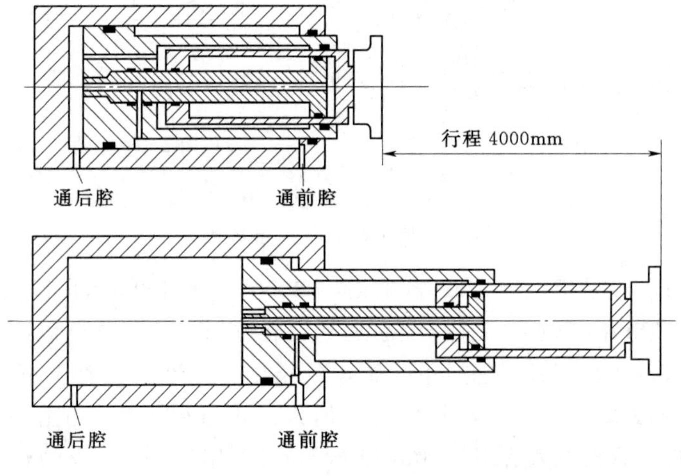

图 2.28　双行程等推力油缸工作原理图

(3) 顶铁。顶铁是为了弥补油缸行程不足而设置的。顶铁要传递顶力，所以顶铁两面要平整，厚度要均匀，受压强度要高，刚度要大，以确保工作时不会失稳。顶铁厚度要小于主油缸的行程。顶铁厚度可按下式计算：

$$t=l-l_1-l_2 \tag{2-7}$$

式中：t 为顶铁厚度，mm；l 为主油缸行程，mm；l_1 为回弹量，取 $l_1=100$mm；l_2 为吊放间隙，取 $l_2=100$mm。

例如，油缸行程是 1.2m，顶铁厚度是 900mm。

顶铁形状有两种：弧形顶铁和 U 形顶铁，见图 2.29。弧形顶铁的开口是向上的，它是由两块弧形的钢板之间焊上筋板或无缝钢管而成的。弧形顶铁一般用于钢筋混凝土顶管。弧形的内圆与钢筋混凝土管的内径相等，内缘焊上钢板，便于行走和车辆进出。

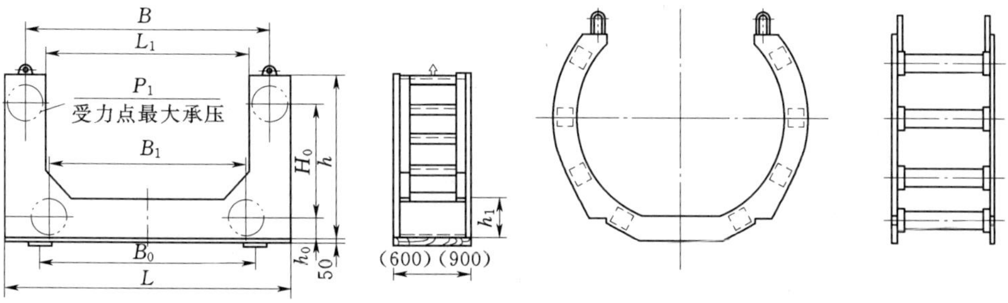

(a) (b)

图 2.29 顶铁

(a) U形；(b) 弧形

U 形顶铁的开口也是向上的，结构与弧形顶铁相同，仅仅外形不相同，一般用于钢管顶管。这种顶铁便于人员行走，但车辆进出不便，适用于管道排泥。

另一种顶铁是环形顶铁，外形成闭合状，是直接与管段接触的顶铁。它的作用是将顶力尽量均匀地传递到管段上（见图 2.30）。图中（a）是用于钢管顶管的环形顶铁，环面的中心与钢管管壁接触，（b）是用于钢筋混凝土顶管的环形顶铁，因为“F”形接头的钢护套管是朝后的，因此必须要用此环形顶铁，安装时将部分环形顶铁插入钢护套管，使钢护套管不承受顶力。

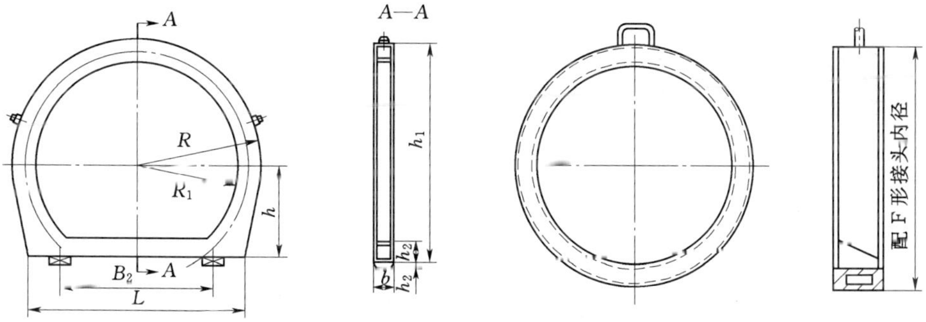

(a) (b)

图 2.30 环形顶铁

(a) 钢管用；(b) 钢筋混凝土管用

(4) 后背及后座。后背是指将主油缸的顶力传递到土体上去的承重结构，见图 2.22。例如钢板桩围成的基坑，承受不了主站的后座反力，因此需要另浇筑钢筋混凝土的后背，或者吊放一块钢后背。但是如果基坑是沉井，则井墙就是很大的后背（见图 2.31），不需要再添后背。这时为了使作用于井墙上的油缸反力扩散，保护井墙不受损伤，在井墙前才加上后座。

后背的结构要根据计算而定。

后座的构造可以是整体的，也可以是分散的，整体的不便运输，分散的便于运输和安装（见图 2.31）。对于顶力较大的主油缸，加上后座是必要的。

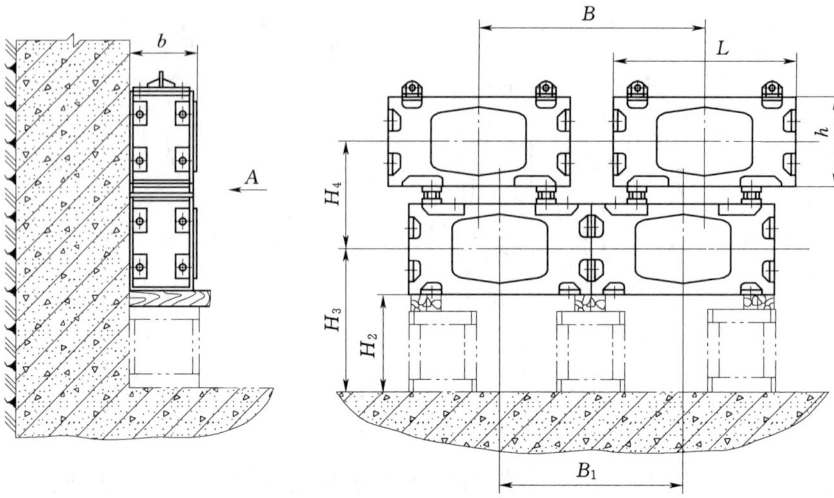

图 2.31　后背

2.1.2.4　吊装设备

基坑上下的吊装以门式吊车为宜。门吊吊装方便，操作安全。门吊的起吊能力以满足大多吊运件重量为主。工具管自重如果超过门吊的起重能力，则可以另行处理。门吊有变跨度和固定跨度两种。

钢管顶管往往遇到这种情况，工作井大小不一，要求门吊跨度也能变。变跨度门吊可以根据现场具体情况改变跨度。图 2.32 是一台专为顶管设计的门吊，根据需要可以拼装成两种不同高度和多种不同跨度，根据起吊重量和跨度，可以拼成单梁或双梁，以适应施工的流动性和不同跨度要求。

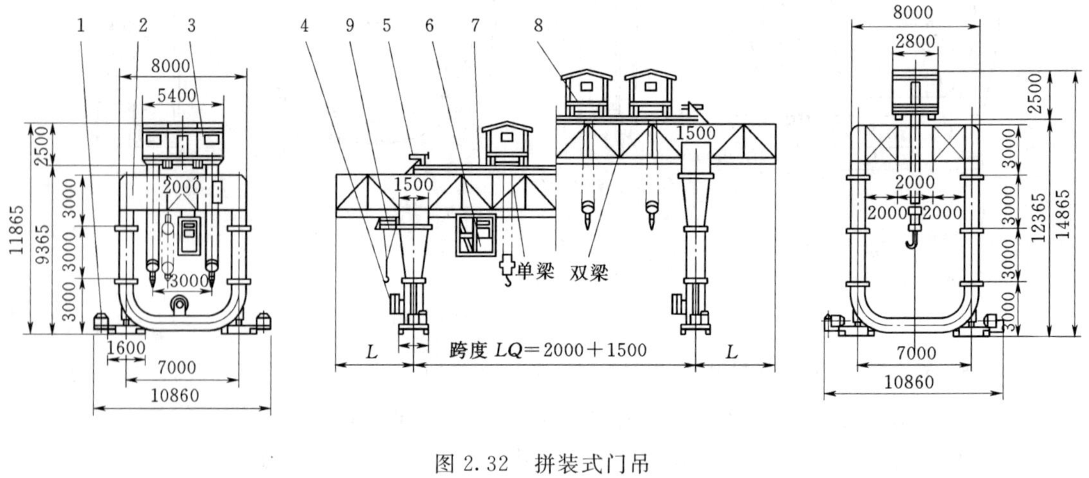

图 2.32　拼装式门吊

1—大车行走机构；2—支腿；3—起重小车；4—电缆卷筒；5—弹簧缓冲器；6—操纵室；7—主梁；8—起重小车；9—电动葫芦

拼装式门吊的技术性能如下：

主钩起重量：　　　2×200kN

主钩起升速度：　　1.6m/min

副钩起重量：　　　　50kN

副钩起升速度：　　　8m/min

小车行走速度：　　　24.4m/min

大车行走速度：　　　12.5m/min

钢轨型号：　　　　　P38、P43、P50

起吊高度：　　　　　9m、12m

最大跨度：　　　　　36m

图2.33是一台固定跨度轻便型门吊，习惯用于钢筋混凝土顶管，因为钢筋混凝土顶管工作井尺寸基本相同。轻便型门吊的技术数据见表2.4。

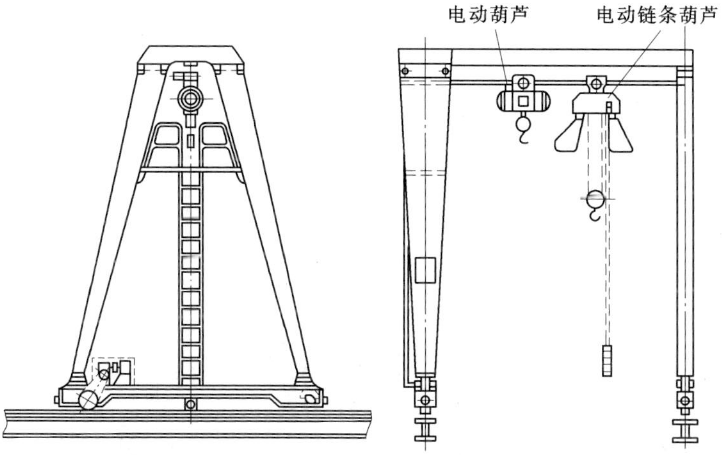

图2.33　轻便式门吊

表2.4　轻便型门吊的技术数据

项目 \ 起重量（t）	2/1		3/1.5		5/2		10/3		20/5	
吊钩	主钩	副钩	主钩	副钩	主钩	副钩	主钩	副钩	主钩	副钩
吊机	电动链条葫芦	电动葫芦	电动链条葫芦	电动葫芦	电动链条葫芦	电动葫芦	电动链条葫芦	电动葫芦	电动链条葫芦	电动葫芦
起吊重量（t）	2	1	3	1.5	5	2	10	3	20	5
起吊速度（m/min）	20	20	20	20	20	20	20	20	20	20
走行速度（m/min）		10～25		10～25		10～25		10～25		10～25
总功率（kW）	5.2	4.3	8.5	7.4	14.0	7.4	19.4	10.8	26.4	12.7

2.1.2.5　出泥设备

顶管出泥设备有管道输送和车辆输送两类，出泥的效率往往制约着顶管施工进度，因此出泥设备的选择要与工具搭配。

1. 管道运输

管道运输的优点是连续高效，适用于中长距离和超长距离顶管。缺点是不适合输送较大的碎石和卵石。管道运输的方法有以下几种：

(1) 水力吸泥机也称水力机械，是一种射流泵（见图 2.34）。高压水流从进水口进入，从喷嘴高速射向出口，在喉管产生负压，泥水从吸口被吸入，与高速水流混合后经过扩散管向后排放，这就是水力吸泥机的工作原理。水力吸泥机适用于局部气压工具管和其他水力挖掘式工具管。排放距离不大于 1000m，不适用于超长距离顶管。

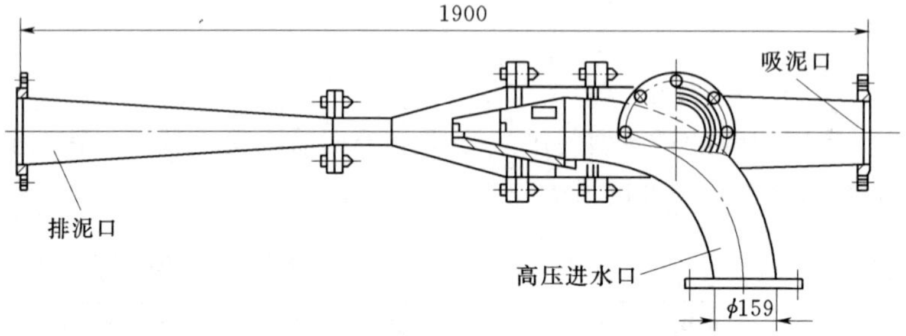

图 2.34　水力吸泥机

(2) 泥浆泵。泥浆泵有两种：管道型无堵塞排污泵和螺旋不堵塞泵。排泥工作情况如图 2.35 所示。

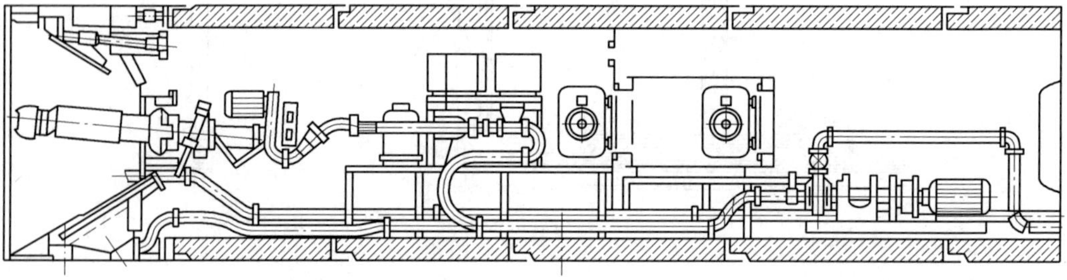

图 2.35　泥浆泵排泥示例

泥浆泵串联后，排放距离可以不断增加，但用电量也不断增加，串联后的群泵必须实现自动启动和自动停止，才能满足顶管的要求。

泥浆泵的优点是可以不受顶进距离的限制，可输送较大的粒径。缺点是管内供电量增加。

适用工具管：局部气压工具管、泥水平衡工具管及其他采用泥水排放的工具管。

(3) 泥泵。上述两种设备输送的都是泥水。泥水污染环境，处置困难，而泥泵能直接输送挖掘下来的泥。泥泵输送的泥要求塑性，而且要有自润滑性，这类土就是有一定含水量的黏性土、粉质黏土和部分黏质粉土。也就是说土压平衡式工具管输送出来的土都能输送。土压平衡式工具管出泥是连续的，要求排放也是连续的，所以用泥泵与土压平衡式工具管搭配是最好的组合。

2. 车辆运输

管道内采用手推车运输在较长距离的顶管中是不可取的。因为手推车出泥量小，管内推行又不安全，不是出泥的好方法。

通常采用的车辆运输有两种：有轨矿车和无轨矿车。矿车可由电瓶车牵引（见图 2.36）也可由绞车牵引，但不能用内燃机车牵引，因为要污染管道内的空气。

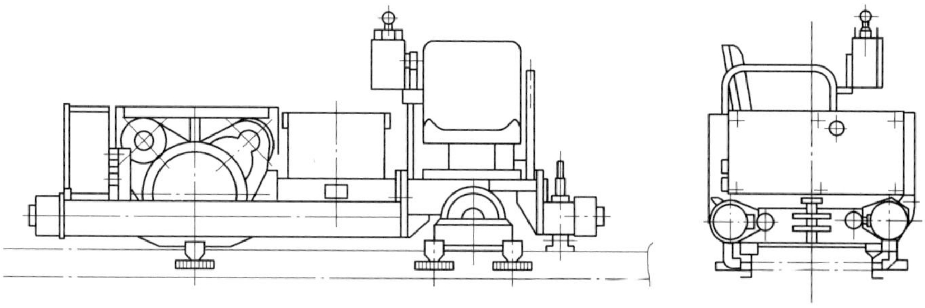

图 2.36 电瓶牵引车

有轨矿车一般为双轨，距离较长时要有交会车的地方（见图 2.37）。只有 DN3500 以上的管径才有条件铺设双轨。

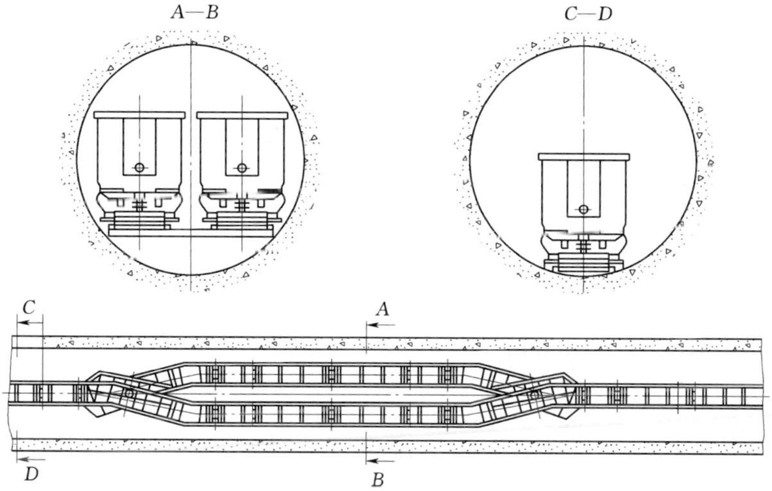

图 2.37 管内车辆交会道叉

如果中短距离的顶管，则可采用无轨矿车（见图 2.38），用绞车牵引。无轨矿车的车轮直接在管壁上滚动。

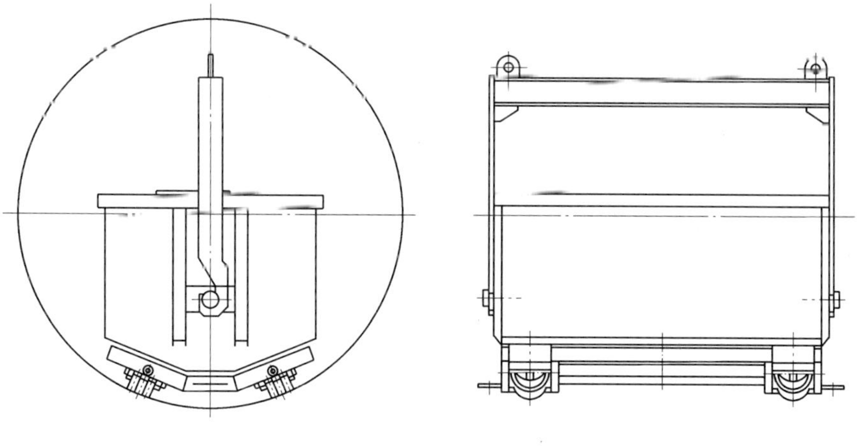

图 2.38 无轨矿车

适用工具管：干出泥的各类工具管。

2.1.2.6 通风设备

对长距离和超长距离顶管，管道内的通风是必要的，操作人员在地下作业要不断补充新鲜空气，作业中产生的废气需要及时排除。这里所指的通风不包括为排除地下有害气体的通风。地下有害气体一般只有在开敞式挖掘时才进入工具管，如地下有有害气体，应避免使用这类工具管。

参考地下巷道的通风，地下作业通风的最低标准是每人每小时 $30m^3$，这相当于 $0.5m^3/min$ 的耗量。

管内通风通常采用鼓风机，并配上鼓风管。鼓风管一般采用塑料布加工的软皮管，距离增加后再设轴流风机接力通风。这种通风方法设备简单，成本低，因此常被采用。它的缺点是有季节性。在地面温度高于地下温度的季节不宜采用，因为地面的空气温度高，空气中含有大量的水分，送到地下温度降低，出现露点，空气中的水分被离析，管壁上出水珠，使管道内的湿度饱和，作业环境恶化。一方面表现操作工人容易疲劳、气闷，另一方面电器设备容易漏电，并影响计算机等的正常运行。相反，在冬天地面温度较低，冷风送到地下后温度升高，空气中能溶解的水分增加，管内湿度降低，环境干燥，在这种季节采用鼓风机通风是合理的。鼓风机通风的另一缺点是，风量损失较大，距离越长时效率越低。

经过长期的摸索，在长距离顶管中研制成功了一套专用的通风设备。该设备采用压缩空气通风。压缩空气经过干燥、净化后送到工具管或管内的其他工作面。压缩空气通风的原理见图 2.39。来自空压机的压缩空气先送入储气包，并保持在 0.6MPa 的压力。从储气罐出来的压缩空气再送入冷却器和油水分离器，通过两次冷却除水和两次油水分离的压缩空气，再通过干燥器再次除去空气中的水分，后进入净化器除去空气中的杂质，然后经过送风管，送到工具管和管其他工作面。送风口有消声器，以减少送风时的噪音。

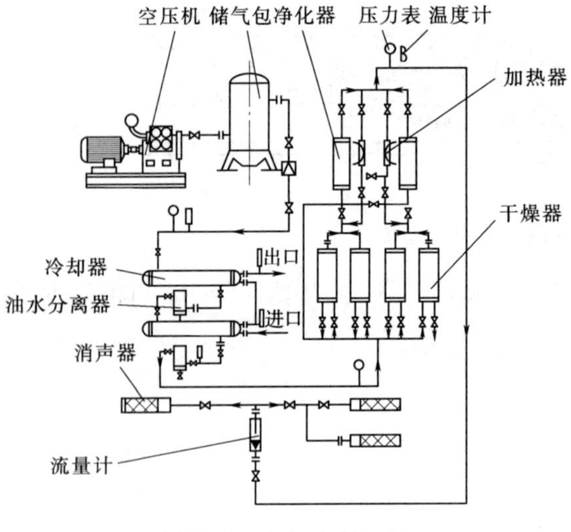

图 2.39 压缩空气通风

干燥器吸收空气中的水分达到饱和后需要再生，为此干燥器分成 A、B 两组，每组有两只干燥器和一只净化器，轮换工作。打开 A 组干燥器进出口阀和净化器出口阀，A 组工作，同时关闭 B 组干燥器进出口阀和净化器出口阀，进入再生。B 组工作时，A 组再生，如此交替工作、再生。一般情况，每组干燥器工作 8h 后需要再生（视当时的气温和湿度作适当调整）。再生时，打开加热器进出口阀，利用除湿后的压缩空气，再加热升温，进入需要再生的干燥器。热空气在干燥器内大量吸收干燥剂内的水分，就这样带有大量水分的热空气向外排放，干燥剂被再生。干燥器内的干燥剂一旦完成再生，加热器自动停止加热。

2.1.2.7 注浆

1. 触变泥浆

触变泥浆是由膨润土、水和掺合剂按一定比例混合而成。其中膨润土是主要成分，水占大部。而掺合剂对触变泥浆性能的影响极大，含量虽小，却不容忽视。

膨润土又叫蒙脱土，实际上是一种颗粒极细小的黏性土，其颗粒直径大多数小于2μm。我国的产地有：辽宁的黑山、锦西，河北的张家口、宣化，吉林的九台，江苏的苏州阳山、溧阳，内蒙古的大青山，浙江的临安等地。膨润土的颜色一般呈白色、淡黄、淡灰、淡棕等，因含水量不同，化学成分各异而颜色变化不一，粉状长期存放在空气中可能结块，比重2.6，手触有油腻感。

膨润土物理性能除颗粒极小以外，另一个是它的水化和湿胀。膨润土配成触变泥浆时，土在水中体积膨胀，可达原来的8～10倍，高度分散在整个泥浆内，似乎是土遇水而发生变化，遇湿而膨胀起来，因此谓之水化或湿胀。又因膨润土具有润滑作用，膨润土因而得名。

用于顶管的膨润土泥浆通常称触变泥浆，其作用是减少管壁与土体之间的摩擦力。为减少摩阻力，要求触变泥浆具有良好的润滑作用和支承作用。

为了衡量泥浆质量和对顶管的使用价值，可用6个具体指标和一个目测指标表示。

(1) 比重。可用重度来表示。如将刚搅拌过的泥浆看成是理想的液体，则可用比重计直接量测。

用于顶管的泥浆，G=1.1～1.16。

(2) 静切力。触变泥浆在静止时成凝胶状态，形成一种相对稳定的结构。这种结构的强度称之为静切力，泥浆经扰动后，静止时间延长，静切力随之增加，一般经24h后趋于稳定。测定静切力一般用1min和10min两个标准的终切力，一般很小，约100Pa左右。因此，在实际应用中可不加考虑。

(3) 黏度。黏度即泥浆的稠度。测定的方法是将泥浆从标准漏斗中流出来，漏满500mL的时间作为黏度指标，单位是秒。顶管触变泥浆的黏度较大，漏斗黏度接近于0，当黏度太大时，可用旋转黏度计测定塑性黏度和表现黏度。

(4) 失水量。泥浆压力大于地层压力时，泥浆的水分会流向地层中，这一现象称失水。失水量的定义是：泥浆在测定仪中，在一个附加大气压下，30min内通过滤纸被排出水的体积。

用于顶管的泥浆，失水量越小越好，大于25cm^3/30min的，不宜用于顶管。

(5) 稳定性。稳定性是指泥浆性能保持不变的持久性，以24h后从泥浆中离析出来的水分与原体积之比作为稳定性指标。

用于顶管的泥浆要求无离析水。

(6) pH值。触变泥浆的pH值与膨润土的种类、掺合剂的品种、剂量等有关。膨润土略呈酸性，pH=6.4左右。如掺合剂中有Na_2CO_3，它的pH=11.6，Na_2CO_3与泥浆混合后泥浆的pH值随配比提高而提高。

在钢管顶管中pH值尽量降低，一般要求pH<10，以防止对钢管腐蚀的不良作用。

(7) 触变性。泥浆在静止状态聚凝，扰动后呈流体状态的特性就是触变性。但触变性能的好坏，目前尚无具体的指标可衡量，还停留在目测阶段，只能采用比照的办法。

触变泥浆的配比与膨润土微细颗粒所占的数量、膨润土的种类有关。所以实施配比要经过实验室的测试后确定。

一般情况，按重量计的触变泥浆配比大致是：

水：土=(4～5)：1

土：掺合剂=(20～30)：1

掺合剂是指：碱（Na_2CO_3）、化学浆糊（CMC）、高分子化合物等。其他掺合剂如废机油、木屑、粉煤灰等不在上述比例之列。

颗粒极细的膨润土，用土量可以减少，反之应该增加。加碱的作用是使钙基膨润土转化为钠基膨润土，有的土不需要加碱是因为本身就是钠基膨润土，所以加碱率有多有少。钙基膨润土一般加碱率是膨润土的2%～10%。加化学浆糊的目的是提高泥浆的黏度，降低失水量和增加泥浆的稳定性，一般用于长距离顶管或遇地下水矿化度较高的地层。加高分子化合物的目的同样是提高泥浆的黏度，降低失水量和提高稳定性，对中短距离的顶管可以不加。

对于在砂性土中的顶管，为了防止泥浆扩散过快，应增加用土量，掺加CMC和高分子胶凝剂。对于粗砂层顶管，还应增加粉煤灰、木屑等。

触变泥浆制浆过程一定要严格，达到搅拌均匀。泥浆拌合后需经24h静置方可使用。存放泥浆可以是池也可以是槽，根据需要而定，一般有两只，一只供浆，另一只制浆，轮流使用。掺合剂中如有纯碱，应注意安全防护，因碱对眼睛、皮肤有伤害，特别要注意对眼睛的防护。

2. 泥浆减阻

用于顶管的触变泥浆的减阻作用主要依赖于泥浆的润滑和支承。因使用条件不一样，有别于钻井、地下墙、钻孔桩中采用的泥浆。

在顶管中为了减少管壁四周的摩阻力，在管壁外压注触变泥浆，形成一定厚度的泥浆套，利用触变泥浆的支承作用，不使土体坍塌，利用触变泥浆的润滑作用，以减少管壁与土体间的摩阻力（见图2.40）。

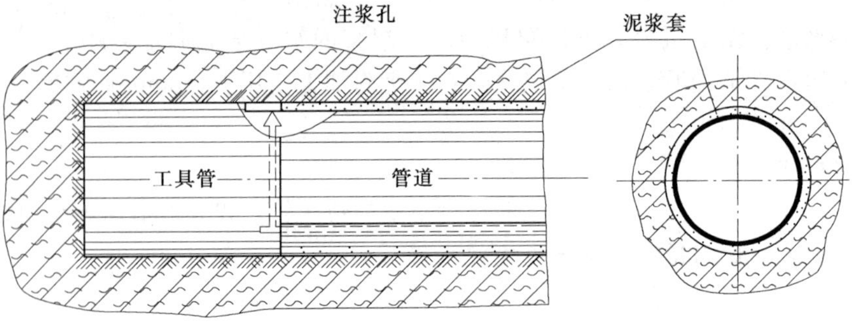

图2.40　触变泥浆套示意图

泥浆在高于水压力的情况下向周围渗透，同时在土体表面形成泥皮，泥皮的形成阻止泥浆向土中渗透，泥皮在泥浆压力的作用下又平衡土压力，不使土体坍塌。

触变泥浆套的形成依赖于工具管。工具管的外径一般比管道外径大2～5cm，随着管道的顶进，工具管后面逐渐形成1～2.5cm厚的环状空间。与此同时工具管向管外压注触变泥浆，填充环状空间，形成泥浆套。在长距离或超长距离顶管中，由于施工工期较长，泥浆的失水将会导致触变泥浆失效，因此必须在管道沿程，从工具管开始每隔一定距离设置补浆孔，及时补充新的触变泥浆。通常在中继环附近均设置补浆孔。

触变泥浆减阻的效果，除了泥浆自身的质量以外，还与注浆压力、注浆程序、注浆量、注浆孔的布置等有关。

(1) 注浆程序。“同步注浆与补浆相结合”和“先注后顶、随顶随注、及时补浆”是压注触变泥浆的重要原则。如果先顶管，工具管向前移动时泥浆套的容积扩大，产生抽吸作用，极容易造成洞穴的坍塌，特别是砂性土，砂土塌入泥浆套，使泥浆套残缺不全，因此必须先注后顶。管道在顶进过程中又不允许停泥浆泵，万一要停泥浆泵，必须先停止顶管，这些过程通常由电器连锁实现。中继环的补浆也有同样的要求。

(2) 注浆量。注浆量的大小与触变泥浆的失水量大小、顶管地层的土质有关。

黏性土地层，渗透系数小，泥浆不容易流失，实际压浆量可以稍大于理论压浆量。一般控制在1.5倍左右。

砂性土渗透系数大，泥浆要向土体渗透。渗透量、渗透半径与土体的渗透系数有关，因此实际压浆量要根据具体情况测定。如果压浆量超过理论压浆量数倍，则应改变泥浆的配方，增加泥浆的黏度和稳定性。例如提高含土率，掺加粉煤灰、木屑，增加化学浆糊用量等等。

(3) 压浆孔的设置。注浆孔是指工具管后部的压浆孔，孔不能直接暴露在土体中，否则容易被土堵塞出口，而且不能形成环状的泥浆套。注浆孔一般设置在环形套筒的下面，套筒向后开口，环向连通，同一断面上一般设置3个，顶面一个，二侧各一个，钢管成60°，钢筋混凝土管成120°，底部不设注浆孔（见图2.41）。不论是钢管还是钢筋混凝土管，管道在泥浆中都成上浮的状态。因此在正常的情况下，管道向洞穴的顶部靠近，管道底部的泥浆会自动向下流动，这是管道底部不设压浆孔的原因。

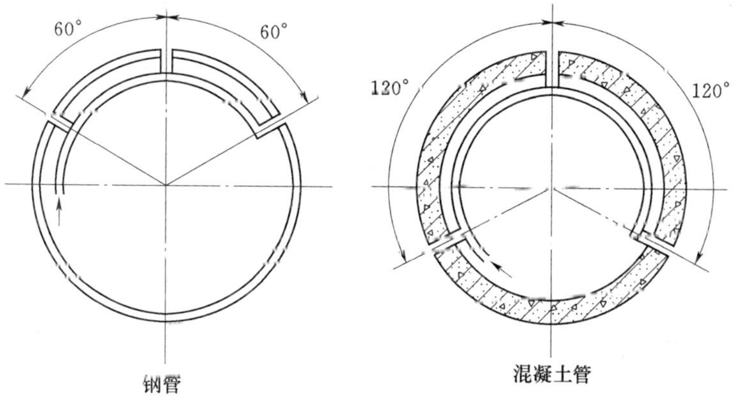

图2.41 压浆孔的布置

补浆孔的设置间距与泥浆的稳定性、顶管施工速度、土质有关。假设工具管的注浆是完好的，泥浆向土体的渗透已经稳定，泥皮已经形成，即假设补浆量与土质无关。则

$$L = Tv \tag{2-8}$$

式中：L为补浆断面的间距，m；T为泥浆实际失效时间，d；v为不利情况下的每天平均

顶进速度，m/d。

假设泥浆的实际失效时间是20d，不利情况下每天平均顶进速度2m/d，则补浆断面间距为

$$L=20\times2=40(\mathrm{m}) \tag{2-9}$$

触变泥浆的支承作用和润滑作用如能充分发挥，管道的摩擦阻力是非常小的。1987年，在南市水厂过江顶管中，DN3000的钢管单靠主站一次顶进382m，扣除正面阻力，平均摩阻力是1.78kPa。1994年，长桥水厂顶管，DN3500的钢管，单靠主站，一次顶进约631m，平均摩阻力约1.70kPa。武钢青山电钢顶管，DN2600的钢管在稍密粉细砂中顶进，平均摩阻力4.3～6.1kPa。

2.1.2.8　穿墙

从打开穿墙管闷板，将工具管顶出井外，到安装好穿墙止水，这一过程通称穿墙。地质不同穿墙措施不同，穿墙管的处理也不同，有时还要在井内外采取特殊措施。所以，穿墙方案应在工作井制作前确定。穿墙是顶管中的一道重要工序，因为穿墙后工具管方向的准确与否将会给以后管道的方向控制和井内管道的拼接工作带来影响。

穿墙时，要特别注意防止塌方和工具管下跌。

1. 防止塌方

工具管穿墙时容易塌方的土层有淤泥质黏土、黏质粉土、流砂层和渗透量较大的砂层和砾石层。为防止穿墙塌方，有条件时，设计应尽量避免将穿墙管设置在这些不稳定土层，最好设置在黏性土等稳定土层，穿墙管内应填满充填物，起临时止水和挡土的作用。对于沉井和地下墙的穿墙管，可以充填事先经过夯实的黄土，或低标号的各种拌合土等。

除此之外穿墙时还应注意：

(1) 淤泥质黏土：对于承载力较低的淤泥质黏土，穿墙要迅速，以防止塌方。穿墙过程中主油缸回缩时要防止管道回弹，特别是高覆土下受过扰动的淤泥质黏土，穿墙更要预防管道回弹。因为淤泥的摩阻力很小，主油缸回缩时工具管正面主动土压力可能大于管道四周摩阻力，迫使工具管回弹进工作井。

(2) 黏质粉土：穿墙要迅速，警惕管涌造成塌方。粉质黏土在短期内是比较稳定的土体，正因为如此，容易被忽视，往往因时间过长造成管涌，接着发生大量塌方。

(3) 砂性土：在高水头下的砂性土中穿墙，事先必须采取相应的技术措施，一般对穿墙管外地基局部加固。地基加固方法有：降低地下水、深层搅拌，旋喷加固和冻结法等。流砂层是砂性土中的特殊土层，塌方的后果最为严重，因此必须更加重视。地下水位2m的粉细砂层，就应采取技术措施。

(4) 高水头：在高水头压力下的穿墙，无论是哪种土层，闷板开启后，工具管推进要迅速，不要使穿墙管内的土体暴露时间过长。

2. 防止工具管下跌

工具管穿墙时防止塌方是保证管道按设计轴线顶进的首要条件。另外还要进一步防止工具管下跌，造成管道下偏。

工具管下跌的原因，与工具管重量转移过程有关。穿墙前工具管架立在导轨上，推进后工具管的重量逐渐由导轨转移到土体。穿墙初期因入土较小，工具管作用于土体上的应力很可能超过土的允许承载力，造成工具管下跌。但土体过载的情况是暂时的，随着入土

的加深，土体应力会逐步减少。工具管完全入土后，因为工具管自重比同体积的土轻，反而会减少地基应力。穿墙时，工具管前端下沉，多发生在钢筋混凝土顶管，因为工具管与钢管混凝土管之间一般为套接，不能传递弯矩。为了防止工具管穿墙时下跌，可采取以下两种措施：在穿墙管入口处设置定心环，使工具管下沉量受到限止；加强管段与工具管，管段与管段之间的联结（图 2.42）。

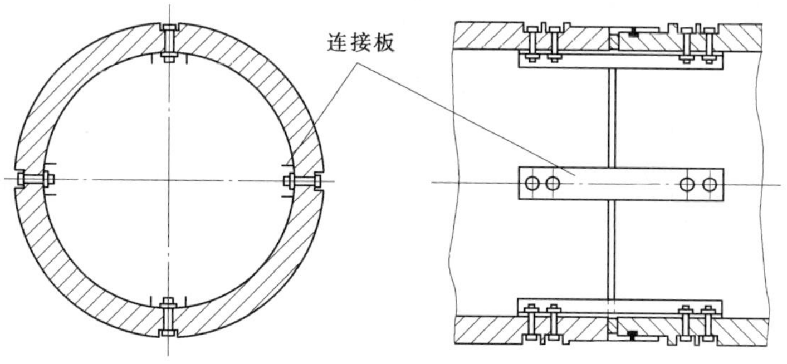

图 2.42 使用联结板的管接头

2.1.2.9 施工测量

施工过程中应对管道水平轴线和高程、顶管机姿态等进行测量，并及时对测量控制基准点进行复核；发生偏差时应及时纠正。顶进施工测量前应对井内的测量控制基准点进行复核；发生工作井位移、沉降、变形时应及时对基准点进行复核。

管道顶进过程中，应遵循“勤测量、勤纠偏、微纠偏”的原则，控制顶管机前进方向和姿态，并应根据测量结果分析偏差产生的原因和发展趋势，确定纠偏的措施。

管道水平轴线和高程测量应符合下列规定：

（1）出顶进工作井进入土层，每顶进 300mm，测量不应少于一次；正常顶进时，每顶进 1000mm 测量不应少于一次。

（2）进入接收工作井前 30m 应增加测量，每顶进 300mm，测量不应少于一次。

（3）全段顶完后，应在每个管节接口处测量其水平轴线和高程；有错口时，应测出相对高差。

（4）纠偏量较大、或频繁纠偏时应增加测量次数。

（5）测量记录应完整、清晰。

顶管施工测量一般建立独立的相对坐标，设工作井穿墙管法兰中心是 x 坐标的零点。该点与接收井接收孔法兰中心的连线是 x 坐标。如果顶管先施工，接收井后竣工，则 x 坐标的方向还要以竣工后的接收孔实测位置再作调正。如果没有接收井，则 x 轴方向可根据设计方位角确定。y 坐标可以和绝对高程一致，也可另设相对高程。

直线顶管的施工测量，一般采用经纬仪和水准仪，测站设在主站油缸的中间。井上井下方向控制点的投递，可采用垂球，也可采用天底仪。用经纬仪直接测定顶进方向的左右偏差。随着顶进距离的增加，经纬仪测量越来越困难，当顶进距离超过 300～400m，经纬仪在标尺上直读，非常困难。更长距离的顶管，宜采用激光指向仪。此时可根据激光仪在工具管标尺上的光点读出偏差值。距离更长时，激光光点失散会越来越严重，此时可采用计算机光靶。在计算机光靶上，光点仍然失散严重，还会漂移，但计算机可根据统计规律显示偏差值，避免读数的人为因素。

井下的方向一般用短边推长边的方法确定顶进方向，但这一方法误差较大。对于长距离，特别是超长距离顶管，则可采用陀螺经纬仪定向。用陀螺仪先在地面精确地测定管轴线的方位角。再用天底仪从井面将轴线上的一任意点投向井下测站，在此测点上架设陀螺经纬仪，正确找到正北方向。根据轴线的已知方位角，将陀螺经纬仪的望远镜转正。对长距离和超长距离顶管来说，测量误差的主要因素是角度误差，陀螺经纬仪能较大幅度减少方向定位误差。这是采用陀螺经纬仪的主要优点。

管内水准测量可采用水准仪，但对长距离或超长距离的顶管宜采用水位连通器：在工作井设置水槽，确立基准水平面。工具管后部设立水位标尺，以水准面测定高差。

水位连通器能自动消除地球曲率的影响，又不受管内能见度的限制，随时可以得到数据，测量精度可达到1mm。采用水位连通器，如果管轴线有向下的纵坡，可用微差压计，微差压计的一侧用水银平衡。

2.1.2.10　纠偏

纠偏是指工具管偏离设计轴线后，利用工具管的纠偏机构，改变管端的方向，减少偏差，这一过程就叫纠偏。

在顶管的施工过程中，工具管以后的管道必然跟随行进。实际上这一过程是工具管开挖出洞穴，管道沿洞穴敷设。因此工具管曾经产生过的偏差都将全部保留在全管线上。所以，工具管的纠偏是非常重要的，工具管纠偏的好坏，将直接影响顶管施工的质量。

工具管开挖出洞穴，洞穴的质地根据土质不同有硬有软，所以洞穴形状不是一成不变的。直线顶管中的偏差，在顶进过程中，因洞穴磨损会变直，偏差会减少。洞穴磨损程度与土质有关，软黏土洞穴中容易磨损，这对减少偏差有利。不利的一面是，中继环在偏差段动作时，有可能使偏差增加，使轴线失稳，这是要防止的。特别是在软弱土层中顶管，更要严加防范。

钢筋混凝土顶管与钢顶管，由于管道纵向刚度不同，纠偏原理、过程也各不相同。

1. 钢筋混凝土管顶管纠偏

钢筋混凝土管工具管后面跟随的是一段一段的管段，段与段之间不传递弯矩，纵向好像是条蛇，是柔性的。所以工具管挖出洞穴后，不管是直的还是弯，管段都能顺洞穴前进，除非是后面的管段特别长。钢筋混凝土管段长一般只有2.5～3.5m，通常是不会卡住的。同样的道理，曲线顶管的管段不宜过长。

钢筋混凝土管顶管的纠偏过程如图2.43所示。钢筋混凝土管工具管一般分二节，第一节与第二节之间安装纠偏油缸，第一节相对于第二节可以上下、左右转动，即纠偏。工具管前进的顶力来自第一段钢筋混凝土管，第一段来自第二段，第二段来自第三段，依此类推。管道在顶进过程中，如果偏离了轴线，图2.43（*a*）所示，需要纠偏，假设纠偏过程是在静止状态完成的（这种情况只有在软土层中顶管才有可能），如图2.43（*b*）所示。工具管的第一节要转动，转动结果，前端向下，后端上抬，同时带动第二节前端上抬。第二节上抬的结果是，工具管与第一段管段间的下部间隙增大。偏差测定标尺一般设在工具管第一节的后部，前后节之间的上抬结果，反而会影响偏差值，使偏差值增加。假设工具管的纠偏角是β，第一节与原管轴线形成角α_1。管道继续顶进，如图2.43（*c*）所示，工具管与第一管段之间的下部间隙会变小，随着顶进，慢慢消失。假设工具管纠偏角不变，

仍为 β，这时工具管第一节与原管轴线的夹角变大，变为 α_2，并且有 $\alpha_2>\alpha_1$。此时管道偏差不再发展，随着顶进，开始减少。顶管继续进行，工具管前端慢慢向轴线靠拢，后续管段进入弯曲段，工具管与第一管段之间的上部间隙增加，第一管段与第二管段间的间隙一旦进入弯曲段，上部间隙也会增加，工具管第一节与原管轴线的夹角增大到 α_3，并有 $\alpha_3>\alpha_2>\alpha_1$。

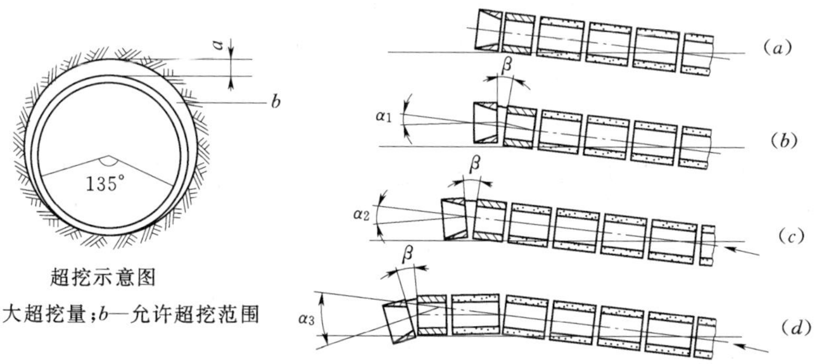

图 2.43 超挖及钢筋混凝土管纠偏

分析了钢筋混凝土管的纠偏过程，可以知道钢筋混凝土顶管纠偏的几条一般规律：

(1) 纠偏应在顶进过程中进行。在静止状态纠偏，首先纠偏力大，土质越硬，纠偏力越大。其次，静止纠偏测点偏差有时反而增大。顶进中纠偏，纠偏量逐渐增加，不会发生上述情况。第三，纠偏会对第一段钢筋混凝土管会产生较大的不均匀应力。

(2) 钢筋混凝土管纠偏比较灵敏，只要工具管能开挖出洞穴，后继管段就能顺着洞穴跟进。所以钢筋混凝土顶管的纠偏角不宜过大，否则会造成轴线较大的弯曲。

(3) 第一段管段的质量要好，因为第一段管段要承受工具管纠偏的反复应力，而且最大。为此长距离或超长距离顶管第一段管段可采用钢质管段代替钢筋混凝土管段。

(4) 第一段管段的长度不宜过长。管段越短越有利于纠偏，管段长要影响纠偏的灵敏度。

(5) 工具管纠偏后的效果要滞后，这是因为工具管的测点与工具管端面有一定距离。纠偏后的效果，至少要顶进这一距离以后才能反映出来。为了及时知道工具管端的偏差，可通过测点的偏差，工具管第二节的斜率和工具管的纠偏角推算。

(6) 在纠偏角不变的情况下，管道的转弯半径基本一致。所以施工中应绘制工具管测点的行进轨迹。该轨迹曲线能预示出偏差的发展趋势，帮助操作人员不失时机地改变纠偏角，避免产生轴线过度弯曲。

(7) 钢筋混凝土顶管遇纠偏失灵，多数的原因是遇到了软弱土层、不均匀地层，或者是覆盖层太薄，因为纠偏需要有一定的地基反力。为了避免工具管纠偏失灵，事先应采取措施，例如进行地基加固。

2. 钢管顶管纠偏

钢管顶管中跟随工具管后面的是一整条钢管，并且与工具管焊接成一体。采用中继环后，虽然钢管分段，但仍然是很长的，至少有几十米。可见钢管工具管后面跟的是一条刚性较强的长管，工具管纠偏弯矩要纵向传递，纠偏后的效果要受到钢管纵向刚度的制约。假设管壁非常厚，钢管是绝对刚性的，工具管纠偏不可能产生明显的效果。实际上工具管后面跟进的是一条薄壁钢管，又具有一定的柔性。所以钢管顶管的纠偏成了可能，但与混凝土相比仍然比较困难，这就是钢管顶管比钢筋混凝土管顶管的纠偏困难的原因。

为了便于说明，这里引入一个新的名词“导向”。改变工具管管端的方向叫“纠偏”。管道随着工具管顶进改变管轴线的走向称为“导向”。“纠偏”与“导向”之间的关系是因果关系，没有工具管的“纠偏”，不可能有管道的“导向”。“纠偏”是“导向”的必要条件，但并非充分条件。管道的“导向”除工具管“纠偏”以外，尚须满足如下条件：管道必须具有一定的柔性；工具管纠偏后能产生足够大的纠偏反力。对于钢筋混凝土管，管道纵向是柔性的，工具管纠偏弯矩不纵向传递，所以工具管中要纠偏，管道就能导向。因此，钢筋混凝土管顶管，“纠偏”与“导向”基本是一致的。但对于钢管顶管情况就不一样，钢管顶管中工具管后跟进的是一条刚性较强管道，工具管纠偏弯矩要纵向传递。与纠偏弯矩平衡的是钢管的纵向弯矩，见图2.44，工具管纠偏后，前后段间形成一个纠偏角α，随着管道的顶进，曲线外侧在工具管前段与周围土层之间会形成一个土楔，土楔被挤压后，形成如图的反力——纠偏反力。此反力仅局限于泥浆槽以前的部分。因泥浆槽以后断面扩大，反力消失。从工具管端部到管道扩大断面，称为纠偏踏面。如果纠偏反力Q不足以使管道纵向弯曲，土楔中的土被挤向两侧，管道仍按原方向移动，有纠偏无导向。

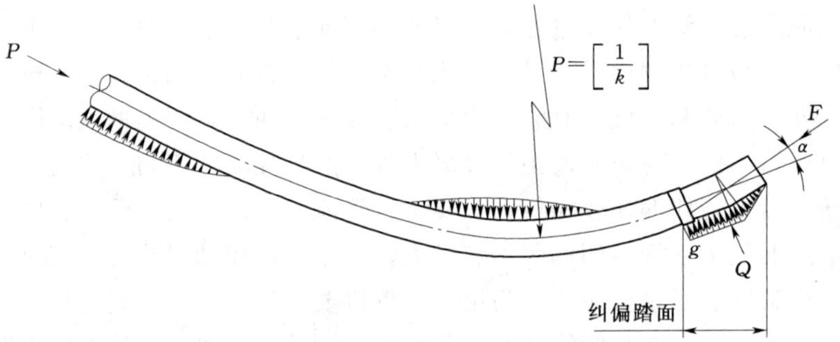

图2.44　钢管纠偏与导向受力情况示意图

只有当Q足够大时，管道被纠偏反力推向另一侧，工具管后面的管道在曲线内侧与土体挤压，管道纵向产生弯曲，才产生导向。为了平衡这一弯矩，再往后的管道向曲线外侧移动，产生与之平衡的土反力。这就是钢管纠偏的受力机理。

分析了钢管顶管的纠偏机理，我们可以总结以下几点：

（1）钢管的刚性越大，导向越困难；反之，柔性越大，导向越容易。也就是钢管口径越大，纠偏越困难。对大口径钢管只要穿墙方向正确，一般不容易偏差。一旦发生偏差，导向就比较困难。对口径较小的钢管，虽然导向比较容易，但也容易产生偏差，所以都不能忽视纠偏。

（2）工具管设计性能要与土层的承载力相适应。否则可能产生工具管纠偏后，管道仍不能导向的情况。工具管纠偏后，纠偏踏面上会形成纠偏反力Q。Q的大小与土体的承载力有关。如果土体的承载力较低，反力较小不能迫使钢管弯曲。纠偏踏面下的土体发生塑性流动，流向踏面的两侧，结果是工具管纠偏后，管道仍然沿着原方向顶进。遇承载力较低的土体，要想增加纠偏角来增加土反力是不可能的。对于承载力较低的土体，增加纠偏踏面的面积是有效的，即增加工具管的长度，才能增加纠偏反力。也就是说，在承载力较差的土层中顶管，工具管要长一些；在承载力较高的土层顶管，工具管要短一些。如果已经有了较长的工具管是否可用于硬土顶管呢？可以的。但必须注意，只能采用小角度纠偏，限制纠偏角，否则导向过急，设备要受到损伤。反之，较短的工具管是否能用于软弱土层呢？这是不允许的，这样有可能使管道方向失控。

（3）钢管的过急导向有可能使顶进阻力成倍增加，钢管施工应力成倍增加，钢管椭圆度成倍增加，这是要严加防止的。

（4）钢管顶管的其他要求同钢筋混凝土顶管。如纠偏应在顶进过程中进行；工具管纠偏后，导向滞后；应绘制工具管测点的行进轨迹曲线来指导纠偏等。

2.1.2.11 工作坑（井）

工作坑是顶管起始点，这里除安装有顶进系统外，还设置有穿墙孔、后背以及各种预埋件。工作井的尺寸要考虑管道下放、各种设备进出、人员的上下、井内操作等必要空间以及排放弃土的位置等等。

工作坑（井）土方开挖过程中，应遵循“开槽支撑、先撑后挖、分层开挖，严禁超挖”的原则进行开挖与支撑。

1．工作坑（井）的尺寸

工作坑可采用沉井，地下连续墙或钢板桩施工。

（1）工作坑（井）长度。工作坑的最小长度可按下列两种情况计算，取大者。

1）按工具管长度计算：

$$L \geqslant l_1 + l_3 + k \tag{2-10}$$

2）按下井管段长度计算：

$$L \geqslant l_1 + l_2 + l_3 + l_4 + k \tag{2-11}$$

式中：L 为工作井的最小长度；l_1 为工具管下井时最小长度，如刃口工具管，应包括接管长度；l_2 为下井管段长度，直线顶管参考长度如下：

混凝土管：中口径取 $l_1=300\text{cm}$，大口径取 $l_1=250\sim300\text{cm}$。

钢管：中、短距离 $l_1=600\text{cm}$，长、超长距离 $l_1=800\text{cm}$。

l_3 为主油缸长度；l_4 为未顶出井的管道最小长度，取 $l_4=0.5\text{m}$；k 为后座、刚性顶铁和环形顶铁厚度之和，再加上安装富余量，取 $k=1.6\text{m}$。

估算时：钢管中长距离顶管 $L=11.0\text{m}$，钢管超长距离顶管 $L=13.0\text{m}$，混凝土管顶管 $L=8.0\text{m}$。

（2）工作坑（井）宽度。工作坑的宽度与管道外径有关，另外还与坑的深度有关。因为较浅的坑，能放在地面的设备不再下坑，如油泵车、变电箱、电焊机和顶铁等。较深的坑一般是井，为了提高施工效率，诸如上述设备都要放在井下。所以前者工作坑较狭，后者较宽。

浅工作坑（井）：

$$B=D+(2.0\sim2.4) \tag{2-12}$$

深工作井：

$$B=3D+(2.0\sim2.4) \tag{2-13}$$

式中：B 为工作坑（井）的宽度，m；D 为管道的外径，m。

(3) 工作坑(井)的深度。自地面至基坑(井)底板面的深度称工作坑(井)的深度,可按下式计算:

$$H=H_1+D+h \tag{2-14}$$

式中:H_1 为管顶覆土厚度,m;D 为管道的外径,m;h 为操作空间高度,m。钢管 $h=0.80\sim0.90$m;钢筋混凝土管 $h=0.4\sim0.45$m。

2. 穿墙管

穿墙管是预留在工作井壁上的供管道顶入土层的一根套管,它的作用是使管道穿墙方便;穿墙管上还要安装穿墙止水,防止坑外的泥土和地下水流入坑内。采用触变泥浆时,还要制止触变泥浆压入坑内。

目前国内常用的穿墙管止水形式有两种,一种是20世纪70年代的研究成果——盘根止水穿墙管,最初研究时主要使用于长距离、高水头、各种复杂土层(包括流砂层)的钢管顶管。这种穿墙管性能可靠,至今仍在钢管顶管中广泛采用。另一种是"L"形橡胶板止水穿墙管,这种穿墙管是借鉴国外经验形成的。国外只用于混凝土管,国内主要用于混凝土管,钢管顶管也有被采用的。"L"形橡胶板止水穿墙管,目前在市政工程中已被采用。市政工程管道一般埋置较浅、地下水压力较小,所以成功率较高。但是随着市政工程的规模扩大,如何在高水头、流砂层等复杂土层中,应用"L"形橡胶板止水还缺少经验,还需要进一步完善。

近几年来的施工实践证明,上述两种止水装置在钢管和混凝土管中均可采用,这两种止水装置与管材无直接关系,仅与管道穿越土层的水文地质有关。

这里要说明的是,所有穿墙管不是都要有止水装置的。对顶进土层无地下水,或者渗透系数很小、土层体稳定,又无触变泥浆的顶管,可以不采用止水装置。穿墙止水的作用,首先是制止水土流入井内,防止破坏顶管工作面;其次是防止触变泥浆流失,确保形成完整的减阻泥浆套。

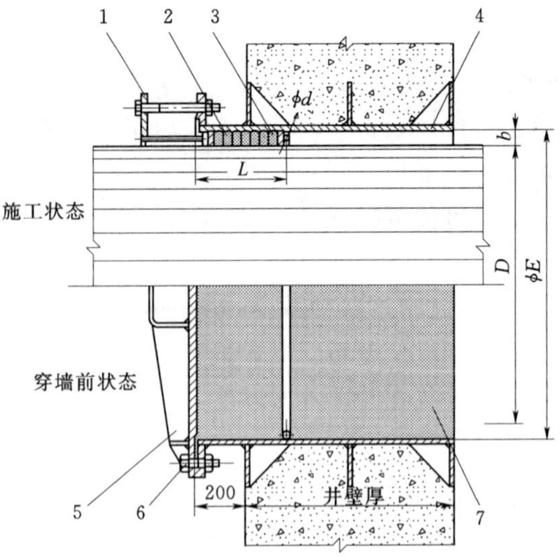

图 2.45　盘根止水穿墙管构造
1—轧兰;2—盘根;3—挡环;4—穿墙管;5—闷板;6—"O"型圈;7—充填料

(1) 盘根止水穿墙管。盘根止水穿墙管的构造如图2.45所示,未穿墙前由穿墙管和闷板组成,在穿墙管内一般有充填物。闷板的强度应根据井外的水土压力大小而定。充填物在管道穿墙时起临时挡泥和止水作用。

管道穿墙后要再安装止水装置,止水装置由挡环、盘根、轧兰等组成。安装时通过轧兰将盘根压紧,盘根压紧后成扁状,阻止泥水流向井内。挡环的作用是减少间隙,防止盘根挤出,同时防止管道过量下沉。盘根止水段的长度应保持在200~300mm。盘根磨损后如产生漏水,可将盘根再次压紧,就能恢复正常工作。

盘根止水的穿墙管工作可靠,盘根压得越紧,渗漏越少,但同时管道的穿墙阻力也因此增大，所以盘根压紧程度要恰当。盘根阻力的这一特性，穿墙阶段可作为防止管道回弹的措施之一。

止水盘根使用年久后可以更新，可以修复止水装置的性能。所以该止水装置不但可用于施工阶段，而且还可作永久性装置使用。这种盘根止水的另一优点是允许管道在止水装置上滑移，可以作为管道的伸缩装置，以此释放钢管由于温差引起的温度应力。

盘根止水穿墙管的尺寸可按表 2.5 取用。这种止水穿墙管可以在多种土层中应用，特别是用于管道埋置深、水头压力高、地层渗透系数大、土体不稳定的工作井。但这种止水装置加工比较复杂，成本较高。建议以下情况应采用盘根止水穿墙管：

1）穿墙管处于地下水位以下的砂性土（包括粉土）；

2）穿墙管处的地下水压力大于 80kPa；

3）穿墙管兼作失放钢管温度应力的伸缩机构。

表 2.5　　**盘根止水穿墙管尺寸**　　单位：mm

项目 \ 管道外径 D	800～1800	1800～2000	3000～4000
穿墙管内径 ϕE	$D+90$	$D+120$	$D+140$
间隙 b	45	60	70
盘根断面	35×35	45×45	50×50
ϕd	20	25	30
L	300	350	400

（2）L 形橡胶板止水穿墙管。目前在市政工程中较常采用的 L 形橡胶板止水穿墙管的构造由穿墙管、橡胶止水板、压板组成。穿墙管的止水主要依靠橡胶板，橡胶板的含胶量要高，富有弹性，板厚度一般取 20mm。橡胶板加工成环，环的外圈由压板通过螺栓固定在穿墙管上，环的内孔比顶进管道的外径小。作用于橡胶板上的力除自身的箍紧力外，还有压在橡胶板上的地下水压力和土压力。作用在橡胶板唇边上的压力越大止水越好，但唇边与管壁间的摩阻力也因此越来越大，摩阻力过大，有将橡胶板拉断的危险。

目前国内采用的 L 形橡胶板止水穿墙管还存在一个不可忽视的缺点，管道穿墙初期，工具管入土较少时，由于土对工具管的支承面较少。地基会产生较大的应力而下沉，造成管道在穿墙阶段向下偏差。这一问题在盘根止水穿墙管上已经得到解决，只要在穿墙管内再增加一道定心环，并固定在穿墙管上。类似的构造可以在国外有关文献中找到。改进后的 L 形橡胶板止水穿墙管的构造见图 2.46，其尺寸可按表 2.6 采用。

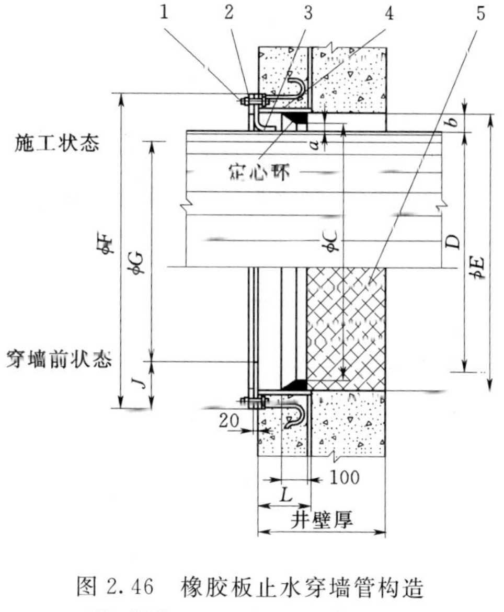

图 2.46　橡胶板止水穿墙管构造
1—预埋螺栓；2—压板；3—橡胶止水板；4—穿墙管；5—充填料

表 2.6　　橡胶板止水穿墙管尺寸　　单位：mm

项　目 \ 管道外径 D	800～1100	＞1100～2400	＞2400～4000
ϕC	$D+40$	$D+50$	$D+60$
ϕG	$D-60$	$D-80$	$D-100$
ϕE	$D+120$	$D+140$	$D+160$
ϕF	$D+260$	$D+280$	$D+320$
a	20	25	30
b	60	70	80
J	160	180	210

L形橡胶板止水穿墙管，虽然结构简单，成本低。但承受的水压力较小，不宜在流动性较强的砂性土中使用。橡胶板磨损后，更换比较困难，更不宜在长距离顶管中使用。只有在以下情况可采用橡胶板止水穿墙管：

1）穿墙管处于黏性土土层。

2）穿墙管处于渗透系数较小的土层。

3）穿墙管处的地下水压力不大于80kPa。

3. 后背墙

钢板桩工作坑一般设单独的后背墙。沉井或地下连续墙施工的工作坑，后背墙与沉井或地下墙合一。

后背墙要根据顶力的大小、合力中心的位置、坑外被动土压力的大小来决定后背墙的宽度、高度和厚度。

4. 结构形式

工作坑（井）的结构一般有钢板桩、沉井和地下连续墙等。

（1）钢板桩工作坑。对于埋置深度较浅、地下水位较低，管道直径较小或顶进距离较短的顶管，可以采用钢板桩工作坑。

钢板桩工作坑一般是封闭的，土质比较坚硬时也可以不封闭。工作坑在安装主油缸一侧还应设置后背墙。后背墙的高度和宽度应根据计算确定。后背墙底端往往低于基坑底面0.5～1.0m，见图2.47。先开槽，后将后背墙插入槽内，或者现浇后背墙。

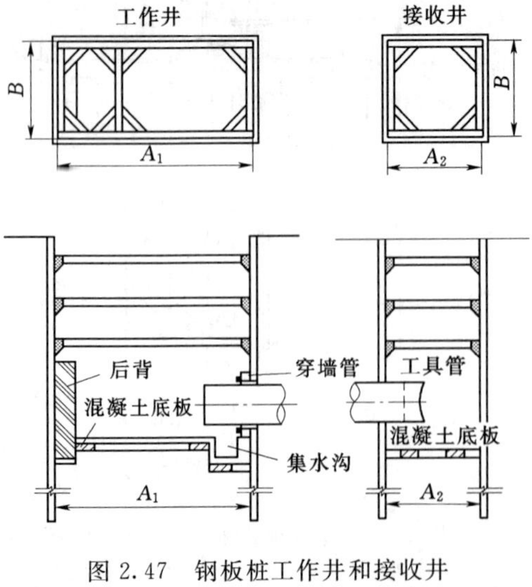

图2.47　钢板桩工作井和接收井

钢板桩有两种：普通钢板桩，如25号、30号、32号槽钢、拉森钢板桩。渗透系数较大的土层应采用拉森钢板桩。

工作坑主要为施工而设置，所以能小则小。为便于设计钢筋混凝土顶管的工作坑，如果管段长度不超过3.5m，则可参照表2.7（*a*）的平面尺寸，待施工方法落实后再作调整。工作井施工允许的偏差依据表2.7（*b*）。

表2.7（*a*） 钢筋混凝土顶管工作坑（井）参考平面尺寸 单位：mm

公称管径	管道内径	工作坑长度 A_1	接收井长度 A_2	宽度
800	800	8000	3000	3000
1000	1000	8000	3000	3000
1200	1200	8000	3500	3500
1400	1400	8000	3500	4000
1600	1600	8000	4000	4000
1800	1800	8000	4000	4500
2000	2000	8500	4000	4500
2200	2200	8500	4000	5000
2400	2400	8500	4000	5000
2600	2600	8500	4500	5500
2800	2800	8500	4500	5500
3000	3000	8500	4500	5500

表2.7（*b*） 工作井施工允许的偏差

<table>
<tr><th colspan="4" rowspan="2">检查项目</th><th rowspan="2">允许偏差（mm）</th><th colspan="2">检查数量</th><th rowspan="2">检查方法</th></tr>
<tr><th>范围</th><th>点数</th></tr>
<tr><td rowspan="6">1</td><td rowspan="6">井内导轨安装</td><td rowspan="2">顶面高程</td><td>顶管、夯管</td><td>+3.0</td><td rowspan="6">每座</td><td rowspan="2">每根导轨2点</td><td rowspan="2">用水准仪测量、水平尺量测</td></tr>
<tr><td>盾构</td><td>+5.0</td></tr>
<tr><td rowspan="2">中心水平位置</td><td>顶管、夯管</td><td>3</td><td rowspan="2">每根导轨2点</td><td rowspan="2">用经纬仪测量</td></tr>
<tr><td>盾构</td><td>5</td></tr>
<tr><td rowspan="2">两轨间距</td><td>顶管、夯管</td><td>±2</td><td rowspan="2">2个断面</td><td rowspan="2">用钢尺量测</td></tr>
<tr><td>盾构</td><td>±5</td></tr>
<tr><td rowspan="2">2</td><td rowspan="2">盾构后座管片</td><td colspan="2">高程</td><td>±10</td><td rowspan="2">每环底部</td><td>1点</td><td rowspan="2">用水准仪测量</td></tr>
<tr><td colspan="2">水平轴线</td><td>±10</td><td>1点</td></tr>
<tr><td rowspan="2">3</td><td rowspan="2">井尺寸</td><td>矩形</td><td>每侧长、宽</td><td rowspan="2">不小于设计要求</td><td rowspan="2">每座</td><td rowspan="2">2点</td><td rowspan="2">挂中线用尺量测</td></tr>
<tr><td>圆形</td><td>半径</td></tr>
<tr><td rowspan="2">4</td><td colspan="2" rowspan="2">进、出井预留洞口</td><td>中心位置</td><td>20</td><td rowspan="2">每个</td><td>竖、水平各1点</td><td>用经纬仪测量</td></tr>
<tr><td>内径尺寸</td><td>±20</td><td>垂直向各1点</td><td>用钢尺量测</td></tr>
<tr><td>5</td><td colspan="3">井底板高程</td><td>±30</td><td>每座</td><td>4点</td><td>用水准仪测量</td></tr>
<tr><td rowspan="2">6</td><td colspan="2" rowspan="2">顶管、盾构工作井后背墙</td><td>垂直度</td><td>0.1%H</td><td rowspan="2">每座</td><td rowspan="2">1点</td><td rowspan="2">用垂线、角尺量测</td></tr>
<tr><td>水平扭转度</td><td>0.1%L</td></tr>
</table>

注 H为后背墙的高度（mm）；L为后背墙的长度（mm）。

（2）沉井工作井。对于管道埋置较深，顶力较大的工作井常常采用沉井。

沉井的设计可参照相应规范，顶管施工对沉井设计有下列要求：

1）穿墙管上方的井壁要垂直无障碍，不设圈梁。不设圈梁会给起吊闷板带来方便，利于管道迅速穿墙，大大减小穿墙时的风险。如果无法避免圈梁，则应该将穿墙管闷板的垂直面越出圈梁，见图2.48，同时相应加长沉井轴线方向的长度。

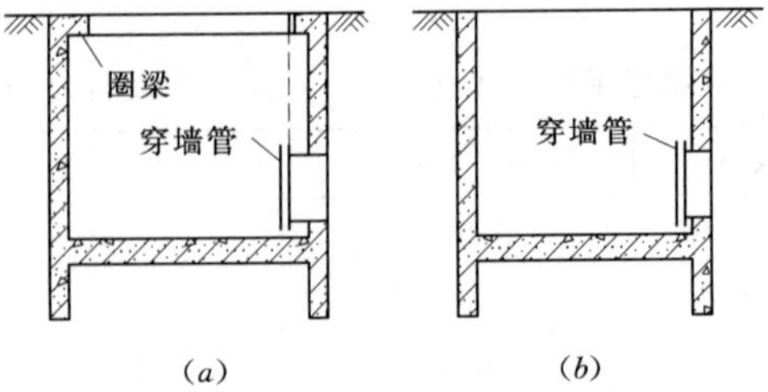

图2.48　穿墙管对垂直空间的要求示意图
（a）有圈梁；（b）无圈梁

2）后背墙的受力计算，可参考相关资料。

3）井壁和底板应有各种预埋板，供顶进系统和扶梯的架设。井口要设置防护栏杆，高度应不小于1.0m。

沉井平面净尺寸：对轴线埋置较浅的沉井，混凝土顶管可参考表2.7，钢管顶管可参考表2.8。待施工设备落实后再作调整。

表2.8　　**钢管顶管工作坑（井）参考平面尺寸**　　单位：mm

管道直径	长度		宽度	
	长距离	超长距离	深井	浅井
1600	11000	13000	6800	6000
1800	11000	13000	7400	6000
2000	11000	13000	8000	6000
2200	11000	13000	8800	6000
2400	11000	13000	9400	6000
2600	11000	13000	10000	6000
2800	11000	13000	10600	6000
3000	11000	13000	11200	6000
3200	11000	13000	12000	6000
3400	11000	13000	12600	6000
3600	11000	13000	13200	6000
3800	11000	13000	13800	6000

（3）地下连续墙工作井。顶管工作井如能采用沉井施工，一般不采用地下连续墙，这不仅仅是从经济上考虑的，主要是地下连续墙的穿墙管设置比较困难，特别是大口径管道。只有不允许采用沉井施工时，才采用地下连续墙。地下连续墙施工的工作井一般采用圆形，因圆形受力较好，但仍要层层设置圈梁，使地下墙横向连成整体。

地下墙施工要注意以下几点：

1）穿墙管闷板的垂直面要超出圈梁，以利于管道穿墙时顺利地吊起闷板。因地下墙工作井必然有圈梁，因此要求穿墙管接长，同时加长地下墙工作井的管轴线方向的尺寸。

2）顶管受力平面要加圆形内衬，并配置环向钢筋。内衬要与墙体的钢筋连结，共同承受顶力。为了增加内衬的刚度，在顶管轴线两侧各设置一道隔墙，对称布置。隔墙的高度和间距同沉井。

3）工作井内应有各种预埋板，供顶进系统、扶梯等的架设。井口要设置防护栏杆，高度不小于1.0m。

地下连续墙工作井一般用于长距离或超长距离的顶管，在施工设备尚未确定前，圆形井的平面尺寸可参照表2.9，待落实后再作调整。

表2.9 圆形地下墙工作井内径参考尺寸 单位：mm

管道直径	钢筋混凝土顶管		钢管	
	长距离	超长距离	长距离	超长距离
1600	9500	12000	13000	15000
1800	9500	12000	13000	15000
2000	11000	13500	13000	15000
2200	11000	13500	13000	15000
2400	11000	13500	13000	15000
2600	11000	13500	13000	15000
2800	11000	13500	13000	15000
3000	11000	13500	13500	16000
3200	11500	14000	13500	16000
3400	11500	14000	13500	16000
3600	11500	14000	13500	16000
3800	11500	14000	13500	16000
4000	11500	14000	13500	16000

5. 接收坑（井）

接收坑是回收工具管的基坑，根据需要而建造。有时没有接收坑，例如顶向水域顶出河床的顶管。

接收井的建造有钢板桩、沉井和地下连续墙等3种主要形式。钢板桩的接收坑平面尺寸可参考表2.7。沉井和地下连续墙接收井的平面尺寸可参考表2.10。

表2.10 接收井平面参考尺寸 单位：mm

管道口径	长度	宽度		管道口径	长度	宽度	
		钢筋混凝土管	钢管			钢筋混凝土管	钢管
800	3000	3000	3000	2600	4500	5500	5000
1000	3000	3000	3000	2800	4500	5500	5000
1200	3500	3500	3500	3000	4500	6000	5000
1400	3500	4000	3500	3200	5000	6000	5500
1600	4000	4000	4000	3400	5000	6000	5500
1800	4000	4500	4000	3600	5000	6500	6000
2000	4000	4500	4000	3800	5000	6500	6000
2200	4000	5000	4500	4000	5000	7000	6000
2400	4000	5000	4500				

沉井和地下连续墙的接收孔的构造类似穿墙孔。在接收孔上安装闷板，防止地下水和泥沙进入基坑。管道进入接收孔后，拆除闷板，让工具管顶入接收井。土质较差时，不拆除闷板，在闷板上开孔，孔的中心与工具管实际位置一致，孔径略大于工具管，以减小进

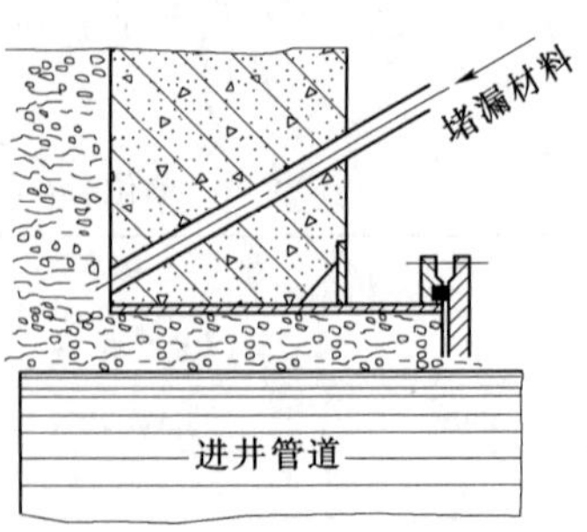

图 2.49　管道进接收井防坍注浆

入接收井的泥水通道。有流砂或流动的淤泥时，还应进行地基加固或接收孔的四周预埋注浆管，必要时可压注聚氨酯等堵漏材料，见图 2.49。如果地下水位较低，或者土质较好，则钢板桩接收坑可不设接收孔，管道顶至接收坑时，拔起迎面的钢板桩，让工具管进入接收坑。

接收孔的尺寸可按下式计算：

$$D'=D+2(e+100) \tag{2-15}$$

式中：D'为接收孔的直径，mm；D 为管道的外径，mm；e 为管道允许偏差的绝对值，mm，参见表 2.11。

表 2.11　　**顶管施工贯通后管道的允许偏差**

检查项目				允许偏差(mm)	检查数量		检查方法
					范围	点数	
1	直线顶管水平轴线	顶进长度<300m		50	每管节	1点	用经纬仪测量或挂中线用尺量测
		300m≤顶进长度<1000m		100			
		顶进长度≥1000m		$L/10$			
2	直线顶管内底高程	顶进长度<300m	$D_i<1500$	+30，−40			用水准仪或水平仪测量
			$D_i\geq1500$	+40，−50			
		300m≤顶进长度<1000m		+60，−80			用水准仪测量
		顶进长度≥1000m		+80，−100			
3	曲线顶管水平轴线	$R\leq150D_i$	水平曲线	150			用经纬仪测量
			竖曲线	150			
			复合曲线	200			
		$R>150D_i$	水平曲线	150			
			竖曲线	150			
			复合曲线	150			
4	曲线顶管内底高程	$R\leq150D_i$	水平曲线	+100，−150			用水准仪测量
			竖曲线	+150，−200			
			复合曲线	±200			
		$R>150D_i$	水平曲线	+100，−150			
			竖曲线	+100，−150			
			复合曲线	±200			
5	相邻管间错口	钢管、玻璃钢管		≤2			用钢尺量测，见GB 50268—2008第4.6.3条的有关规定
		钢筋混凝土管		15%壁厚，且≤20			
6	钢筋混凝土管曲线顶管相邻管间接口的最大间隙与最小间隙之差			$\leq\Delta S$			
7	钢管、玻璃钢管道竖向变形			$\leq0.03D_i$			
8	对顶时两端错口			50			

注　D_i 为管道内径（mm）；L 为顶进长度（mm）；ΔS 为曲线顶管相邻管节接口允许的最大间隙与最小间隙之差（mm）；R 为曲线顶管的设计曲率半径（mm）。

2.1.2.12 施工质量

顶管施工质量的重要检验指标是管轴线偏差。偏差小，摩阻力小，顶力小。顶力小，钢筋混凝土管道的裂缝可能性小，施工的质量就好。根据排水管的使用要求，管轴线要顺直，无反坡，不积水，也就是要求管轴线在任何地方，偏差都要小。所以管道施工允许偏差，应该是指管轴线而言的。

管轴线的允许偏差，对不同顶进距离要应有区别，距离越长，允许偏差应该越大。这是顶管的测量精度造成的，因为顶管的定向误差随着距离的增加而增大，而且是无法避免的。

另外，钢筋混凝土顶管与钢管顶管的允许偏差应有所区别，因为钢管顶管纠偏难度较大；标高与方向的允许误差也应有区别，因为标高测量精度要远远高于定向测量精度。

顶管施工质量应符合下列标准：

（1）管道轴线允许偏差可参考表 2.11。

（2）钢筋混凝土管段应无裂缝，段间无渗漏。

（3）钢管最大椭圆度应不大于等管径的 3%。

（4）其他施工质量应符合设计有关规定。

学习情境 2.2 小口径顶管施工

在前面顶管的管道分类中已谈到过小口径管道是指内径 $d<800$mm 的各种管道，所以这里说的小口径顶管是指内径小于 800mm 管道的顶管施工。这种口径的管道一般不宜进入或者无法进入，不可能进行管内操作，因此它的施工有其特殊性。但小口径顶管技术往往又可以扩展到中口径管道，所以下面有时也提到中口径管道。

2.2.1 小口径顶管概述

小口径管道在城市建设中，特别是上下水道和煤气管的支线、电力、通讯等管线中被大量采用。

我国从 1985 年引进日本的泥水平衡式遥控顶管掘进机至今，小口径顶管发展很快，生产设备相继问世，单根小口径管道顶进长度已超过 200m。

2.2.1.1 管材

常用的小口径顶管管材有钢管、混凝土管（包括钢筋混凝土管）、铸铁管等。

1. 钢管

钢管一般取现成的无缝或有缝钢管，可根据具体情况设计。内径小于 500mm 的顶管一般采用钢管。

2. 混凝土管

混凝土管的管道系列可参照日本下水道协会标准，推荐如表 2.12，参见图 2.50 和图 2.51。管道接头采用 T 形，T 形钢套管参见图 2.52 和表 2.13。表中包括部分中口径管道，因为目前在部分中口径管道中仍然采用 T 形接头，故列在表中以供参考。

表 2.12 **T形接头混凝土管尺寸表** 单位：mm

公称直径	内径 D	D_1	外径 D_2	壁厚 T	管长 L	l_1	a	b	c
600	600	712	730	65	2430	155	26	6	9
700	700	832	850	75	2430	155	26	6	9
800*	800	942	960	80	2430	155	26	6	9
900*	900	1062	1080	90	2430	155	26	6	9
1000*	1000	1182	1200	100	2430	155	26	6	9
1100*	1100	1292	1310	105	2430	155	26	6	9
1200*	1200	1412	1430	115	2430	155	26	6	9

注 表中有“*”符号的管径是中口径管道。

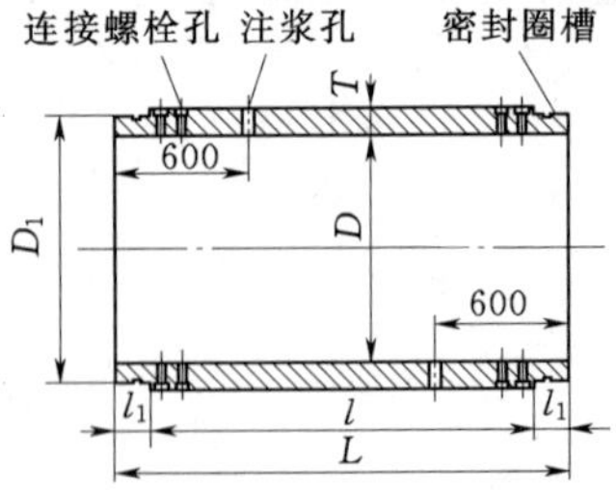

图 2.50 混凝土管外形图

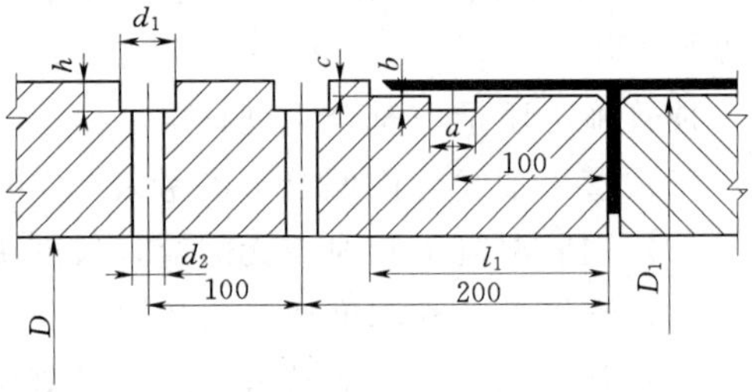

图 2.51 T形接头大样图

表 2.13 **T形钢套管尺寸表** 单位：mm

公称直径	外周长	D_c	H	T_{c1}	T_{c2}	g	自重 (kg)
600	2287	718	45	5.0	5.0	3.5	31
700	2664	838	55	5.0	5.0	3.5	37
800	3010	948	60	5.0	5.0	3.5	42
900	3387	1068	70	5.0	5.0	3.5	49
1000	3764	1188	80	5.0	5.0	3.5	56
1100	4109	1298	85	5.0	5.0	3.5	61
1200	4486	1418	95	5.0	5.0	3.5	68

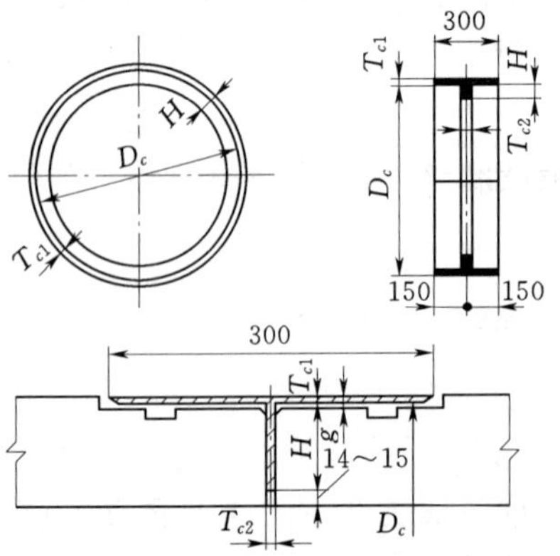

图 2.52 T形钢套管外形图

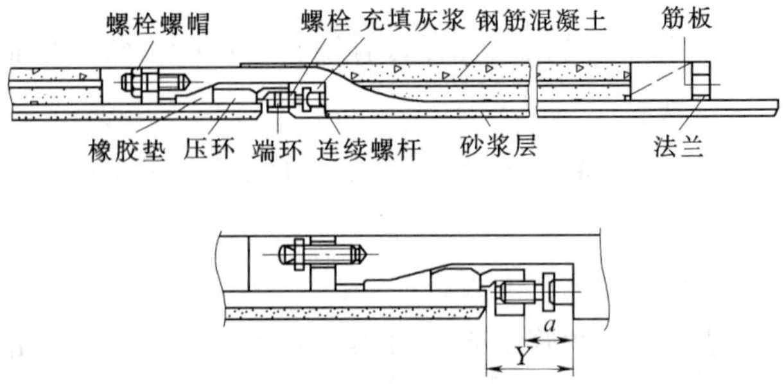

图 2.53 铸铁管外形和接头

3. 铸铁管

铸铁管管材一般采用可锻铸铁。管线与管段之间采用承插式接头，管段一端为平口，另一端为承口。承口端的外径较大，如不加处理铸铁管的外径是变化的。为了使承插式接头适用于顶管，需在管径较小的部分浇筑钢筋混凝土，使全管段外径一致（见图 2.53）。顶管时的纵向顶力通过法兰和三角筋板传给铸铁管和外包的钢筋混凝土，再传递到下一管段上的法兰。法兰与铸铁管是焊接成一体的。

2.2.1.2　分类

小口径顶管的施工方法已有 60 多种，每一种都有它特定的使用范围和要求，没有一种是万能的，各适用于不同的土质、不同的地下水位、不同的现场条件。若施工方法选择错误，那就不仅影响施工效率和经济效益问题，而且是关系到工程成败的问题了。

分类的目的主要是为选择施工设备提供方便。根据我国的具体情况并参考国外常用的分类，小口径顶管可分为以下三大类：

（1）挤压类。

（2）螺旋钻输类。

（3）泥水钻进类。

扩管是小口径顶管中常用的一种工艺，它是先把一根直径比较小的管道顶好，然后在这根管道的末端安装上一只扩管器，再把所需管径的管道顶进去，或者扩管器安装在另一端，将所需管道拖入。这种顶二次才能完成的施工方法称之谓二步法。在小口径顶管中，有许多施工方法需要辅以二步法施工，所以，二步法施工不列入上述分类。

2.2.2　小口径顶管施工

2.2.2.1　挤压类

挤压类施工法是指依靠顶进装置的顶力，将管道压入土中完成管道敷设的方法。管道压入土中的，管道正面挤土，并将管轴线上的土挤向四周，无需排泥。

1. 不纠偏挤压

不纠偏挤压管道的管端的形状常用的有锥形挤压和开口挤压两种（图 2.54）。挤压法顶管正面阻力大，容易偏差，特别是土体不均或碰到障碍时更容易偏差。如管道口径较小，管道的纵向刚度也较小，遇正面阻力较大时容易压弯，这是造成管道偏差的重要原因。为了减小正面阻力，可以将管端成开口状，顶进时土体挤入管内形成土塞。管端开口虽然可以减小正面阻力，但当土塞增加到一定长度后，土塞不再移动，此时正面阻力的大小仍与闭口顶进时相仿。如果仍要减小正面阻力，必须在管内取土，以减少土塞的长度。管内取土可采用干出泥或水冲法。

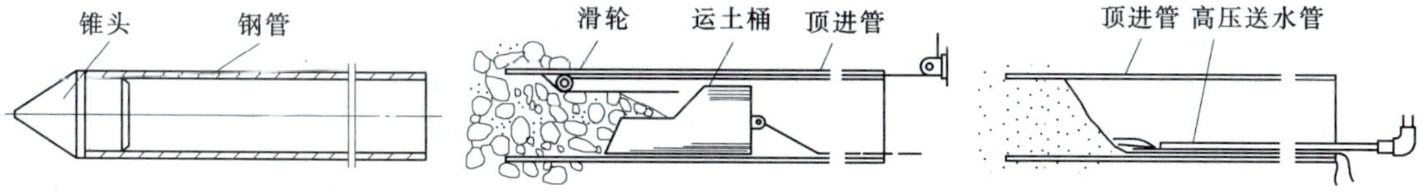

图 2.54　挤压法顶管示意图

(a) 锥形挤压头、不出土；(b) 开口挤压、土桶出泥；(c) 开口挤压、高压水出泥

管端几何形状不对称或接管时轴线不直，也会造成管道偏差，这相当于有了初始纠偏角，这是构成管道偏差的另一原因。由于这种挤压法的特定条件，管道偏差的原因是难以避免的，所以上述挤压法适用范围较小。

该挤压法适用范围：

（1）仅适用于软土层，如淤泥质土、软塑状态的黏性土等。不适用于土质不均或混有大小石块的上述土层。

（2）顶进长度一般不超过30m。

（3）管道偏差无严格要求。

（4）限于钢管顶管。

这种挤压法顶管虽然方向难以控制，但是只要土层选择适当，顶进距离不长，偏差无严格要求的情况下，仍然是可以采用的。它的特点是方法简便，施工成本低，所以目前仍然在采用。

2. 可纠偏挤压

如能消除管道正面阻力，也就是消除或大大减少了管道（压杆）两端的压力，这时管道不但不容易偏移，而且顶进长度还可以增加。这就是另一种挤压法——步进式挤压法基本思路。图2.55是一种液压步进式挤压头，由导向油缸、纠编油缸、电子倾斜仪、测量光靶等组成。管道顶进时，第一步先顶导向油缸，在管道前面挤压前进，这

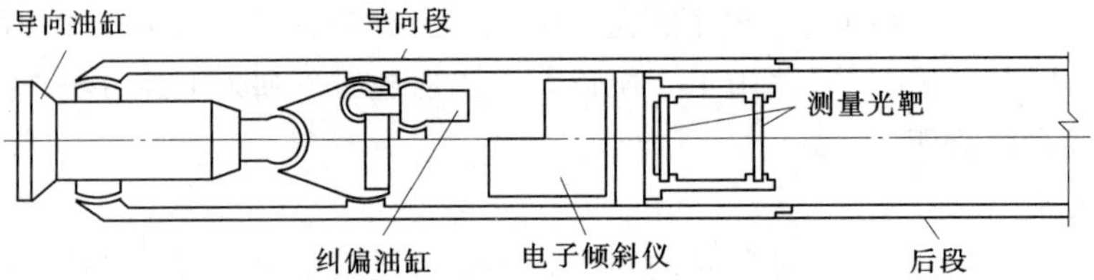

图2.55 液压步进式挤压头示意图

时管道成了导向油缸的后座。第二步管道顶进，导向油缸回缩，这样就消除了管道的正面阻力。如此反复，一步步地前进。该挤压头还能纠偏，图2.56是它的纠偏原理。一旦管道产生了偏差，纠偏油缸纠偏，使导向油缸的轴线改变方向。导向油缸顶进时，改变了挤压方向。管道顶进时就顺着导向油缸已挤压成孔的方向前进，如此实现纠偏。

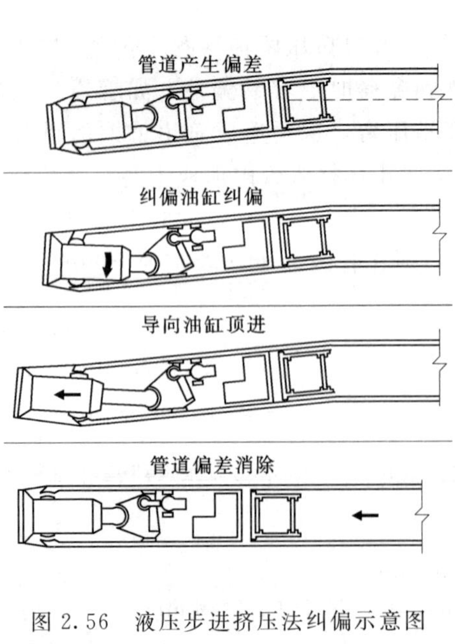

图2.56 液压步进挤压法纠偏示意图

2.2.2.2 螺旋钻输类

在管道头部安装螺旋钻头，后部安装与螺旋钻头相连结的螺旋输送机，动力在螺旋输送机的尾部。随着螺旋输送机的转动，带动螺旋钻头切削土体，同时将管道顶进。就这样边顶进、边切削、边输送，将管道逐段向前敷设，这就是螺旋钻输类顶管。

1. 螺旋钻输类的几种应用

（1）较小管径混凝土管的施工，见图 2.57，参考管径 DN400～800；

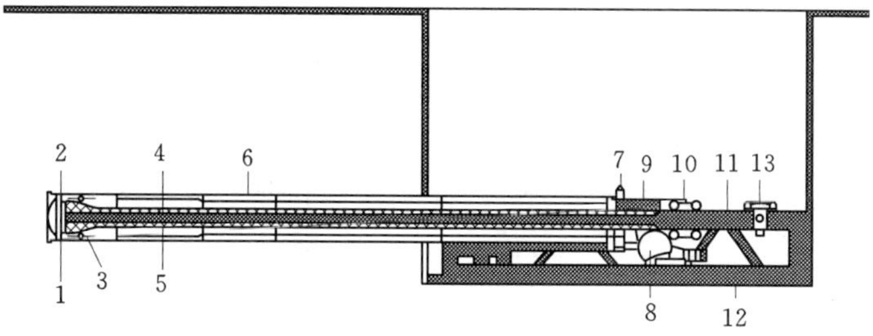

图 2.57 较小管径螺旋钻输法顶管

1—钻头；2—前段；3—纠偏油缸；4—后段；5—螺旋输送管；6—成品管；7—承压环；8—排泥管；9—顶进油缸；10—移动后座；11—推力梁；12—推动框架；13—连接梁

（2）较大管径混凝土管的施工，见图 2.58，参考管径 DN900～1200。

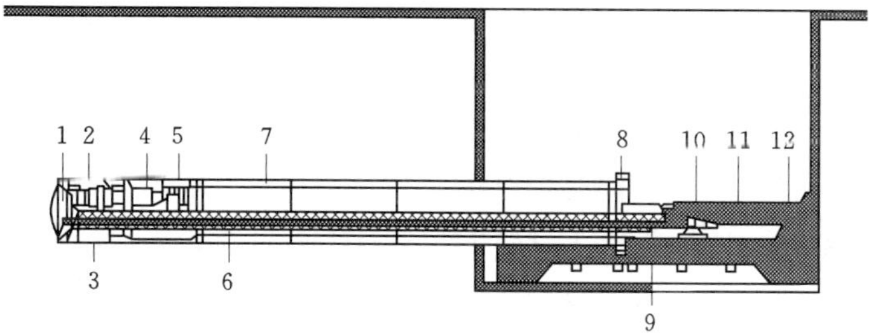

图 2.58 较大管径螺旋钻输法顶管

1—钻头；2—前段；3—纠偏油缸位置；4—钻头动力装置；5—后段；6—螺旋输送管；7—成品管；8—承压管；9—排泥管；10—输送机固定装置；11—后座；12—推力架

2. 螺旋钻输类适用范围

（1）适用土质：砂性土、砂砾土以及呈硬塑至坚硬状态的黏性土。砾石的直径要有限制，不能大于螺旋输送机直径的 1/4。对不同土层，要采用不同的螺旋钻头，参见图 2.59。

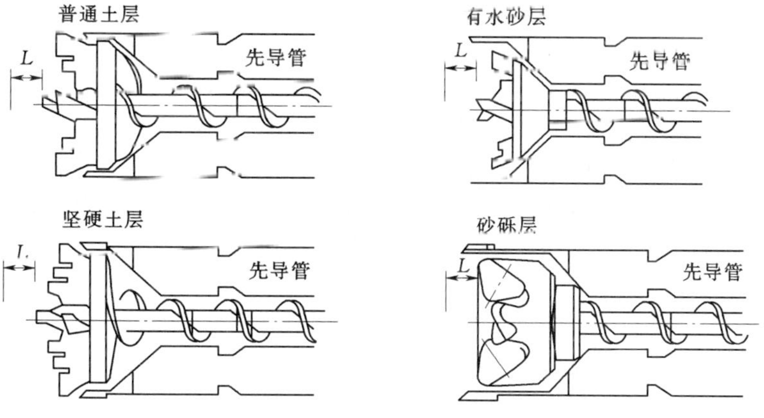

图 2.59 螺旋钻头形式

（2）适用土层：一般适用于无地下水与不会塌方的土层。有少量地下水场合也可使用，但要有措施，参见图2.60。

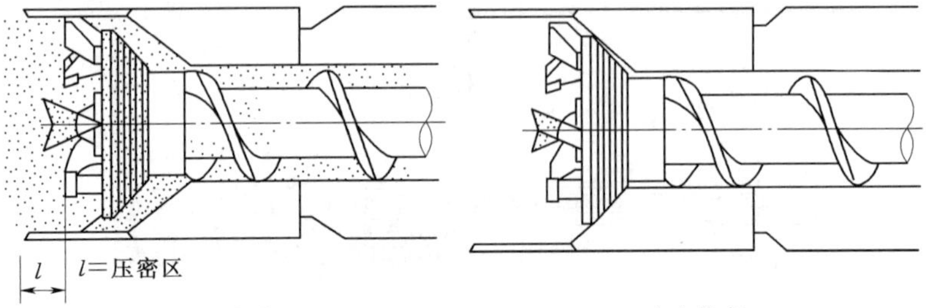

图2.60　潜水螺旋钻头

（3）顶进距离：一般较长，可达50～60m，有纠偏装置时可达100m左右。

（4）使用管材：钢管、混凝土管、铸铁管。

2.2.2.3　泥水钻进类

泥水钻进是指采用切削法钻进，弃土排放用泥水作为载体的一类施工方法。

这类施工方法有泥水平衡法、机械式泥水平衡法。这两种方法在前面顶管一章中已经介绍过了，用于小口径顶管的这类设备，其机械原理与前者基本相同，所不同的是口径小，不能进入。小口径顶管一般需要远距离操纵，工具管上的所有数据都要传送到地面的操作台，根据这些数据远距离操纵工具管的工作状态。这类设备有一个比较大的弱点，土层中不能有较大的石块。遇到石块只好改换位置重新钻进，或者从地面开挖到工具管，排除石块等障碍物。实际上采用小口径顶管的管道，大部分是穿越工程，如穿越铁路、公路、街道等等。也就是说顶进土层很可能是路基的人工填土层，往往混有石块。在这层土中钻进，穿越成功的几率会因此减少。由此引出能破碎石块的新型机器——碎石型泥水掘进机。

碎石型泥水钻进机的构造如图2.61。钻进机前面装有扇形辐条刀。辐条刀与破碎石块用的锥体连成一体，每分钟转速为4～5次。同时以每分钟100次的转速进行偏心运动。掘进面的切削与进入掘进机石块的破碎是同时进行的。

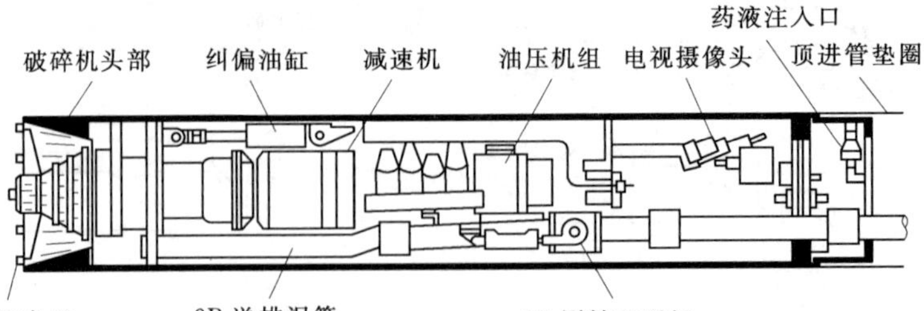

图2.61　碎石型泥水掘进机

顶进装置的顶力通过锥体挤压切削物传给掘进面，起到压紧掘进面的作用，也就是起到平衡掘进面土压力的作用。切削下来弃土的出土量调节，可以通过操纵台用增大或减小顶力和顶进速度来实现。

掘进机的纠偏可通过操纵机头内的两只油缸，在上下±1°、左右±1.5°的范围内修正顶进方向。这种操作是通过工作坑内的激光经纬仪将光束射到机头的偏差指示板上，然后通过电视摄像机的不断监视，远距离操纵纠偏油缸的伸缩来完成的（图2.62）。

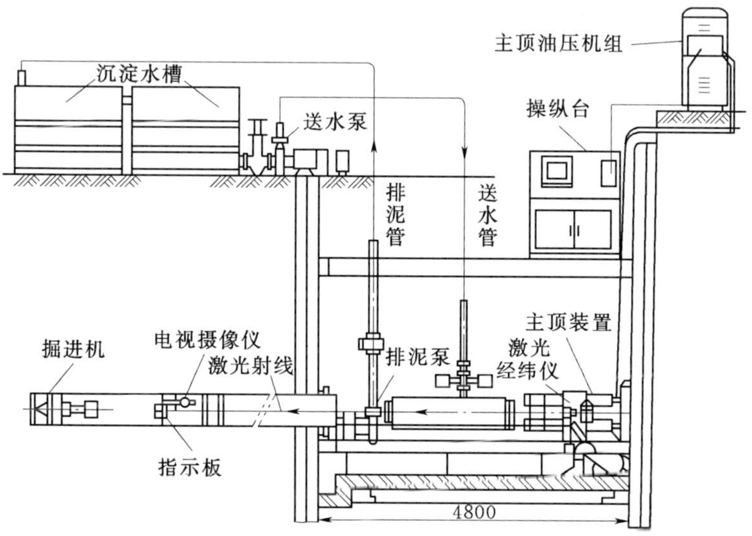

图2.62　碎石型泥水掘进机施工布置图

排泥采用的是由ϕ50mm的送水管和排泥管构成流体输送系统来完成的。送水泵和排泥泵都是5.5kW的专用泵。其中排泥泵是通过变速器控制的变量泵。送水泵输送的载体毋需泥水，只要清水就可以了。所以，通常只需要沉淀水槽而毋需泥水处理装置。

此类有碎石功能的泥水钻机在日本和德国都已有产品供应。由日本伊势机（ISEKI）公司生产的机头定名为UNCLEMOLE，可施工的混凝土管道，在内径250～500mm范围内，每隔50mm有一机型；在内径600～1000mm范围内，每隔100mm有一机型，共有11种机型，比较成熟。施工效率参见表2.14。

表2.14　**UNCLEMOLE施工效率参考表**

土　质	砂　岩	硬土（软岩）	砂　质　土	黏　土
N值	40～50	>50	10～20	<5
掘进速度（cm/min）	3.0	4.5	6.0	10.0
掘进速度（m/8h）	5.9	8.1	9.0	11.2

碎石型泥水钻机的特点：

（1）一次可顶进100m以上。因为掘进装置、方向控制装置都安装在顶进管的前部，所以掘进机的顶进距离基本不受限制。但是由于管道四周摩擦的存在，流体输送距离的限制以及激光经纬仪的影响，限制了管道一次顶进的长度。

（2）管轴线偏差小。掘进时掘进机的偏差可通过激光光束随时测定。掘进机的纠偏角可随时调整，所以，管轴线偏差一般可控制在上下左右20mm以内。

(3) 可以破碎砾石。破碎砾石的最大粒径是管道外径的 30%左右，破碎石的石块在 20mm 以下。

(4) 可适用于硬土层。遇到硬土层及软岩时，如 N 值高达 50 以上，同样可以轻易地掘进。

(5) 可在流砂层及易坍塌的土层中施工。在此类土层中施工，可不必采用辅助措施。

(6) 工作坑和接收坑较小。工作坑的尺寸：6.0m×2.4m；接收坑的尺寸：4.5m×1.6m。

(7) 流体输送可为清水。送水和排泥的管道直径为 ϕ50mm，管内泥沙不会沉淀。不需要用泥水输送，不需要泥水分离装置。

学习情境 2.3　水平定向钻施工

2.3.1　水平定向钻概述

2.3.1.1　概述

定向钻源于海上钻井平台钻进技术，现用于敷设管道，钻进方向由垂直向变成水平向，为了区分冠以“水平”二字，称“水平定向钻”，简称“定向钻”。在欧美水平定向钻敷设管道已在 20 世纪 70 年代广泛采用。我国采用水平定向钻始于 1985 年，中石油工业部引进了当时国际上最先进的一套大型水平定向钻机（RB—5）型，成功地敷设了一条穿越黄河管道，显示了用水平定向钻穿越复杂地层的独特的优越性，从此开创了我国用水平定向钻穿越大江大河的先例。但大型水平定向钻对于大量需要穿越且长度较短的管道来说显得过于笨重，于是 90 年代中小型水平定向钻开始充实我国市场。目前，水平定向钻已被广泛用于敷设口径约 1m 以下管道的穿越工程。穿越长度超过千米的已有很多根，其中穿越钱塘江输油管道，直径 273mm，穿越长度 2308m，创造了定向钻穿越长度的世界记录，标志着我国定向钻的施工技术跨入世界先进行列。

水平定向钻在管道非开挖施工中对地面破坏最少，施工速度最快。管轴线一般成曲线，可以非常方便地穿越河道、道路、地下障碍物。因其有显著的环境效益，施工成本低，目前已在天然气、自来水、电力和电信部门广泛采用，如图 2.63。

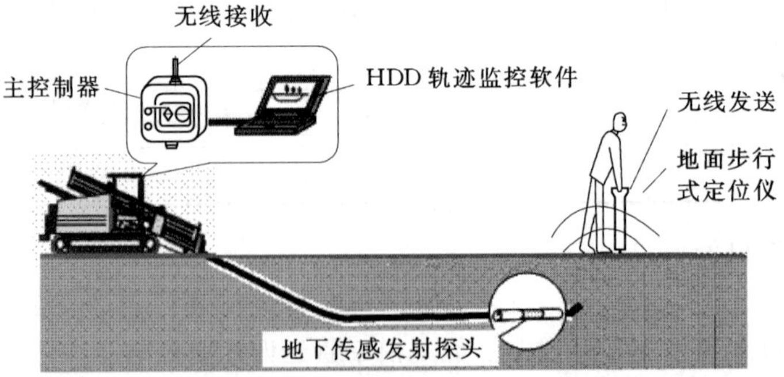

图 2.63　水平定向钻钻进过程示意图

定向钻的轴线一般是各种形状的曲线，管道在敷设中要随之弯曲。所以，用水平定向钻敷设的管道受到直径的限制，不能太大。随着施工技术和定向精度的提高，水平定向钻敷管的管径也在增大，长距离穿越的最大管径已达 ϕ1016mm。

2.3.1.2 定向原理

钻机的钻进方向可定向的钻机称为定向钻机。用于敷设水平管道的定向钻机称为水平定向钻机。水平定向钻机敷管的关键技术就是钻头的定向钻进，这就是水平定向钻机与一般钻机的主要区别。

水平定向钻机的钻头是如何改变钻进方向的呢？钻头在钻进时受到两个来自钻机的力：推力和切削力。定向钻的钻头前面带有一个斜面（见图 2.64），随着钻头的转动而改变倾斜方向。钻头连续回转时，在推力和切削力的联合作用下钻出一个直孔；钻头不回转时，斜面的倾斜方向不变，这时钻头在钻机的推力作用下向前移动，并朝着斜面指着的方向偏移，则使钻进方向发生改变。所以只要控制斜面的朝向，就控制住了钻进的方向。

图 2.64 水平定向钻钻头

2.3.2 施工方法

用定向钻敷管分两步进行：

第一步，先钻导向孔。水平定向钻在管轴线的一侧下钻，钻头在受控的情况下穿过河床、穿越公路或铁路、绕过地下障碍物，最后在管轴线的另一侧钻出地面，完成导向孔的施工。管轴线两端一般不设发射坑和接受坑，钻机直接从地面以小角度下钻。只有当管道纵向刚度较大，或者施工场地较小等特殊情况下才设发射坑、接受坑。如图 2.65 所示。

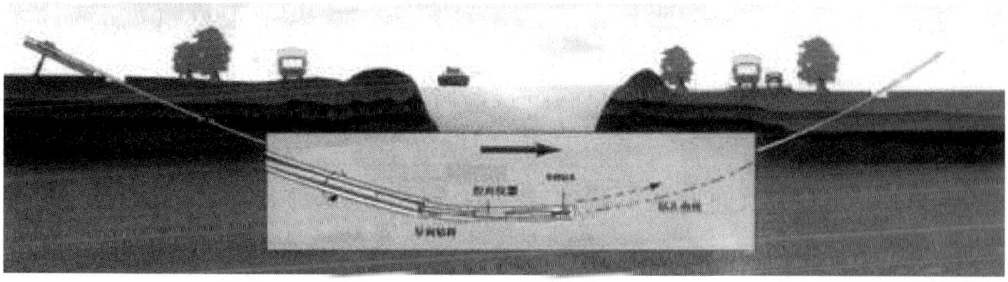

图 2.65 钻导向孔

第二步，扩孔和敷管。导向孔完成后将钻杆回拖。回拖前钻杆末端装上扩孔器，在回拖过程中同时扩孔，视工程需要可回扩数次。最后一次回扩时，将需要敷设的管道通过回转接头与扩孔器连接，并随着钻杆的回拖拉入扩大了的钻孔内，直至拖出地面（见图 2.66、图 2.67）。

导向孔施工和扩孔时一般采用循环泥浆（钻进液），泥浆从钻杆尾部压向钻头，其作用如下：

（1）润滑、冷却钻头，减少钻杆与土的摩阻力；

（2）软化土体，利于钻头的切削；

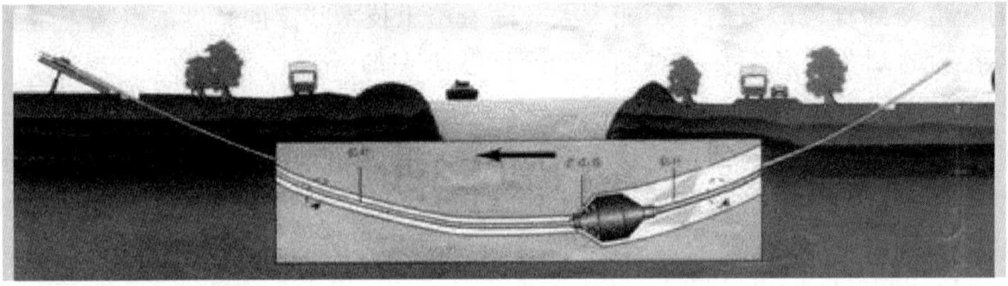

图 2.66　扩孔

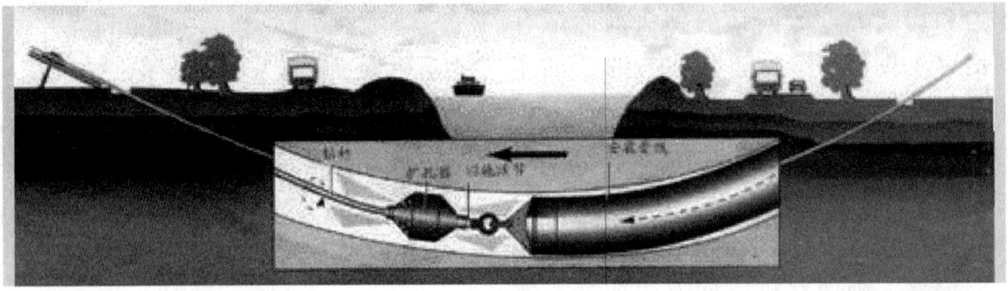

图 2.67　回拖管道

（3）孔内起护壁作用，防止孔壁坍塌；

（4）弃土的输送载体，随着泥浆排出孔外。

泥浆通常是膨润土与水的混合物，它能使弃土和岩屑处于悬浮状态，通过泥浆的循环携带出钻孔外，泥浆经过沉淀和过滤除去弃土和岩屑再送到钻杆头部，如此循环。根据不同地质，泥浆的配方是不同的。对于孔壁稳定较差的土体，泥浆比重要大，以增加泥浆护壁的压力；对于孔隙率较大的土质，泥浆的黏度要大，以减少泥浆的流失。

水平钻进的施工难易程度与地层类型有关。通常均质黏土地层最容易钻进；砂土层要难一些，尤其是处于地下水位以下的不稳定土层；砾石层中钻进会加速钻头的磨损。

水平定向钻敷管工程的难度主要决定于管轴线的弯曲程度和敷设管道的刚度。具体表现在以下方面：穿越长度、穿越深度、管径、管壁厚度、管材和地层性质。对于同等能力钻机，管径越小，则穿越长度越长；同一管径的管壁越薄，则穿越长度越长；穿越深度越小，轴线必然平稳，则穿越长度越长；土质条件好，则穿越长度越长。因此工程难度应由上述因素综合评定，图 2.68 所示为 PE 管道水平定向钻施工方案图。

2.3.3　水平定向钻组件

2.3.3.1　钻机

水平定向钻机是定向钻敷管法的主要机具。水平钻机可大致分为两类：地表发射的和坑内发射的。地表发射的最为普遍。

坑内发射钻机固定在发射坑中，利用坑的前、后壁承受给进力和回拉力。采用这类钻机，施工用地较小，一般用于穿越长度较短、轴线比较平缓的工程。

地表发射钻机一般用锚固桩固定，固定方式较多，其中用液压方式固定较为方便。这类钻机通常为履带式，可依靠自身的动力自行走进工地。铺设新管时它们不需要发射坑和接受坑。

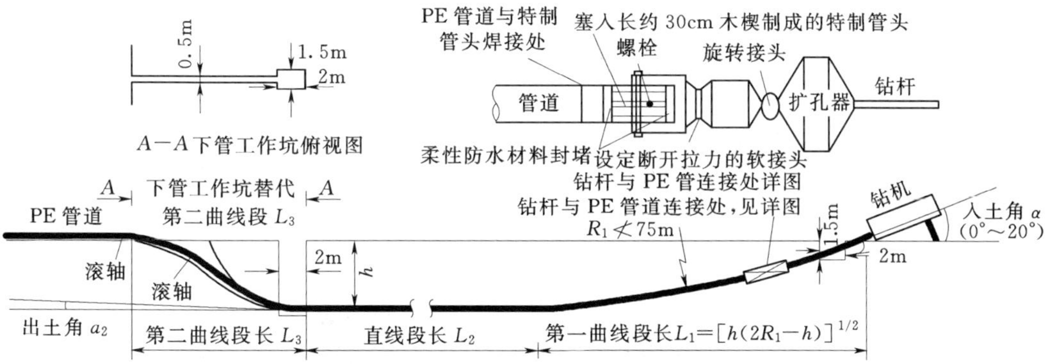

图2.68 PE管道水平定向钻施工方案图

大多数水平钻机，带有一个钻杆自动装卸系统，定长的钻杆装在一个“传送盘”上，随钻进或回扩的过程而自动加、减钻杆，并自动拧紧或卸开螺纹。钻杆自动装卸系统加快了施工速度，提高了施工安全和减小劳动强度，因而应用日益普遍，即使在小型钻机上也是如此。

水平定向钻机的重要技术指标是钻机的最大扭矩、轴向最大给进力和最大回拖力。钻机依靠钻杆扭矩和加在钻杆上的给进力完成钻孔，依靠扭矩和回拖力完成扩孔和拖管。

水平定向钻有大、中、小机型之分：最大推拉力，小到10kN左右，大到4500kN；最大扭矩，小到2000，大到90000N·m。要根据工程对象选择，见图2.69、图2.70。

图2.69 施工中的小型水平定向钻

图2.70 施工中的大型水平定向钻

定向钻的导向钻进速度很快，砂性土中的钻进速度约60～80m/d，软弱的黏性土中钻进可达200m/d，但遇到坚硬的地层或大块的砾石，速度就会下降很多。

2.3.3.2 导向系统

水平定向钻钻孔时一般要依靠导向系统。

导向系统有二大类，最常用的是手持式导向系统，如图2.71所示，它由安装在钻头后部空腔内的探头（信号棒）和地面接收器组成，探头发出的无线信号由地面接收器接收。从接收器除可以得到钻头的位置、深度外，还得到钻头倾角、钻头斜面的面向角、电池电量和探头温度等。手持式导向系统使用时要求其接收器必须能直接到达钻头的上方，而且能接收到足够强的信号。因此它的使用受到某些条件限制，例如过较大的河流，地面有较大建筑物，附近有强磁场干扰区域就不能使用。另一种是有缆式导向系统。有缆式导向系统仍要求在钻头后部安装探头，通过钻杆内的电缆向控制台发送信号，可以得到钻头倾角、钻头的面向角、电池电量和探头温度等，但不能提供深度信号，因此仍然需要地面接收器。虽然电缆线增加了施工的操作，但由于不依靠无线传送信号，因此避免了手持式导向系统的不足，适用于长距离穿越。

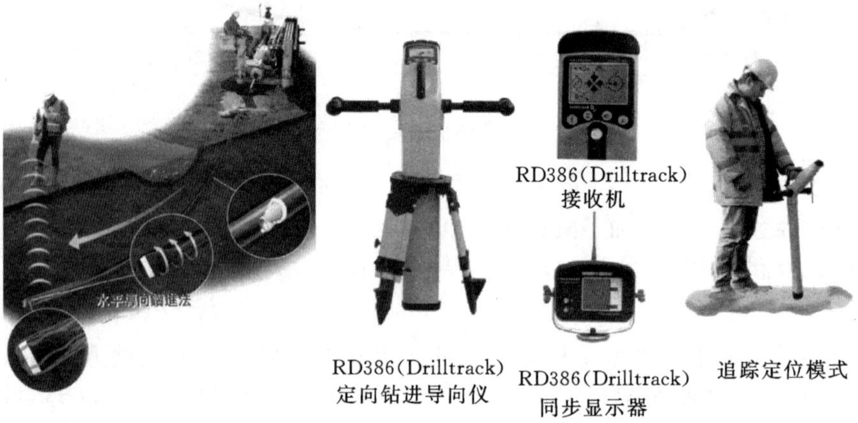

图 2.71　导向系统

管道长距离穿越的导向是如何进行的呢？以一个穿越江河的例子进行说明，见图2.72。穿越轴线可分成三个区段：下潜段、水平段和上升段。下潜段和上升段要放在地面接收器可以到达的范围，水平段放在江河的下面，这段的控制要求钻头在原来的标高上保持水平钻进，不需要提供深度信息。下潜段和上升段的长度一般是管轴线埋深的4～5倍。最小转弯半径应大于30～42m。

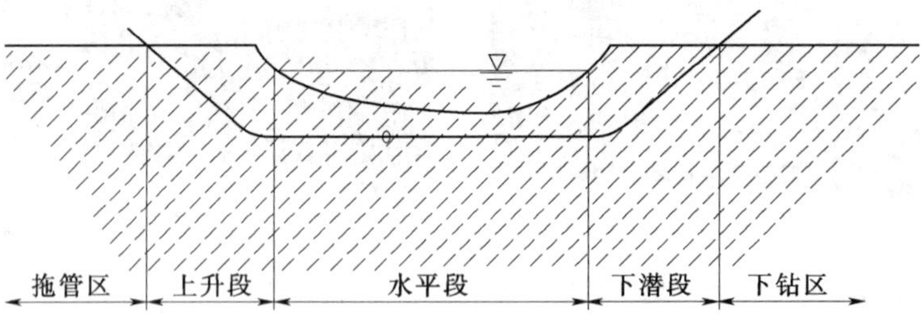

图 2.72　定向钻轴线示意图

2.3.3.3　钻机附属设备

1. 泥浆系统

泥浆系统一般是集装式的，其中包括泥浆搅拌桶、储浆池、泥浆泵和管路系统。较大钻机，有的将储浆池分离出来的。泥浆液通过钻杆内孔泵送到钻头，再从钻杆与孔之间的环形通道反回，并把破碎下来的弃土和钻屑携带至过滤系统进行分离和再循环。

2. 钻杆

水平定向钻的钻杆要求有很高的机械性能，必须有足够强度承受钻机给进力和回拖力，有足够的抗扭强度承受钻进时的扭矩；有足够的柔韧性以适应钻进时的方向改变；还要耐磨，尽可能地轻，以方便运输和操作。

3. 回扩器

回扩器形状大多为子弹头形状，上面安装有碳化钨合金齿和喷嘴。扩孔器的后部有一个回转接头与工作管的拉管接头相连，如图2.73所示。

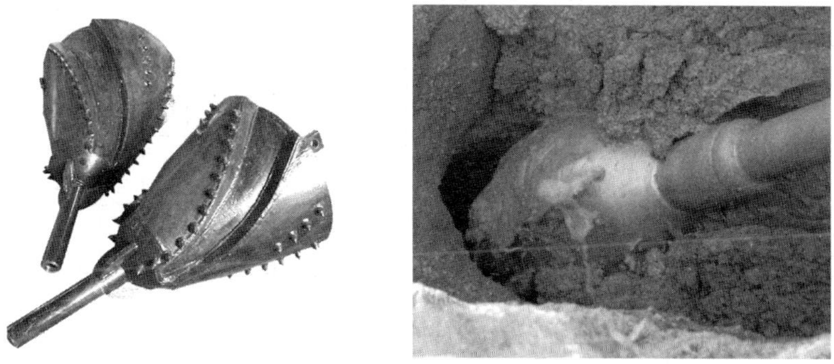

(a) (b)

图2.73 扩孔器

(a) 回扩器；(b) 回扩器扩孔完毕出土瞬间

4. 拉管接头

拉管接头不但要牢固地和敷设管道联结，而且要求管道密封，防止钻进液或碎屑进入管道，这对饮用水管特别重要。

5. 回转接头

回转接头是扩孔和拉管操作中的基本构件，安装在拉管接头与回扩器之间。拖入的管道是不能回转的，而回扩器是要回转的，因此两者之间需要安装回转接头。同转接头必须密封可靠，严格防止泥浆和碎屑进入回转接头中的轴承。

为了保护敷设管道不受损坏，设计了一种“断路式回转接头”。断路式回转接头可在超过设定载荷时将销钉断开，以保护工作管道。

2.3.4 适用范围

2.3.4.1 适用地质

水平定向钻适用土层为黏性土和砂土，且 N 值宜小于30，若混有砾石，其粒径宜在150mm以下。

2.3.4.2 适用管材

水平定向钻敷设的常用管材是聚氯乙烯管（PVC）、高密度聚乙烯管（HDPE）和钢管。

2.3.5 施工数据记录

在水平定向钻施工中需要及时记录钻进数据，表2.15～表2.19为上海市水务局2006年10月发布的《排水管道定向钻进敷设施工及验收规范（试行）》中的施工记录表式，可在水平定向钻施工中进行参考。

表 2.15　　**定向钻控向记录**

工程名称：　　井位区段：　　钻进长度：　　验收长度：　　出土角度：

钻杆直径、长度　　开钻时间：　　停钻时间：　　入土角度：　　天气：

水平距离(m)																							
探测深度(m)																							
平面偏移(m)																							
水平距离(m)																							
探测深度(m)																							
平面偏移(m)																							
水平距离(m)																							
探测深度(m)																							
平面偏移(m)																							
水平距离(m)																							
探测深度(m)																							
平面偏移(m)																							

导向钻进平面图	钻进计划剖面图

本班负责人：　　司钻员：　　探测员：　　接班人：

表 2.16　　　　**导向杆钻进控向记录**

工程名称：________________________　井位区段：____________

设计长度(m)：________　验收长度(m)：________　钻杆长度(m)：________　钻杆根数：________

本 班 钻 进 情 况

操作日期：______年______月______日______班　　　　操作班组：____________

序号	时间					钻进长度(cm)		顶力(MPa)	始发点测量(cm)			偏差(cm)				驱动电流(A)	备注
	起		止		历时(min)				前视	设计前视	偏差值	上	下	左	右		
	时	分	时	分		本镐	累计										

本班负责人：　　　　　　观察人：　　　　　　接班人：

表 2.17　　　　**回扩成孔记录表**

工程名称：＿＿＿＿＿＿＿＿＿＿＿＿＿＿＿＿　井位区段：＿＿＿＿＿＿＿＿

扩孔直径(mm)：＿＿＿＿　总长(m)：＿＿＿＿　钻杆长度(m)：＿＿＿＿钻杆根数：＿＿＿＿

年　　月　　日　　　　　　　　　　　　　　　　　　编号：

序号	时间					钻进长度		钻进参数				泥浆性能				备注
	起		止		历时(min)	本次(m)	累计(m)	回拉力(MPa)	扭力(MPa)	转速(r/min)	泵泥浆量(L)	粘度(s)	比重	静切力(Pa)	动切力(Pa)	
	时	分	时	分												
01																
02																
03																
04																
05																
06																
07																
08																
09																
10																
11																
12																
13																
14																
15																
16																
17																
18																
19																
20																
21																
22																
23																
24																
25																
26																
27																
28																
29																
30																
31																
32																
33																
34																
35																
36																
37																
38																
39																
40																

技术负责人：　　　　　　　　施工负责人：　　　　　　　　记录员：

表 2.18

拉管记录表

工程名称：______________________________ 井位区段：______________

设计管径(mm)：__________ 总长(m)：__________ 钻杆长度(m)：__________钻杆根数：__________

年 月 日 编号：

时间					拉进长度		拉进参数				情况描述
起		止		历时（分）	本次进尺（m）	累计长度（m）	拉力（MPa）	回扩扭力（MPa）	转速（r/min）	泵泥浆量（L）	
时	分	时	分								

技术负责人： 施工负责人： 记录员：

表 2.19　　定向钻拖拉施工工序质量评定表

单位工程名称：　　　　分部工程名称：

管道直径：　　　　井位区段：

主要工程数量		
序号	外观检查项目	质　量　情　况
1	施工设备、仪器	拉管机械、导向仪器及导向探头、对讲机等设施完好
2	控制点设置	地面已放好导向轴线及一根钻杆长度间距的控制点
3	管材	外观质量尺寸，环刚度符合设计与规范要求
4	管接口质量	管节热熔焊接接口牢固，无渗水，管内无泥土垃圾

序号	井位	项目性质	实测项目	检查频率	允许偏差(mm)	实测偏差值(mm)		应量测点数	合格点数	合格率(%)
						上游	下游			
1		主控项目	管内底高程	2点/每段	+40 −80					
		副控项目	中线平面位移	2点/每段	100					
2		主控项目	管内底高程	2点/每段	+40 −80					
		副控项目	中线平面位移	2点/每段	100					
3		主控项目	管内底高程	2点/每段	+40 −80					
		副控项目	中线平面位移	2点/每段	100					
4		主控项目	管内底高程	2点/每段	+40 −80					
		副控项目	中线平面位移	2点/每段	100					
5		主控项目	管内底高程	2点/每段	+40 −80					
		副控项目	中线平面位移	2点/每段	100					
6		主控项目	管内底高程	2点/每段	+40 −80					
		副控项目	中线平面位移	2点/每段	100					
7		主控项目	管内底高程	2点/每段	+40 −80					
		副控项目	中线平面位移	2点/每段	100					
8		主控项目	管内底高程	2点/每段	+40 −80					
		副控项目	中线平面位移	2点/每段	100					

交方班组		平均合格率	
接方班组		评定等级	

技术负责人：　　　　施工负责人：　　　　质检员：　　　　年　　月　　日

学习情境2.4 气 动 矛 施 工

1. 简介

气动矛类似于一只卧放的风镐，在压缩空气的驱动下，推动活塞不断打击气动矛的头部，将土排向周边，并将土体压密（见图2.74）。同时气动矛不断向前行进，形成先导孔。先导孔完成后，管道便可直接拖入或随后拉入。也可以通过拉扩法将钻孔扩大，以便铺设更大直径的管道。如果不要求有管道，则便可直接拖入或随后拉入电缆等敷设物。

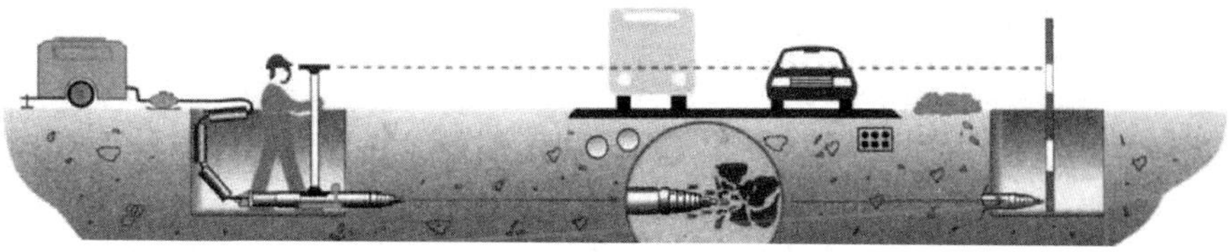

图2.74 气动矛敷管示意图

气动矛可以用于铺设较短距离较小直径的通讯电缆、动力电缆、煤气管及上下水管。并具有施工进度快、经济合算的好处。如：干道通入建筑物的管线连接，街道和铁路路堤的横向穿越，煤气管网的入户。

气动矛的成孔速度是很快的，平均为12m/h。

气动矛在国外已广泛应用，生产厂家中比较有名的有TRACTO—TECHNIK公司。国内地质科学院勘探技术研究所起步较早，技术比较成熟。

2. 气动矛构造

气动矛的构造因厂而异，其基本原理相同，构造上的不同之处主要在气阀的换气方式。图2.75是其中的一种。前端有一个阶梯状由小到大的头部，受到活塞的冲击后向前推进。活塞后部有一个配气阀和排气孔。整个气动矛向前移动时，都依靠连接在其尾部的软管来供应压缩空气。

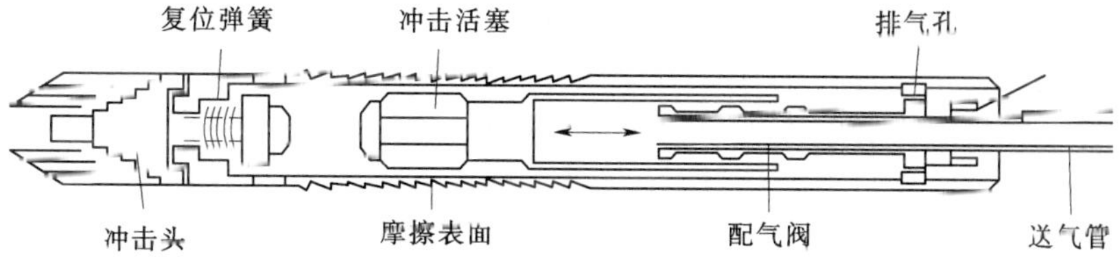

图2.75 气动矛构造示意图

气动矛的外径一般在45～180mm。活塞冲击频率为200～570次。压缩空气的压力在0.6～0.7MPa。

近来又有定向气动矛面市（见图2.76）。定向气动矛也是由压缩空气驱动，并借助于标准的导向仪引导方向。传感器置于气动矛前腔室内，给显示器提供倾角及转动信息。地面上的手动定位装置可精确跟踪气动矛的位置和深度。

图 2.76　定向气动矛示意图

3. 施工方法

气动矛是不排土的，因此要求覆盖层有一定厚度，一般为管径的10倍。

不排土施工的问题是成孔后要缩孔，因此要求敷设的成品管的管径应比气动矛的外径小10%～15%，具体尺寸还须根据土质而定。成品管管径要小的另一个原因是为了减少送管时的摩擦阻力。

气动矛可施工的长度与口径有关，小的口径通常不超过15m，较大口径一般在30～50m之间。因为施工长度与矛的冲击力、地质条件有关，如果条件对施工有利，施工长度还可以增加。

根据不同土壤结构，定向气动矛的最小弯曲半径为27～30m。

4. 适用范围

气动矛适用地层一般是可压缩的土层，例如淤泥、淤泥质黏土、软黏土、粉质黏土、黏质粉土、非密实的砂土等。在砂层和淤泥中施工，则要求在气动矛之后直接拖入套管或成品管，这样做不仅用于保护孔壁，而且可提供排气通道。

气动矛适用于管径为150mm及其以下的PVC、PE和钢管。

学习情境2.5　夯管锤施工

1. 简介

夯管锤类似于卧放的气锤，是气动矛的互补机型，都是以压缩空气为动力。所不同的是：夯管锤铺设的管道较气动矛大；夯管锤施工时与气动矛相反，始终处于管道的末端；夯管锤铺管不像气动矛那样对土有挤压，因此管顶覆盖层可以较浅。

夯管锤铺设较短距离、较大直径的管道具有其突出的优点，适用于排水、自来水、电力、通信、油气等管道穿越公路、铁路、建筑物和小型河流，是一种简单、经济、有效的施工技术。

2. 铺管原理

夯管锤是一个低频、大冲击力的气动冲击器，将铺设的钢管沿设计轴线直接夯入地层。夯管锤对管道的冲击和振动作用，能使进入钢管内的土心疏松（干性土）或产生液化（潮湿土），对于绝大部分土层，土心均能随着钢管夯入地层而徐徐地进入管道内，这样既减小了夯管时的管端阻力，又避免造成地面隆起。同时，振动作用也可减少钢管与地层之间的摩擦力。夯管锤的冲击力还可使比管径小的砾石或块石进入管内，比管径大的砾石或块石被管头击碎。

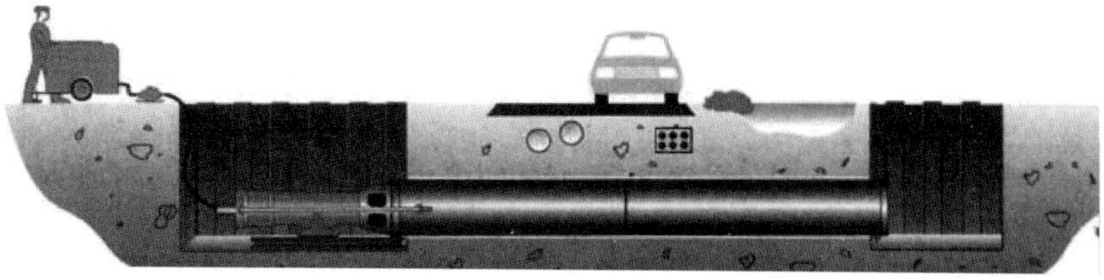

图 2.77 夯管锤示意图

3. 施工方法

夯管锤施工比较简单，只需要在平行的工字钢上正确地校准夯管锤与第一节钢管轴线，使其一致，同时又与设计轴线符合就可以了，不需要牢固的混凝土基础和复杂的导轨。为了避免损坏第一根钢管的管口，并防止变形，可装配上一个外径较大、内径较小的钢质切削管头。这样可以减少土体对钢管内外表面的摩擦，同时也对管道的内外涂层起到保护作用。

夯管锤依靠锤击的力量将钢管夯入土中。当前一节钢管入土后，后一节钢管焊接接长再夯，如此重复直至夯入最后一节钢管。钢管到位后，取下管头，再将管中的土心排出管外。排除土心可用高压水枪，冲成泥浆后流出管外。

夯管锤铺管长度与土质好坏、锤击力大小、管径的大小、要求轴线的精度有关。一般在 80m 左右。如果使用适当，还可增加，最长已达 150m。

夯管锤铺管效率高，每小时可夯管 10～30m。施工精度一般可控制在 2%范围内。

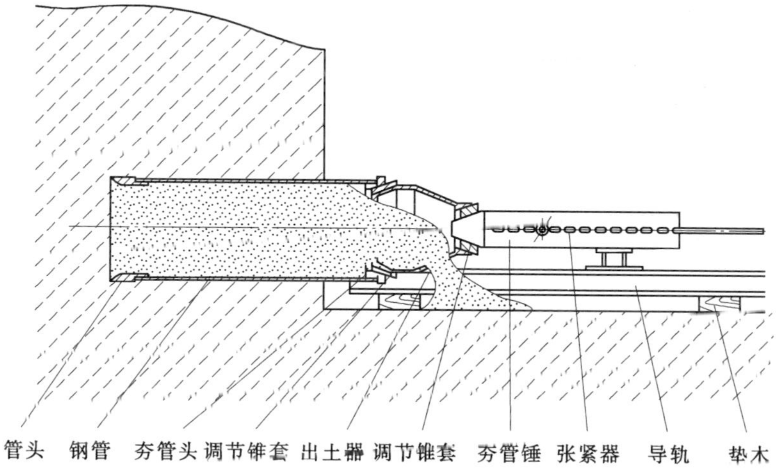

图 2.78 夯管锤组件示意图

4. 设备组成

夯管锤施工设备由夯管锤、空压机和连接固定系统组成，如图 2.78 所示。

（1）夯管锤。目前，夯管锤锤体直径一般在 ϕ95～600mm 范围，可铺管直径从几厘米到几米。夯管锤可水平夯管也可垂直夯管，水平夯管的管径较小，一般在 ϕ800mm 或者更小。因此，水平管的夯管锤也较小，锤体在 300mm 左右，冲击力有 3000kN 就可满足了。夯管锤的撞击频率一般在 280～430 次/min。

(2) 空压机。夯管锤动力是空压机，压力为 0.5～0.7MPa，其排量根据不同型号夯管锤的耗气量而定。

(3) 连接固定系统。连接固定系统由夯管头、出土器、调节锥套和张紧器组成。夯管头用于防止钢管端部因承受巨大的冲击力而损坏；出土器用于排出在夯管过程中进入钢管内又从钢管的另一端挤出的土体；调节锥套用于调节钢管直径、出土器直径和夯管锤直径间的相配关系。夯管锤通过调节锥套、出土器和夯管头与钢管相连，并用张紧器将它们紧固在一起。

5. 适用范围

(1) 适用地层：除岩层和有大量地下水以外的所有地层均可用夯管锤铺管，但在坚硬土层、干砂层和卵石含量超过 50%的地层中铺管难度较大。

(2) 适用管材：钢管。

(3) 适用长度：一般不大于 80m。

复 习 思 考 题

1. 简述市政管道不开槽施工方法优缺点，目前不开槽施工法包括哪些类型？
2. 掘进顶管工具管有哪些种类？泥水平衡工具管工作原理如何？
3. 中继环有什么作用？何时应采用中继间技术？
4. 顶进设备包括哪些组成部分？其中顶铁有哪几种形状，在使用上有什么区别？
5. 何为触变泥浆？顶管施工中注浆程序如何？
6. 顶管施工应对哪些项目测量进行测量，遵循什么原则？
7. 顶管施工过程中如何进行纠偏？
8. 小口径顶管施工可分为哪几类？
9. 螺旋钻输类小口径顶管施工法适用于何种土质？
10. 简述水平定向钻的施工过程，适用于哪种地质？
11. 简述气动矛的施工过程，适用于哪种地质？
12. 简述夯管锤的施工过程，与气动矛有何异同？

学习项目3　管网附属构筑物施工

学习目标：本学习项目重点介绍了阀门井、雨水口、检查井、化粪池等给排水管网附属构筑物施工的基本知识，学习时重点掌握其施工工艺与质量控制，并通过实训加以强化。

为了方便检修、调配供水，顺利排除雨水和污水，除管道本身外，还需在管道系统上设置一些附属构筑物。给排水管道系统上的附属构筑物主要包括阀门井、检查井、雨水口、化粪池等。如何合理地选用、设置这些构筑物，并使其充分发挥作用，是给排水管道系统设计和施工中一个非常重要的内容，本章将主要叙述这些构筑物的作用、构造及其施工方法。

学习情境3.1　阀 门 井 施 工

3.1.1　阀门井概述

管网中的附件一般应安装在阀门井内。为了降低造价，配件和附件应布置紧凑。阀门井的平面尺寸取决于水管直径以及附件的种类和数量，但应满足阀门操作和安装拆卸各种附件所需的最小尺寸。井的深度由水管埋设深度确定。但是，井底到水管承口或法兰盘底的距离至少为0.1m，法兰盘和井壁的距离宜大于0.15m，从承口外缘到井壁的距离应在0.3m，以便于接口施工。

按砌筑材料：阀门井一般用砖砌，也可用石砌或钢筋混凝土建造。无地下水时，可选用砖砌立式闸阀井；但有地下水时应用钢筋混凝土立式闸阀井。

阀门井的形式根据所安装的附件类型、大小和路面材料而定。例如直径较小、位于人行道上或简易路面以下的阀门，可采用阀门套筒（见图3.1），但在寒冷地区，因阀杆易被渗漏的水冻住，因而影响开启，所以一般不采用阀门套筒。安装在道路下的大阀门，可采用图3.2所示的阀门井。位于地下水位较高处的阀门井，井底和井壁应不透水，在水管穿越井壁处应保持足够的水密性。阀门井应有抗浮的稳定性。

3.1.2　阀门井施工放样

矩形阀门井的放样技术与建筑物的放样技术相同，主要是放出四个角的位置及各个部位的高程。这里重点介绍圆形阀门井的放样技术。

圆形阀门井的特点是基础小，其对称轴通过基础圆心。在施工过程中，测量工作的主要目的是严格控制它们的中心位置，保证主体竖直。其放样方法和步骤如下：

3.1.2.1　基础中心定位

首先按设计要求，利用与已有控制点或建筑物的尺寸关系，在实地定出基础中心的位置。如图3.3所示。在O点安置经纬仪，定出两条相互垂直的直线AB、CD，使A、B、C、D各点至O点的距离为构筑物直径的1.5倍左右。另在离开基础开挖线外2m左右标

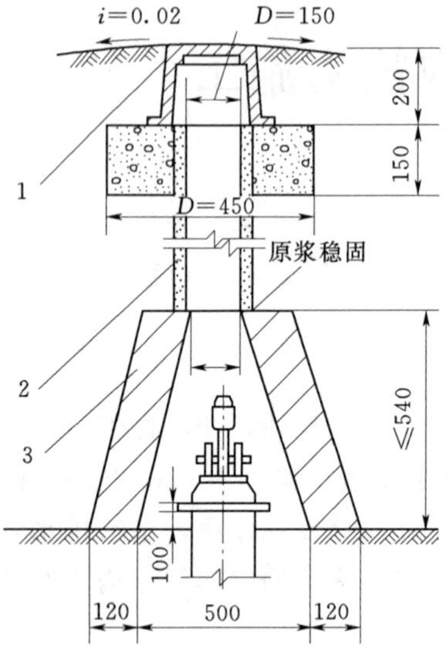

图 3.1　阀门套筒

1—铸铁阀门套筒；2—混凝土管；3—砖砌井

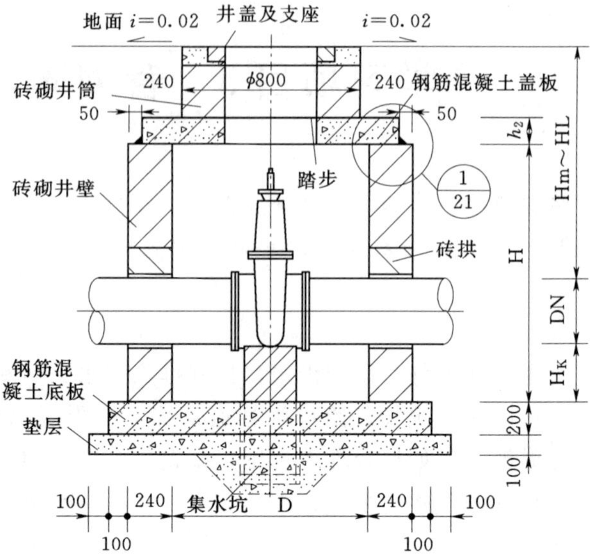

图 3.2　砖砌立式闸阀井

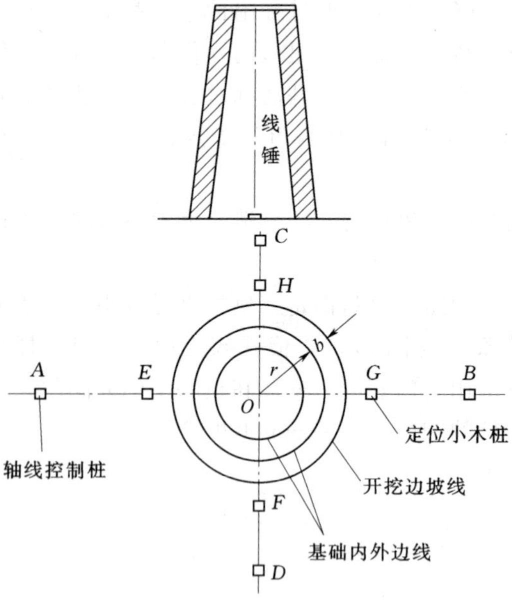

图 3.3　阀门井基础中心定位

定 E、G、F、H 四个定位小桩，使它们分别位于相应的 AB、CD 直线上。

以中心 O 点为圆心，以基础设计半径与基坑开挖时放坡宽度之和为半径，在地面画圆，撒上灰线，作为开挖的边界线。

3.1.2.2　基础施工放样

当基坑开挖到一定深度时，应在坑壁上放样整分米水平桩，控制开挖深度。当开挖到基底时，向基底投测中心点，检查基底大小是否符合设计要求。浇筑混凝土基础时，在中心面上埋设铁桩，然后根据轴线控制桩用经纬仪将中心点投设到铁桩顶面，用钢锯锯刻“十”字形中心标记，作为施工时控制垂直度和半径的依据。

3.1.2.3　井身施工放样

为了保证筒身竖直和收坡符合设计要求，施工前要制作吊线尺和收坡尺。吊线尺用长度约等于烟囱筒脚直径的木枋子制成，以中间为零点，向两头刻注厘米分划，如图3.4所示。收坡尺的外形如图3.5所示，两侧的斜边是严格按设计的筒壁斜度制作的。使用时，把斜边贴靠在筒身外壁上，如锤球线恰好通过下端缺口，则说明筒壁的收坡符合设计要求。

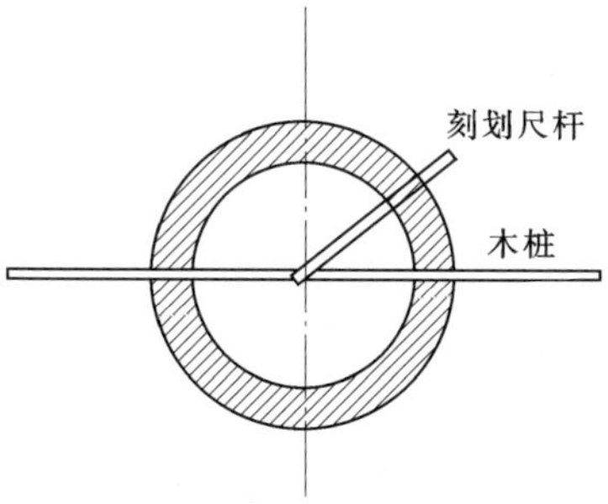

图3.4 吊线尺

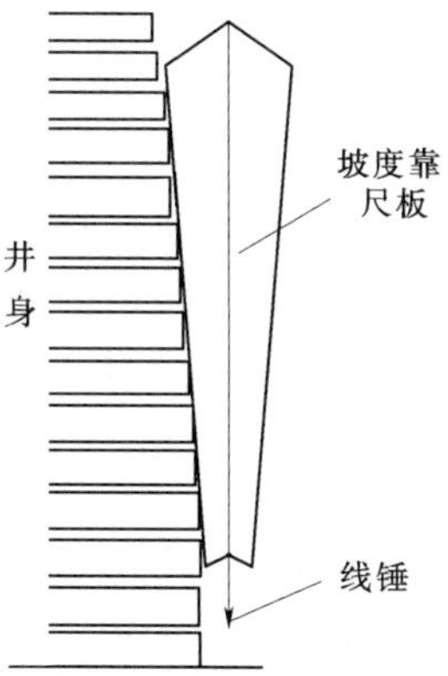

图3.5 收坡尺

3.1.2.4 筒体标高控制

筒体标高控制是用水准仪在井壁上测出整分米数（如＋50cm）的标高线，再向上用钢尺量取高度。

3.1.3 阀门井施工

3.1.3.1 材料要求

用于井室浇筑的钢筋、水泥、粗细骨料及混凝土外加剂等材料，应有出厂合格证，并经取样试验合格，其规格、型号符合要求。各种材料在施工现场的储存和防护应满足要求。

3.1.3.2 基坑开挖

基坑开挖坡度可根据土壤性质进行适当调整，一般为不应大于45°。基坑开挖至标高时，地基土是很软的淤泥土时，应相应挖深，挖至老土或一般的淤泥土为止，然后以中粗砂回填至设计标高。

3.1.3.3 井身砌筑和混凝土浇筑施工要求

阀门井砌筑及井室浇筑井室除底板外应在铺好管道，装好阀门之后着手修筑，接口和法兰不得砌筑井外，且与井壁、井底的距离不得小于0.25m。雨天砌浇筑井室，须在铺筑管道时一并砌好，以防雨水汇入井室而堵塞管道。当盖板顶面在路面时，盖板顶面标高与路面标高应一致，误差不超过25mm，当为非路面时，井口略高于地面，且做0.02的比降护坡。

施工中应严格执行有关规范和操作规程，并应符合设计图纸要求。在井室砌浇筑时，应同时安装踏步，位置应准确，踏步安装后，在浇筑混凝土未达到规定抗压强度前不得踩踏。砖砌圆形检查井的施工应在管线安装之后，首先按设计要求浇筑混凝土底板，待底板混凝土强度≥5MPa后方进行井身砌筑。用水冲净基础后，先铺一层砂浆，再压砖砌筑，必须做到满铺满挤，砖与砖之间灰缝保持1cm，砖缝应砂浆饱满，砌筑平整。在井室砌筑时，应同时安装踏步，位置应准确，踏步安装后，在浇筑混凝土未达到规定抗压强度前不得踩踏。

砌筑时认真操作，管理人员严格检查，选用同厂同规格的合格砖，砌体上下错缝，内外搭砌、灰缝均匀一致，水平灰缝凹面灰缝，宜取5～8mm，井里口竖向灰缝宽度不小于

5mm，边铺浆边上砖，一揉一挤，使竖缝进浆，收口时，层层用尺测量，每层收进尺寸，四面收口时不大于3cm，偏心收口时不大于5cm，保证收口质量。井筒内壁应用原浆勾缝，井室内壁抹面应分层压实，盖板下的井室最上一层砖砌丁砖。

井盖须验筋合格方可浇筑，现浇筑混凝土施工应严格遵守常规混凝土浇筑和养护的要求，保证拆模后没有露筋、蜂窝和麻面等现象，留出试块进行强度试验。井室完工后，及时清除聚积在井内的淤泥、砂浆、垃圾等物。

3.1.3.4　土方回填

回填工作在管道安装完成，并经验收合格后进行，槽底杂物要清除干净。井室等附属构筑物回填要求四周对称同时进行，分层夯实，压实系数不小于0.95；无法夯实之处必要时可回填低标号混凝土。与本管线交叉的其他管线或构筑物，回填时要妥善处理。

学习情境3.2　雨 水 口 施 工

雨水口是在雨水管渠或合流管渠上设置的收集地表径流的构筑物。雨水是通过雨水口收集，再经连接管进入雨水管渠或合流管渠的，雨水口因此也叫收水井。

3.2.1　雨水口的位置、间距和数量

雨水口的设置位置应能保证迅速有效地收集地面雨水。一般应在道路交叉口、路侧边沟的一定距离处以及低洼处设置，以防雨水浸过道路或造成道路及低洼地区积水而妨碍交通。雨水口在交叉口处的布置见图3.6。

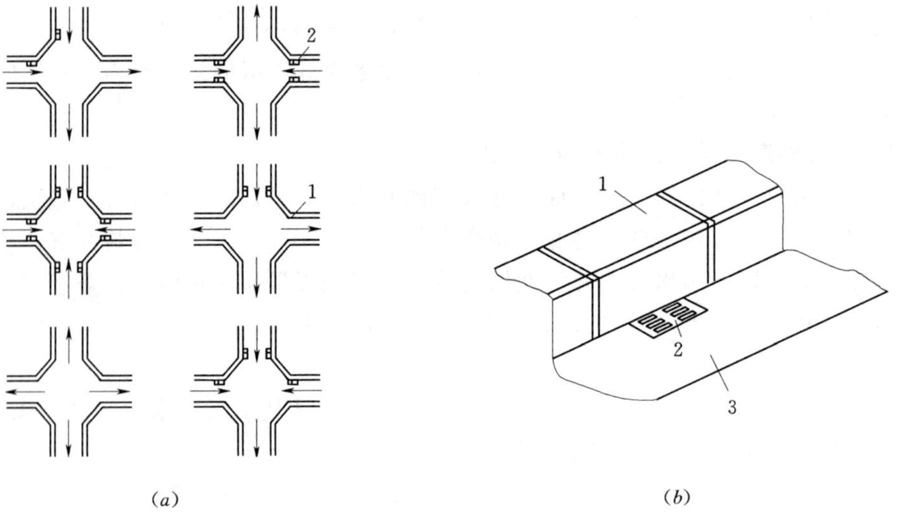

图3.6　雨水口布置

(*a*) 道路交叉路口雨水口布置；(*b*) 雨水口布置

1—路边石；2—雨水口；3—道路路面

在直线道路上的间距一般为25～50m（视汇水面积的大小而定），在低洼和易积水的地段，应根据需要适当缩小雨水口的间距、增加雨水口的数量。在确定雨水口的间距和数量时，还要考虑道路的纵坡和路边石的高度，尽量保证雨水不漫过道路。

3.2.2　雨水口的构造

如图 3.7 所示，雨水口包括进水箅、井筒和连接管三部分。

进水箅可用铸铁、钢筋混凝土或石料、树脂制成。实践证明，采用钢筋混凝土或石料进水箅虽可节约钢材降低造价，但其进水能力远不如铸铁进水箅，而树脂材料进水箅强度尚有所欠缺。有的城市为加强钢筋混凝土或石料进水箅的进水能力，把雨水口的边沟沟底下降数厘米，但给交通带来不便，甚至可能引发交通事故。进水箅箅条的方向与进水能力也有很大关系，箅条与水流方向平行比垂直的进水效果好，因此常将进水箅箅条设计成纵横交错的形式（图 3.8），以便收集路面上从不同方向流来的雨水。

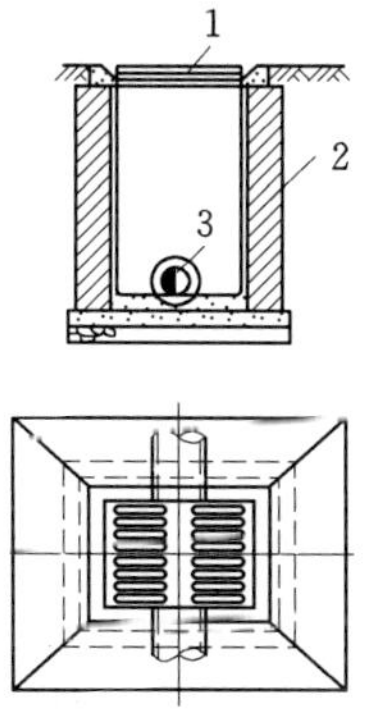

图 3.7　平箅雨水口

1—进水箅；2—井筒；3—连接管

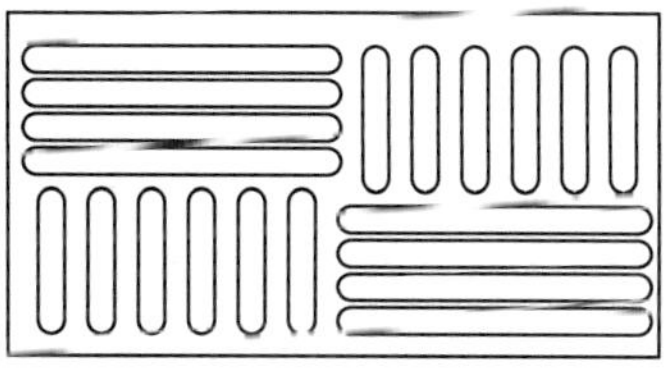

图 3.8　箅条交错排列的进水箅

雨水口的井筒可用砖砌或用钢筋混凝土预制，也可采用预制的混凝土管。井筒深度一般不大于 1m。在有冻胀影响的地区，可根据经验适当加大。雨水口由连接管与道路雨水管渠或合流管渠的检查井相连接。连接管的最小管径为 200mm，坡度一般为 0.01，长度不宜超过 25m。接在同一连接管上的雨水口一般不宜超过 3 个。

3.2.3　雨水口的形式

雨水口按进水箅在道路上的设置位置可分为：

（1）边沟式雨水口。进水箅稍低于边沟底水平放置，如图 3.7 所示。

（2）边石式雨水口。进水箅嵌入边石垂直放置，如图 3.9 所示。

（3）联合式雨水口。在边沟底和边石侧面都安放进水箅，如图 3.10 所示。

为提高雨水口的进水能力，目前我国南方大多数城市已采用双箅联合式或三箅联合式雨水口。由于扩大了进水箅的进水面积，收水效果良好。

根据需要在路面较差、地面上积秽很多的街道或菜市场等地方，可做成有沉泥井的雨水口，如图 3.11 所示。这种雨水口可截留雨水所挟带的砂砾，避免它们进入管渠造成淤塞。但沉泥井中往往积水，孳生蚊蝇，散发臭气，影响环境卫生。

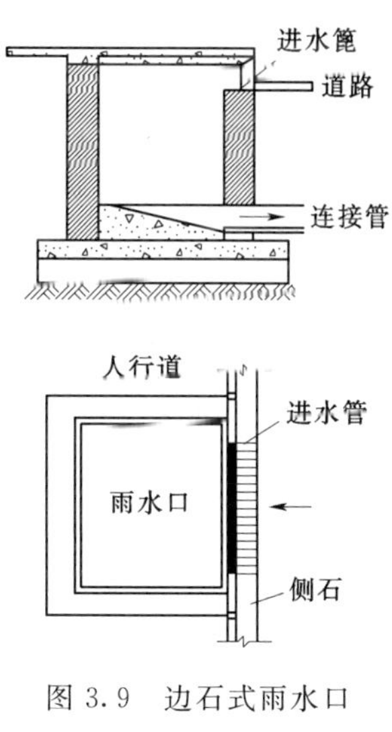

图 3.9　边石式雨水口

因此需要经常清掏，增加了养护工作量。

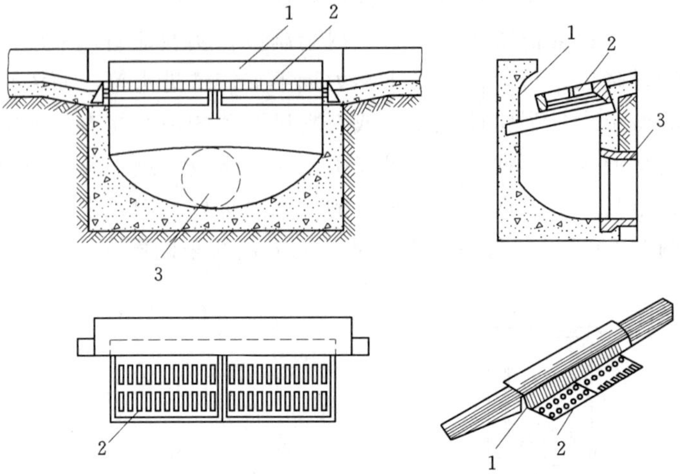

图 3.10　双箅联合式雨水口

1—边石进水箅；2—边沟进水箅；3—连接管

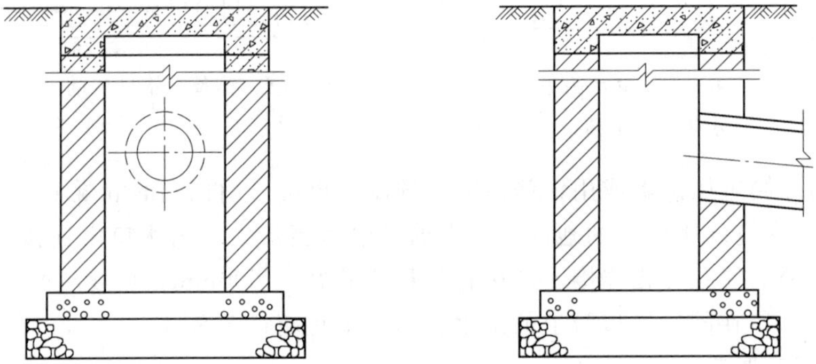

图 3.11　有沉泥井的雨水口

3.2.4　雨水口的施工要点

以砖砌井筒的雨水口为例介绍雨水口的施工。砌筑前按道路设计边线和支管位置，定出雨水口的中心线桩，使雨水口一条长边必须与道路边线重合。按雨水口中心线桩开槽，注意留出足够的施工宽度，开挖至设计深度。槽底要仔细夯实，遇有地下水时应排除地下水并浇筑C15混凝土基础。如槽底为松软土时，应夯筑3∶7灰土基础，然后砌筑井墙。

砌井墙时，应按如下工艺进行：

(1) 按井墙位置挂线，先砌筑井墙一层，然后核对方正。一般井墙内口为680mm×380mm时，对角线长779mm；内口尺寸为680mm×410mm时，对角线长794mm，内口尺寸为680mm×415mm时，对角线长797mm。

(2) 井墙厚240mm，采用MU10砖和M10水泥砂浆按一顺一丁的形式砌筑。砌筑时随砌随刮平缝，每砌高300mm应将墙外井槽及时回填夯实。砌至雨水连接管或支管处应满卧砂浆，砌砖已包满管道时应将管口周围用砂浆抹严抹平，不能有缝隙，管顶砌半圆砖券，管口应与井墙面齐平。当支管与井墙必须斜交时，允许管口入墙20mm，另一侧凸出

20mm，超过此限值时，必须调整雨水口位置。井口应与路面施工配合同时升高，井底用 C15 细石混凝土抹出向雨水连接管集水的泛水坡。

（3）井墙砌筑完毕后安装井圈。井圈安装时，内侧应与边石或路边成一直线，满铺砂浆，找平坐稳。井圈顶与路面齐平或稍低，但不得凸出。井圈安装好后，应用木板或铁板盖住，以防止在道路面层施工时被压坏。

3.2.5　雨水口施工质量检查

雨水口砌筑完毕后，内壁抹面必须平整，不得起壳裂缝，支管必须直顺，不得有错口，管口应与井壁平齐，井周围回填土必须密实。一般情况下，雨水口的允许偏差见表 3.1。

表 3.1　　雨水口、支管的允许偏差

<table>
<tr><th colspan="2" rowspan="2">检 查 项 目</th><th rowspan="2">允 许 偏 差
(mm)</th><th colspan="2">检 查 数 量</th><th rowspan="2">检 查 方 法</th></tr>
<tr><th>范围</th><th>点数</th></tr>
<tr><td>1</td><td>井框、井箅吻合</td><td>≤10</td><td rowspan="6">每座</td><td rowspan="6">1</td><td rowspan="6">用钢尺量测较大值（高度、深度亦可用水准仪测量）</td></tr>
<tr><td>2</td><td>井口与路面高差</td><td>−5，0</td></tr>
<tr><td>3</td><td>雨水口位置与道路边线平行</td><td>≤10</td></tr>
<tr><td rowspan="2">4</td><td rowspan="2">井内尺寸</td><td>长、宽：+20，0</td></tr>
<tr><td>深：0，−20</td></tr>
<tr><td>5</td><td>井内支、连管管口底高度</td><td>0，−20</td></tr>
</table>

学习情境 3.3　检 查 井 施 工

为便于管渠的衔接和对管渠进行定期检查、清通，在排水管渠系统上必须设置检查井。当检查井内衔接的上下游管渠的管底标高落差大于 1m 时，为消减水流能量，防止流速过大形成冲刷，在检查井内应有消能措施，这种检查井称跌水井。当检查井内具有水封设施时，能隔绝易燃、易爆气体进入排水管渠，使排水管渠在进入可能遇火的场地时不致引起操作或火灾，这样的检查井称为水封井。后两种检查井属于特殊形式的检查井，称为特种检查井。

3.3.1　检查井

1. 检查井的位置和间距

检查井通常设在管渠交汇、转弯、管渠尺寸或坡度改变、跌水等处以及相隔一定距离的直线管渠段上。检查井在直线管渠段上的最大间距，一般按表 3.2 采用。

表 3.2　　检 查 井 的 最 大 间 距

<table>
<tr><th rowspan="2">管径或暗渠净高
(mm)</th><th colspan="2">最 大 间 距
(m)</th><th rowspan="2">管径或暗渠净高
(mm)</th><th colspan="2">最 大 间 距
(m)</th></tr>
<tr><th>污水管道</th><th>雨水（合流）管道</th><th>污水管道</th><th>雨水（合流）管道</th></tr>
<tr><td>200～400</td><td>40</td><td>50</td><td>1100～1500</td><td>100</td><td>120</td></tr>
<tr><td>500～700</td><td>60</td><td>70</td><td>1600～2000</td><td>120</td><td>120</td></tr>
<tr><td>800～1000</td><td>80</td><td>90</td><td></td><td></td><td></td></tr>
</table>

2. 检查井的构造

检查井一般采用圆形，由井底（包括基础）、井身和井盖（包括盖座）三部分组成。如图 3.12 所示。井底一般采用低标号混凝土，基础采用碎石、卵石、碎砖夯实或 C15 混凝土。

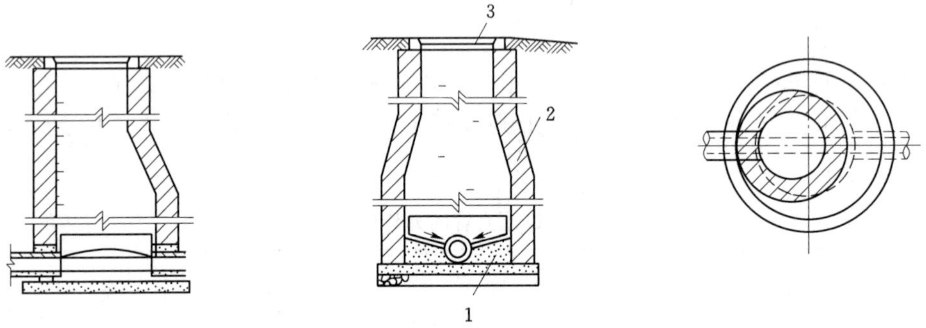

图 3.12 检查井

1—井底；2—井身；3—井盖

为使水流通过检查井时阻力较小，井底宜设半圆形或弧形流槽，流槽宜壁向上升展。污水管道的检查井流槽顶与上、下游管道的管顶相平，或与 0.85 倍大管管径处相平，雨水管渠和合流管渠的检查井槽顶可与 0.5 倍大管管径处相平。流槽两侧至检查井井壁间的底板（称沟肩）应有一定宽度，一般不小于 200mm，以便养护人员下井时立足，并应有 2%～5%的坡度坡向流槽，以防检查井积水时淤泥沉积。在管渠转弯或几条管渠交汇处，为使水流通顺，流槽中心线的弯曲半径应按转角大小和管径大小确定，但不得小于大管的管径。检查井井底各种流槽的平面形式如图 3.13 所示。根据不少城市的管渠养护经验证明，每隔一定距离，检查井井底做成落地 0.5～1.0m 左右沉泥槽，对管渠的清淤是有利的。

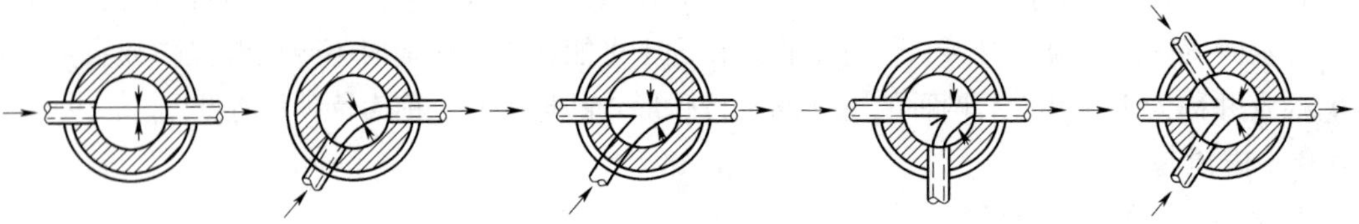

图 3.13　检查井井底流槽的形式

井身的材料可采用砖、石、混凝土或钢筋混凝土，国外多采用钢筋混凝土预制。近年来，美国已开始采用聚合物混凝土预制检查井。我国目前有的地方也开始采用钢筋混凝土预制，而在许多工程施工中是采用 MU10 砖和用 M10 水泥砂浆砌筑。无地下水时，井外壁用 1∶2.5 水泥砂浆勾缝，有地下水时，用 1∶2.5 水泥砂浆加 5%防水粉抹面厚 20mm，抹面高度应高出地下水位 0.5m。

井身的构造与是否需要工人下井有密切关系。不需要下人的浅井井身构造简单，为直壁圆筒形；需要下人的井在构造上分为工作室、渐缩部和井筒三部分，如图 3.12 所示。工作室是养护人员下井进行临时操作的地方，不应过分狭小，其直径不能小于 1m，其高度在埋深许可时一般采用1.8m。为降低检查井造价，缩小井盖尺寸，井筒直径一般比工作室小，但为了工人检修出入安全方便，其直径不应小于0.7m。井筒与工作室之间可采用锥形渐缩部连接，渐缩部高度一般为0.6～0.8m，也可在工作室顶偏向出水管渠一侧加钢筋混凝土盖板梁。井筒则砌筑在盖板梁上。为便于上下，井身在偏向进水管渠的一边应保持一壁直立。井盖可采用铸铁或钢筋混凝土材料，在车行道上一般采用铸铁。为防止雨水流入，盖顶可略高出地面。盖座采用铸铁、钢筋混凝土或混凝土材料制作。现在一般都是厂家预制，图3.14为铸铁井盖及盖座，图3.15为钢筋混凝土井盖及盖座。

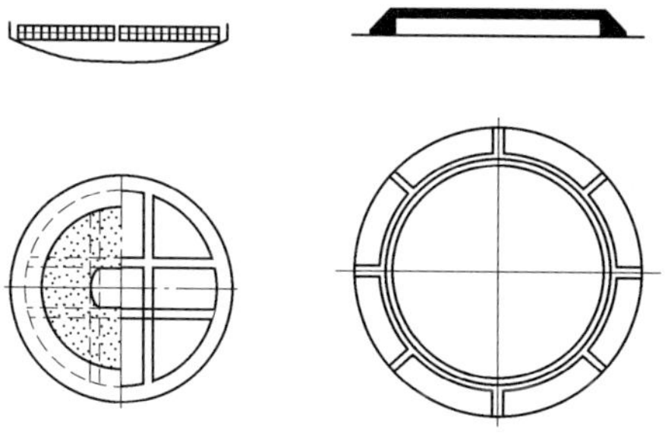

(a) (b)

图3.14 轻型铸铁井盖及盖座
(a) 井盖；(b) 盖座

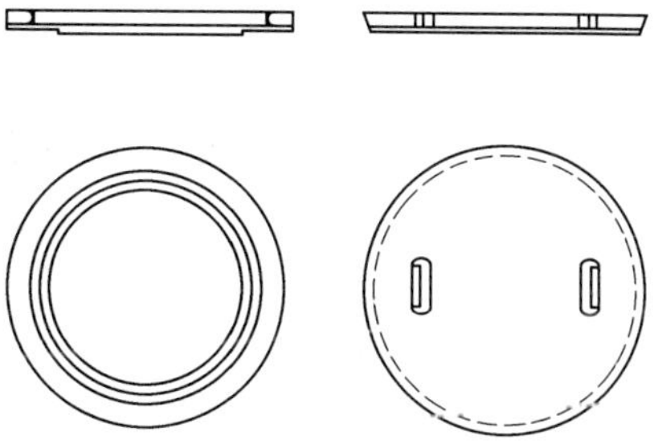

(c) (d)

图3.15 轻型钢筋混凝土井盖及盖座
(a) 井盖；(b) 盖座

3. 检查井的形式

按检查井按井身的平面形状，可分为圆形、方形、矩形或其他各种不同的形状。方形和矩形检查井用在大直径管道的连接处或交汇处。图3.16为大直径管道上改向的扇形检查井平面图。

按通过的介质成分的不同，可分为污水检查井、雨水检查井、耐腐蚀检查井等。

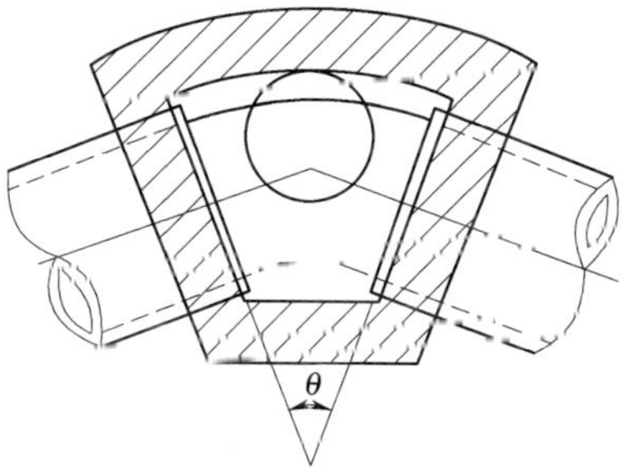

图3.16 扇形检查井

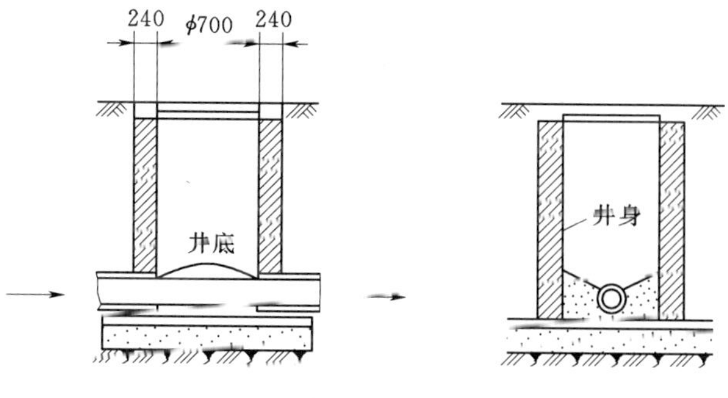

图3.17 浅检查井

按检查井深度的不同，可分为不下人的浅检查井和可以下人的深检查井。深检查井设置在埋深较大的排水管道上，浅检查井和深检查井如图3.17和图3.18所示。

4. 检查井的施工要点

以砖砌检查井为例，介绍一下检查井的施工。检查井的井壁厚度常为240mm，采用全丁式或一顺一丁式的方式砌筑。砌筑时应注意以下几点：

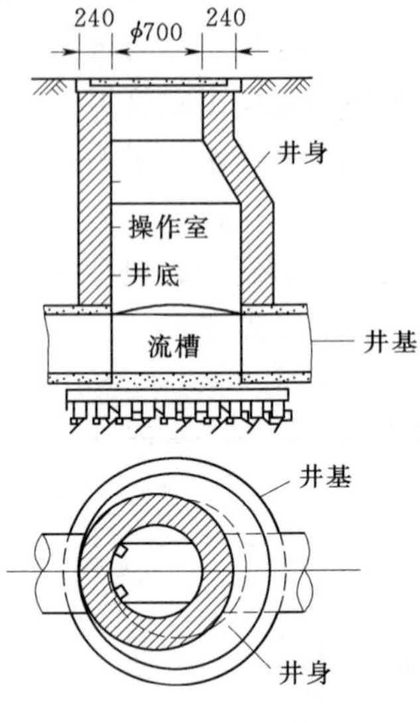

图 3.18　深检查井

（1）检查井的流槽应在井壁砌到管底时即开始砌筑。当采用砖石砌筑时，表面应用水泥砂浆分层压实抹光。

（2）井室内的踏步和脚窝应随砌随安（留），其尺寸要符合设计规定，砌筑砂浆未达到规定强度前不得踩踏。

（3）各种预留支管应随砌随安，管口应伸入井内30mm，其管径、方向和标高均应符合设计要求，管与井壁衔接处应严密不得漏水。如用截断的短管时，其断管破茬不得朝向井内，以免伤人。

（4）砖砌圆形检查井时，应随时检测直径尺寸，当需要收口时，如为四面收进，则每次收进应不超过30mm；如为偏心收进，则每次收进最大不超过50mm。

（5）检查井接入较大直径圆管时，管顶应砌砖券加固，当管径大于或等于1000mm时拱券高应为250mm；管径小于1000mm时，拱券高应为125mm。

（6）检查井的井室、井筒内壁应用原浆勾缝。如有抹面要求时，内壁抹面应分层压实，外壁应用砂浆搓缝严实。并且盖座下的井室最上一层砖须是丁砖。

（7）检查井应边砌边回填土，每层高不宜超过300mm，必要时可采用灰土或填砂处理。

5. 检查井施工质量要求

砌筑检查井时，不得有通缝，砂浆要饱满，灰缝平整，抹面压光，不得有空鼓、裂缝等现象。井内流槽应平顺，踏步安装应牢固准确，井内不得有建筑垃圾等杂物。井盖要完整无损，安装平稳，位置正确。检查井施工的允许偏差见表3.3。

表3.3　　**井室的允许偏差**

<table>
<tr><th colspan="4" rowspan="2">检查项目</th><th rowspan="2">允许偏差（mm）</th><th colspan="2">检查数量</th><th rowspan="2">检查方法</th></tr>
<tr><th>范围</th><th>点数</th></tr>
<tr><td>1</td><td colspan="3">平面轴线位置（轴向、垂直轴向）</td><td>15</td><td rowspan="13">每座</td><td>2</td><td>用钢尺量测、经纬仪测量</td></tr>
<tr><td>2</td><td colspan="3">结构断面尺寸</td><td>+10，0</td><td>2</td><td>用钢尺测量</td></tr>
<tr><td rowspan="2">3</td><td rowspan="2">井室尺寸</td><td colspan="2">长、宽</td><td rowspan="2">±20</td><td>2</td><td>用钢尺测量</td></tr>
<tr><td colspan="2">直径</td><td rowspan="2">1</td><td rowspan="6">用水准仪测量</td></tr>
<tr><td rowspan="2">4</td><td rowspan="2">井口高程</td><td colspan="2">农田或绿地</td><td>+20</td></tr>
<tr><td colspan="2">路面</td><td>与道路规定一致</td><td rowspan="4">2</td></tr>
<tr><td rowspan="4">5</td><td rowspan="4">井底高程</td><td rowspan="2">开槽法管道铺设</td><td>$D_i \leqslant 1000$</td><td>±10</td></tr>
<tr><td>$D_i > 1000$</td><td>±15</td></tr>
<tr><td rowspan="2">不开槽法管道铺设</td><td>$D_i < 1500$</td><td>+10，−20</td></tr>
<tr><td>$D_i \geqslant 1000$</td><td>+20，−40</td><td rowspan="4">1</td><td rowspan="4">用尺量测偏差较大值</td></tr>
<tr><td>6</td><td>踏步安装</td><td colspan="2">水平及垂直间距、外露长度</td><td>±10</td></tr>
<tr><td>7</td><td>脚窝</td><td colspan="2">高、宽、深</td><td>±10</td></tr>
<tr><td>8</td><td colspan="3">流槽宽度</td><td>+10</td></tr>
</table>

3.3.2 跌水井

1. 跌水井设置情形

跌水井是有消能设施的检查井。当上、下游管底标高落差小于 1m 时，一般只将检查井底部做成斜坡，不采取专门的跌水措施。当上、下游管底标高落差大于 1m 且遇到下列情况之一时，应设跌水井：

(1) 管道垂直于陡峭地形的等高线布置，按照原定坡度将要露出地面处。

(2) 管道遇地下障碍物，必须跌落才能通过处。

(3) 当淹没排放时，在出水口前的一个检查井处。

除以上特殊情况外，一般上、下游管底标高落差在 1～2m 时宜设跃水井，当上、下游管底标高落差大于 2m 时，必须设跌水井。

2. 跌水井的形式与构造

目前，常用的跌水井有两种形式，即竖管式和溢流堰式。竖管式跌水井适用于直径等于或小于 400mm 的管道。当管径不大于 200mm 时，一次落差不宜超过 6m，当管径为 300～400mm 时，一次落差不宜超过 4m。这种跌水井一般不作水力计算，其构造如图 3.19 所示。

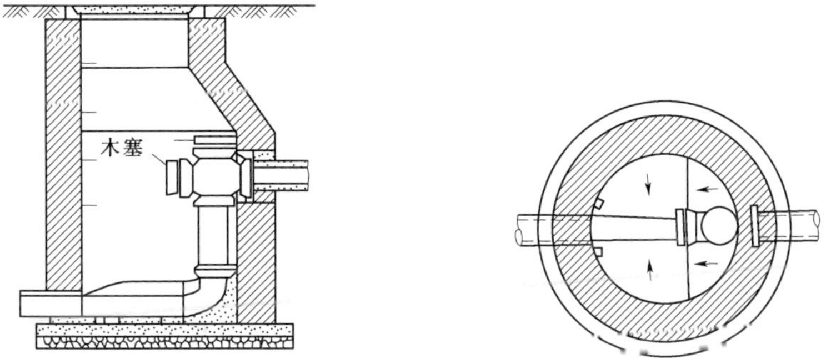

图 3.19 竖管式跌水井

溢流堰式跌水井适用于直径在 400mm 以上的管道。它的主要尺寸（包括井长、跌水水头高度）及跌水方式等均应通过水力计算求得。这种跌水井的构造如图 3.20 所示，它可用阶梯形跌水方式代替。

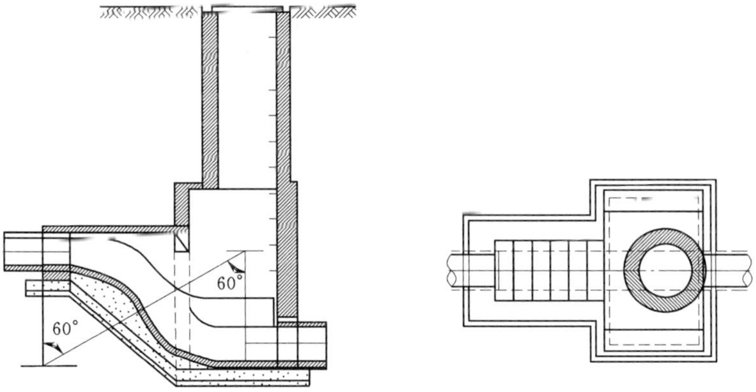

图 3.20 溢流堰式跌水井

3. 跌水井施工

跌水井施工方法同检查井。

3.3.3　水封井

1. 水封井的设置位置

当生产污水能产生引起爆炸或火灾的气体时，其排水管道系统中必须设水封井。水封井的位置应设在产生上述污水的生产装置、贮罐区、原料贮运场地、成品仓库、容器洗涤车间等的污水排出口处以及适当距离的干管上，不宜设在车行道和行人众多的地段，并应适当远离产生明火的场地。

2. 水封井的构造

水封井的构造如图3.21所示，水封深度一般采用0.25m，井上宜设通风管，井底宜设沉泥槽。

3. 水封井施工

水封井施工方法同检查井。

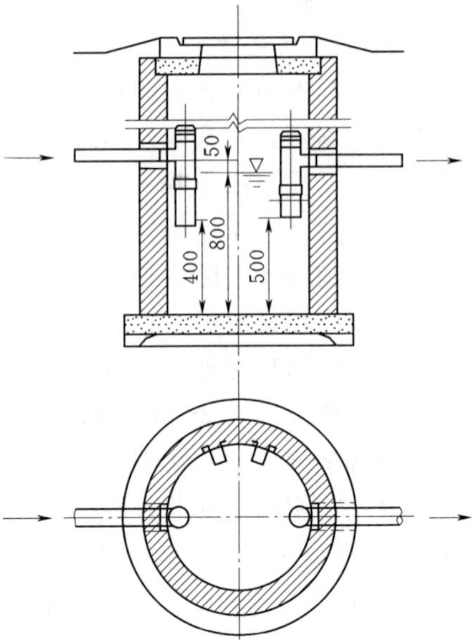

图3.21　水封井

学习情境3.4　化粪池施工

3.4.1　化粪池概述

3.4.1.1　化粪池种类

（1）按化粪池形状分为矩形和圆形。

（2）按制作材料分为砖砌化粪池、钢筋混凝土化粪池及玻璃钢化粪池。

（3）按表面有无覆土分无覆土和有覆土。

（4）按化粪池内部分格情况分为单池双格、单池三格和双池三格。

化粪池共计13个型号，有效容积为$2m^3$、$4m^3$、$6m^3$、$9m^3$、$12m^3$、$16m^3$、$20m^3$、$25m^3$、$30m^3$、$40m^3$、$50m^3$、$75m^3$、$100m^3$。

3.4.1.2　化粪池作用

化粪池的主要作用是使粪便沉淀并发酵腐化，污水在上部停留一定时间后排走，沉淀在池底的粪便污泥经消化后定期清掏。尽管化粪池处理污水的程度很不完善，所排出的污水仍具有恶臭，目前对于我国还没有设污水处理厂的城区，化粪池的使用还是比较广泛的。

3.4.1.3　化粪池的构造

（1）砖砌化粪池。见图3.22。

（2）钢筋混凝土化粪池。见图3.23。

3.4.1.4　化粪池设置位置

化粪池多设置在小区内建筑物背面靠近卫生间且便于机动车清掏的地方，因在清掏时不卫生、有臭气，不宜设在人们经常停留活动之处。化粪池池壁距建筑物外墙不宜小于5m，如受条件限制时，可酌情减少，但不得影响建筑物基础。化粪池距离地下水取水构筑物不得小于30m。池壁、池底应防止渗漏。

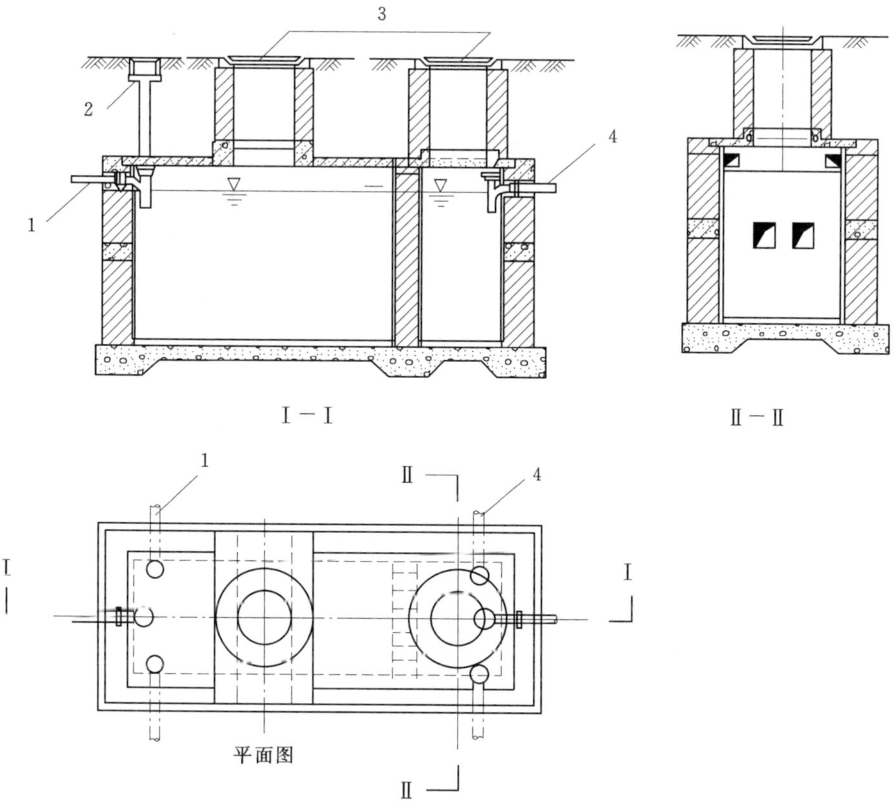

图3.22 砖砌化粪池

1—进水管；2—清扫口；3—盖板；4—出水管

3.4.2 化粪池施工前准备

3.4.2.1 资料收集

施工前应根据施工需要，进行调查研究，充分掌握下列情况和资料：

(1) 现场地形及现有建筑物和构筑物的情况。

(2) 工程地质与水文地质资料。

(3) 气象资料。

(4) 工程用地、交通运输及排水条件。

(5) 施工供水、供电条件。

(6) 工程材料和施工机械供应条件。

(7) 结合工程特点和现场条件的其他情况和资料。

3.4.2.2 技术交底

施工单位应对施工图及所有施工文件认真学习、研究，了解设计意图和要求。化粪池施工前应由设计单位进行设计交底，当施工单位发现施工图有错误时，应及时向设计单位和建设单位提出变更设计的要求。

施工技术交底的内容包括：

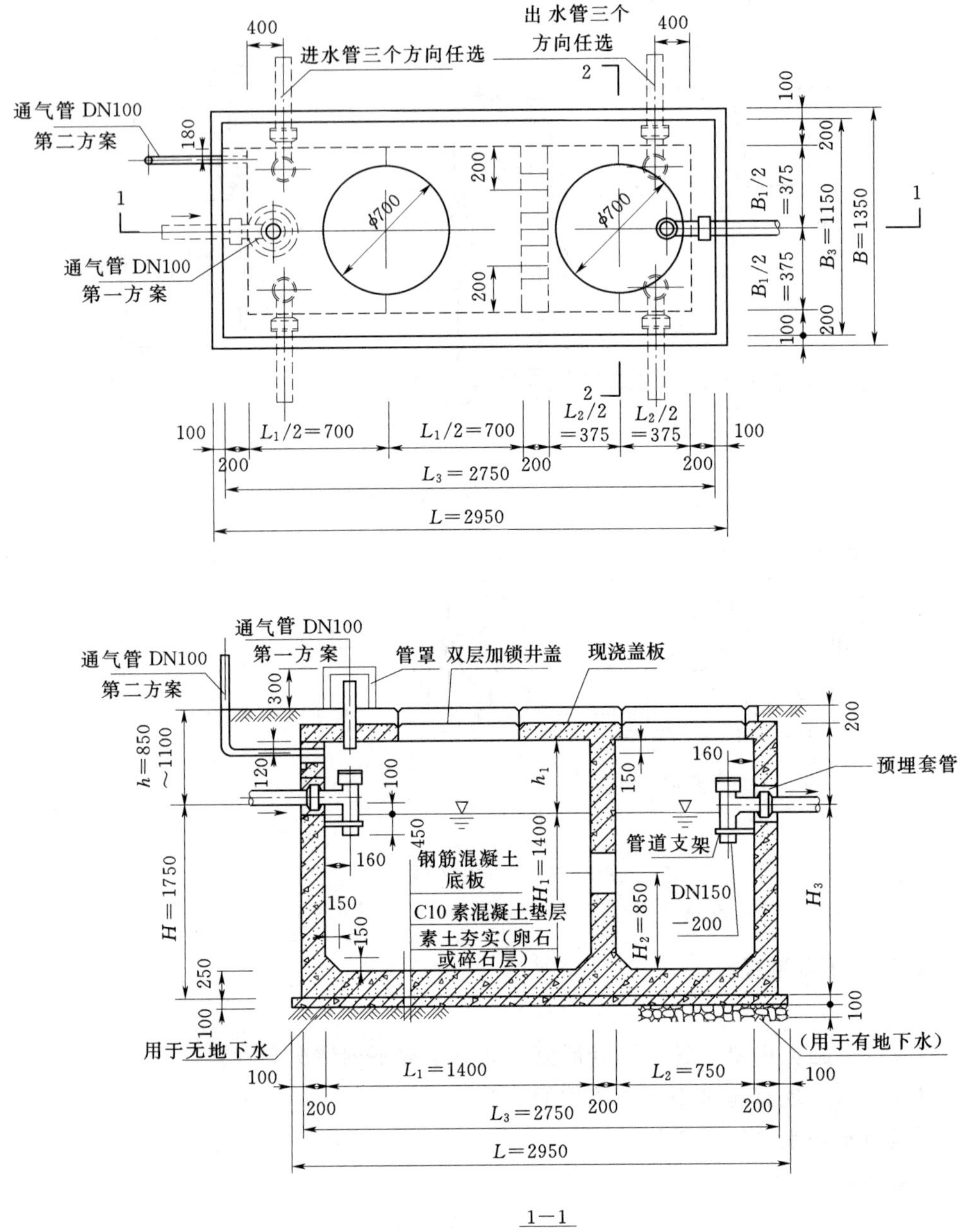

图 3.23　钢筋混凝土化粪池

(1) 施工范围、工程量、工作量和施工进度要求。

(2) 施工图纸的解说。

(3) 施工方案措施。

(4) 操作工艺和保证质量安全的措施。

(5) 工艺质量标准和评定办法。

(6) 技术检验和检查验收要求。

(7) 增产节约指标和措施。

（8）技术记录内容和要求。

（9）其他施工注意事项。

3.4.2.3 测量放样

施工测量应符合下列规定：

（1）施工前建设单位应组织有关单位向施工单位进行现场交桩。

（2）施工设置的临时水准点及轴线控制桩必须设在稳固地段和便于观测的位置，并采取保护措施。临时水准点的数量不得少于两个。

（3）施工设置的临时水准点、轴线桩及构筑物施工的定位桩、高程桩，必须经过复核，方可使用，并应经常校核。

（4）已建构筑物与本工程衔接的平面位置及高程，开工前必须校测。

3.4.3 砖砌化粪池施工

施工工艺流程：化粪池基坑土方开挖→基坑土体护坡加固→基坑降水→基坑底部清槽→铺垫层下卵石或碎石层→混凝土垫层→化粪池池身施工→化粪池顶盖及圈梁支模、绑筋、浇注混凝土→化粪池顶盖预制板制作→化粪池顶盖拆模→抹化粪池内壁、外壁防水砂浆，化粪池外壁涂热沥青→作化粪池 24h 灌水实验→土方回填→化粪池预制顶盖安装。

3.4.3.1 基坑土方开挖

土方开挖采取反铲挖掘机大开挖，根据开挖基坑的深浅和大小选择好挖土、运土采用的机械数量与型号。地质条件良好、土质均匀，且地下水位低于基坑底面高程，且挖方深度在 5m 以内边坡可不加支撑时，但边坡最陡坡度应符合第一章表 1.6 的规定。否则需加设支撑。

基坑如要设置支撑，支撑要满足以下要求：

（1）支撑应具有足够的强度、刚度和稳定性。支撑部件的型号、尺寸、支撑点的布置、板桩的入土深度、锚杆的长度和直径等应经计算确定。

（2）不妨碍基坑开挖及构筑物的施工。

（3）支拆方便。

基坑土方应随挖随运，当采用机械挖、运联合作业时，宜将适于回填的土分类堆存备用。为防止坑内积水，可采用井点降低地下水位或者采用明排法排除坑内积水。

基坑开挖至接近设计高程，发现土质与设计不符或其他异常情况时，应由施工、建设、设计单位会同研究处理措施。

地基不得扰动，也不得超挖。当局部扰动或超挖超过允许偏差时，应按下列规定处理，并做施工记录。

（1）地基因排水不良被扰动时，应将扰动部分全部清除，可回填卵石、碎石或级配砾石。

（2）地基超挖时，应采用原土回填压实，其压实度不应低于原地基的天然密实度；当地基含水量较大时，可回填卵石、碎石或级配砂石。

（3）岩石地基局部超挖超过允许偏差时，应将基底碎渣全部清除，回填低强度混凝土或碎石。

基坑开挖至设计高程后，应及时组织验收和进行下一工序的施工。基坑验收后应予保护，防止扰动。

基坑质量应符合下列要求：

（1）天然地基应不被扰动；地基处理应符合设计要求。

（2）基底高程的允许偏差；当开挖土方时，应为±20mm，当开挖石方时，应为+20mm、-200mm。

（3）底部尺寸不得妨碍构筑物的施工，并不小于施工设计规定。

3.4.3.2　垫层混凝土浇筑

工艺流程：清理基底→拌制混凝土→混凝土浇筑→振捣→找平→养护。

（1）基底表面清理：基底表面的淤泥、杂物均应清理干净；并应有防水和排水的措施。如果是干燥非黏性土应用水润湿；表面不得留有积水。

（2）拌制混凝土：后台操作人员要认真按混凝土的配合比投料，每盘投料顺序为：石子→水泥→砂→水。应严格控制用水量，搅拌要均匀，最短时间一般不少于 1.5min。按规定制作试块。试块组数每 $500m^2$ 地面不少于一组，不足 $500m^2$，按 $500m^2$ 计算。

（3）浇筑混凝土。浇筑混凝土一般从一端开始，或跳仓进行，并应连续浇筑。如连续进行面积较大时，应根据规范规定留置施工缝。混凝土浇筑后，应及时振捣，在 2h 内必须振捣完毕。否则应按规范规定留置施工缝。浇筑高度超过 2m 时，应使用串桶、溜管，以防止混凝土发生离析现象。混凝土振捣一般采用平板式振捣器，但垫层厚度超过 20cm 时，应采用插入式振捣器；其移动间距不大于作用半径的 1.5 倍。混凝土振捣密实后，按标杆检查一下上平，然后用大杠刮平、表面再用木抹子搓平。如垫层较薄时，应严格控制铺摊厚度。已浇筑完的混凝土，应在 12h 左右覆盖和浇水，一般养护不得少于七昼夜。在已浇筑的混凝土强度达到 1.2MPa 以后，始准在其上走动人员和上面继续施工。

3.4.3.3　化粪池池身砌筑

砖砌体施工的工艺过程为摆砖→立皮数杆→盘角和挂线→砌筑→楼层标高控制等。

1. 摆砖（撂底）

摆砖是在放线的基础上按选定的组砌形式用干砖试摆，并在砖与砖之间留出竖向灰缝宽度。摆砖的目的是为了使纵、横墙能准确地按照放线的位置咬搓搭砌，并尽量使洞口等处符合砖的模数，以尽可能减少砍砖，同时使砌体的灰缝均匀，宽度符合要求。

2. 立皮数杆

砌筑时，应在池身的转角处及交接处立起皮数杆。皮数杆间距不应超过 15m。立皮数杆时，应使杆上所示标高线与抄平所确定的设计标高相吻合。

3. 盘角和挂线

砌体角部是保证砌体横平竖直的主要依据。所以砌筑时应根据度皮数杆在转角处及交接处先砌几皮砖，并确保其垂直、平整，此工作称为盘角。每次盘角不应超过五皮砖，然后再在其间拉准线，依准线逐皮砌筑中间部分（图 3.24）。砌筑一砖半厚及其以上的砌体要双面挂线。

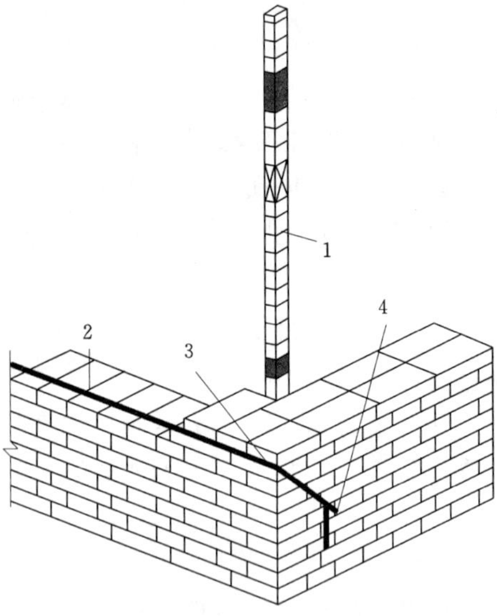

图 3.24　盘角

1—皮数杆；2—准线；3—竹片；4—铁钉

4. 砌筑

砖砌体的砌筑方法较多，与各地的习惯、使用的工具有关，常用的砌筑方法有："三一"砌砖法、挤浆法和满口灰法等，其中最常用的是"三一"砌砖法和挤浆法。

(1)"三一"砌砖法。它是指一块砖、一铲灰、一挤揉，并随手将挤出的砂浆刮去的砌筑办法。其特点是：灰缝饱满、黏结力好、墙面整洁。砌筑实心墙时宜选用"三一"砌砖法。

(2) 挤浆法。它是指先在墙顶面铺一段砂浆，然后双手或单手拿砖挤入砂浆内段砂浆，然后双手或单手拿砖挤入砂浆内，达到下齐边、上齐线，横平竖直的要求。其特点是：可连续组砌几块砖，减少烦琐的动作，平推平挤可使灰缝饱满，效率高。操作时铺浆长度不得超过750mm，气温超过30℃时，铺浆长度不得超过500mm。

(3) 满口灰法。它是指将砂浆刮满在砖面和砖棱上，随即砌筑的方法。其特点是砌筑质量好，但效率低。仅适用于砌筑特殊部位。

砖砌体水平灰缝砂浆饱满度不得低于80%，使其砂浆饱满，严禁用水冲浆灌缝。转角处，每皮砖均需加砌七分头砖。另外，上下皮砖间一定要错开搭接，其搭接长度不应小于1/4砖长（60mm）。

5. 清理

为保持池身的整洁，每砌十皮砖应进行一次墙面清理。

3.4.3.4 化粪池顶盖及圈梁支模、绑筋、浇注混凝土

1. 支圈梁模板

模板及其支架必须具有足够的强度，刚度和稳定性；模板接缝处应严密。支模前将圈梁及板缝处杂物全部清理干净。圈梁模板可采用木模板或定型组合钢模板上口弹线找平。模板采用落地支撑时，下面应垫方木，当用木方支撑时下面用木楔楔紧。模板支撑部分应有足够的支撑面积，如安装在基土上，基土必须坚实，并有排水措施。用钢管支撑时高度调整合适。钢筋绑扎完以后，模板上口宽度进行校正定位，并用木撑进行校正定位，用铁钉临时固定。如采用组合钢模板，上口应用卡具卡牢，保证圈梁的尺寸。

模板与混凝土的接触面应清理干净并采取防止黏结措施，粘浆和漏刷隔离剂累计面积应不大于400cm^2，如模板涂刷隔离时应涂刷均匀，不得漏刷或玷污钢筋。

2. 圈梁钢筋绑扎

钢筋的品种和质量必须符合设计要求和有关标准规定。要检查钢筋出厂质量证明书和试验报告。支完圈梁模板后，即可绑扎圈梁钢筋，如果采用预制绑扎骨架时，可将骨架按编号吊装就位进行组装。如在模内绑扎时，按设计图纸要求间距，在模板侧绑画箍筋位置，放箍筋后穿受力钢筋，绑扎箍筋。注意箍筋必须垂直受力钢筋，箍筋搭接处应沿受力钢筋互相错开。

圈梁钢筋的搭接长度要符合规范要求。受力钢筋接头的位置应相互错开，绑扎接头时在规定的搭接长度任一区段内，有接头的受力钢筋截面面积占受力钢筋总截面面积的百分率受拉区不大于25%，受压区不大于50%。圈梁钢筋绑扎时应互相交圈，在内外墙交接处，大角转角处的锚固长度均要符合设计要求。

圈梁钢筋如采用预制骨架时，应在指定地点垫平码放整齐。吊运钢筋时，应清理好存放点，以免变形。

不得踩踏已绑好的钢筋，绑圈梁钢筋时不得将梁底砖碰松动。

3. 混凝土工程施工

(1) 混凝土采用搅拌机拌和，按实验室重量配合比计量，骨料的允许偏差为：砂石±3%，计量器具应定期校验，砂含水率应经常测定，雨季要减少加水量，搅拌第一盘混凝土时要适当增加水泥和砂子的用量，搅拌采用二次投料先即先投入砂、水泥、水搅拌后再加入石子搅拌，可提高混凝土强度15%，搅拌时间最短为120s。

(2) 混凝土拌好后，应尽快运到浇灌地点，若发现混凝土离析，应进行二次搅拌，均匀后方准入模。

(3) 在浇灌前，先清除干净模板，做好钢筋的隐蔽验收。混凝土振动要防止振动预埋件、钢筋，应快插慢拔，振捣时间以表面泛浆为准。

(4) 混凝土浇灌过程中，不得踩倒和压弯钢筋，特别是负弯距钢筋。

(5) 混凝土浇灌完毕24h后，待混凝土表面收水后，浇水保持湿润，一天3次，养护时间不得小于7天。

4. 抹化粪池内壁、外壁防水砂浆

抹灰所用的材料品种，质量必须符合设计要求。为使抹灰砂浆与基层表面黏结牢固，防止抹灰层产生空鼓现象，抹灰前将墙面上残余砂浆、污垢、灰尘等，清理干净，并用水浇墙，将砖缝中的尘土冲掉，并将墙面湿润。为了控制抹灰后的厚度和平整度，抹灰前还须先找好规矩，即四角规方、横线找平、竖线吊直。应弹出各准线，并在池身做出标志（灰饼）和标筋（冲筋），以便找平。抹底层砂浆时，用大横竖刮平，木抹子搓毛，终凝后浇水养护。各抹灰层之间，及抹灰层与基体之间必须粘结牢固、无脱层、空鼓、面层无爆灰和裂缝（风裂除外）等缺陷。为防止化粪池池身渗透，须在化粪池外壁涂上热沥青防水层。

5. 回填土工程施工措施

施工前应根据工程特点、填方土料种类、密实度要求、施工条件等，合理地确定填方土料含水量控制范围、虚铺厚度和压实遍数等参数；并应将基土上的洞穴或基底表面上的树根、垃圾等杂物都处理完毕，清除干净。

填土前应对填方基底和已完工程进行检查和中间验收，合格后要作好隐蔽检查和验收手续。待基础或管沟的现浇混凝土应达到一定强度，不致因回填土而受破坏时，方可回填土方。填土应分层铺摊，每层铺土的厚度应根据土质、密实度要求和机具性能确定。填土每层的铺土厚度和压实遍数。填土压实可采用机械压实，也可用人工推土填充并压实。

为防止管道中心线位移或损坏管道，应用人工先在管子周围填土夯实，并应从管道两边同时进行，直至管顶0.5m以上，在不损坏管道的情况下，方可采用机械回填和压实。

回填土方每层压实后，应按规范规定进行环刀取样，测出干土的压实度，回填土的压实度不应低于90%；地面有散水的，不应低于95%。

3.4.4　钢筋混凝土化粪池施工

钢筋混凝土化粪池施工包括挖土、边坡支护、钢筋混凝土结构、防水、回填等施工。其中挖土、边坡支护、回填等施工与砖砌化粪池施工工艺相同，这里主要介绍钢筋混凝土工程施工。

钢筋混凝土施工包括模板、钢筋、混凝土三部分。

3.4.4.1 模板施工

模板及其支架应根据结构形式、施工工艺、设备和材料供应等条件进行设计。模板设计应包括：模板的选型和选材；模板及其支架的强度、刚度及稳定性计算，其中包括支杆支承面积的计算，受力铁件的垫板厚度及与木材接触面积的计算；防止吊模变形和位移的措施；模板及其支架在风载作用下防止倾倒的构造措施；各部分模板的结构设计，各接点的构造，以及预埋件、止水片等的固定方法；隔离剂的选用；模板的拆除程序、方法及安全措施。

池壁与顶板连续施工时，池壁内模立柱不得同时作为顶板模板立柱。顶板支架的斜杆或横向连杆不得与池壁模板的杆件相连接。池壁模板可先安装一侧，绑完钢筋后，分层安装另一侧模板，或采用一次安装到顶而分层预留操作窗口的施工方法。分层模板及洞口模板应事先做好连接装置，使能迅速安装。

在安装池壁的最下一层模板时，应在适当位置预留清扫杂物用的窗口。在浇筑混凝土前，应将模板内部清扫干净，经检验合格后，再将窗口封闭。

固定在模板上的预埋管、预埋件的安装必须牢固，位置准确。安装前应清除铁锈和油污，安装后应作标志。

3.4.4.2 钢筋施工

钢筋的施工方法有两种：一种是将钢筋骨架在加工厂制好，再运到现场安装，称为整装法；另一种是将加工好的散钢筋运到现场，再逐根安装，称为散装法。

钢筋的现场绑扎时应按如下步骤进行：

(1) 熟悉施工图纸。通过熟悉图纸，一方面校核钢筋加工中是否有遗漏或误差，另一方面也可以检查图纸中是否存在与实际情况不符的地方，以便及时改正。

(2) 核对钢筋加工配料单和料牌。在熟悉施工图纸的过程中，应核对钢筋加工配料单和料牌，并检查已加工成型的成品的规格、形状、数量、间距是否和图纸一致。

(3) 确定安装顺序。钢筋绑扎与安装的主要工作内容包括：放样划线、排筋绑扎、垫撑铁和保护层垫块、检查校正及固定预埋件等。为保证工程顺利进行，在熟悉图纸的基础上，要考虑钢筋绑扎安装顺序。板类构件排筋顺序一般先排受力钢筋后排分布钢筋；梁类构件一般先排纵筋（排设有焊接接头和绑扎接头的钢筋应符合规定），再排箍筋，最后固定。

(4) 做好材料、机具的准备。钢筋绑扎与安装的主要材料、机具包括：钢筋钩、吊线垂球、木水平尺、麻线、长钢尺、钢卷尺、扎丝、垫保护层用的砂浆垫块或塑料卡、撬杆、绑扎架等。对于结构较大或形状较复杂的构件，为了固定钢筋还需一些钢筋支架、钢筋支撑。扎丝一般采用18～22号铁丝或镀锌铁丝，扎丝长度一般以钢筋钩拧2圈或3圈后，铁丝出头长度为20cm左右。

(5) 钢筋的绑扎。钢筋的绑扎应顺直均匀、位置正确。钢筋绑扎的操作方法有一面顺扣法、十字花扣法、反十字扣法、兜扣法、缠扣法、兜扣加缠法、套扣法等，较常用的是一面顺扣法。一面顺扣法的操作步骤是：首先将已切断的扎丝在中间折合成180°弯，然后将扎丝清理整齐。绑扎时，执在左手的扎丝应靠近钢筋绑扎点的底部，右手拿住钢筋钩，食指压在钩前部，用钩尖钩住扎丝底扣处，并紧靠扎丝开口端，绕扎丝拧转2圈半，在绑扎时扎丝扣伸出钢筋底部要短，并用钓尖将铁丝扣紧。为使绑扎后的钢筋骨架不变形，每个绑扎点进扎丝扣的方向要求交替变换 90°。

钢筋施工还要符合以下规定：

（1）预埋件、预埋螺栓及插筋等，其埋入部分不得超过混凝土结构厚度的 3/4。

（2）钢筋位置的允许偏差应符合表 3.4 的规定。

表 3.4　　　　钢筋位置的允许偏差　　　　单位：mm

项次	项　目		允许偏差	项次	项　目		允许偏差
1	受力钢筋的间距		±10	5	焊接预埋件	中心线位置	3
2	受力钢筋的排距		±5			水平高差	±3
3	钢筋弯起点位置		20	6	受力钢筋的保护层	基础	±10
4	箍筋、横向钢筋间距	绑扎骨架	±20			柱、梁	±5
		焊接骨架	±10			板、墙	±3

3.4.4.3　混凝土施工

化粪池混凝土施工过程包括混凝土的配置、搅拌、运输、浇筑、振捣及养护。施工时选用的混凝土材料应符合以下要求：

（1）水池主体结构部位的混凝土应使用同品种、同标号的水泥拌制。当不能满足全部主体结构混凝土的需用量时，底板、池壁、顶板等应采用同品种、同标号的水泥。

（2）配制现浇化粪池的混凝土，宜采用普通硅酸盐水泥、火山灰质硅酸盐水泥。当掺用外加剂时，可采用矿渣硅酸盐水泥。冬期施工宜采用普通硅酸盐水泥。有抗冻要求的混凝土，宜采用普通硅酸盐水泥，不宜采用火山灰质水泥。

（3）混凝土用的粗骨料，其最大颗粒粒径不得大于结构截面最小尺寸的 1/4，不得大于钢筋最小净距的 3/4，同时不宜大于 40mm。其含泥量不应大于 1%，吸水率不应大于 1.5%。当采用多级级配时，其规格及级配应通过试验确定。

（4）混凝土的细骨料，宜采用中、粗砂，其含泥量不应大于 3%。

（5）拌制混凝土宜采用对钢筋混凝土的强度耐久性无影响的洁净水。

（6）配制混凝土时，根据施工要求宜掺入适宜的外加剂，外加剂应符合现行国家标准的规定。钢筋混凝土化粪池的混凝土中不得掺入氯盐防冻剂。

（7）混凝土配合比的选择，应保证结构设计所规定的强度、抗渗、抗冻等标号和施工和易性的要求，并应通过计算和试配确定。

混凝土的浇筑前必须在对模板和支架、钢筋、预埋管、预埋件以及止水带等经检查符合设计要求后，方可进行。

采用振捣器捣实混凝土时，应符合下列规定：

（1）每一振点的振捣延续时间，应使混凝土表面呈现浮浆和不再沉落。

（2）采用插入式振捣器捣实混凝土的移动间距，不宜大于作用半径的 1.5 倍；振捣器距离模板不宜大于振捣器作用半径的 1/2；并应尽量避免碰撞钢筋、模板、预埋管（件）等。振捣器应插入下层混凝土 5cm。

（3）表面振动器的移动间距，应能使振动器的平板覆盖已振实部分的边缘。

（4）浇筑预留孔洞、预埋管、预埋件及止水带等周边混凝土时，应辅以人工插捣。

浇筑混凝土应连续进行；当需要间歇时，间歇时间应在前层混凝土凝结之前，将次层混凝土浇筑完毕。混凝土从搅拌机卸出到次层混凝土浇筑压茬的间歇时间，当气温小于25℃时，不应超过3h，气温大于或等于25℃时，不应超过2.5h；如超过时，应留置施工缝。在施工缝处继续浇筑混凝土时，应符合下列规定：

(1) 已浇筑混凝土的抗压强度不应小于2.5N/mm^2。

(2) 在已硬化的混凝土表面上，应凿毛和冲洗干净，并保持湿润，但不得积水。

(3) 在浇筑前，施工缝处应先铺一层与混凝土配比相同的水泥砂浆，其厚度宜为15～30mm。

(4) 混凝土应细致捣实，使新旧混凝土紧密结合。

(5) 混凝土底板和顶板，应连续浇筑不得留置施工缝。当设计有变形缝时，宜按变形缝分仓浇筑。池壁的施工缝，底部宜留在底板上面不小于20cm处，当底板与池壁连接有腋角时，宜留在腋角上面不小于20cm处；顶部宜留在顶板下面不小于20cm处，当有腋角时，宜留在腋角下部。

浇筑池壁混凝土时，应分层交圈，连续浇筑。混凝土浇筑完毕后，应根据现场气温条件及时覆盖和洒水，养护期不少于14d。池外壁在回填土时，方可撤除养护。

复 习 思 考 题

1. 阀门井有哪几种类型？
2. 简述圆形阀门井放样定位过程。
3. 砖砌阀门井井身砌筑时有哪些要求？
4. 雨水口的作用是什么？常有哪些形式？其构造如何？怎样确定其设置地点？
5. 简述雨水口施工要点？
6. 检查井的作用是什么？其构造如何？怎样确定其设置位置？
7. 简述检查井施工要点？
8. 化粪池有哪几种类型？作用是什么？其构造如何？怎样确定其设置位置？
9. 化粪池垫层混凝土浇筑的工艺流程是什么？
10. 化粪池池身砌筑的方法有哪些？施工时有什么要求？
11. 钢筋混凝土化粪池如何施工？

学习项目4　水处理构筑物施工

学习目标：通过本学习项目的学习，能够掌握给水处理厂施工、污水处理厂施工、水处理工厂设备安装等的施工方法；能够熟悉相关施工及验收规范；熟悉相关施工安全技术。

学习情境4.1　净水处理构筑物施工

净水处理构筑物的类型及其组成是根据原水水质、设计生产能力、处理后的水质要求，并结合各工程的不同情况和条件来确定的。通常包括预沉池、反应池、混凝池、沉淀澄清池、滤池、调蓄水池、泵房以及特殊水处理构筑物等。每一种水处理构筑物又分为若干不同的类型：

沉淀池包括平流沉淀池、异向流斜管沉淀池和同向流斜板沉淀池等；

澄清池包括机械搅拌澄清池、水力循环澄清池、脉冲澄清池、悬浮澄清池与气浮池等；

滤池包括重力式无阀滤池、V形滤池、快滤池、压力滤池、虹吸滤池以及移动罩滤池等；

清水池包括：现浇钢筋混凝土的矩形清水池、圆形清水池，预应力钢筋混凝土圆形、矩形清水池，“设缝单元组合式”矩形清水池，现浇与预制相结合的钢筋混凝土的矩形、圆形清水池，砖砌池壁的清水池等。

尽管各类结构千差万别，但就其总的施工要求与施工特点来讲，在很大程度上是相通或类似的。为了减少各类构筑物施工方法的重复介绍，现只将几种典型的构筑物的施工要点和施工方法分述如后。所涉及的几类构筑物有：机械搅拌澄清池、无阀滤池、V型滤池、矩形现浇钢筋混凝土清水池、现浇“设缝单元组合式”矩形清水池、预应力钢筋混凝土圆形清水池、砖砌池壁的清水池等。

4.1.1　净水处理构筑物分类、施工的重点与难点及其解决的基本方法

4.1.1.1　净水处理构筑物分类

净水处理构筑物水池的分类见表4.1。

4.1.1.2　净水处理构筑物施工的重点与技术难点

（1）标高控制。给水处理系统对于构筑物及其各部位（进出水堰顶、布水孔、溢流孔、预留管道孔口、水池底板、轨道表面等）的标高误差有严格的要求。上述部位的标高误差将直接影响构筑物内水的流速、流量、布水的均匀程度、出水水质以及刮泥机运行安全等问题。

（2）地基与基础的稳定。作好地基处理和桩基础是保证构筑物和管道结构的沉降量控制在允许范围内和不出现结构性沉降裂缝的重点。

表 4.1　　净水处理构筑物水池的分类

水池分类			常用的净水处理构筑物
按平面形状分	圆形		清水池、调节池、集水井、混合井
	同心圆		虹吸滤池、脉冲澄清池、悬浮澄清池
	矩形		配水井、清水池、吸水井、混合井
	矩形（分格间）		反应池、沉淀池、滤池、清水池、气浮池
按有盖无盖分	敞口水池		预沉池、澄清池、反应池、沉淀池、滤池
	有盖水池	平板式	吸水井、集水井
		肋形顶盖式	清水池
		无梁楼盖式	清水池
		旋转壳体（锥顶、穹顶组合顶式）	澄清池机械间
底板形式	平板式		配水井、清水池、吸水井、混合井、沉淀池等
	无梁楼盖式		清水池
	有梁板式		清水池
	旋转壳体式（锥体、穹体）		澄清池、辐流式沉淀池
	组合底式		清水池、澄清池

（3）构筑物混凝土的抗渗、抗冻与防裂。在实际工程中，水处理构筑物结构混凝土由于设计、施工等原因，经常出现结构混凝土渗漏、开裂等情况。在北方寒冷地区有些构筑物混凝土，由于冻融损坏而影响构筑物使用年限的也时有发生。因此，构筑物混凝土的抗渗、防裂和耐久性（抗冻融）是构筑物混凝土施工的重点和难点。

（4）钢筋混凝土构筑物的钢筋位置，特别是保护层厚度误差的控制能否控制在国家规范规定的误差范围内，历来是结构施工最难解决的重要问题之一。

（5）构筑物结构混凝土的外形尺寸和外观质量。构筑物混凝土不但应该有良好的内在质量，还应该有密实、平整、光洁、棱角清晰、色泽一致等良好的外观质量。

4.1.1.3　解决施工重点与技术难点的基本方法

1．标高控制

（1）设定水准点数目不得少于 2 个；与城市标准水准点闭塞、定期校核；各关键部位，严格按设计图要求，用水准仪校核、调整；

（2）对大面积混凝土表面标高，采取分部位（垫层、底板、侧墙、池槽、各层板结构）、分工序（基底、模板、钢筋、混凝土）进行控制，设标高控制轨，并用水准仪校测调正（模板、控制轨）的方法，控制各部位的混凝土表面标高（在后面的垫层中有详细介绍）；

（3）对于精度要求较高的部位（进出水堰顶、布水孔、溢流孔、预留管道孔口、水池底板、轨道表面等），用水准仪、毫米测尺测量校测，用微调螺栓调整标高等方法。

2．地基与基础

对于构筑物的地基施工，除严格按照设计（桩基础、软弱地基）和规范要求外，还应特别注意对构筑物和管道连接处（段）的地基处理问题。由于大多数软弱地基的构筑物地基都采用了特殊的方法（桩基等）进行处理，而对进出水管道地基的处理（由桩基过渡到软弱地基的过渡段）却疏于仔细的考虑，因而多发生管道断裂、变形等情况。为此，应对构筑物的桩基过渡到管道软弱地基段（由硬基础到软基础）采取特殊的处理方法，以减小基础的沉降差。其基本方法有：

（1）采取由深基础处理（加深处理或浅桩基）逐渐转变到浅基础的处理方法。

（2）管道出口处设可纵向变位的柔性接头。

3. 构筑物混凝土的抗渗、抗冻与防裂

（1）构筑物混凝土的抗渗与寒冷地区外露水池的抗冻性能，主要应靠自身的强度与密实性满足抗渗与抗冻的要求。而混凝土的抗渗与抗冻等级，主要取决于混凝土的配合比设计是否符合防水混凝土的抗渗与水工混凝土耐久性的要求。取决于原材料、水灰比、外掺剂、坍落度、施工缝的处理与浇筑方法等等。

（2）水池构筑物混凝土的裂缝，主要是由于混凝土的自身收缩变形（凝缩、干缩、温度变化、湿度变化），受到基层或侧向的约束引起的。当此时混凝土的拉应变超过其同期的允许拉应变值时，就有可能开裂。因此，温度、湿度、干缩变化产生的拉应力，是造成池体开裂的主要原因。解决大型体水池混凝土开裂，要采取综合治理的方法，即首先在结构设计方面：应设置适应温度、湿度、干缩引起的结构混凝土收缩变化的伸缩缝。其伸缩缝的最大间距，应遵循现行《给水排水工程钢筋混凝土水池结构设计规范》的规定要求；水池池壁混凝土由于温度、湿度、干缩应力较大的部位，水平分布钢筋的配筋率宜适当的提高；允许留竖向后浇带，分段施工。

在施工措施方面，则应采取：正确选择混凝土配合比设计；按规范要求选用原材料；掺用减水剂、加气剂、微膨胀剂；在允许范围内减低混凝土坍落度；对于长大池壁结构，采取“设施工缝，分段，跳仓、限时补挡”，加强养护等方法，可较好的解决结构开裂问题（详见4.1.4.2矩形现浇钢筋混凝土清水池之防裂措施一节）。

4. 钢筋混凝土构筑物的钢筋位置，特别是保护层厚度误差的控制

（1）结构混凝土中的钢筋位置，不仅对于结构的受力性能有重大影响，还涉及到结构耐久性的安全问题，保护层厚度的规定是为了满足结构构件的耐久性要求和对受力钢筋有效锚固的要求。如果钢筋的混凝土保护层厚度过小，由于水处理构筑物处于露天及高湿度环境或处于冻融及轻度腐蚀的环境的情况下，大气对混凝土的碳化、水对于钢筋的锈蚀以及冻融的影响，都会影响结构的使用寿命。在国家新规范《混凝土结构工程施工质量验收规范》（GB 50204—2002）中，对于梁、板类（也应包括水池池壁）上部纵向受力钢筋保护层厚度偏差的合格点率要求提高为90%以上，其最大误差值不超过允许误差值的1.5倍。严格控制水处理结构混凝土的钢筋保护层厚度，是根据国内外长期的工程实践经验所确定的。只有从思想上认识钢筋位置、保护层厚度在结构耐久性上起到的重要作用，才可能在施工中从严要求。

（2）对结构的厚度、节点构造、钢筋保护层厚度应事前仔细的计算，并根据钢筋的直径与排列情况以及误差要求，来确定钢筋支架与保护层垫块的尺寸和布置间距。

（3）严格按规范规定进行检查与验收。

5. 构筑物结构混凝土的外形尺寸和外观质量

构筑物结构混凝土的外形尺寸和外观质量，主要取决于模板的材料、构造方法及其支架的承载能力、刚度和稳定性，也取决于结构混凝土的总体施工方法和细部作法。为使构

筑物混凝土的外观质量达到一个较好的水平，就必须对模板的构造作好设计。

4.1.2　机械搅拌澄清池

澄清池是综合混凝和泥水分离过程为一体的净水构筑物。它是应用化学药剂促使水中的浑浊杂质和胶粒形成絮体，并利用池中积聚的泥渣和机械搅拌使澄清池中由下向上流动的原水中的杂质颗粒相互接触、吸附，以达到泥水较快分离的净水构筑物。

机械搅拌澄清池的结构形式有：球壳底锥壁型、平底直壁型、大型坡底直壁型等多种形式。机械搅拌澄清池结构剖面图见图 4.1。

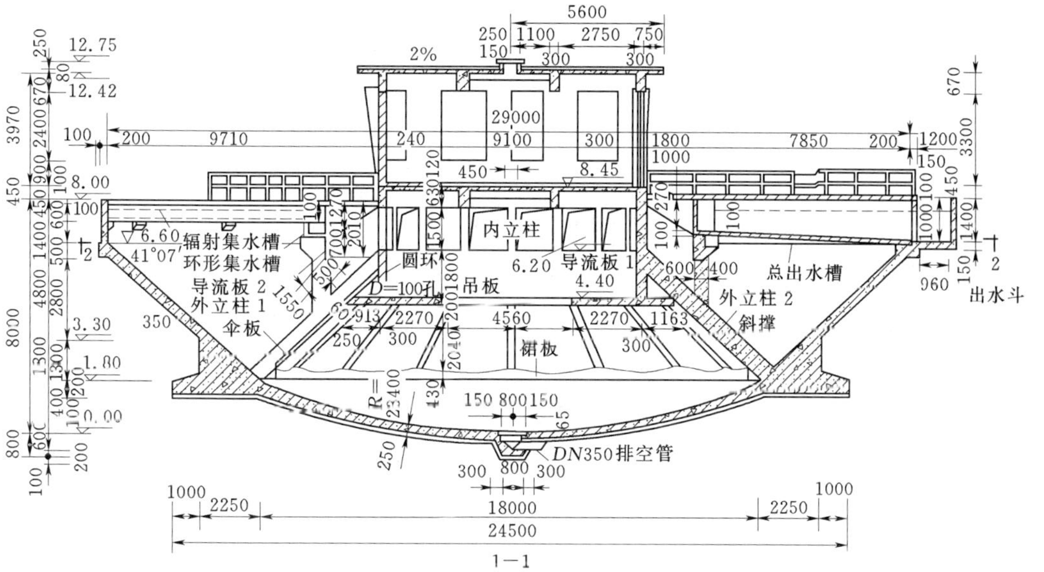

图 4.1　某机械搅拌澄清池结构剖面图

4.1.2.1　机械搅拌澄清池施工的技术关键

（1）球壳底表面的各点高程与刮泥机刮板间间隙的配合精度。

（2）结构混凝土的抗渗强度与耐久性（寒冷地区混凝土的抗冻融性能）。

（3）集水槽溢流孔（齿形槽）高程与平整度的精度。

（4）池体结构误差与外观质量。

4.1.2.2　施工程序与施工缝的设置（见图 4.2）

1. 施工程序

（1）开挖基坑 1。

（2）安装排泥管 2。

（3）混凝土垫层 3。

（4）澄清池球壳底板钢筋混凝土 4。

（5）斜壁钢筋混凝土 5。

（6）环形直壁钢筋混凝土 6。

（7）吊板钢筋混凝土 7。

（8）斜撑（柱）、导流环、机械间平台板钢筋混凝土 8。

（9）机械间柱及顶梁板结构钢筋混凝土 9。

（10）机械间围护墙及室内装修 10。

（11）环形集水槽、总出水槽、隔板、伞形板结构钢筋混凝土 11。

（12）辐射集水槽、管道、栏杆安装、调整 12。

（13）搅拌机设备、电气安装调整 13。

（14）斜管安装 14 等。

2. 施工缝的设置

施工缝的设置见图 4.2。

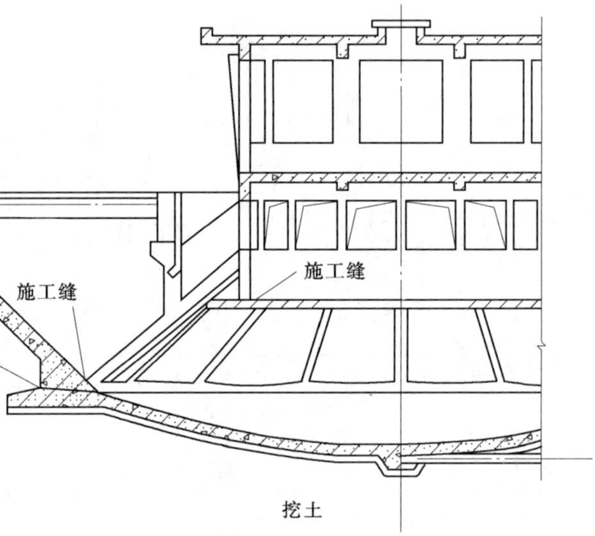

图 4.2　施工程序及施工缝设置图

4.1.2.3　基坑

1. 基坑开挖

（1）分两步开挖，第一步用挖土机将斜壁基础垫层以上 200mm 以上的土方挖出，然后用人工挖至环梁基础的垫层底；第二步用小型挖土机或人工将球壳土方挖出。球壳部分的中心及高程控制，要事先设定中心桩和弧形样板靠尺，边挖边测量，避免超挖。

（2）基底开挖后，按设计要求进行验收，合格后进行下道工序。

2. 预埋排水管

（1）按设计要求预埋中心排水管。

管道肥槽用低强度等级混凝土或砂回填（夯实）。

（2）管道安装完成后，要封闭管口，以免砂浆和垃圾进入管道。

4.1.2.4　垫层混凝土

1. 质量要求

（1）池中心位置允许偏差±8mm。

（2）垫层球壳面各点高程允许偏差±10mm。

（3）半径允许偏差±10mm。

（4）表面平整度（2m 直尺或弧形尺）10mm。

2. 施工要点

(1) 先设立中心桩。

(2) 按图纸球壳半径、底板厚度设计高程，设定垫层控制点并计算各点高程（控制点间距不超过3m）。

(3) 用水准仪测各高程控制点的高程值。

(4) 在垫层控制点处支设垫层侧模板，模板顶高程误差不大于5mm（图4.3）。

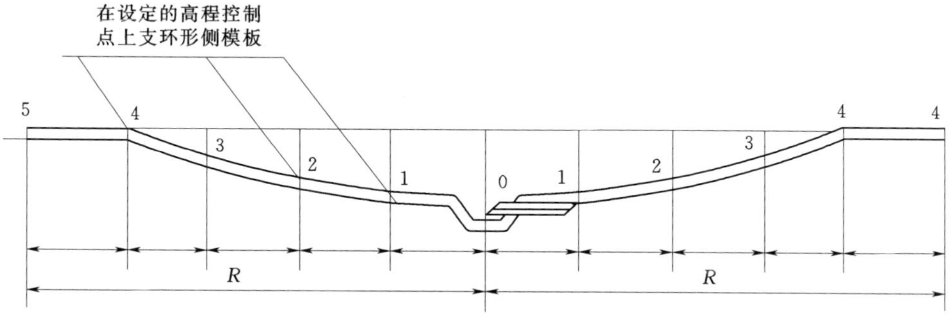

图4.3 垫层侧模板高程控制位置图

(5) 在球壳垫层混凝土浇筑过程中用相应段的弧形靠尺，沿球壳的向心方向搭放在侧模板上，用以检查混凝土表面。刮平后的混凝土表面用木抹子压实找顺。

(6) 为控制底板中心和球壳钢筋网的高程与防止变位，在垫层高程控制点上设预埋铁（间距不超过3m）。浇筑后对控制点的高程进行复测，并标明高程误差正负值。

4.1.2.5 底板钢筋混凝土

1. 质量要求

(1) 球壳面的高程允许误差±10mm。

(2) 混凝土表面平整度（用弧形2m靠尺量），不超过±8mm，表面密实、光洁、圆顺。

(3) 池中心预埋件位置中心偏差小于5mm。

(4) 底板厚度偏差+10～－5mm。

(5) 斜撑、锥形斜壁的预留钢筋位置偏差不大于3mm，倾斜角符合设计要求。

2. 测量放线

(1) 设立中心控制桩（轴）和中心支架，以便在各工序的量测中使用。

(2) 在垫层混凝土表面上绘出球壳高程线，实测垫层预埋铁的高程偏差值，并标注在垫层表面上，以便控制底板钢筋的高度与混凝土底板的表面标高。

(3) 量测底板的外缘线和钢筋位置线（包括斜撑、预留插筋等位置）。

3. 底板侧模板

池底板只安装外侧模板，模板可采用木模或钢模。

4. 底板钢筋加工与安装

(1) 钢筋加工前要注意其接头作法。底板环向筋及径向筋，应按设计位置及曲率半径，事先弯制成适宜的弧形筋（用样板检测）。环向筋的搭接位置与方法要预先选配。

(2) 底板上下两层钢筋网的固定控制采用环形排架，环形排架的高度预先计算与加工，每排支架立筋下均摆放砂浆垫块。

（3）斜撑与下环梁的预埋筋位置要经量测后固定（点焊）。

（4）为防止底板筋的整体移位，将底板筋与垫层内的埋铁用斜向筋拉结点焊。

5. 底板混凝土浇筑

（1）浇筑前钢筋应经检查验收，合格后，开始混凝土浇筑的准备工作。

（2）为掌握底板混凝土的表面高程，采用带中心轴的旋转弧形样板尺。

（3）混凝土坍落度及配合比依设计与有关规范要求执行（参照清水池作法）。

（4）混凝土浇筑顺序宜由中心开始扇形展开的浇筑方法，也可以由中心向外环形展开的浇筑方法。为保证工作缝的间隙时间不超过规定要求，应限制浇筑宽度。

（5）混凝土表面高程用旋转弧形样板尺量测控制。浇筑振捣后用木抹子压实后，再用铁抹子压光。斜壁与底板的施工缝部位的混凝土，除振捣密实外，还应用木抹整平拍实。

（6）浇筑后的混凝土要适时覆盖洒水（工作缝部位也要盖严）。

4.1.2.6　锥壳形斜壁

1. 质量要求

（1）斜壁混凝土一次连续浇筑到上环梁顶。

（2）钢筋保护层允许偏差±3mm。

（3）结构厚度允许偏差+10～5mm。

（4）半径的允许偏差±10mm。

（5）结构混凝土强度、抗渗与耐久性应符合设计要求，表面应平整光洁、密实无裂缝。

2. 操作程序

（1）设中心支架（为量测斜壁变坡点各部位尺寸），在支架上设中心点。

（2）放斜壁下角线（划墨线），用经纬仪测量斜撑中心线。

（3）拆底板混凝土外模板，下环梁外模。

（4）施工缝凿毛。

（5）清除预留筋上浮浆，并调整预埋筋。

（6）支斜壁外模板，搭外脚手架。

（7）绑扎斜壁钢筋与验收钢筋。

（8）固定内模板骨架，试支、整修内（分层）模板后编号，拆除后码放整齐，待支。

（9）混凝土连续浇筑，分层支模、分层浇捣。

（10）洒水覆盖养护。

3. 斜壁模板支搭要点

（1）要根据结构混凝土尺寸与浇筑速度，对内外模板、排架、螺栓拉杆及支承进行强度、刚度与稳定性的计算。

（2）外排架与模板安装按照定位线固定（测高，由中心量半径）。

（3）内外模板采用木模板（或多层胶合板），当斜壁为完全外露情况时，外侧模板应优先选择多层胶合板作面板。

（4）安装后的外模，经检查合格后方可进行下道工序。检查的内容：斜壁下口、上口半径；上环梁的半径及高程；模板的平整度及错台误差；模板缝隙；外排架的支撑及地基垫板等。

(5) 内模采用钢梁插模，即用工字钢作斜壁内模的主梁，梁间插放木模，木模与钢梁的上缘用木楔卡紧后固定。梁间模板分层支搭，插支一层随即浇筑一层。

4. 斜壁钢筋加工、安装与预埋管（件）安装

(1) 钢筋加工。环形筋应按图中位置的不同曲率半径加工成弧形（用样板检查调整）。

(2) 放线。将图中的辐射向、环向筋及预埋（件）的位置、规格、尺寸标划在外模上，并用墨线弹出。

(3) 预埋管（件）。先装大口径的进水管，绑筋后再装小口径管件和埋件。

(4) 钢筋绑扎：

1）绑扎前，清理混凝土施工缝，修整预埋筋。

2）为保证斜壁筋的保护层和间距达到标准要求，采用排架筋与工具式垫筋的方法固定钢筋。其作法和操作程序如下：

第一步：摆放辐射向 $\phi16$ 工具垫筋，垫筋下放木垫块，使垫筋的上皮距底模的厚度与钢筋保护层等厚（按设计要求），并固定在外模上。

第二步：按图纸要求，将底层环筋临时绑扎在垫筋上。

第三步：摆放并固定排架筋（环向间距不超过 100cm），摆放与绑扎底层的辐射筋。

第四步：摆放上层辐射筋后，绑扎面层环筋，绑扎固定在排架上。

第五步：将上层辐射筋吊起绑扎在面层的环筋上。

第六步：将下层筋的水泥砂浆垫块垫好后，拆除临时垫筋和木垫块。全面量测检查钢筋位置、搭接接头、保护层厚度等。

5. 斜壁混凝土浇筑

(1) 工作平台及脚手架。在水池外侧搭设双排外脚手架。在斜壁内侧的工字钢梁上，挂移动三角架。三角架随浇筑高度向上拆移。

(2) 对混凝土配合比的要求参见后面的提高混凝土耐久性的主要措施部分内容。

(3) 混凝土浇筑：

1）施工缝按规定要求执行。

2）斜壁混凝土应沿圆周均匀浇筑，每层浇筑高度和高度差不超过 400mm，应避免集中布放混凝土横向流动的浇捣方法。

3）采用插入式振捣器振捣，分层浇筑混凝土的间歇时间不超过规定时间。

4）斜壁内侧模板随混凝土的浇筑层，每浇一层模板高度，随即安装一层模板。为防止内模板不平和错台，在支插每一层模板时，要注意使模板的企口边与工字钢的翼缘贴实、找平，木模的横梁与工字钢的上翼缘用木楔背紧固定牢固。

5）对最后一层（即环梁）的混凝土，要采取二次振捣，表面要浇平、捣实，并适时覆盖，洒水养护。

6）模板上散落的混凝土要及时清理。

4.1.2.7 环形直壁

澄清池直壁部分的混凝土长期暴露在大气环境中，由于混凝土自身与制备工艺不佳的原因，在受到风化（寒冷地区冻融）、渗透、碳化和水中混凝剂的侵蚀作用及碱性反应等影响，致使混凝土表面的剥离，最后导致钢筋锈蚀与结构的破坏。因此提高澄清池的直壁

混凝土的抗渗、耐冻、耐腐蚀等耐久性是非常重要的。

1. 提高混凝土耐久性的主要措施

（1）材料。

1）水泥品种。应按设计要求选用，其强度等级不应低于32.5级。抗冻混凝土不得采用火山灰质硅酸盐水泥和粉煤灰硅酸盐水泥。

2）骨料。除应符合现行标准外，还应符合下列要求：

a. 碎石或卵石的粒径宜为5～40mm，含泥量不超过0.50%；碎石与卵石的压碎指标值，以及坚固性指标、有害物质含量均应符合规范标准要求。

b. 细骨料：宜用中砂，含泥量不得大于3%。

c. 对于重要工程的混凝土所使用的碎石、卵石与砂子应进行碱活性检验。

d. 外加剂的技术性能，应符合国家或行业标准一等品及以上的质量要求。

e. 粉煤灰的级别不应低于二级。

（2）混凝土配合比。

1）试配要求的抗渗水压值应比设计值提高0.2MPa。

2）单方水泥用量不得少于300kg/m^3；掺有活性掺合料时，水泥用量不得少于280kg/m^3。

3）砂率宜为35%～45%，灰砂比宜为1∶2～1∶2.5。

4）抗渗混凝土的水灰比不得大于0.55；抗冻混凝土的水灰比不得大于0.5。

5）按照水工混凝土规范的要求，有抗冻要求的混凝土必须掺用引气剂，混凝土含气量宜在5%（±1%）范围内。温暖地区亦应掺减水剂或引气剂，以减少单方水泥用量和降低水灰比。

6）防水混凝土坍落度不宜大于50mm，泵送混凝土入泵坍落度宜为100～120mm；抗冻混凝土的坍落度应该更小些。

（3）混凝土的拌制。必须按重量比称量，水泥、掺合料、水及外加剂每盘计量允许偏差小于±2%，累计偏差小于±1%；粗细骨料每盘计量允许偏差小于±3%，累计偏差小于±2%。

（4）混凝土的耐久性。应按照规定要求进行抗渗性、抗冻性试验，其结果均不应低于设计要求。

（5）混凝土施工缝的处理。混凝土水池施工缝渗漏是常见的通病，是影响水池耐久性的关键原因。因此设计要求在施工缝处加设止水带（片），通过延长水在施工缝的渗径来解决渗漏问题。但实际上许多工程虽然设置了止水带（片），但渗漏问题依旧发生。究其原因，主要是过分依赖止水带（片）的作用，而忽略了施工缝的处理方法。止水带（片）只是延长渗透水的渗径，并没有阻止封闭水的渗入孔隙。许多工程施工操作中对施工缝的处理采取了错误的做法：如对混凝土施工缝不清除表面软弱水泥浆，不做任何处理；有的刚刚浇完混凝土或在混凝土强度很低的情况下，即开始勾划、剔凿施工缝混凝土表面，致使施工缝表面混凝土的骨料与水泥砂浆松动，形成薄弱的松动层和渗透孔隙；有的在施工缝的表面只作局部凿毛，施工缝不清理等等。由于施工缝处理得不彻底，孔隙渗透水首先接触钢筋，使施工缝的钢筋锈蚀速率加剧而影响了结构的使用寿命。

为了与已浇混凝土的良好结合，应对施工缝采取如下措施：

1）施工缝混凝土要捣固密实、表面平整。

2）施工缝混凝土要全覆盖、洒水养护。

3）待混凝土强度达到 2.5N/mm² 时，方能做施工缝表面凿毛。

4）施工缝必须作 100%面积的凿毛处理，且将施工缝表面的松软水泥浆全部凿掉，露出新鲜混凝土的表面。

5）在上层混凝土浇筑前，要充分湿润下层混凝土，并均匀摊铺与混凝土配合比相同的去石混凝土（水泥砂浆）。

（6）混凝土运输、浇筑及养护。由于澄清池直壁处于较为特殊的部位（外露、水位变化或处于冰冻），因此在混凝土搅拌、运输、分层浇捣、养护全过程中的每一个环节都应遵守规程要求。寒冷地区的混凝土浇筑应避开冬期施工。

2. 直壁钢筋

（1）钢筋安装是在外环梁混凝土施工缝凿毛、内模完成后进行。

（2）为使直壁结构双层钢筋的保护层厚度达到规定要求，布置的固定架立筋与内外层垫块的间距一般不大于 80cm。

（3）钢筋位置与保护层的厚度经检查合格后，再安装外侧模板。

3. 直壁模板

（1）如果澄清池直壁为不装修外表，选择模板时要慎重考虑结构混凝土的外观质量。如选用钢模板或多层胶合板时，应特别注意使板缝严密、外表光洁、弧形圆顺以及半径准确。

（2）模板的支搭方法如下：

1）钢模。如澄清池的池数较多，在工期允许的前提下，用少量模板多次周转时可采用组合式平面钢模作面板，钢管作围囹（环行钢管龙骨），内外模板用螺栓连接，钢管环向锁紧固定（防止环向变位）的模板支搭方式。由于内外模板的周长不同，要使内外钢模板螺栓孔能相互对应，需在外侧钢模板间另加特制窄条钢模或木条来调整（图 4.4）。

所选用组合钢模板的宽度，应根据直径的不同而有所变化，表 4.2 为不同直径的圆形池壁所选用的组合钢模板的宽度。

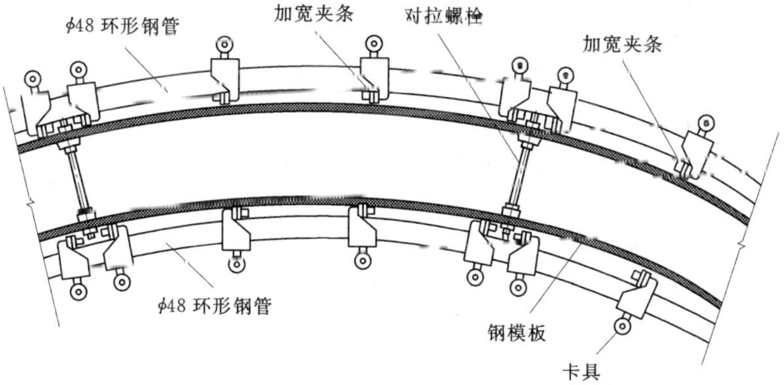

图 4.4 环形直壁钢模板支搭方法

表 4.2　　回形池壁组合钢模板宽度选用表

直　径（m）	组合钢模板的宽度（mm）	单块钢模板与圆弧最大矢高（mm）	直　径（m）	组合钢模板的宽度（mm）	单块钢模板与圆弧最大矢高（mm）
6.0～10.0	200	1.7～1.0	40.0～44.0	500	1.6～1.4
12.0～24.0	300	2.0～1.0	45.0～50.0	600	2.0～1.8
25.0～39.0	450	2.0～1.3			

2）木模。一般情况下多采用多层胶合板面板、弧形木带、方木或钢管作竖梁。

4.1.2.8　二反应室、机械间及斜撑

主要包括吊环、反应筒、斜撑、立柱、搅拌机平台、机械间、总出水槽和走道板等。

1. 施工程序

（1）测量放线。将斜撑中心线、边缘线及机械间的中心用经纬仪测出。

（2）吊板。

（3）斜撑、反应筒、搅拌机平台一次完成。

（4）斜撑立柱。

（5）总出水槽及走道板。

（6）吊装环形集水槽、导流板和伞形板。

（7）机械间柱、墙及顶板。

（8）内部装修。

2. 施工要点

（1）吊环。

1）吊环模板支架应按承受上部结构全部荷载考虑，其支架重心应紧靠反应筒的轴线中心。

2）吊环板内的预留配水孔口埋管（工具管）应剔除，以免脱落后影响运行。

3）吊环混凝土表面应一次找平、压光。

（2）反应筒、斜撑、机械间平台。

1）反应筒内模、斜撑底模及机械间平台底模一次支齐。

2）上述部位钢筋一次绑齐。

3）上述部位混凝土连续浇筑不留施工缝。

4）斜撑及反应筒混凝土达到设计要求的拆模强度后，始准拆模。

5）斜撑立柱顶面埋铁与混凝土顶面标高允许偏差。

（3）机械间、总出水槽。

1）机械间、总出水槽应同步进行。

2）总出水槽上的预留溢流孔口高程的允许偏差为±2mm。其预埋管安装后，应逐条对其进行校测、调整。为防止模板下部支撑变形、下沉量超过上述允许偏差，要采取加强支撑，保证其高程要求。预留孔宜用UPVC管作为工具管，浇后拔出。

3）机械间上部装修宜在搅拌机安装前进行，搅拌机安装就位后再作地面。搅拌机刮泥板安装在预制集水槽、导流板、伞形板安装后进行。

(4) 预制导流板、伞形板及集水槽安装。

1) 安装的质量关键有两点：一是确保辐射集水槽溢流孔口（三角堰底）的高程偏差≤±2mm；二是预制导流板、伞形板与结构混凝土埋铁连接的防锈蚀处理。前一个关键是影响澄清池的出水水质问题，后一个是关系到预制构件连接的耐久性问题。对两者在设计作法上与施工措施上，都要采取可靠措施加以保证。

2) 导流板、伞形板与结构埋铁的节点焊接长度和焊缝高，应符合设计与规范的规定。连接节点的铁锈应清除干净，并将外露的铁件用水泥砂浆，分层抹实、抹严。抹前应对混凝土的外表面，用钢丝刷刷除浮浆、用水湿润、刷水泥素浆。分层抹水泥砂浆时，每层间也应刷水泥素浆。强调分层压实、抹光和后期的养护。

3) 辐射集水槽作法。

a. 三角堰钢集水槽作法。预制加工与检查验收：三角堰钢集水槽一般在加工厂加工。在加工前应明确加工的质量标准与检查验收的方法。三角堰堰底与标准线的误差不超过1.5mm，堰口宽不超过2mm。堰口精度应符合设计要求。

钢集水槽的防腐（除锈）与附件的焊接、打孔应在防腐前完成。应采取喷砂除锈方法，钢材应见金属本色。防腐涂料的品种及作法应符合设计要求。

b. 钢筋混凝土集水槽。钢筋混凝土集水槽预制的质量关键有两点：一点是混凝土的拌制、配合比应按照防水（抗冻）混凝土的要求施工，另一点是溢流孔口的高程误差值小于2.0mm。

预制构件的模板应采用专用钢模板。溢流孔口穿以UPVC硬质塑料管作为工具管。在浇筑后30min内轻轻转动，2～3h后将工具管抽出。浇筑后，应加强对混凝土的养护。强度达到设计强度的70%后，起吊运输。起吊运输中，应注意对构件混凝土的养护。

c. 辐射集水槽安装高程的调整。为使集水槽的高程误差达到±2mm的要求，在集水槽两端加设临时调高螺栓，用水准仪和特制视尺（读数精度1mm）测量孔口（堰底）高程。边测边调整每一个集水槽的标准高程线，经验收复测后将集水槽的端头埋铁与支点埋铁焊接牢固（焊缝长度、高度应符合要求）。集水槽高程调整作法见图4.5。

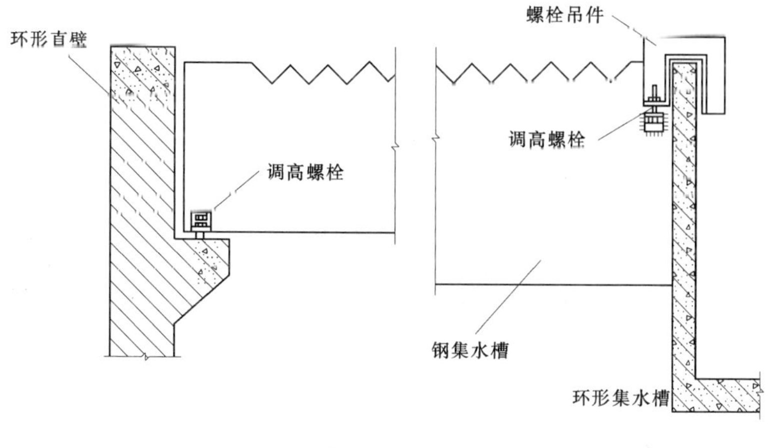

图4.5　集水槽高程调整作法

4）钢件及预制构件、焊接件防腐。外露的钢埋件，用水泥砂浆封闭覆盖处理。封闭前，所有焊件都应经检查验收，确认焊缝质量和除锈质量。焊缝药皮及焊渣、浮锈应清刷干净。混凝土表面刷毛、湿润、涂刷水泥素浆后，用1∶1.5～1∶2.0水泥砂浆分层填实、抹严、抹平。

4.1.2.9　满水试验与设备安装前的准备

（1）清除池内（管道内部）的建筑垃圾和建筑材料。

（2）对混凝土的缺陷、螺栓孔等做好修补。封闭与外部连通的管道口、总出水槽。

（3）按学习情境4.3满水试验的要求做好满水试验的准备与试验工作。

（4）为设备安装做好准备：

1）重新校测池中心线；

2）对池底球壳面的各点高程，按设计要求检测、标注。为安装刮泥机及搅拌机做好准备工作。

4.1.3　滤池

4.1.3.1　滤池简介

原水经过混凝沉淀或澄清处理，除掉一部分较大颗粒或容易下沉的杂质之后，水的浑浊度已降到10～15度左右。为进一步提高水质标准，使符合饮用水的卫生标准，还需要通过过滤的方法去除水中更细小的杂质和部分细菌以及消毒的方法，才能供应用户使用。

过滤装置有多种形式，但常用的滤池有：普通快滤池、无阀滤池、虹吸滤池、V型滤池、压力滤池、移动罩滤池等。尽管各类滤池的构造形式、阀门数量、滤层组合和自动化程度等方面有所不同，但滤池的过滤原理与过滤、反冲洗的程序，基本上是一样的。其施工要求的重点与方法也是相近或类似的。为避免重复，现仅选择重力式无阀滤池和V型滤池两种类型滤池的施工方法作一介绍。

4.1.3.2　滤池的分类

滤池的分类见表4.3。

表4.3　常用滤池分类及滤池优缺点和适用条件

滤池形式	滤池特点	优缺点	适用条件	
			滤前水悬浮物含量（mg/L）	规模和其他
普通快滤池	下向流、砂滤料的四阀式滤池	1. 优点： （1）有成熟的运转经验，运行稳妥可靠； （2）采用砂滤料，材料易得，价格便宜； （3）采用大阻力配水系统，单池面积可做得较大；池深适中； （4）可采用降速过滤，水质较好。 2. 缺点： （1）阀门多，检修工作量较多； （2）必须设有全套冲洗设备	小于10，个别达15	（1）一般适用于大、中型水厂； （2）单池面积一般不宜大于100m²； （3）有条件时尽量采用表面冲洗或空气助洗设备

续表

滤池形式	滤池特点	优缺点	适用条件	
			滤前水悬浮物含量（mg/L）	规模和其他
虹吸滤池	下向流、砂滤料、低水头互洗式无阀滤池	1. 优点： （1）不需大型阀门； （2）不需冲洗水泵或冲洗水箱； （3）易于自动化操作。 2. 缺点： （1）土建结构较复杂； （2）池深大，单池面积不能过大，反洗时要浪费一部分水量； （3）变水头等速过滤，水质不如降速过滤	小于 10，个别达 15	（1）适用于中型水厂（水量 2～10 万 t/d）； （2）单池面积一般不宜大于 30～25m^2
无阀滤池	下向流、砂滤料、低水头带水箱反洗的无阀滤池	1. 优点： （1）不需设置阀门； （2）自动冲洗，管理方便； （3）可成套定型用钢制作，上马快。 2. 缺点： （1）运行过程看不到滤层情况； （2）清砂不便； （3）单池面积较小； （4）反洗时要浪费部分水量； （5）变水头等速过滤，水质不如降速过滤		（1）适用于小型水厂，一般在 1 万 t/d 以下； （2）单池面积应小于 25m^2
移动罩滤池	下向流、砂滤料低水头互洗式连续过滤滤池	1. 优点： （1）造价低，不需大量阀门设备； （2）池深较浅，结构简单； （3）能自动连续运行，不需冲洗水塔或水泵； （4）节约用地，节约电耗； （5）降速过滤。 2. 缺点： （1）需设移动洗砂设备，机械加工量较大； （2）起始滤速较高，因而滤池平均设计滤速不宜过高； （3）罩体与隔墙间的密封要求较高	小于 10，个别 15	（1）适用于大、中型水厂； （2）单格面积不宜过大（小于 10m^2）
压力滤池	在压力下工作、进水直接用泵打入，滤后水压较高	1. 优点： （1）节约用地； （2）移动、安装方便； （3）适用于临时性供水和小型供水。 2. 缺点： （1）耗用钢材多； （2）投资高，水量小		（1）适用于小型工业、工地临时水处理和游泳池用水； （2）直径不超过 3m
V 型滤池	均质滤床，冲洗后仍保持均质；用气（高流量）和水（低流量）同时反冲洗，水头损失小，滤速高	1. 优点： （1）高速过滤； （2）冲洗时，滤床不膨胀，避免了滤床的水力分级； （3）冲洗时仅需小量的过滤水反冲洗，降低了功率消耗和减少了耗水量； （4）自动化程度高。 2. 缺点： （1）土建结构施工要求高； （2）设备投入较大，维护要求高		（1）适合于大、中型水厂工程； （2）单室滤池最大表面积可达 105m^2

4.1.3.3 滤池施工的一般要求

1. 结构施工

（1）结构混凝土的强度、抗渗和严密性应符合设计与规范要求。

（2）结构平面尺寸允许偏差不大于±20mm。

（3）构筑物均匀布水的薄壁堰、穿孔槽或孔口的高程与中心位置的允许偏差应符合设计要求，其水平度偏差不大于±2mm，其孔口中心距离允许偏差不大于±5mm。

（4）预留管中心位置与高程允许偏差不大于5mm，预留孔洞中心位置10mm。

（5）预制滤板的允许偏差：平面尺寸不大于±3mm；厚度不大于+4～-2mm。滤孔直径、间距应符合设计要求。

2. 工艺管道安装

（1）进水、排水、虹吸及配水系统等工艺管道的管材、接口及其防腐做法应符合设计与规范要求。虹吸管接口应严密不漏气。

（2）管道安装的允许偏差要求：

中心位置不大于5mm；高程不大于±5mm；

虹吸管的进、出口高程允许偏差不大于±10mm；

其他有高程要求的管道和装置不应大于设计要求或不大于±10mm。

3. 滤板的安装

（1）滤板安装前，上部结构施工及装修应全部完成，并将滤池作彻底的清扫、清洗，以避免交叉施工而堵塞，损坏滤孔或滤头。

（2）滤板下的支撑柱（梁）及滤板锚栓作法应严格按设计要求施工。

柱、梁及滤板安装的允许偏差要求：

轴线不大于8mm；

锚栓位置不大于5mm；

高程不大于±5mm；

平整度不大于5mm（3m尺）；

板错台不大于2mm。

（3）滤板板缝填塞密实，所用填料应符合设计要求。板间锚栓、垫板材料应符合防腐要求。

（4）滤板安装后，应对其高程、平整度、板间错台、板缝密封以及锚栓固定、防腐等项指标，进行细致全面的检查验收。经检查验收合格后，再进行下一工序。

（5）滤头安装按有关要求进行。

4. 承托层与滤料的铺装

（1）承托层所用砾石粒径与铺装厚度应符合设计要求。其粒径规格分别为：2～4mm，4～8mm，8～16mm，16～32mm，32～64mm（由上至下）。

所用砾石应为天然河卵石，应具有足够的机械强度和抗腐蚀性能，不得含有害成分，各项指标应不低于混凝土粗骨料的质量技术要求。

承托层砾石应按设计要求分层铺装，分层检查验收。

（2）滤料规格（粒径、不均匀系数）应符合设计要求，滤料应有足够的强度和化学稳定性。在使用前应按设计要求，对滤料作筛分试验和物理、化学特性的检验。

（3）滤层铺装前，应对滤池内外、上下进行清理，在池壁侧面将各层铺装厚度用墨线弹出，以便分层铺装。铺装后的顶面高度应较设计高出 20～30mm，以备在反冲洗对滤料进行水力分级后，刮出表面不合格的细颗粒。反冲洗表面刮砂应进行多次，直至合格为止。

4.1.3.4　无阀滤池

1. 无阀滤池工作情况

（1）过滤过程。原水由进水管进入滤池，经滤层由上至下过滤，滤后水经竖向连通三角渠进入清水（冲洗）水箱。水箱充满后进入清水池，见图 4.6 中的过滤状态。

（2）反冲洗过程。滤池运行中，滤层不断截留悬浮物，滤层阻力逐渐增加，促使虹吸上升管内的水位不断升高。当水位上升到虹吸辅助管口时，水自该管中落下流出，并通过抽气管不断将虹吸下降管中的空气带走，使虹吸管内形成真空，而发生虹吸作用。这时清水水箱中的水经竖向三角渠，对滤层进行自下而上的反冲洗。反冲洗开始后，进水和冲洗水排水同时经虹吸管排至排水管并排走。

当冲洗水箱水面下降至虹吸破坏管的管口（虹吸控制斗）时，空气进入虹吸管，虹吸作用被破坏，反冲洗结束。滤池则进入下一个周期的工作，见图 4.7 中的反冲洗状态。

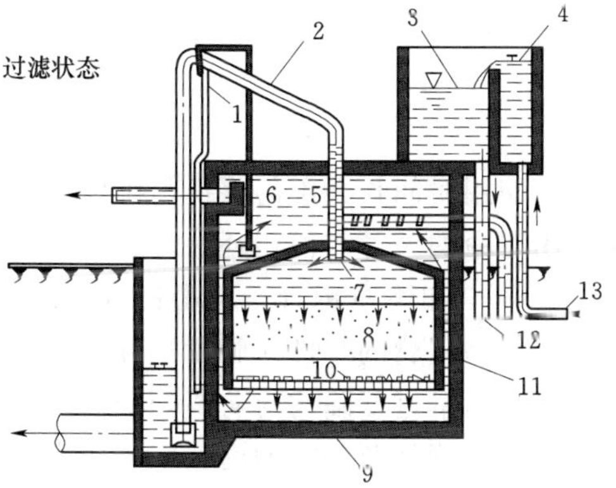

图 4.6　无阀滤池过滤状态

1—辅助虹吸管；2—虹吸上升管；3—进水槽；4—分配堰；5—清水箱；6—出水槽至清水池；7—挡板；8—滤床；9—集水区；10—滤板；11—连通三角渠；12—进水管；13—来水管

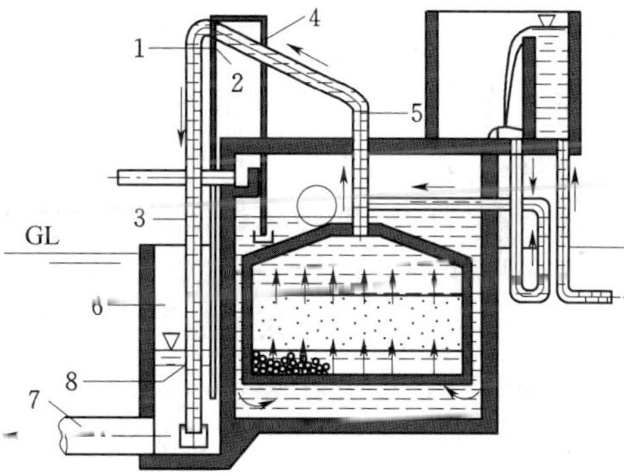

图 4.7　无阀滤池反冲洗状态

1—抽气管；2—虹吸辅助管；3—虹吸下降管；4—虹吸破坏管；5—虹吸上升管；6—排水井；7—排水管；8—水封堰

2. 结构施工要点

（1）池体结构应按水工混凝土的要求施工，以保证其防水抗渗能力达到设计要求。

（2）池体平面尺寸与高程。按设计图纸尺寸和高程要求施工，以防止平面尺寸和高程误差大而影响滤板、工艺管道等设施的安装精度和影响水处理效果。

（3）滤池结构内预埋穿墙管、人孔等，应在结构施工时一次埋入。

（4）无阀滤池结构混凝土分 4 次浇筑。

第一次完成池底板；第二次浇伞形板以下的池壁和顶板；第三次浇上半部池壁和顶板

部分；最后完成顶板上的配水槽混凝土。

(5) 滤池竖向三角连通渠的内壁应光滑平整，所用模板及其固定骨架应便于拆除。拆除后的三角连通渠内，不应留有残余模板碎块。

(6) 配水槽的堰顶高程应符合设计规定要求，且其误差不大于±2mm的标准。

3. 滤板的制作与安装

(1) 钢筋混凝土滤板的模板应采用专用钢模板。钢模板可采用翻转模板，也可采用拆装式模板。翻转模板的边模稍有倾角（上大下小），滤板锥形孔用固定在底板模板上锥形杆成型。

滤板混凝土采用半干硬性混凝土，振动台振捣成型，翻转扣装在平整的底模上，并及时整修局部缺陷，注意适时养护。

采用拆装式固定模板的侧模，待达到一定强度后拆除。锥形滤孔用固定在底模上带有螺纹连接的锥杆形成。为方便锥杆拆卸，在混凝土初凝后3～4h，将锥杆由底模下拧出，底模的下部应有足够操作空间。

(2) 滤板安装前，在池底及池壁侧墙面上施放立柱、梁及滤板轴线及板缝中心线。

锚固在底板上的焊接拉栓或埋铁，应满足设计的抗拉强度和防锈蚀要求。外露的螺栓、螺母、垫板不宜使用普通钢材，应使用防锈蚀等级较高的不锈钢或其他材料。垫板可采用20～25mm厚的硬质聚氯乙烯工程塑料板。

4. 滤料铺装

同第4.1.3.3条要求，此处省略。

5. 工艺管道的防腐与安装

(1) 进水管、虹吸管、入孔及检修孔道、堵板（使用时间长、不易更换与维修的）等钢制管件、配件的内外防腐作法是影响无阀滤池使用寿命的关键与薄弱环节。解决好这一关键，可采取两种办法。一是选用防锈蚀等级高的管材（如不锈钢管、球墨铸铁管）；另一种方法是将虹吸管、进水弯管等转弯多、焊缝多、不易防腐的管件、管段，分解成若干法兰接头的管件，以便在焊接后可以容易地用人工对管内壁进行除锈与防腐处理。钢管的除锈应采用喷砂除锈方法，钢材表面应露出金属光泽。钢管件及钢管的内壁应采用水泥砂浆衬里的防腐作法，法兰及钢管外部的防腐涂料应依据设计要求，认真操作，以保证滤池配件的正常使用。

(2) 管道位置及高程，应严格按设计要求安装，并作好管道接口，以确保滤池的虹吸效果。

6. 虹吸控制系统

(1) 虹吸控制管路的管材与管件，应使用镀锌或防锈蚀等级高的材料。严禁使用黑铁管及一般铁管件。

(2) 虹吸控制斗应使用防锈蚀等级较高的材料（如不锈钢、硬质聚氯乙烯材料）制成。尽可能不用普通钢板材料，以延长使用年限。

(3) 虹吸破坏斗高程允许偏差≤10mm。

4.1.3.5 V形滤池

1. 特点

(1) V形滤池为高滤速深水的单层均质材料（通常为砂）的滤床；滤床上面水深通

常为1.2m，永远不低于1m。

（2）进水和冲洗水系统，冲洗时结合用原水进行表面冲洗。

（3）可使滤床保持其初始状态而没有滤床膨胀与冲刷现象。

（4）用气（高流量）和水（低流量）同时反冲洗，冲洗操作仅需要小量的过滤水反冲洗，从而降低了功率消耗和所需的设备数量。

2.V形滤池要求

（1）进水配水槽堰顶、反冲洗排水槽堰顶的高度与水平度应同时满足下列要求：

1）堰顶的水平度允许偏差≤±2mm；

2）堰顶的高程允许偏差≤±5mm；

3）堰顶外形尺寸应符合设计要求，堰口应平直、光洁、密实。

（2）表冲孔的内径应符合设计要求，所埋入的表冲管或预留孔应水平放置，且垂直于配水槽进水方向。埋入的表冲管不应使用普通铁管，应使用UPVC（硬质聚氯乙烯塑料）管或耐腐蚀的其他管材。

（3）滤板的制作与安装。

1）滤板预制允许偏差要求：

平面尺寸：不大于2mm；

板厚：－2～＋3mm；

板对角：不大于±5mm；

滤头孔中心位置：不大于±3mm；

平整度：不大于2mm。

2）滤板安装的允许偏差要求：

高程：不大于5mm；

平整度（3m直尺）：不大于3mm；

板间错台：不大于2mm；

滤板下锚栓位置：不大于±5mm。

3）滤板锚栓、螺母、垫板用料应符合设计要求，并能承受气水反冲时的荷载。

4）滤板板缝应严密不透气。

3.施工程序与施工要点

（1）施工程序。为使V形滤池的V形布水槽、排水槽和配水、配气孔等部位的施工精度达到设计要求，应将上述施工困难、精度要求高的部位与滤池池体分开施工。即先期完成滤池主体，再完成池内的个别池槽。

施工程序是：

1）池底板。

2）侧墙及隔墙（与沟、槽有连接的部位在侧墙、隔墙上预留插筋，浇二期混凝土）。

3）池顶平台。

4）V形槽、排水、进水沟等二期钢筋混凝土（将根据情况，分2～3次浇筑）。

5）滤池上部结构整修及清理。

6）安装滤板下支撑梁。

7）安装滤板、填板缝、装滤头。

8）滤料铺装（试运行，反冲洗后刮砂）。

9）设备安装、试运行。

（2）施工要点。

1）测量放线：

a. 根据设计总平面的要求，引测滤池四角桩，并施放各部的主轴线和设定临时水准点（不少于两座）。轴线和水准点经校测无误后，加设拴桩和保护围栏并标明轴线号。

b. 滤池外池壁及中隔墙的轴线桩、拴桩均采用经纬仪测定。以后每层（底板、池壁、顶板）均从拴桩用经纬仪引测放线。

c. 有高程要求的各部位的模板及混凝土顶面均用水准仪测高控制。

2）池体钢筋混凝土及V形槽施工：

a. 池底板及池壁轴线及断面尺寸，按测量放线位置严格控制。模板支搭后要逐穿轴线检查验收，符合允许偏差的要求后，始准浇筑混凝土。

b. 池壁模板一次支齐，混凝土浇到走道板以下200～400mm，施工缝处理后，再浇走道板混凝土。V形槽、排水槽在池壁内预埋水平筋，待池壁拆模、施工缝凿毛后再继续施工。

c. V形槽分两次浇筑完成，第一次浇到表冲管底面；第二次浇至V形槽顶面。

V形槽采用特制钢模。钢模上留有表冲管的孔洞，钢模下端设可进行微调高程的支撑，以便控制表冲管和堰口的高程。

V形槽底面高程即表冲管的底面高程，控制好V形槽底面混凝土的高程（≤±2mm），即决定了表冲管的底面高程。因此，在浇筑混凝土前，要对模板顶进行高程校测。在浇筑与表面成活时，更要控制其表面高程和平整度，以保证表冲管的精确。

d. 表冲孔可一次埋设就位，也可分次安装就位。一次埋设就位即用硬质聚氯乙烯塑料管（与设计要求的管径相同）作为工具式埋管，预先按高程安放在模板预留孔内，待混凝土浇完后3～6h，用手轻轻转动，取出工具管，只留孔不埋管。

分次安装表冲管的方法是用大于设计管径的硬质塑料管作为工具管，在混凝土中预留孔洞。在拆除工具管后按设计高程，重新安装固定表冲管。

3）滤板的制作与安装：

a. 滤板模板采用钢制专用模板。特制钢制专用模板的底板按设计位置，设置专门加工的滤头锁母螺栓和固定螺母，在预制时将滤头锁母固定浇筑在滤板混凝土内。待滤板混凝土强度达到30%时，将螺栓拧出。

b. 滤板混凝土采用低流动性混凝土，用附着式振动横梁振捣。振捣后用平尺仔细整平表面后压实。在压实整平中，使滤头锁母的螺栓头部露出表面。

c. 滤板内钢筋位置要用砂浆垫块绑扎固定。浇筑后的滤板混凝土应按时养护，养护时间不少于14d。

d. 滤板安装前，应逐件检查板的平面尺寸与板厚；检查池内清理情况；检查放线位置及高程控制线。

e. 安装时逐件按弹线位置，按允许偏差要求安装。为使滤板高程偏差不超过±5mm，平整度不超过3mm的要求，用细丝线或3m长平尺及塞尺检查量测。

f. 吊装滤板时，为保护混凝土棱角，所用吊索要加胶套管或专用夹具。吊索与夹具要安全可靠，有防脱落辅助吊索。

g. 滤板下水泥砂浆找平层，应随安装随填实、勾平、清理。

h. 滤板立缝填料前，应角吸尘器清理干净、干燥，按设计指定的填料与方法施工。当采用密封胶填缝时，板缝应用压缩空气和热风吹风机烘干板缝。所填密封胶也应用热风机加热，以保证密封胶与板缝的粘接牢固。

4）滤头安装：

a. 滤头安装前应再一次清理滤板表面和板下空间。

b. 滤头及滤柄要逐件按技术标准要求检查。安装时用专用扳手，专人逐个紧固。做到不松动、无裂缝、滤头完整。安装后用手逐件检查验收。

5）滤板、滤头的保护：

a. 坚持先上后下的施工程序。

b. 在滤池上部四周加围护栏杆和护网、挡脚板，以防杂物坠落。

c. 认真做好现场技术与安全交底，严禁由上向下投扔工具和材料。

6）滤料铺装。承托层按弹性高度铺装。滤砂应较设计高程适当提高 30～50mm，在经过 2～3 次反冲洗刮除表面较细颗粒后整平。如与原设计高度有差异时，应修整至设计高度。

4.1.4 清水池

清水池是给水系统中调节水厂均匀供水和满足用户不均匀用水的调蓄构筑物。

由于每座水厂供水能力与水厂总平面布局的不同，水厂清水池的容量、数量、平面尺寸、深度以及结构类型也不同。单体容量有几百吨至几千吨乃至十多万吨容量的清水池。其结构类型有全现浇钢筋混凝土圆形、矩形水池，有现浇与预应力装配相结合的钢筋混凝土水池，有大容量全现浇的“设缝单元组合式”水池，还有砖砌池壁的水池。

4.1.4.1 清水池的分类及适用条件

常见的清水池分类及适用条件见表 4.4。

4.1.4.2 矩形现浇钢筋混凝土清水池

矩形现浇钢筋混凝土清水池包括了整体现浇设缝钢筋混凝土清水池以及部分预制安装的清水池。

不设缝的现浇钢筋混凝土清水池多用于小型水池，设缝水池多用于中型或较大型水池。

1. 施工缝的设置与施工程序

水池底板一次浇筑完成。底板与池壁的施工缝在池壁下腋角以上 150～200mm 处，底板与柱的施工缝设在底板表面。

水池池壁竖向一次浇到顶板腋角以下 150～300mm 处，该处设施工缝。

柱基、柱身及柱帽分两次浇筑。第一次浇到柱基以上 100～150mm，第二次连同柱帽一起浇至池顶板下皮。

池顶一次完成，施工缝的位置见图 4.8。

表 4.4　　清水池分类及适用条件

分类						适用条件及特点
平面形状	按建筑材料及施工方法分	按结构分类				
		底板	池壁	柱	梁板	
矩形池	现浇钢筋混凝土	整体现浇钢筋混凝土		钢筋混凝土	钢筋混凝土	适用于小型水池，当用于中型水池时要采取防裂措施
矩形池	现浇钢筋混凝土	分离式钢筋混凝土	整体现浇钢筋混凝土	钢筋混凝土（或预制装配）	有梁板（或无梁楼盖），或预制装配梁板	施工技术比较简单，模板及支架一次性投入量大，消耗高
矩形池	现浇钢筋混凝土	设缝钢筋混凝土		钢筋混凝土（或预制装配）	钢筋混凝土（或预制装配）	适用于大中型水池抗裂性能好，其他同上
矩形池	现浇“设缝单元组合式”钢筋混凝土	单元组合式底板	单元组合式池壁	现浇钢筋混凝土	单元组合式钢筋混凝土顶板	适用于大中型与特大型水池的建造，结构构件标准化，模数化，易于组合成不同容量的水池，由于施工工艺的改革与机械化水平的提高，降低了消耗，加快了施工速度，但要特别注意变形缝，止水带的材质与施工质量，以免缝间渗漏
矩形池	砖砌池壁	整体现浇钢筋混凝土	砖砌池壁内外设防水层	钢筋混凝土	现浇（预制）梁板	适用小型水池，用材及施工简便，造价低，但要注意做好池体及进出水管等处的防渗水处理
圆形池	现浇钢筋混凝土	现浇整体式钢筋混凝土		钢筋混凝土	有梁板或无梁楼盖	适用于中、小型水池，抗裂、抗渗性能好。对较大直径的圆形池，要注意采用防裂措施。模板消耗高，一次性投入大
圆形池	装配式预应力混凝土	现浇整体式钢筋混凝土	装配式预应力钢筋混凝土	预制装配式钢筋混凝土	预制装配式梁板	适用于较大型水池（不超过 1.8 万 t）。抗裂防渗性能好，模板、支架投入少。但技术要求高，施工设备较复杂
圆形池	砖砌池壁	整体现浇钢筋混凝土	砖砌池壁内外设防水层	钢筋混凝土	有梁板或无梁楼盖	同砖砌矩形水池

2. 垫层

（1）基坑开挖后，应按照有关地基规范与设计要求对地基进行检查验收。检查验收后，引放水池各部轴线控制桩与垫层模板外缘线。

（2）垫层混凝土的表面成型与高程控制。

垫层混凝土表面高程与平整度的精度影响到上部结构的质量水平。为使垫层混凝土表面高程控制在标准（允许偏差±10mm）以内，首先要控制好垫层侧模板的高程的误差值≤5mm（用水准仪测量）。为此，在垫层平面的中间部分，支设临时高程控制板，将整体大面积垫层分为若干条。其次，在分条浇筑垫层过程中，用平杠尺和抹子对混凝土表面整平。浇筑一条后，即拆除临时侧模，并继续浇下一条垫层，如此直到全部完成。

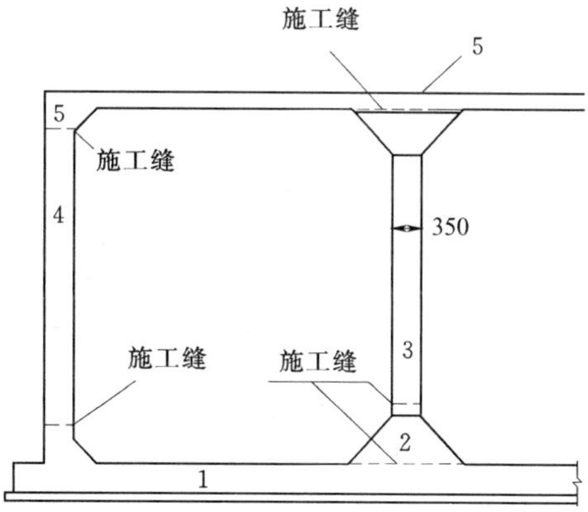

图4.8　清水池施工缝位置及施工程序图
1—底板；2—柱基；3—柱；4—池壁；5—顶板

3. 底板钢筋混凝土

（1）小型水池（长度不超过25m）底板混凝土可一次浇筑完成，较大水池应根据设计要求分段浇筑。

（2）水池底板施工重点是：确保池壁、柱轴线偏差＜8mm；高程偏差≤±10mm；表面平整度＜10mm；钢筋保护层厚度偏差：底板＜±10mm；池壁的预留插筋位置≤±3mm；柱≤±5mm；混凝土的强度、抗渗符合要求；池壁腋角混凝土施工缝应捣固密实、平整，应防止吊模下部出现漏捣和蜂窝麻面；池壁腋角水平施工缝的止水板（带）应固定牢固、位置准确。

（3）水池底板测量放线：

1）当垫层混凝土强度达到1.2N/mm^{2}以后开始施放轴线。

2）用经纬仪将池壁、进出水口、柱的轴线控制点、底板、池壁与柱的内外边线投至垫层表面，并弹上墨线。

3）为检查垫层混凝土的表面高程和便于控制与调整底板上层钢筋的高度，用水准仪将垫层表面的高程实际误差值标注在垫层混凝土的表面。

（4）底板模板安装：

1）先安装底板外模板，池壁下腋角的吊模安装在钢筋完成后进行，并注意保护钢筋。底板侧模及池壁吊模支搭方法参见图4.9（*a*）、（*b*）。

2）池壁下腋角的吊模的轴线位置偏差不超过5mm，尺寸偏差控制在±3mm之内；应支搭牢固，在浇筑混凝土过程中应有模板工专人看管，以防变形跑模。

（5）底板钢筋的制作与安装：

1）要点：

a. 清楚了解图中钢筋（底板、地梁、池壁、柱）节点交叉、尺寸关系。

b. 确定影响钢筋位置的主要控制线。

c. 影响质量的关键：保护层厚度、上下（内外）层排距、交叉节点关系、接头位置、固定方法、架立筋间距、垫块厚度与安放的位置。

2）事前准备工作：

a. 研究图中钢筋（上下双向筋、池壁、梁柱节点、箍筋）的交叉（上下、内外）关系。

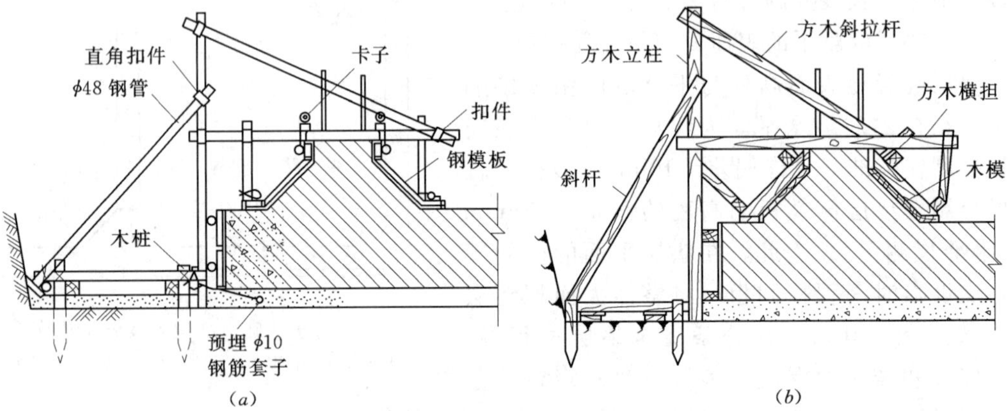

图 4.9 底板侧模及池壁腋角吊模支搭方法

(a) 基础底板腋角吊模（钢模）图；(b) 基础底板腋角吊模（木模）图

b. 计算钢筋的下料尺寸与形状；确定影响主要钢筋位置的控制线。

c. 确定底板筋、池壁竖向筋位置的支架与固定方法。

d. 按轴线将底板、池壁与柱的钢筋控制线用墨线标在垫层混凝土上。

3）钢筋安装：

a. 底层钢筋方格网按钢筋控制线绑扎后，安放架立筋（板凳筋、排架）；架立筋间距根据钢筋直径确定，一般为 60～120cm；架立筋的高度根据底板厚度、钢筋直径与保护层厚度计算确定；底层垫块放置位置与架立筋的位置相对应、不错位，以免受力后变形。

b. 钢筋绑扎后，检查上下层间的排距与保护层厚度（偏差值＜±10mm）。

c. 池壁钢筋保护层的关键在于：两根底板上层定位筋的位置的准确性；池壁筋的垂直度；池壁腋角吊模的尺寸控制；垫块的安放数量见图 4.9（b）。

（6）底板混凝土浇筑：

1）水池底板混凝土的原材料及配合比应符合设计与有关规范要求，详见后面的提高混凝土耐久性的主要措施部分内容。

2）底板混凝土的坍落度。当采用吊斗灌注、机械振捣时，在浇筑地点混凝土的坍落度宜选用 50～70mm。

采用掺用外加剂的泵送混凝土时，其坍落度不宜＞120mm。

3）混凝土浇筑应连续进行，尽量减少间歇时间。浇筑段接茬间歇时间，当气温小于 25℃时，不应超过 3h，气温大于或等于 25℃时，不应超过 2.5h。为此，对底板混凝土的浇筑，要根据底板厚度和混凝土的供应与浇筑能力来确定浇筑宽度和分层厚度，以保证间歇时间不超过规定的要求。

4）池壁腋角吊模部分的混凝土浇筑应在底板平面混凝土浇筑 30min 后进行，防止腋角部分的混凝土由吊模下部底板面压出后造成蜂窝麻面。为保证池壁腋角部分的混凝土密实，应在混凝土初凝前进行二次振捣，压实混凝土表面，同时对腋角吊模的根部混凝土表面整平。

5）底板表面的整平与压实；设置底板混凝土表面高程控制轨；在稳固的底板钢筋排架上，安装临时控制轨；在浇筑底板混凝土时，用杠尺对混凝土表面整平。

6）混凝土浇筑完成后，应视气温与混凝土的硬化情况适时覆盖并洒水养护。养护时间不少于规定的 14d。特别是池壁的施工缝部位，要覆盖严密，洒水养护。

4. 池壁钢筋混凝土

（1）施工程序。清除池壁钢筋上的水泥浆→施工缝凿毛→拆除池壁腋角吊模→绑扎池壁钢筋→安装池壁模板→验收→准备工作→浇筑池壁混凝土→养护→拆除池壁侧模→继续养护。

（2）施工缝凿毛处理。池壁根部混凝土强度达到 $2.5N/mm^2$ 以上时，开始凿毛。凿毛应用剁斧或尖錾将混凝土的不密实表面及浮浆凿掉，露出新茬。凿毛过程中要注意保护混凝土的棱角，不要将粗骨料剔出。

（3）池壁钢筋。池壁钢筋绑扎的关键是控制好钢筋的搭接长度与搭接位置；控制好竖向钢筋顶部的高度；控制好池壁内外层钢筋的净距尺寸；保证整体钢筋网的稳固。

1）绑扎前的准备工作：

a. 按施工图纸核对各型号钢筋的直径、长度、成型尺寸。

b. 为控制池壁竖向筋的上顶高度，在池壁八字腋角根部侧面上，测量高程控制线。标明到池顶上皮的高度，据此绑扎竖筋。

c. 搭设内外脚手架，清除钢筋表面灰浆，整理埋筋。

2）绑扎：

a. 重点应控制好内外层钢筋的净尺寸，为此采用排架或板凳筋（铁板凳）作法。无论采用哪种方法，要按施工图保护层厚度的要求，精心加工排架与砂浆垫块，使误差值不大于±3mm。排架（支撑板凳）的间距不应大于 1000mm。砂浆垫块摆放的位置，要与钢筋排架的支点相对应。绑丝扣应向内侧弯曲，不应占用保护层的厚度。

b. 绑扎后的池壁钢筋，应稳固不变形，竖向筋保持垂直，横向筋保持水平。特别要注意池壁转角部位的垂直度与钢筋的保护层不超差，以保证模板安装顺利进行。

c. 绑扎后的池壁钢筋，应经检查验收。

（4）池壁模板。

1）池壁模板的质量，直接影响池壁混凝土的质量水平。池壁模板设计，应根据模板的支搭高度与浇筑方式，对模板的强度、刚度、稳定性进行计算。作到构造合理、结构稳定、易于装拆、操作方便。

2）正常厚度的池壁（池壁厚度与池壁高度比约为 1∶12），池壁模板一次支到顶板腋角以下 200～300mm 左右。特殊的薄壁水池将视结构情况和设计要求，采取分段支模连续浇筑的方法。

3）水池池壁模板采用钢模板时，用钢管作水平龙骨，竖向圆孔梁作立梁，内外模板采用工具式钢螺栓拉杆，用斜撑将整体模板固定在水池底板的埋件上。

4）固定模板的拉结螺栓分为 3 段，中间混凝土内的一段为两端带丝扣的内拉杆。其长度较结构混凝土厚度小 60mm，两端为工具式的外拉杆。在浇筑混凝土后 6～12h 后

（视气温情况）拧出，重复使用。

（5）池壁混凝土浇筑。混凝土配合比、外加剂及所用材料除应符合规范要求外，应采取措施解决好下述问题：

1）混凝土浇筑平台与池壁模板连成一体时，应保证池壁模板的整体稳固，避免模板振动变形而影响混凝土的硬化。

2）非泵送混凝土的坍落度不大于80mm；掺外加剂的泵送混凝土的坍落度不宜大于120mm。

混凝土的供应、运输、浇灌、振捣等各个环节应协调一致，以保证池壁混凝土的连续浇筑。

3）施工缝应事先清除干净，保持湿润，但不得积水。

浇筑前施工缝应先铺15～20mm厚的与混凝土配合比相同的水泥砂浆。所铺的水泥砂浆与混凝土浇筑的相隔时间不应过长。

4）池壁混凝土应分层连续浇筑完成，每层混凝土的浇筑厚度不应超过400mm，沿池壁高度均匀摊铺；每层水平高差不超过400mm，并严格控制竖向的浇筑速度不超过0.8～1.0m/h。

池壁转角、进出水口、洞口是配筋较密难操作的部位，应按照混凝土捣固的难易程度，划分小组的浇筑长度。

插入式振捣器的移动间距不大于300mm，振捣棒要插入到下一层混凝土内50～100mm，使下一层未凝固的混凝土受到二次振捣。

每层混凝土的浇筑间歇时间不宜大于1h。

5）用溜筒灌注混凝土的下落高度（从溜嘴）不大于2m。浇筑混凝土时，应将混凝土直接运送到浇筑部位，避免混凝土横向流动。

6）池壁混凝土浇到顶部应停0.5～1.0h，待混凝土下沉收缩后再作二次振捣，以消除因沉降而产生的顶部裂缝。

7）浇筑后的混凝土应及时覆盖和洒水养护。

5. 柱钢筋混凝土

为加快施工速度与节约模板加工，柱的施工时间应与水池池壁的施工时间同步进行。柱模板的加工数量应视总量而定。在能保证总工期的前提下，尽量减少一次投入量。

一般柱体分为两次浇筑，第一次浇筑根部混凝土，第二次浇到柱帽顶或梁底。

（1）柱的施工程序。柱轴线及边线放线→施工缝凿毛与清刷→绑扎柱根钢筋（调整）→安装柱根模板→验收→浇筑混凝土→养护→柱根顶部凿毛→绑扎柱身钢筋→安装柱身（包括柱帽）模板→绑扎柱帽钢筋→验收→浇筑混凝土→养护（拆模后继续养护）柱顶凿毛。

（2）柱模板采用钢模或木模（多层胶合板）。柱身混凝土浇筑应一次到顶，浇前施工缝应充分湿润，应铺垫与混凝土配比相同的水泥砂浆。混凝土坍落度不宜大于80mm，分层（不超过400mm）浇筑与振捣。为使混凝土沉实，浇到柱帽底部时应暂停后作二次振捣，待全部浇完后，再作二次振捣。

6. 顶板混凝土浇筑

顶板钢筋混凝土小型清水池顶板应一次浇筑完成，较大水池顶板应考虑防裂措施。

（1）水池顶板的施工程序。拆除池壁及柱模板→清理池底→放线（柱轴线、测池顶各部高程控制线）→支搭池顶支架及模板→池壁顶部混凝土施工缝凿毛清理→绑扎顶板钢筋→支搭池壁与顶板腋角的外模板→验收→混凝土准备→浇顶板混凝土→养护→拆除模板。

（2）顶板模板。模板支架采用工具式支架体系。支架立柱下端螺旋支座可调整高程，支架柱头采用可调早拆柱头体系。柱头摆放桁架（或梁），顶模铺放钢模板。柱头及边角部分局部铺放木模，以补齐全部顶板。

（3）顶板钢筋。

1）顶板钢筋应根据配筋情况设置架立主筋。其作法是用双层钢筋的内层筋作为架立水平筋（如上层筋的直径较小时，在征得设计同意后，将上层的内层筋适当放大到ϕ12）。排架立筋的间距一般取600～800mm（为普通钢筋网的间距的整倍数）。钢筋保护层的垫块位置应与排架的立筋位置相对应。

2）绑扎后的钢筋直径、接头作法、间距，特别是保护层厚度（允许偏差±3mm）应认真检查与调整。

3）在以后的工序操作中应着重保护钢筋，以防变形，直到浇筑完毕。

（4）混凝土浇筑。

1）顶板混凝土的准备工作中，最重要一点是对顶板钢筋的保护，要铺设操作脚手板，禁止踩踏钢筋。

2）顶板混凝土的浇筑顺序，应在较短的一侧开始分条浇筑，先浇低处。分条宽度应根据混凝土的供应量与接茬的间歇时间决定。

3）顶板混凝土的养护：初期采取覆盖、洒水养护。一天后沿池顶板周边围土充水养护，不少于14d。

4）顶板强度达到设计规定的拆模强度时始准许拆除支架。如采用早拆体系模板支架时，在支架及柱头不动的情况下，可于顶板强度达到50%（≤2m跨）时，拆除顶板模板（底板）。支架体系应在达到规定的拆模强度时，才能拆除。

5）顶板支架的搭设与拆除过程中，应有足够的斜向支撑，以保持其稳定。拆除时，应先上后下，逐层拆除，随拆随运，按指定地点码放整齐。

7. 水池的防裂措施

（1）裂缝的原因。池体混凝土收缩裂缝是由于混凝土的收缩变形受到约束引起的。混凝土收缩的原因如下：

1）混凝土在空气中结硬时，体积会收缩；在水中结硬时，体积就会膨胀。在空气中结硬时，普通混凝土的收缩应变值一般可达$2\times10^{-4}\sim2\times10^{-3}$。

2）混凝土温度的变化也会引起其体积的收缩与膨胀：

a. 混凝土绝热温升：水泥水化放热引起混凝土温度升高。较厚结构混凝土的最初阶段，水泥水化放热可使混凝土的温升达20～30℃。当温度达到最高温度后，随着热量的散发，其温度将由最高温度降到一个稳定的温度场。如果浇筑温度高于稳定温度场的温度，其温差就会对混凝土产生拉应力。

b. 气温变化：混凝土浇筑期大气温度变化以及结构运用期（冬期、夏季）水温的变化，都会影响混凝土的温度。

当上述温度、干燥引起混凝土的收缩，受到基层和侧向的约束时，会引起初应力。当其拉应力值超过混凝土抗拉强度时，结构混凝土就会在抗拉强度最薄弱截面出现早期裂缝，随着温度、湿度不断的变化，裂缝数量会逐渐增多，裂缝宽度增大。

(2) 裂缝控制措施。

1) 设计方面。为了解决结构开裂问题，在结构设计中除应考虑混凝土施工期温度变化之外，还应考虑结构运用期的气温、水温、干缩、湿度变化、结构表面日照辐射等因素。

a. 合理选定伸缩缝间距。按照我国《给水排水工程构筑物结构设计规范》规定：矩形构筑物（露天）的伸缩缝最大间距不超过20m，国外一些设计规范对于完全收缩缝的间距则规定为不大于15m；

b. 对超过规定长度的矩形水池，应在设计中明确要求设置后浇带和采取掺微膨胀剂等措施；

c. 在规定的伸缩缝间距前提下，水平配筋率不宜低于0.20%（指每一侧水平筋，以全截面计），并选用直径较小，间距较密的布置方法。较重要的水池池壁还应适当提高水平配筋率；

d. 结构混凝土的强度等级不宜超过C30。

2) 施工方面。

a. 设置后浇带、分段浇筑：当结构伸缩缝过长（30m），应设置后浇带并采取分段施工的方法。为了使已浇混凝土得到充分的收缩，应在最晚一段混凝土浇筑42d后再浇筑后浇带混凝土。

b. 合理选用混凝土配合比。选用水化热值较低的水泥（42.5R）；水灰比按设计规定或不大于0.55；

在保证混凝土强度、抗渗指标的前提下，降低单方水泥用量。但单方水泥用量不得少于300kg/m^3，掺有活性掺合料时，水泥用量不得少于280kg/m^3；

掺用微膨胀剂或减水剂，掺量应通过试验确定；粉煤灰的级别不应低于二级，掺量不宜大于15%；

严格控制坍落度，较厚大结构的普通防水混凝土不宜大于50mm，泵送混凝土入泵坍落度不宜超过120mm，并按水工混凝土的要求作泌水率（性能）的检测。

c. 严格操作。控制一次摊铺高度30～40cm；严禁集中摊铺；分层浇捣、不漏振、过振；对高池壁、高柱混凝土要控制竖向浇筑速度不超过1m/h；池壁、高柱的上两层混凝土要采取二次重复振捣，以消除湿沉降带来的弊病（水平向钢筋、螺栓下的孔隙和侧表面微裂缝）。

d. 加强覆盖与湿养护。对混凝土湿养护的时间，应超过14d（干燥地区还应适当延长）；有条件应及早充水和回填，避免长期暴露。

4.1.4.3 现浇“设缝单元组合式”钢筋混凝土水池

现浇“设缝单元组合式”钢筋混凝土水池，是用标准的结构单元体组合成任何规模（容量）的一种新型水池结构体系。这种水池结构形式与建造的特点是：用标准单元体可组合成任何平面组合的大容量水池；可以充分采用新型模板、支架技术；解决了大容量水池的结构混凝土开裂；提高工程质量，提高机械化水平，加快施工速度；节约模板支架降低成本。使大容量清水池的设计、施工工艺改革方面，取得了突破性的进展。

近年来在北京、西安、山东淄博等地，采用这一新技术成功地建造了容量由 2.3 万 t 到 10 多万 t 的 10 多座大型清水池工程，都取得了较好的经济效果和较高的质量水平。

1. 水池构造

整体水池是由以平面尺寸为 15m×15m 的单元体组合而成。每个单元体由底板、柱、顶板以及相应的池壁（中隔墙）构成。单元体间设置变形缝，缝间止水带在浇筑混凝土时，嵌入到缝两侧结构混凝土内。

水池顶板为无梁楼盖，无梁楼盖柱帽为倒置锥台形，正方形横截面现浇筑，柱扩大基础为正锥台形。中间单元底板为等厚的水池底板，池壁部分为变截面的整体底板。池壁为悬臂式挡土墙形式。池壁与无梁楼盖顶板的节点处设变形缝。

2. 施工关键

（1）结构混凝土的防水与耐久性。

（2）变形缝止水带的材质及止水效果。

（3）结构钢筋混凝土的施工手段与施工管理对工程质量的保证能力。

3. 施工程序

（1）水池施工程序：

1）测量放线。

2）施工降水与土方开挖。

3）基底钎探、处理及验收。

4）分“单元”垫层及底板。

5）分“单元”分区、分仓完成池壁（中隔墙）、柱、顶板。

6）池内清理及变形缝填料（内外、上下）。

7）进出水等管道安装与清理。

8）满水试验，回填土等。

（2）单元体施工顺序安排：

单元体各部位施工顺序见图 4.10。

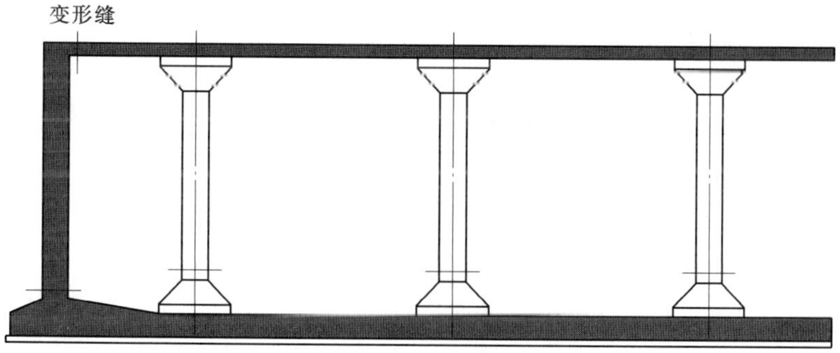

图 4.10　单元体各部位施工顺序图

4. 施工要点及施工方法

（1）施工部署及安排。各单元均为独立施工段，它把大尺寸平面的水池分解为型号、模数相同的“单元体”。成为可以大量重复生产的“建筑产品”化整为零、化繁为简。为流水作业、重复生产创造了有利条件，为工艺装备的标准化、管理科学化、施工机械化打下了基础。在施工部署上将整体水池划分为若干作业区，每个作业区将单元的各工序按专业化分工，按总进度要求安排人力的投入，确定专业队组在每施工段上的作业时间与流水节拍，使各段（单元）每个工序的生产过程最大限度地连接起来，形成小节拍、连续有节奏地流水施工。提高了工人的技术熟练程度，节约了更替设备与工具的时间，提高了劳动效率，工程质量水平大幅度提高。

（2）几项主要技术措施与施工手段。

1）采用新结构—“设缝单元组合式”水池，是水池结构在“标准化”、“通用化”的改革上迈开重大一步。它改变了原有的构件品种多、模数不统一、施工模架设备投入大、速度低的状况，为施工技术进步提供了有利的条件。

2）采用新型（“SZ”系列）钢模支架体系，提高结构混凝土质量水平，加快施工速度，将给排水结构混凝土的施工提高到一个新水平。

a. 新型的墙体模板刚度大、严密性好，可预先组装，是一种适应各种类型结构的模板体系。

b. 采用“SZ”支架体系，适应各种类型的脚手架、模板支架的快速支搭。

c. 水池池壁模板采用龙门架移动式整体大模板，改变了纯手工劳动的局面。

d. 快装式整体柱模，充分利用机械设备，加速周转，提高结构混凝土质量水平。

3）采用新材料、新工艺，规范操作行为，提高结构防水能力和耐久性。

a. 采用新型止水带替代老式止水带，提高其在混凝土内的嵌固防水能力。

b. 用聚苯乙烯板代替水泥木丝板和纤维板。

c. 规范变形缝、止水带的安装工艺。

d. 规范钢筋安装固定方法和防水混凝土的工艺操作，提高结构的耐久性。

e. 采用“大面积混凝土成型工艺”，使成型后的混凝土表面作到高程准确、平整、密实，达到一个新水平。

5. 具体施工方法

（1）测量放线。

1）设置水池四角桩和控制桩（或池壁轴线桩）。

2）设置水池变形缝轴线控制桩。

3）设置2～4个临时水准点（在轴线控制桩上）。

4）每个控制桩用混凝土加固，用埋钢标柱轴线，并加高保护围栏。

5）水池各部位的投点及线均用钢尺复测校对。

（2）垫层。

1）变形缝要按设计要求预留。

2）垫层模板高程用水准仪测定，表面用杠尺找平、抹子压实。

3）浇筑后的混凝土表面，用水准仪复测高程并标注误差值。

（3）水池底板。

1）质量要求：

柱、池壁轴线的偏差不超5mm；

高程偏差（模板±5mm；混凝土±10mm）；

平整度允许偏差≤10mm；

止水带与变形缝位置偏差±5mm；

钢筋保护层及预埋筋位置的允许偏差（柱±5mm，池壁±3mm，底板±10mm）；

混凝土密实、抗渗及抗压强度符合标准要求，表面平整、光洁、密实。

2）底板模板。底板侧模板采用基础专用钢模，钢模上顶预留有变形缝的嵌缝槽，下端设有调整螺丝，以便调整模板顶面标高（用水准仪控制）。

模板间用螺栓连接，钢支撑固定。

3）变形缝止水带。止水带是设缝水池防水的关键，一旦出现问题，将无法确定其渗漏位置，也不易修补。因此止水带原材料、现场安装、接头硫化粘接、施工保护与检验是至关重要的。

采取的主要措施是：

a. 选用新型的橡胶止水带替代老型号止水带，以增强在结构混凝土内的嵌固与抗变形能力。

b. 止水带的加工定制。设缝水池的止水带加工定制的长度及形式，应根据水池设缝的位置、平面尺寸、池壁高度及顶板的布局一并考虑，并绘制加工详图。详图中应确定止水带的接头位置与每段的加工长度，止水带的接头不应设在转弯处，应设在每单元的 1/2 底边处。

c. 止水带在使用前按标准认真检查验收和安装，止水带接头采用现场电热硫化粘接方法，订制专用电热硫化装置（与工厂硫化方法相同），所用接头生胶与硫化温度、时间应符合要求，严禁搭接和粘接。

d. 止水带固定应有专门的模板设计。止水带的中心应对正变形缝中心（允许偏差±5mm），嵌固在底板混凝土中的止水带翼缘应稍高于中心孔位置，以利于排除气泡。为了达到上述要求，中心孔的位置用模板和楔子固定。

e. 缝板安装。变形缝宽 30mm，用聚苯乙烯板作为缝板材料。由于其稍有弹性、板厚均匀和无毒等，是缝板的好材料，较水泥木丝板、纤维板有易加工、弹塑性及耐久性好的优点。

4）底板钢筋。底板筋的关键是如何使钢筋各部位（底板筋、柱、墙预埋筋）的保护层与其他质量指标符合标准要求。为达到上述要求，采取如下措施：

a. 从垫层混凝土的表面高程和平整度的控制开始。

b. 控制水泥砂浆垫块的加工厚度和强度。

c. 复测侧模顶高不超过±5mm。

d. 上下钢筋网间的钢筋排架高度偏差不超过±5mm，排架间距不超过 800mm。

e. 预埋柱筋位置按缝板轴线的投点位置逐根量测，并用斜向拉筋固定，以防变位。

f. 池壁埋筋按轴线控制，拉通线量测。

g. 钢筋工序完成后应进行全面的量测验收。

5）底板混凝土浇筑。

a. 底板混凝土浇筑前，应检查：侧模板的轴线位置、侧模顶面高程；钢筋预埋筋的位置；止水带的固定情况；止水带和模板内是否洗干净。

b. 为控制大面积底板中心部分的高程和平整度，要在底板三分点的部位，在钢筋上安装两条高程控制轨，以便用杠尺（铝合金杠尺）在混凝土表面平整与掌握其高程。高程控制轨经水准仪检测并作好调整。

c. 底板混凝土浇筑应从底板的一侧开始，每侧混凝土的厚度不宜超过250mm，应分层浇捣。

d. 止水带部分第一次浇筑的厚度，应略高于止水带，以利于排出止水带下部的气泡与捣固密实。

e. 上层混凝土应作二次振捣，底板变形缝的角部要用木抹子、铁抹子加强表面成活其他大部分混凝土表面的初步整平，经木抹子、铁抹子抹平后，用电动抹光机压实抹光。

f. 浇筑后的混凝土应及时养护洒水，第二天在底板边缘上堆土坎蓄水养护。

（4）池壁与中隔墙。变截面的池壁与中隔墙的每一浇筑段长为15m，每段的钢筋一次绑扎到顶，混凝土连续浇筑到顶。

池壁与中隔墙的施工关键有6个方面：池壁与底板施工缝的处理；池壁与池壁（单元缝）间的止水带的固定，与周围混凝土的严密性；墙体模板的刚度、稳定性；池壁保护层厚度及位置是否达标，池壁墙体防水混凝土的密实；混凝土的养护。这6个方面影响着结构工程的安全性与耐久性。因此，在施工过程中要按设计图纸、按规范要求、按所定的工艺程序认真操作。

1）施工程序：

a. 池壁与底板施工缝的凿毛处理。

b. 调整和清理钢筋上的灰浆。

c. 搭设脚手架。

d. 绑扎池壁钢筋。

e. 验收池壁钢筋与清理施工缝。

f. 安装模板，安装止水带及缝板。

g. 浇筑前总验收及准备工作。

h. 浇筑混凝土。

i. 养护与拆模。

2）池壁钢筋：池壁钢筋绑扎前的底板施工缝处理及钢筋绑扎方法已在前面提及，不再重复。但要注意以下几点：

a. 池壁水平钢筋的端头距变形缝的保护层厚度和池壁竖向主筋顶端的保护层厚度，要按照允许偏差±3mm严格控制。预先量测钢筋端头位置，挂线限定钢筋绑扎的界限，以确定其准确位置。

b. 为防止单元池壁钢筋沿池壁轴线方向的整体倾斜，绑扎斜向拉筋固定。

c. 预先控制好池壁筋的保护层。对采用的排架、板凳筋认真量测。固定的间距不应大于80cm，且保护层垫块的垫放绑扎位置一定要与排架或板凳筋的位置相对应。

3）池壁模板：池壁模板应支搭牢固、稳定。模板的垂直度误差不大于5mm，断面尺寸不超过规定的±3mm，墙面平整度用2m尺量，误差不超过5mm。为了达到上述质量标准的要求，加快安装拆移速度，采用“龙门桁架移动式”整体大模板。

整体模板的作法是用钢板作面板，角钢作骨架，焊接成与结构混凝土相适应的大模板，用槽钢或立梁拼接后组装成整体模板，并悬挂在固定有轨道的龙门架上。当池壁钢筋绑扎验收后，即可迅速将模板移动安装就位。内外模板间用内外钢拉杆固定。

4）混凝土浇筑：池壁混凝土的浇筑除按矩形水池所述方法外，还应注意如下几个问题：

a. 施工缝与止水带的浮渣要清洗干净。

b. 灌注混凝土时，不要直接将混凝土倒在止水带上。

c. 止水带的两侧要同时灌平，以防止水带移位。

d. 采取跳段施工，使绑扎钢筋、模板安装、混凝土浇筑几个工序形成有序的流水作业。

5）混凝土的养护与模板拆移：

a. 池壁混凝土浇筑后应覆盖外露表面，并及时洒水养护。

b. 固定模板的外拉杆在强度达到 $1.2N/mm^2$ 时拧出。

c. 混凝土强度达到 $5.0N/mm^2$ 以上时，可对称地松动支撑与拆整套模板。

d. 拆除模板后的池壁混凝土应继续覆盖，洒水养护不少于14d。

（5）柱。

1）柱施工的关键与质量要求：

a. 模板装拆的稳定性与操作安全。

b. 轴线位置偏差小于8mm。

c. 垂直度偏差小于8mm。

d. 柱截面尺寸偏差±5mm。

e. 柱平整度偏差小于8mm（用2m直尺）。

f. 柱帽顶标高偏差＋5mm、－10mm。

g. 外观质量：柱八字，棱角清晰，接缝严密，不漏浆，表面光洁，无裂缝，强度达到要求。

2）施工程序：

a. 放柱网轴线与柱基边线。

b. 施工缝凿毛。

c. 清除柱筋上的灰浆。

d. 调整与绑扎。

e. 柱根（柱基）支模板。

f. 柱根（根基）混凝土。

g. 绑扎柱筋。

h. 安装模板。

i. 验收后浇混凝土。

j. 养护及拆模。

3）柱施工要点：

a. 施工缝的处理应100％（凿毛，清出新茬）。

b. 柱基（根）与柱身分两次施工。第一次浇柱基或柱根混凝土。第二次为柱身与柱帽连同一次完成。当无柱扩大基础时，为使柱的轴线准确，为固定柱身模板，先浇筑根部混凝土。

c. 柱筋绑扎。柱筋的绑扎次序应先柱基（方锥台），后柱身。基础插筋与柱内纵向钢筋的搭接位置应设在基础面（扩大柱基）的施工缝以上，或按设计图要求预留。直径ϕ20以上的纵向钢筋接头应采用气压焊或电弧焊的方法。接头形式、位置、焊接工艺与质量标准，应符合现行《钢筋焊接及验收规程》的有关规定。当采用绑扎接头时，其预埋位置、搭接长度以及纵向钢筋的形式应按规范和上部箍筋的形式，预先绘制节点施工大样图。

为使柱筋4个侧面的钢筋保护层厚度均匀，且误差不超过±5mm，在柱筋每一侧面绑扎双排砂浆垫块，以防钢筋骨架扭曲变位。

d. 柱基（带放大正棱台基础）与柱根模板按柱网轴线支搭固定。为防止模板移动与上浮，用底板预埋柱筋固定模板。

e. 柱基混凝土的浇筑坍落度不应大于5～7cm，振捣时分层与二次振捣，以减少锥台表面上的气孔。

柱根（无放大基础柱）混凝土的施工缝仍应预先湿润，刷抹同强度等级的水泥砂浆，并用振捣器振捣与抹平施工缝表面。

f. 柱身连同柱帽模板采用整体柱模一次支齐。为使柱顶高程偏差达到的要求，要在已浇好的底板上，预先测量标注底板表面高程误差值，以便调整柱顶时量测。

整体式柱模用螺栓连接，用横向支撑和斜向支撑固定。为使柱轴心位置和柱身垂直，每根柱用经纬仪或用线坠垂线与底板面上的柱网中心线校正闭合。

柱施工流水段基本取一个单独单元的6～9根柱子为一组，以便于吊装设备、浇筑设备的集中使用。

g. 柱混凝土浇筑。柱混凝土采用泵送混凝土或吊斗灌注运输的方法。混凝土坍落度不应大于120mm，如采用吊斗灌注混凝土，坍落度可以降至50～70mm，以消除大坍落度而引发的湿沉降裂缝。

（6）水池顶板。水池顶板平面尺寸为以15m×15m的无梁楼盖板。单元间变形缝设止水带，其施工方法与底板钢筋混凝土作法基本相同。

1）水池底板施工的关键与质量要求。水池无梁楼盖顶板的关键有二：一是变形缝间的防水，应作到不渗不漏；二是混凝土的密实性与板结构的钢筋保护层厚度的保证。

2）顶板的施工程序：

a. 按“单元”架设模板支架。

b. 测量与调整支架高程。

c. 铺装顶板底模、侧模，安装止水带和缝板。

d. 绑扎钢筋。

e. 验收与准备。

f. 浇顶板混凝土。

g. 混凝土养护。

h. 拆模板。

3）顶板模板架设。顶板模板用早拆模板支架体系。早拆模板支架体系就是当顶板混凝土强度达到了一定强度（50%设计强度）之后，为了加速模板周转，在保留支柱不拆的情况下先行拆除底板模板。待结构混凝土强度达到规范拆模强度时再拆除全部支架。

4）顶板钢筋绑扎方法与底板筋基本相同。但由于水池顶板的钢筋直径较小，因此在设置钢筋排架的间距与排架间的立筋间距应适当减小。排架与其立筋的间距一般不大于

60cm，排架立筋位置上安放水泥砂浆垫块。在浇筑混凝土时，应铺设临时脚手板，操作人员严禁直接踩踏钢筋。

5）顶板混凝土浇筑。控制表面高程与平整度的方法与底板相同，仍铺设高程控制轨。浇前应仔细检查钢筋保护层厚度及顶板侧模的高程。浇筑中严格按照高程控制轨掌握顶板混凝土厚度与平整度。混凝土表面采用抹子压光整平。

变形缝止水带处的混凝土浇捣是确保止水带不渗漏的关键，要排除止水带下面的气泡，并仔细捣实。止水带应按前述方法固定。

（7）变形缝的嵌缝处理。为保护变形缝缝板和止水带不被损坏，在变形缝的外侧（混凝土外表面的3cm的沟槽）填以嵌缝材料——嵌缝胶。嵌缝胶应是不透水的黏性材料。在变形缝移动范围内，与混凝土有良好的附着力，形成密封。在结构混凝土完全干燥的条件下，按照嵌缝材料说明书的要求进行操作。

4.1.4.4　装配式圆形绕丝预应力混凝土水池

1. 水池构造

装配式圆形预应力混凝土水池，采用整体式现浇钢筋混凝土底板（平底或锥底式），装配式池壁板、柱及预制顶盖系统。池壁板外绕环向预应力碳素钢丝，并喷以水泥砂装保护层。柱下端嵌入柱杯口内，填细石混凝土，柱顶与顶盖杯梁的节点处为装配整体式接头。池壁板下端与底板环形槽接点处为弹性铰接构造，池壁板顶端节点为先搁置连接，待预应力绕丝后改为现浇连接。

池体防水主要靠混凝土自身防水，局部（壁板内缝）抹防水砂浆带作为补充措施。

池顶由中心向圆周边做成泛水（水泥砂浆防水层和沥青防水层），并覆土保温。池外壁在水泥砂浆层外涂冷底子油和沥青防腐层并填土夯实，图4.11为13000m^2装配式圆形绕丝预应力混凝土水池。

2. 施工程序

施工程序见图4.12。

3. 垫层（基坑排水与挖土工序略）

（1）测量放线与垫层侧模板。基底高程及尺寸经验收合格后，开始垫层工序。垫层的各部位平面尺寸与高程对以后的各结构部位的质量影响很大，因此，要从基层的工序质量开始抓起，做到层层达到标准要求。

1）重新确认池中心线及进出水口的中心线。

2）据此测设池垫层外边缘线、柱基中心及边缘线、池底变坡点（线）。

3）测量各部位高程控制线。

4）支搭池垫层的外边缘、变坡线、柱基边缘线、进出水口的垫层边缘线侧模板。

各边缘线的侧模板的平面尺寸都须经由中心测定，高程均用水准仪测量（误差±5mm）校对。

为使池底大面积垫层混凝土表面高程及平整度达到要求，在垫层模板控制高程点间加设临时侧模板（模板间距不超过4～5m），以便在浇筑混凝土时，用平尺检查与整平。

（2）垫层混凝土。垫层混凝土可根据池平面尺寸情况，跳仓浇筑或连续浇筑。混凝土坍落度采用30～50mm，用安有附着式的振动梁搭放在侧模板上振捣混凝土。边浇捣边用平尺检查整修平整度，并用木抹子修理边缘局部表面，使其达到标准误差要求（高程不超

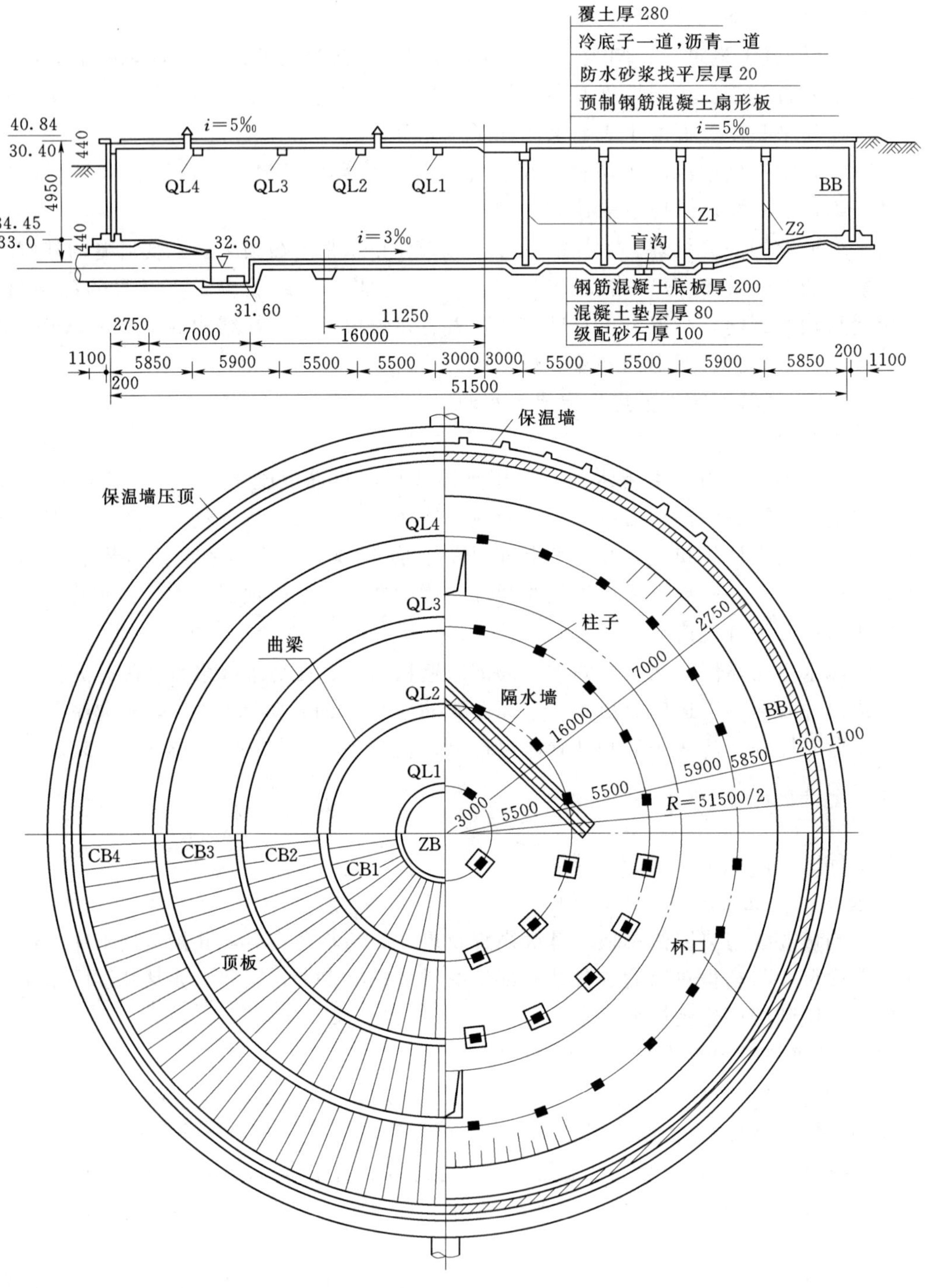

图 4.11　13000m² 装配式圆形绕丝预应力混凝土水池

过±8mm，平整度不超过 8mm）。

（3）养护。浇后的混凝土要及时覆盖、洒水养护。达到 1.2N/mm² 混凝土的强度后，可进行下一工序。

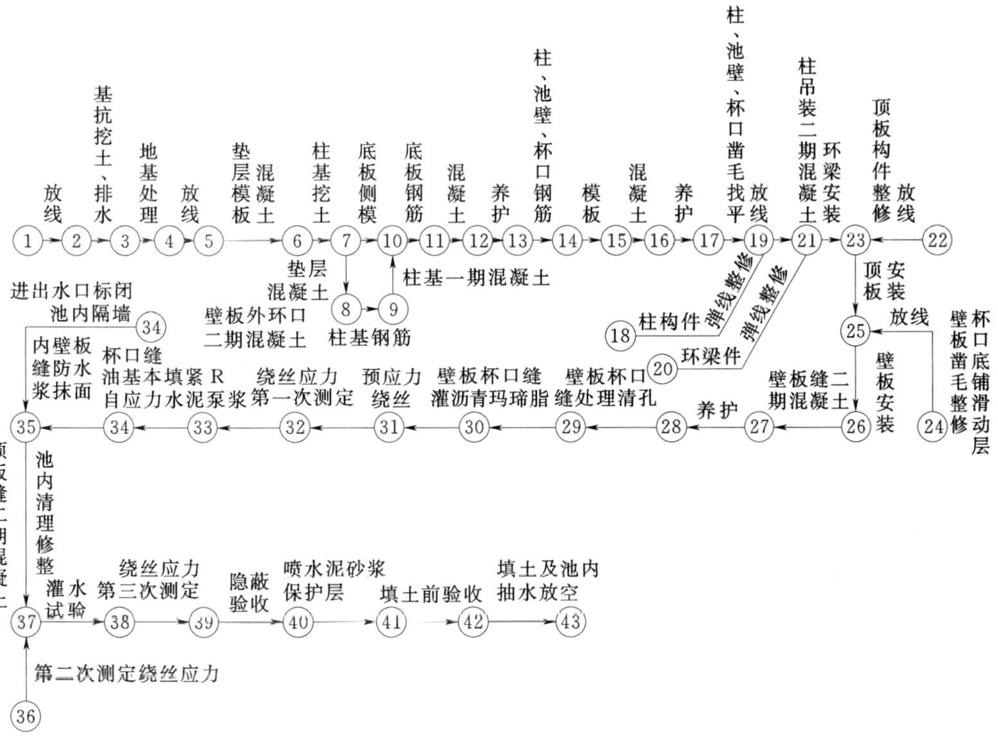

图 4.12　装配式圆形预应力混凝土水池施工程序图

4. 底板钢筋混凝土

（1）测量放线。

1）先对已测定的水池中心桩、中心控制桩、进出水口轴线、各部位边缘线进行校核确认。然后，量测出上述各部位的边缘线和弹出墨线。

2）放出底板、池壁杯槽、柱杯口以及进出水口的钢筋位置线（圆环、辐射线）；弹出底板上杯槽、杯口的预埋插筋的外缘（保护层）控制线。

3）在垫层混凝土表面上，用水准仪测量高程误差值（±），以便为模板、钢筋安装提供高程控制依据。测点的间距：池底基础外缘线，每 3m 测一点；垫层坡度与高程变化点（线），每 3m 测一点；柱杯口中心，测一点；环槽，每 3m 测一点。

（2）模板。

1）底板外模板可采用宽度不超过 1m 的钢模板，按外切圆位置支搭。柱杯口及壁板环槽可用木模板或适宜宽度的钢模板支搭。

2）底板与杯口、环形杯槽的混凝土施工缝留在底板的表面，杯口模板待底板施工处理之后再安装。

（3）底板钢筋绑扎。

1）钢筋绑扎前应对垫层表面标高和所放的钢筋位置线按图纸逐项确认无误后，开始钢筋的安装绑扎。针对底板钢筋的两个关键：大面积底板钢筋的保护层控制与壁板、柱的杯槽（口）预埋筋位置，应预先提出防范与保护性的措施。

2）控制好大面积底板保护层厚度，要从垫层混凝土表面的高程控制开始，按上述方法保证混凝土表面的平整度与高程不超标准。

3）按底板钢筋的配置情况，配置施工架立筋或排架筋。即用原有辐射向或环向的双层筋，加立筋焊接成辐射向或环向排架，支撑与保持上下钢筋的距离。如原有配筋直径较小（小于 $\phi12$）应改为 $\phi12$ 钢筋，立筋间距不大于 60cm，排架间距也不宜大于 60cm。排架的净高尺寸误差不超过 ±5mm。

4）所有预埋插筋（壁板杯槽、柱杯口）要按关键控制线的弹线位置绑扎后，用点焊固定。

5）用带绑丝的水泥砂浆垫块，绑扎在每一个排架立筋的下面。所用的砂浆垫块也要精加工，要保证强度和厚度不超差（±3mm）。

6）绑扎后的钢筋要进行全面地检查与验收。在以后各工序的操作中，注意保护钢筋，严禁直接踩踏钢筋与堆放摆置施工材料。

（4）底板混凝土浇筑。

1）底板混凝土应连续浇筑不留施工缝。杯槽与杯口则作为二期混凝土另次浇筑。

2）大面积底板混凝土：

a. 大面积底板混凝土的关键是：确保混凝土连续浇筑，施工缝间歇时间不超过初凝时间；保护好底板钢筋不受践踏。

b. 根据浇筑次序，安排足够的混凝土生产与运输能力，保证施工缝间歇不超过规定的允许时间。

c. 应尽可能地采用泵送混凝土和吊斗运输的浇筑方法，将混凝土直接运送到浇筑地点。应避免用手推车运输的方法，以保护底板钢筋。在浇筑过程中，钢筋上应铺设脚手板，人和施工设备（振捣器），都不宜直接接触踩踏钢筋。

d. 吊斗运输的混凝土坍落度选用 30～50mm，泵送混凝土坍落度不宜超过 120mm。采用插入式振捣器振捣，表面高程及平整度控制仍可采用前述方法施工，即平杠尺整平，抹子压实。

3）杯槽、杯口：

a. 杯槽、杯口作为二期混凝土浇筑。底板混凝土强度达到 2.5N/mm^2 时开始凿毛。杯槽与杯口位置是保证壁板、柱安装尺寸精度的关键。因此对杯槽、杯口的放线位置要认真仔细量测校对。支搭侧模前，对预埋钢筋进行整理和清除沾污的水泥浆。为防止模板移位，可利用预埋筋固定。

b. 杯槽、杯口混凝土用插入式振捣器捣实，表面应抹平、压实、压光。外杯槽混凝土也要拍实、抹平。

c. 浇筑后的混凝土应适时覆盖与洒水养护。

5. 构件预制与安装

（1）构件预制。由于池壁板、柱、顶梁、顶板长期处于水位变化或潮湿环境下工作，因而对预制构件的预制加工应按照水工混凝土的要求，配制混凝土。特别对钢筋保护层厚度、水灰比、坍落度、水泥用量等项指标和湿养护条件，要严加控制。

安装前，对各类构件要严格检查与验收。

（2）吊装前的准备工作。

1）构件准备：

a. 对壁板、柱、梁、板等构件尺寸逐件检测。

b. 壁板的二期混凝土侧面应凿毛，剔除预埋筋和顶部预埋铁件上覆盖的水泥浆。

c. 柱底清理、弹三面中线、量出柱高程控制线。

d. 曲梁二期混凝土接茬面凿毛，清理钢筋上所沾灰浆，凿出梁端头预埋铁件。

e. 凿出扇形板（顶板）端头预埋铁件。

2）现场准备：

a. 清理现场，准备好运输道路和预制构件堆放场地。

b. 清理柱、壁板杯槽的灰浆，按设计深度及高程对杯（槽）底清理凿毛，凿掉高出部分砂浆，并用水泥砂浆找平补齐，使安装后的壁板和柱顶高符合设计要求。

c. 在杯口（槽）面上量出中心线（四面或半径尺寸控制线），测出高程控制线。

d. 准备吊装设备、索具和固定支撑。

（3）吊装顺序。

1）杯口、杯槽测量放线、剔凿、修补。

2）构件放线、弹线、量测、剔凿修补。

3）柱吊装、调整、灌缝、养护。

4）曲梁安装、焊接、接头钢筋绑扎及二期混凝土浇筑与养护。

5）内圈顶板安装、焊接及二期钢筋混凝土。

6）壁板吊装、外圈扇形板安装。

7）壁板缝二期混凝土准备。

（4）柱吊装。

1）吊装设备可根据设备与现场条件选择塔吊、汽吊、履带吊或旋转龙门吊等设备。

2）吊装前将柱移放到吊装位置附近。

3）采用双吊索一点绑扎垂直吊法。绑扎部位应垫以木板，以防损坏柱棱角和吊索。

4）就位与临时固定：当将柱起吊插入杯口后，使柱中心对准杯口中心并保持垂直后落实，杯口内每侧插入1～2个硬木楔。

5）校正：柱身上部加设木箍，柱每侧用撑杆作临时固定，用松动、敲打楔子的方法将柱脚的中心对准柱杯口的中心线，然后将楔子打紧。柱的垂直校正：用两台经纬仪设在与柱的两垂直面方向观测，用临时支撑将杆调正后，将撑杆下脚固定，并再次将柱脚木楔打紧。

6）最后固定：将柱脚杯口清净并用水湿润后，填以C30细石混凝土到木楔底。待混凝土达到25%强度时，拆除木楔后再浇杯口上部细石混凝土。上部混凝土强度达到40%时，可拆除柱的临时支撑。

（5）曲梁吊装。

1）放线准备：先将曲梁在柱顶的中心线及搭接位置，由池中心和柱中心用钢尺量出划线。

2）搭设柱脚手架或活动挂架子。

3）吊装时，所拴吊索应使曲梁保持水平起吊。吊装就位并调整曲梁位置，对准中心线和搭接长度与保持水平状态后，在曲梁跨中加设可调的临时撑杆（以防止曲梁失稳）。在不摘吊索的情况下，立即将曲梁两端预埋铁件与柱顶预埋铁件焊牢（满焊）。撤掉吊钩后应继续将焊缝按要求全部焊好。

4）曲梁接头二期混凝土部位应凿毛，预留筋应焊接。

（6）内环顶板的吊装。

1）吊装顶板预制板前，应将板位置控制线逐一量出，并划在曲梁顶面上。为使预制板支座下严密，在曲梁支座处坐浆。安装时随时注意调整板顶高，使板面平整，以减小错台。

2）安装后的顶板与曲梁的接头处，按设计要求作二期混凝土。二期接头应按施工缝作法凿毛、湿润、加强对混凝土的捣实与洒水养护。

（7）壁板与外圈顶板的安装。壁板安装的椭圆度，将影响水池壁板的结构质量。保证壁板的椭圆度与垂直度是吊装的关键。

1）测量放线。在池内预制柱未吊装前，预先将壁板的吊装位置控制线由中心量出。将每块壁板位置逐块量出，划在内环槽上。

2）壁板环槽内经凿剔修补后（高程误差不超过±5mm），铺油毡两层作为滑动层。

3）壁板吊装。壁板吊装前，应检查板缝的凿毛和预留连接筋的剔凿调整情况。

4）吊装时，按每块板的位置线就位，用经纬仪测量，并调整垂直度（或用垂线）。板的垂直度（双向）不超过8mm。调整后用撑杆将壁板顶端与内环顶板的吊钩捆扎绑牢。随即将外环顶板吊装就位，并与壁板预埋铁件焊接。外环板要与内环板用钢筋连接焊牢，以保持环形预制壁板的稳定。

6. 壁板竖缝的处理

壁板竖缝是防止渗漏的关键部位。如因板缝的处理不当而渗水，将会影响水池结构的安全使用。即使是微渗也会造成预应力钢丝的锈蚀，最终导致水池整体的破坏。因此板缝的施工是非常重要的。

（1）影响板缝渗漏的几个因素：

1）板缝混凝土与壁板侧面的结合不好。

2）板缝混凝土振捣不实。

3）由于温差、振动或养护不好，造成板缝开裂。

4）预应力钢丝的控制应力不足，致使板裂而渗漏。

（2）采取的措施：

1）壁板缝侧面全部凿毛。凿毛时用轻锤、尖契或剁斧，将混凝土表面灰浆全部凿掉，露出新茬。注意，不要将石子凿松，要注意保护壁板角部混凝土。

2）消除对壁板振动的影响，在全部顶板安装完之后再作板缝。

3）板缝混凝土应避开冬期施工。混凝土的浇筑时间可在白天进行，不要在当天的低温时浇筑。

4）浇板缝混凝土前应充分浸润板缝混凝土接茬部分。采用掺微膨胀剂的豆石混凝土浇筑。水灰比不应超过0.5，坍落度不大于80mm。模板一侧（内）一次支齐，外侧分层浇捣、分层支模，每层高度不超过100cm。要坚持对混凝土的二次振捣，应避免过振后骨料下沉与表面泌水。

5）浇筑后应及时覆盖养护。为使其有较好养护条件，在壁板上部安装淋水管，保持不间断的淋水养护不少于14d。

6）内壁板缝加抹防水五层作法，作为辅助的防水加强层（在外壁预应力绕丝完成之后）。为使防水层与混凝土良好的黏结，可采用凿毛或涂刷界面剂的作法，以增强板缝的抗渗能力。

7. 壁板内外环槽的处理

（1）环槽连接构造形式及作法：主要有3种作法，见图4.13。

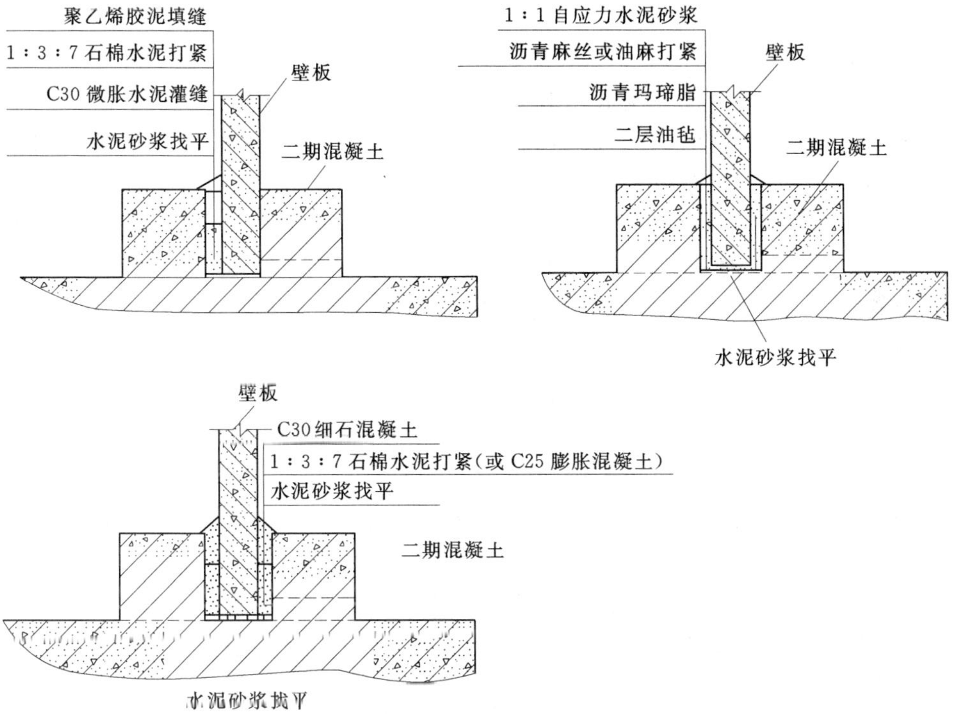

图4.13　水池壁板环槽连接构造形式及作法

1）滑动构造形式。

2）铰接构造形式。

3）弹性构造形式。

具体作法应由设计文件确定。

（2）环槽缝的施工操作顺序：

1）几种环槽的连接构造形式的外环槽填料均应在预应力绕丝后进行。内环槽的下层填料在绕丝前进行，其余填料在绕丝后进行。

2）内外填料前，缝隙内杂物及积水应清除干净。外环槽二期混凝土在预应力绕丝后浇筑。

8. 池壁预应力绕丝

详见学习情境4.2。

4.1.4.5　砖砌池壁水池

砖砌池壁水池适用于容量较小与地基条件较好的小型水池。砖砌池壁水池，除在材料选择抗渗与强度较高的砌体外，还应在砌筑砂浆、砌筑方法以及内外防水面层上采取有效措施，以解决池壁的渗漏问题。

1. 砖砌池壁水池主要渗漏部位

（1）砌体与底板的结合部。

（2）砌体中的预埋管、预埋件周围。

（3）砌体本身（池壁）。

（4）水池底板裂缝或底板混凝土不密实。

2. 主要防治作法与措施

（1）材料要求。

1）采用的机制普通砖，其强度及外观质量应符合设计规定与规范要求。

2）砂子宜用中、粗砂，质地坚硬、清洁、级配良好，含泥量不超过3%，使用前过筛，其最大粒径不大于1.5mm。

3）砌筑砂浆应用水泥砂浆，强度等级应满足设计和规范；水泥宜采用不低于32.5级的普通硅酸盐水泥。为使砂浆有良好的保水性，可掺入减水剂，并依设计要求掺入3%～5%的防水粉。

（2）砌筑前的准备及要求。

1）砌筑前，应清除表面上的污物与粉尘，并应浇水湿润、浇透（或浸在水中5～10min）。

2）水泥砂浆稠度为70～100mm。

3）砌体灰缝要求横平竖直，砂浆饱满，水平缝10mm，最大不超过12mm，最小不小于8mm。垂直缝不大于10mm。

4）砌体宜采用三顺一丁或一顺一丁作法，不允许有通缝。

5）内外墙的灰缝必须随砌随勾。勾入墙面内5mm，但不超过10mm。墙面残留砂浆应随砌随扫，以利防水层的粘接与操作。

（3）砌体防渗措施。

1）池底混凝土与砌体结合面的处理：

a. 当池壁砌体厚度≥370mm时，处理方法如图4.14所示。

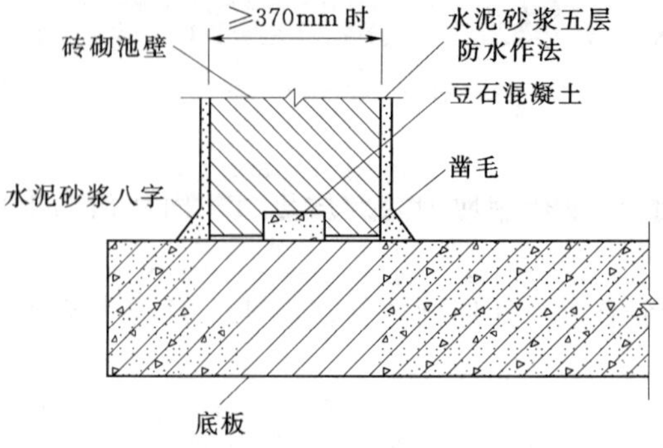

图4.14 砖砌池壁与底板工作缝处理

b. 池壁砌体厚度为一砖，底板混凝土强度达到1.2N/mm^{2}时，将表面刷毛后清洗干净，砌砖前在结合面处涂刷水泥素浆，然后用满铺满挤砌筑池壁。

2）池壁砌体的砂浆应满铺满挤，随砌随勾缝。砌筑中严禁用敲击砌体的方法调整砖位。池壁砌体砌筑时，应沿四周同时浇筑，严禁留踏步槎或马牙槎。

3）砌体的预埋管和预埋件的周围10cm范围内浇筑不低于C25的豆石混凝土，要仔细捣实。

4）砌体上不得留脚手孔。

5）砌完后上层应覆盖养护材料，以防日晒和雨淋，并适时洒水养护（不少于7d）。

(4) 池壁内侧应作附加防水层。

1) 防水层施工前，应对砌体进行检查验收，经验收合格后，方可进行下一工序。

2) 所用水泥不应低于 32.5 级的普通硅酸盐水泥，应掺加防水粉。

3) 防水层应按五层作法施工。

第一层：在干净湿润的砌体表面上，均匀涂刷 1∶0.55～0.6（水泥∶水）的水泥素浆。

第二层：第一层做好之后随即做第二层，抹水泥防水砂浆。水泥砂浆配比为 1∶1.5～2.0∶0.45（水泥，砂，水），另掺 30%～5%防水粉，稠度为 70～80mm，砂浆厚度为 6～10mm，抹平压实后随即用条帚刷毛。

第三层刷水泥素浆：在底层抹灰完成后 1d 刷水泥浆（同第一层），待水泥浆收水后随即抹面层砂浆。

第四层抹面层砂浆：厚度 6～10mm。凝固前用木抹子搓平，用铁抹子压光。

第五层刷水泥素浆：第四层抹完后，初凝前刷水泥素浆一道，并随第四层一齐赶光压实。

4) 对底板与砌体的交接处与预埋管（件）的关键部位要注意仔细操作。底板墙角处，要仔细清理剔除浮渣，按防水五层作法抹成水泥砂浆八字（不少于三层）。

5) 池外壁要依据设计要求作防水层（作法同内侧）。

6) 完成后的防水层，要及时覆盖、洒水养护，严禁日光直晒砌体。

(5) 其他注意事项。

1) 砖砌池壁应避开冬期施工。

2) 混凝土应按水池混凝土要求施工操作。并注意混凝土的养护，以防止裂缝。

学习情境 4.2　污水处理构筑物施工

4.2.1　污水处理工艺和主要构筑物

4.2.1.1　污水处理工艺和主要构筑物

污水处理厂站工程中混凝土构筑物占很大的比重，其构筑物的类型和组成与污水处理方法有直接关系。

污水处理方法按工艺划分有缺氧一好氧工艺（A—O 工艺）、厌氧一缺氧一好氧工艺（A—A—O 工艺）、续批式活性污泥工艺（SBR 工艺）、氧化沟工艺等。按处理程序划分有预处理工艺、一级处理工艺、二级处理工艺、深度处理工艺和污泥处理工艺，以及最终的污泥处置。目前，国内外应用最多的是二级处理工艺，其工艺过程如图 4.15 所示。

预处理工艺：主要混凝土构筑物为隔栅间、提升泵房、沉砂池。预处理工艺通常包括隔栅处理、泵房抽升和沉砂处理。隔栅处理的目的是截流大块物质以保护后续水泵、管线、设备的正常运行。泵房抽升的目的是提高水头，以保证污水可以依靠重力流过后续建在地面上的各个处理构筑物。沉砂处理的目的是去除污水中裹携的砂、石与大块颗粒物，以减少它们在后续构筑物中的沉降，防止造成设施淤砂，影响功效，造成磨损堵塞，影响管线、设备的正常运行。

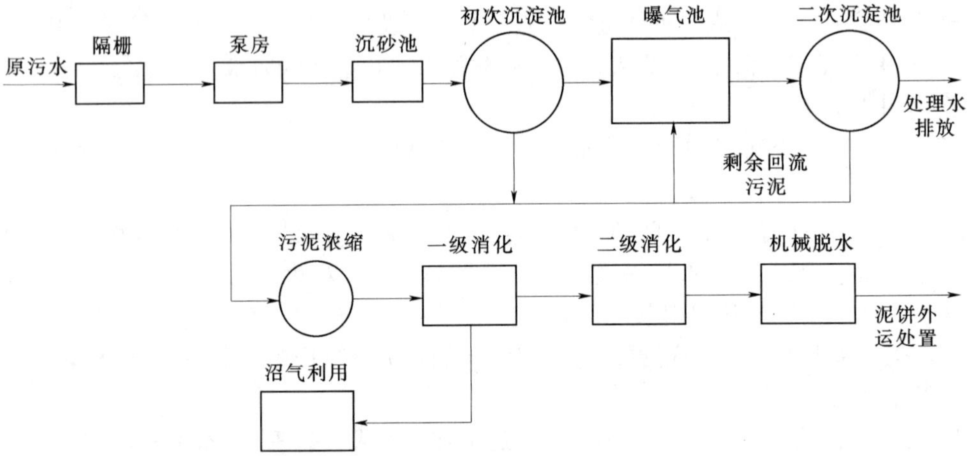

图 4.15 典型的污水处理二级工艺过程

一级处理工艺：主要混凝土构筑物是初次沉淀池及其配水井等。该工艺的目的是将污水中悬浮物尽可能地沉降去除，一般初次沉淀池可去除50%左右的悬浮物和25%左右的 BOD_5。

二级处理工艺：主要混凝土构筑物由曝气池（生物池、氧化沟）、二次沉淀池配水井、二次沉淀池、回流污泥泵房等构成，该工艺主要目的是通过微生物的新陈代谢将污水中的大部分污染物变成二氧化碳和水。曝气池内微生物在反应过后与水一起源源不断地流入二次沉淀池，微生物沉在池底，并通过管道和泵压回送到曝气池前端与新流入的污水混合；二次沉淀池上面澄清的处理水则源源不断地通过出水堰流出污水厂站，进入河、渠或专用管沟。

深度处理：主要混凝土构筑物是澄清池、滤池、清水池、接触池等。该工艺是为了满足高标准的收纳水体要求或回用于工业等特殊用途而进行的进一步处理，通用的工艺有混凝土沉淀和过滤。深度处理的末端往往还要有加氯要求和接触池。随着城市社会经济的高水平发展，深度处理是未来发展的方向。

污泥处理和污泥最终处置：主要混凝土构筑物是浓缩池、消化池等。它主要包括浓缩、消化、脱水、堆肥或农用填埋几个过程。浓缩有机械浓缩或重力浓缩，后续的消化通常是厌氧中温消化，消化产生的沼气可作为能源燃烧或发电，或用于制作化工产品等。消化产生的污泥性质稳定，具有肥效，经过脱水，减少体积成饼成型，有利运输。为了进一步改善污泥的卫生质量，污泥还可以进行人工堆肥或机械堆肥。堆肥后的污泥是一种很好的土壤改良剂。对于重金属含量超标的污泥，经脱水处理后要慎重处置，一般需要将其填埋封闭起来。

4.2.1.2 污水处理厂站构筑物的分类

污水处理厂站构筑物的分类见表4.5。

4.2.1.3 污水处理厂站构筑物施工基本要求

（1）污水处理厂站构筑物的施工，应符合国家标准《给排水构筑物施工及验收规范》（BGJ 141）和《城市污水处理厂工程质量验收规范》（GB 50334）的要求。

表 4.5　　　　　　　　　　污水处理厂站构筑物分类

序号	污水处理厂站构筑物分类			适用的污水处理构筑物
1	按平面形状分	多仓矩形（以变形缝分仓）		曝气池、清水池、初沉池、生物池、氧化沟、二沉池、沉砂池、接触池
		单仓矩形		配水井、放空井、沉砂池、滤池、计量井、脱水机房、回流污泥泵房
		圆形		初沉池、二沉池、配水井、浓缩池、消化池、澄清池
		同心圆		配水井
		卵型		消化池
		组合型		进水泵房、配水井
2	按有无盖（顶）分	无盖（顶）型		曝气池、初沉池、生物池、氧化沟、二沉池、沉砂池、浓缩池、配水井
		有盖（顶）型	平板式	进水泵房、配水井、计量井、放空井
			肋形顶板式	接触池、清水池、进水泵房、回流污泥泵房
			无肋（梁）顶板式	接触池、清水池、进水泵房
			壳体	消化池
3	按池壁结构形式分	无预应力池壁		曝气池、清水池、初沉池、生物池、氧化沟、沉砂池、接触池、配水井、放空井、沉砂池、滤池、计量井、脱水机房、回流污泥泵房、进水泵房
		有预应力池壁	无粘结预应力池壁	初沉池、二沉池、浓缩池、消化池
			缠丝预应力池壁	初沉池、二沉池、浓缩池、消化池

（2）构筑物整体和细部尺寸，内部配筋、标高、构造形式应符合设计文件的要求，所使用的各种材料应符合国家标准和当地规程要求。

（3）构筑物各部平面尺寸、细部断面厚（宽）度、垂直度、平整度、同心度满足所安装设备对土建的要求。

（4）构筑物上的槽、洞、孔、管标高和位置偏差在允许范围之内。外露埋件、管件、支撑件具有规定的防腐蚀能力。

（5）构筑物内在质量良好，满足设计要求的强度、防水、抗渗、抗冻要求。在规定的使用年限内，结构耐久性、安全性有充足地保证。

（6）构筑物外观颜色基本一致、棱角分明，具有良好的视觉效果。

鉴于污水处理厂站构筑物与给水厂站构筑物在钢筋、模板施工方面方法基本相同，故这里对钢筋、模板施工不再重述。根据污水处理厂站构筑物多位于地下水位较高地区、基础埋深较大、预应力施工多、防腐施工多、构筑物耐久性高等特点，在下一情境将对有关施工方法和基本要求进行介绍。

4.2.2　污水处理构筑物抗浮施工

4.2.2.1　构筑物抗浮的必要性及主要方法

在污水处理厂站工程中，当构筑物外侧地下水位标高高于其基础底面标高较大时，在地下水浮力作用下，构筑物池体犹似一只“混凝土外壳的大船”，特别是当构筑物未进污水运行或投入运行后在放空检修过程时，如不采取相应的抗浮（或防浮）措施，非常容易被地下水托浮而起。这对于外有多种连接管线，内有数种较高精度污水处理设备的污水处理厂构筑物来讲，后果是不堪设想的。因此，在污水处理厂构筑物设计时，结合现场实际情况，必须采用可靠的抗浮（或防浮）方案，避免构筑物被浮起现象出现。

对于污水处理构筑物来说，抗浮（或防浮）方法一般有如下三种：

（1）降低地下水位法。在构筑物四周及基底处事先修建降水盲沟，构筑物投入使用后，地下水由盲沟不断地流入集水泵井中，在集水泵井处地下水被提升排走。如此通过降水盲沟的使用，使地下水位始终低于能使构筑物浮起的预警水位，确保构筑物不上浮。这种方法优点是施工较方便，投入使用后降低地下水效果较明显。缺点是：一方面，施工时受土质和施工降水效果影响较大，土质或降水效果不好时，难以形成规则的沟槽；另一方面，当采取抗浮措施的构筑物较多时，常因盲沟数量大、埋置深等原因，给构筑物的日后管理和使用带来一定困难。

（2）增加构筑物本身自重法。通过在基础下部做混凝土配重层、基础内填放较重材料等方法增加构筑物自身配重，使其自身的重量始终大于地下水对构筑物所产生的浮力，确保构筑物不上浮。这种方法优点是：施工及设计较简单。缺点是：当构筑物需要抵抗浮力较大时，由于需大量增加混凝土或相关配重材料用量，故费用增加较多。

（3）锚桩或锚杆拉固法。在地基下设置一定数量的锚桩或锚杆将构筑物基础与地基连在一起，当构筑物受浮力作用时，被固定在土层里的锚桩或锚杆紧紧拉固住，使其不被浮起。这种方法优点是：便于构筑物日常管理和使用且施工费用适宜。缺点是：受地质情况、设备水平限制，施工操作有一定难度，但随着有关施工技术水平的提高，近几年正逐渐被人们接受。

4.2.2.2　降水盲沟施工

降水盲沟由土槽、混凝土花管（花管上有 30～50mm 圆孔）、粗滤料（粒径 35～50mm 碎卵石）、细滤料（粒径 20～35mm 碎卵石）、滤布五部分组成，见图 4.16。

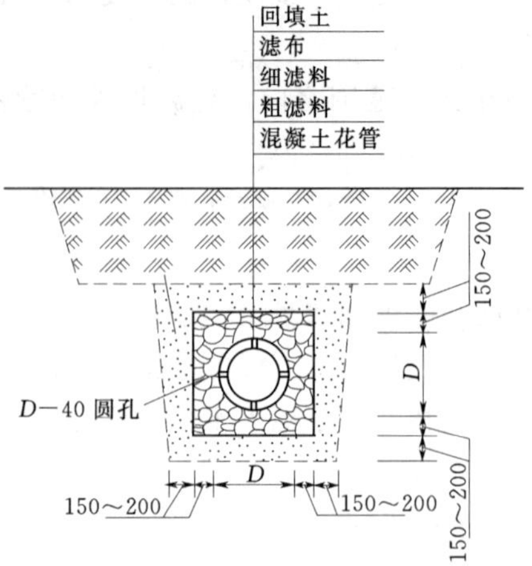

图 4.16　降水盲沟

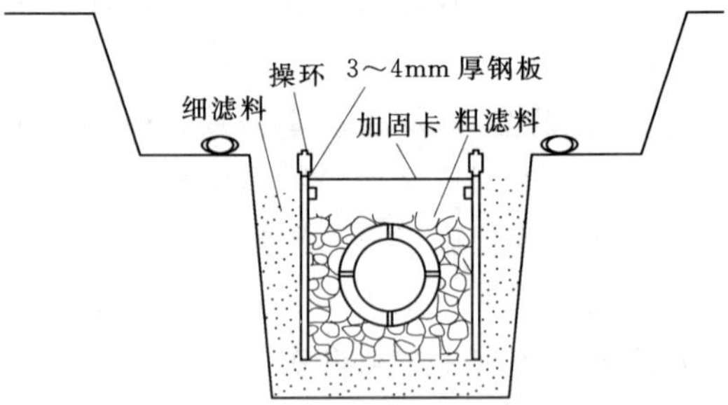

图 4.17　滤料填放

（1）土槽开挖。土槽深一般在 1.0m 至 1.2m 之间，开挖可用小斗容的挖掘机或人工进行。堆土放置于距槽边 1m 以外处，土槽边坡必须人工切削，外观平整顺直，边坡坡度一般在 1：0.2～1：0.1 之间。

(2) 铺滤布。土槽开挖完毕，顺沟槽方向铺好滤布（滤布多采用土工布），滤布铺放时，一定要使其与土槽槽底、两下角和侧壁贴紧，外露部分折叠成 200mm 左右宽放在土槽边。

(3) 管底滤料。滤布铺放完毕，向土槽内填管底滤料，人工填放，填放至设计标高后用搂耙整平。

(4) 稳花管。花管最好采用承插口管，如果是平口管，稳管时在管口处加事先加工好的固定笼，该固定笼由四根或六根直径 12mm 的钢筋（长度一般为 350mm 左右）焊成并用环氧煤沥青做防腐处理。

(5) 管顶滤料。管顶粗、细滤料同时填放，为了避免两种滤料混杂，填上部滤料时加专用隔板（见图 4.17）、随填滤料随提升该隔板，一直填至管顶粗滤料顶面后，将隔板移走，再填管顶细滤料至设计顶面。

(6) 滤布缝合。管顶细滤料填完后，将放在两侧土槽边的滤布叠合在一起，将搭接处用玻璃纤维绳缝合在一起。

4.2.2.3 锚杆拉固法施工

锚杆施工工艺流程如下：测量布点→钻孔→放置主筋→注浆→锚杆养护→锚杆抗拔力试验→张拉及锁定→锚穴处理及封锚。

(1) 锚杆位置测量布点。抗浮锚杆施工一般在垫层混凝土浇筑完毕后进行。垫层混凝土浇筑完毕且具有一定强度后，由测量人员及技术员根据图纸将各根锚杆位置逐一定出，并在现场用红漆编号，以方便施工及质量记录。

(2) 锚杆成孔。

1) 钻机选型。目前，国内用于地下成孔的钻机很多，一般根据锚杆施工地点的水文地质情况确定，如施工时地下水位较低且土质稳定性良好（黏土、粉质黏土）可采用一般的不跟套管钻机。

如施工时地下水位较高且土质稳定性较差（粉土、细砂）必须采用跟套管钻机。

跟套管钻机使用较多的有 SM405 全液压钻机、C6 液压套管钻机以及 SH－30 型冲击钻机。采用 SM405 及 C6 钻机单机成孔速度快，但耗电量大（一般为 70～90kW），因需不间断制拌泥浆，使文明施工略受影响。SH－30 型冲击钻机是采用自带柴油机做动力，通过钻头在一定高度内周期冲击孔底使土体破碎，由钻头将土体带出孔外而获得进尺。不需现场提供电源，钻进时不需用制拌泥浆，但成孔速度较慢。

2) 钻孔。钻孔前，先依据给定的孔位，人工凿掉该处的垫层混凝土，然后在专人指挥下立起钻架，使钻头对准孔位成孔。

(3) 放置主筋。锚杆主筋可采用高强钢绞线（一般一根锚杆内放置一到三束 7ϕ5 钢绞线）或钢筋（一般为一根Ⅱ级、Ⅲ级钢筋），下面以采用Ⅲ级钢筋为例叙述。

1) 主筋接头。由于锚杆一般深达 15m 以上，有的甚至达 30m，因此，锚杆主筋接头在所难免。由于抗浮锚杆施工时钢筋的重要性（不允许有不合格接头）；钢筋就位时的特殊性（如果钢筋事先连接成很长，吊装入锚杆孔非常困难，故以随着钢筋入孔随进行接头操作为最佳），所以对选用何种接头形式必须认真比较，表 4.6 是接头形式的比较。

表 4.6 锚杆钢筋接头形式

序号	钢筋接头形式	Ⅲ钢筋是否允许该种接头型式	Ⅲ钢筋合格保证率	可否随入孔随操作，速度快慢否
1	闪光对焊	JGJ 18—96 中允许	一般	不允许
2	帮条焊	JGJ 18—96 中允许	较高	允许、速度较慢
3	搭接焊	JGJ 18—96 中允许	较高	允许、速度较慢
4	电渣压力焊	JGJ 18—96 中允许	一般	允许、速度较慢
5	锥螺纹连接	JGJ 107—96 中允许	高	允许、速度快
6	直螺纹连接	JGJ 107—96 中允许	高	允许、速度快
7	冷挤压连接	JGJ 107—96 中允许	高	允许、速度较快

注 JGJ 18—96 为《钢筋焊接及验收规程》的编号。
JGJ 107—96 为《钢筋机械连接通用技术规程》的编号。

从上表可以看出，如使用闪光对焊、帮条焊、搭接焊、电渣压力焊等接头方式从合格率保证上以及能否随入孔随操作等环节上均有一定不足，而锥螺纹连接接头、直螺纹连接和冷挤压连接形式较好。

2）主筋导向支架设置。为保证锚杆主筋下入锚杆孔后，其位置能居于孔中，主筋上每隔 2m 设置一组导向支架，该导向支架采用郁钢筋弯成“［”形，然后将其点焊在主筋上，沿主筋截面每 120°焊一个，一个截面焊三个。

3）主筋自由段防腐及隔离层设置。

a. 根据锚杆的受力特点，自由段处的主筋不与其四周注浆体紧密握裹，这样才能使锚杆受力段均衡受力，同时避免对水池基础下部一定范围内地基的强力上拉作用，以防止出现局部地基隆起现象。

b. 为避免锚杆施工时注浆将自由段处主筋紧密握裹，需要设置隔离层使主筋与注浆体隔开。另外，由于主筋与注浆体被隔离开后，为防止锚杆在使用过程中出现地下水沿隔离层进入主筋四周，而将主筋腐蚀现象的出现，必须对自由段主筋进行防腐处理。

c. 锚杆主筋一般采用环氧煤沥青做防腐层，施工时先用钢丝刷除去主筋表面的浮锈，然后人工涂刷环氧煤沥青底漆一遍，面漆两遍，漆层总厚度不小于 0.2mm。

d. 自由段主筋隔离层多采用连续包裹多层塑料布（一般包裹三层）或套柔性塑料管。包裹每层塑料布时，用胶带紧紧缠住始裹端，然后呈螺旋状将塑料布缠绕到锚头处结束，随即用胶带将该处裹紧。整个塑料布包裹完毕，每隔 1.4m 用 20 号细钢丝做一道扎紧箍，防止塑料布翘起。另外，为防止锚头处外露直螺纹螺丝在施工过程中被水泥浆污染或砸坏，造成锁定时紧固螺母困难，整个锚头处也用一层塑料布包扎起来。

4）注浆管及排气管设置。

a. 在主筋放入钻孔内之前，需随主筋绑扎注浆管。注浆管采用直径 20mm 的硬塑料管，为防止注浆时在浆液压力作用下管身爆裂，影响注浆效果，注浆管壁厚应大于 3.5mm，注浆管上端长出主筋顶部 400mm，使注浆操作方便；下端短于主筋 400mm，防止塑料管钻入锚杆孔底土层，使浆液无法流出影响注浆质量。

b. 为防止注浆时浆液内产生的气排放不及时而造成浆液假满现象，在主筋上部 3.5m 范围内设置排气管，该排气管采用壁厚 2.5mm、直径 20mm 的硬塑料管。

5）主筋入位。主筋在放入钻孔内之前，先向孔内投入一定数量的豆石，使主筋就位后其底部与孔底之间有 200mm 左右的距离，确保锚杆有效长度。然后将第一段主筋用钢丝绳调起先放入孔内，在接头部位用钻杆扳手将其牢固卡在孔口，严防掉入孔中，而后用钢丝绳将第二段主筋吊起，在孔口位置将上、下两段主筋连接在一起，然后依次连接以后各段。将注浆管、排气管顺直地与主筋绑扎在一起，然后徐徐让主筋下至孔底，使之就位。

（4）提拔套管。为防止提拔套管时石子等物掉进注浆管口及排气管口，提拔套管前先用塑料布封上注浆管及排气管上口。提拔套管时，先倒入豆石淹没套管 1.0m，同时用手锤敲打套管管壁，使豆石密实，而后上拔套管 1.0m，然后再倒入豆石 1.0m，往复循环直至豆石顶面距孔口 700～800mm 时止。

（5）注浆。

1）配浆。注浆所用浆液一般采用纯水泥浆，一般采用普通硅酸盐 42.5 级水泥，水灰比为 0.45 左右。为减少锚杆主筋受地下水浸入而被腐蚀，在水泥浆中掺加水泥量 3%的钢筋阻锈剂，水泥浆在灰浆搅拌机中拌合时间不少于 1min，使之均匀一致。

2）第一次压注水泥浆。以绑扎在主筋上的注浆管为导管，注浆口与泥浆泵用高压注浆管与枪头连接，泥浆泵从灰浆池中汲取水泥浆，自高压注浆管注入锚杆孔内，直至排气管冒浆后，封堵排气孔，在 1.0→1.5MPa 压强下稳压再注浆 1min 后停止压浆，立即拔掉枪头，封堵注浆管。

3）第二次压浆及封堵孔口。第一次注浆 3h 后，采用 2.5～3MPa 压强进行二次注浆，填充第一次注浆遗留的空隙，使之达到补浆效果；第二次压浆结束后，用 C15 混凝土封堵孔口，直至与构筑物基础垫层顶面持平。

（6）锚杆抗拉试验。锚杆抗拉试验在锚杆注浆工作完成 28d 后进行。随机选择锚杆总量的 5%进行试验。试验时一般采用 QF－25 型 60t 穿心千斤顶逐级对锚杆施加抗拔力至 1.5 倍的设计荷载，加载值及加载精度用 BLR－1 型高精度传感器和 0.4 级精密压力表共同控制，在加载过程中由两个百分表测得锚头位移，由加载及锚头移动情况来了解所试验锚杆抗拔力及施工质量。

（7）锚杆张拉及锁定。锚杆张拉及锁定在抗拉试验完成且构筑物基础混凝土浇筑完毕后进行。张拉前将锚穴内清理干净，然后把承压钢板从锚杆顶部套入，平整地放置于锚穴内。

锚杆张拉采用穿心液压千斤顶。张拉前，先在锚头顶端拧上用于锁定的标准螺母，将其拧至与承压钢板紧密接触，然后再拧上一个用于张拉的专用工具螺母，工具螺母一端与锚头相连，另一端与千斤顶上的张拉螺栓相连。张拉时，开启油泵，将千斤顶的张拉螺栓徐徐上移，使整根锚杆受到向上的拉力，达到张拉锚杆的作用。开启油泵，让拉力徐徐上升（不小于 10min），达到 1.5 倍设计荷载，在该压力下稳压 5min，然后用塞尺量测锁定螺母下面与承压钢板顶面的间隙，该间隙就是锚杆总弹性位移。总弹性位移量测完毕、做好记录后（精确到 0.1mm），油泵退油，千斤顶卸载至设计荷载后稳压，用专用扳手下旋锁定螺母，使其紧压在承压钢板上，油泵接着退油，千斤顶徐徐卸载回零，取下工具螺母，从而完成一根锚杆的张拉及锁定工作。

（8）锚穴处理及封锚。锚杆张拉锁定后，锚穴必须进行认真地处理，处理的原因有两点：首先通过对锚穴的处理，可以防止在构筑物基础锚杆处形成渗水点，出现池内水位与池外地下水位标高不一致时，互相渗流的现象。

其次，避免在锚穴内出现裂缝，防止由于有水从裂缝渗到封锚杆螺栓及锚杆顶部，造成封锚螺栓及锚杆顶部被腐蚀，从而影响锚杆使用寿命。

锚穴处理多采用高强无收缩自流平灌注料，该灌注料是由高强胶结组分、超塑化组分、膨胀组分、高强微集料组分以及一些微量改性组分按适当比例粉磨而成，它与水反应形成大量膨胀结晶矿物——水化硫铝酸钙，从而实现材料自身的无收缩。该材料一般 3d。强度可达 30MPa 以上，7d 强度可达 50MPa 以上，它对钢筋无锈蚀、耐久性好，而且流动性强，能完全填充灌注空间，达到自动灌平及自动密实的效果。

1）灌注自流平灌注料前准备工作。用钎子将锚穴四周及底部混凝土凿出新茬，用空压机吹干净，用清水将锚穴润湿，以便自流平灌注料与水池基础混凝土很好地接触。

2）自流平灌注料的配制。将自流平灌注料、豆石、水按照 1∶1∶0.15 的比例（重量比）进行称量，称量误差不得大于 1%，然后将称量完毕的自流平灌注料、豆石、水依次放入混凝土搅拌机料斗中，搅拌 3～4min 后出盘。

3）灌注。搅拌完毕后的自流平灌注料拌合料运到锚穴处立即进行灌注。灌注时一次将一个锚穴用料放足，然后用钢筋棒或竹板轻轻捣固密实。由于自流平灌注料拌合料流动性较大，因此不能用插入式振捣器振捣，否则会出现拌合料表面产生气泡、骨料下沉、胶凝材料浆液上浮现象，从而影响灌注质量。

4）抹平和养护。灌注自流平灌注料拌合料后 0.5～1h，用铁抹子将顶面抹平，使锚穴表面与邻近处沉淀池基顶平齐，抹平完毕立即用湿草帘覆盖，此后专人洒水养护，时间不少于 7d。

4.2.3 污水处理厂站构筑物深基坑施工

污水处理厂工程中，由于污水处理本身工艺要求及一些单位工程结构特点，常有一部分构筑物埋深较大，如进水泵房、消化池等，其埋深一般在 10m 以上，有时达 20m 左右。为了保证这些构筑物整体施工顺利进行，需要合理进行现场布置及施工顺序安排。为了保证这些构筑物地面以下部分施工安全，需要根据水文地质情况及现场环境确定深基坑支护方案。

4.2.3.1 现场布置及施工顺序安排

（1）临时道路。为方便施工，在埋深较大构筑物基坑四周修建一定的临时道路是非常有必要的，临时道路最好沿整个泵房四周环向布置。路宽一般不小于 3m，以大于 5m 为最理想。路结构形式可选用级配砂石、山皮石、煤渣等，厚度一般不小于 250mm。

（2）现场材料输送到位形式。污水处理厂站埋深较大构筑物施工时，其现场材料输送到位形式与构筑物的规模有关。规模较小的泵房多采用人工或汽车式起重机输送到位，规模较大的构筑物多采用塔吊输送到位。一般来说，日提升污水量小于 50 万吨的污水提升泵房优先采用汽车式起重机输送到位较为经济合理，日提升污水量大于 50 万吨的污水提升泵房优先采用塔吊输送到位较为经济合理。例如，某污水处理厂进水泵房由入口渐变段、格栅间、压榨间、泵房渐变段及泵房间组成，总占地面积为 $2567m^2$。施工过程中，料具（如模板、钢筋等）吊运到具体施工位置如采用一般的汽车式起重机将很困难，也很不经济。故经比较后决定采用两台 Q80A 塔式起重机解决料具现场吊运问题。两台塔式起重机分别置于格栅间东侧和泵房南侧（分别称“东塔吊”和“南塔吊”)。该种类型起重机臂长 40m，起重力矩 100t·m，最大起重量 4t，最大回转半径 40m，可在 360°范围内全方位旋转。总进水泵房采用上述塔式起重机布置形式后，保证了格栅间、压榨间及泵房 100%被起重机回转半径覆盖。整个进水泵房平面内 98.5%被起重机回转半径覆盖。施工过程中，为避免两台塔式起重机相互干扰。“南塔吊”比“东塔吊”始终低 5m。

(3) 施工顺序安排。一个埋深较大构筑物多由几个部分组成，施工顺序安排的合理与否，直接影响着整个埋深较大构筑物施工的速度和效益。必须明确哪一部分是重点，先施工何处，后施工何处。这样才能做到施工时有的放矢，井然有序。

前面提到的进水泵房施工顺序布置上强调“抓两极、促中间”，即抓施工难度最大的泵房和难度工作量最小的入口渐变段，促压榨间、格栅间及泵房渐变段。这是因为，泵房结构最复杂，基础位置最深，必须把它的施工摆于主导地位。而泵房渐变段位于整个总进水泵房的最北端。提早将其施工完后，可以缩小施工面，有利于人员集中。同时增加了现场材料堆放面积（入口渐变段顶部还土后即是一块平坦场地），方便其他部位施工。实践证明这一施工顺序的确定是正确的。

4.2.3.2 深基坑工程

(1) 污水处理厂站常见深基坑支护形式。污水处理厂站场常见深基坑支护形式有悬臂式桩墙支护、重力式水泥土挡墙支护、拄锚式支护、土钉墙支护等，其基本特点和适用范围如下。

1) 悬臂式桩墙支护。悬臂式桩墙支护结构常采用钢筋混凝土排桩墙、木板桩、钢板桩、地下连续墙等形式。悬臂式支护结构依靠足够的入土深度和结构的抗弯能力来维护整体稳定和结构的安全。悬臂式桩墙支护对开挖深度很敏感，容易产生较大的变形，对邻近建（构）筑物产生不良影响。悬臂式桩墙支护结构适用于土质较好，开挖深度较浅的深基坑工程。支护高度一般在 5m 以内。

2) 重力式水泥土挡墙支护。重力式水泥土挡墙支护结构常采用深层搅拌法形成，有时也采用高压喷射注浆法形成。水泥土与其包围的天然土形成重力式挡墙支挡周围土体，保持基坑边坡稳定。深层搅拌水泥土桩重力式围护结构常用于软黏土地区、开挖深度约在 6m 以内的基坑工程。

3) 拉锚式支护。拉锚式支护结构由支护结构体系和锚固体系两部分组成。支护结构体系，常采用钢筋混凝土排桩墙和地下连续墙两种。锚固体系可分为锚杆式和地面拉锚式两种。随基坑深度不同，锚杆式也可分为单层锚杆、二层锚杆和多层锚杆。地面拉锚式需要有足够的场地设置锚桩，或其他锚固物。锚杆式需要地基土能提供锚杆较大的锚固力。拉锚式支护型式支护基坑深度一般在 15m 之内，较适用于砂土地质，或黏土地质。由于软黏土地质不能提供锚杆较大的锚固力，所以很少使用。

4) 土钉墙支护结构。土钉一般通过钻孔、插筋和注浆来设置，边开挖基坑，边在土坡中设置土钉，在坡面上铺设钢筋网，并通过喷射混凝土形成混凝土面板，形成土钉墙支护结构。土钉墙支护结构的机理可理解为通过在基坑边坡中设置土钉，形成加筋土重力式挡墙起到挡土作用。土钉墙支护适用于地下水位以上或人工降水后的黏性土、粉土、杂填土及非松散砂土、卵石土等，不适用于淤泥质土及未经降水处理地下水位以下的土层地基中基坑支护。土钉墙支护基坑深度一般不超过 18m，使用期限不超过 18 个月。

（2）深基坑施工方案确定。

1）在保证安全的前提下，尽可能减少基坑支护部分高度。减少支护部分高度不但能降低基坑的施工造价，还能缩短基坑的施工工期。减少基坑支护高度的方法很多，最常用的是基坑上半部4m左右设计成大开槽形式，4m以下部分采取支护形式。

2）做好基坑支护形式的优选工作。基坑的支护形式是由支护高度、土质情况等因素决定的，合理的支护形式应是技术上安全可靠、造价上经济合理的方案。土钉墙支护、重力式水泥土挡墙造价较低，但对适用的基坑深度和土质有一定的限制，桩墙支护、拉锚支护技术对基坑深度和适用土质限制不大，但造价较高。因此，在选择支护形式时，一定要认真计算，反复比较，达到技术上和造价上的“双赢”。

3）在地下水位较高地区，进行基坑支护方案设计的同时，还必须确定合理的降水方案。确定降水方案时，要深入现场实地考察，认真分析有关水文地质资料，根据地层组合特点、渗透系数大小决定降水方式。目前，降水方式采用最多的是管井和轻型井点两种，由于轻型井点在基坑较深时需多层布置，受施工场地制约较大，因此，在渗透系数允许情况下，尽可能选择管井降水。为避免由于基坑深而常出现的地下水“汇集效应”，深基坑处降水井的间距要适当减小，井深要适当加大。

4）做好基坑施工信息的搜集、整理、反馈工作。基坑施工和使用过程中，通过对挡土结构位移、支撑锚拉体系应力、基坑周围环境变化的监测，将有关资料及时搜集、整理后，得出目前基坑的安全状态，如果存在不安全因素，及时排除。对于长期搜集、整理得出的规律性东西，反馈给基坑工程的设计人员，以便为以后基坑支护方案的制定提供准确信息。

（3）深基坑施工举例。

1）基本情况。某污水处理厂进水泵房设计日污水提升量为35万t，采用全地下钢筋混凝土结构，建筑面积713m^2，由格栅间、过渡段、泵房间三部分组成。其中泵房段埋深14.25m，过渡段埋深12.10m，格栅间段埋深10.2m。

该进水泵房自然地面标高33.5m，地面以下土质状况依次为：现状地面至地面以下1.6m为人工堆积粉质黏土，地面以下1.6m至2.6m主要为黏土层；地面以下2.6m至5.1m主要为黄褐色粉质黏土，5.1m以下主要为灰色重粉质黏土。

地下水分为两层，第一层位于标高31.6m左右，为上层滞水，第二层位于标高29.1m左右，为潜水，两层地下水局部发生联系。

2）基坑支护方案。为节省资金，减少支护高度，经反复比较，该进水泵房采用放坡开挖与拉锚护壁桩相结合的支护方式。即在基坑先开挖3.8～4.2m后再进行护壁桩施工，护壁桩身处加一道锚杆。

各部位需支护的实际高度为：

格栅间段：7.40m；过渡段：7.86m；泵房间段：10.05m。

所有桩长计算均按桩顶面以下3m做锚杆考虑，桩顶荷载按$P=10kN/m^2$计算（主要考虑桩顶堆放模板、钢筋等施工材料荷载，不考虑在基础混凝土浇筑前有重荷载接近护壁桩），由于格栅间段护壁高度与过渡段接近，故只核算过渡段及泵房段护壁桩。

①护壁桩长确定。过渡段护壁桩插入地基底以下深度3.75m，此外护壁桩总长为7.86m+3.75m=11.61m，实际取11.70m。

格栅间段护壁桩插入地基底以下深度 3.75m（取与过渡段相同数值），此处护壁桩总长为 7.40m＋3.75m＝11.15m，实际取 11.70m。

泵房间段处护壁桩插入地基底以下深度 4.94m，此处护壁桩总长为 10.05m＋4.94m＝15.99m，实际取 16.00m。

②护壁桩身配筋。护壁桩桩径取 ϕ800mm，采用 C25 混凝土，钢筋保护层为 50mm，经计算：过渡段和格栅间段护壁桩身所承受的最大弯矩为 322.5kN·m，桩中心间距取 1600mm，以此为依据配 14 Φ 18 钢筋。

泵房间段护壁桩身所承受的最大弯矩为 753.6kN·m，桩中心间距取 1200mm，以此为依据，配 22 Φ 25 钢筋。

整个护壁桩顶设 900mm×400mm 钢筋混凝土环梁，环梁内配 6 Φ 20＋4 Φ 12 钢筋。

③锚杆计算。取锚杆直径 ϕ150mm，与水平方向倾角 13°，其内部配筋采用钢绞线，经计算：过渡段和格栅间段每隔 3.2m 设一根锚杆，锚杆全长取 28m（包括自由段 6m），每根锚杆内放三束 7ϕ5 抗拉强度为 1860N/mm^2 钢绞线。

泵房段每隔 2.4m 设一根锚杆，锚杆全长取 29m，每根锚杆内放三束 7ϕ5 钢绞线。

在护壁桩桩顶以下 3m 处设腰梁，腰梁采用两根 30a 工字钢，锚垫板用 δ＝20mm 钢板，锚拉控制力 120kN。

3）护壁桩的施工。

①桩位定线。根据测量基准线确定每棵桩的准确位置，设牢固而明显的标志，并加以复测、复核。

②钻桩成孔。本工程护壁桩成孔采用反循环钻机成孔，泥浆护壁。由于桩与桩距离较近，为防止桩孔坍塌，所以采用跳桩成孔的办法。桩孔深度大于设计深度 1m 左右，确保护壁桩的有效长度。

③灌桩施工。本工程护壁桩采用水下混凝土灌注方法灌注混凝土。混凝土塌落度为 180～200mm，采用 32.5 级普通硅酸盐水泥，掺加 3.5%减水剂。

A. 根据护壁桩直径、长度、计算混凝土用量，现场有足够混凝土保证灌注连续不间断进行。

B. 首批混凝土用剪球法式开启门的办法泄放，放混凝土时速度要快、连续进行。提升导管时必须保证导管在混凝土的埋深不小于 4m，并不大于 6m。

C. 为确保桩顶质量，在桩顶设计标高以上应加灌 400mm，以便灌注结束清除此段混凝土，露出坚实混凝土与连梁混凝土相接。

4）锚杆施工。

①锚杆成孔。锚杆成孔采用地质 300 型钻机，钻孔前调节钻杆使之与水平方向夹角成 13°，钻孔时为防止塌孔，采用全套管跟进。

②锚杆灌浆。钻孔至设计长度后，放入钢绞线，然后向孔内压浆，注浆所用浆液采用水泥砂浆，采用 42.5 级普通硅酸盐水泥，水灰比为 0.45 左右。

③锚杆张拉。当灌浆时间达到 28d 时进行锚杆张拉。每根锚杆内三束 7ϕ5 钢绞线依次张拉。张拉采用前卡式千斤顶，锁定锚具夹片采用三片式。张拉拉力以油泵的压力表读数对应值进行控制，当每束钢绞线拉力达到锚拉控制力时及时停止给油。进行完第三束钢绞线张拉后，检查前两束钢绞线是否有拉力损失情况，如拉力损失大于 5%进行补张。

5）护壁桩喷护。

①该地区地下水较为丰富，又逢雨期施工，为保证桩间土壤稳定和护壁桩受力均匀，施工时使用了桩间混凝土喷护技术。

②将桩间土人工挖至桩半径处后，安装钢丝网。一般用20mm×20mm方格网，钢丝网与护壁桩之间用钢钉锚固钢丝网搭接，搭接宽度100mm左右。

③喷护采用C20豆石混凝土，厚度60mm，混凝土中加入适量速凝剂。

4.2.4　污水处理厂站构筑物混凝土预应力施工

污水处理厂站构筑物采用预应力混凝土技术可改善受力性能，减少混凝土裂缝，降低钢筋用量。目前，使用型式主要有高强钢丝预应力缠丝、钢绞线后张无粘结预应力两种，在污水处理厂工程中使用范围主要集中在直径在30m以上或高度大于20m的圆形构筑物上，以池壁使用最多。在预应力使用型式上，对于拼装结构多选用高强钢丝预应力缠丝，对于现浇结构多选用钢绞线后张无粘结预应力。

4.2.4.1　后张无粘结预应力施工

（1）预应力筋技术要求。无粘结预应力筋一般指带有专用防腐油脂涂料层和外包层的钢绞线和碳素钢丝，无粘结预应力筋外包层材料采用聚乙烯或聚丙烯。目前常用的无粘结预应力筋主要有1×7ϕ^j12.7和1×7ϕ^j15.2两种规格钢绞线。

1）预应力钢绞线的直径允许偏差、力学性能等应满足规范规定。

2）钢绞线生产要求：

①捻制预应力钢绞线的钢丝应符合GB/T 5223中相应条款的规定。

②预应力钢绞线的捻距为钢绞线公称直径的12～16倍。模拔钢绞线其捻距应为钢绞线公称直径的14～18倍。钢绞线内不应有折断、横裂和相互交叉的钢丝。

③如无特殊规定，钢绞线的捻向为左（S）捻。

④捻制后，预应力钢绞线应进行消除应力的热处理。

⑤成品钢绞线切断后应是不松散的或可以不困难地捻正到原来的位置。

⑥在拉拔前，个别钢丝允许进行焊接操作，但在拉拔中或拉拔后不应进行焊接操作。50m长的钢绞线仅允许存在1个焊点。

3）交货状态。

预应力钢绞线经最终热处理后以盘或卷状态交货。

（2）无粘结预应力锚具。

1）单孔夹片锚具。后张无粘结预应力单孔夹片锚具适用于锚固ϕ^j12.7和脚ϕ^j15.2钢绞线。

单孔夹片锚具是由锚环与夹片组成。夹片的种类很多：按片数可分为三片或二片式；按开缝形式可分为直开缝与斜开缝。两片式夹片的背面上部锯有一条弹性槽，以提高锚固性能。直开缝夹片最为常用。斜开缝夹片主要为锚固7ϕ^s5平行钢丝束用，但对钢绞线的锚固也有益无损。斜开缝偏转角的方向应与钢绞线的扭角相反。

锚具材料与加工要求：

锚环采用45号钢，调质热处理硬度HRC32～35。

夹片一般采取心软齿硬作法。材料宜为20Cr钢，齿形宜为斜向细齿，表面热处理的齿面硬度应为HRC60～62。

2）多孔夹片锚固体系。多孔夹片锚具是在一块多孔的锚板上，利用每个锥形孔装一副夹片夹持一根钢绞线的一种楔紧式锚具。主要产品有：XM型、QM型、QVM型等。

①XM型锚具。XM型锚具是由锚板与夹片组成，锚板的锥形孔沿圆周排列，对ϕ15钢绞线，间距不小于36mm。锥形孔中心线的倾角1：20。锚板顶面应垂直于锥形孔中心线，以利夹片均匀塞入。夹片采用三片斜开缝形式。

XM型锚具下设钢垫板、喇叭管与螺旋筋等，钢垫板按C40混凝土设计，其表面上开有锚环对中用的凹槽。喇叭管由薄钢板制成，焊在钢垫板上。

②QM型锚固体系。QM型锚具是由锚板与夹片组成，锚板顶面为平面，锥形孔为直孔；夹片为三片式直开缝。由于钢绞线在锚板处有一折角，增大了锚口预应力损失。QM型锚固体系配有专门的工具锚，以保证每次张拉后退楔方便，并减少安装工具锚所花费的时间。

QM型锚具锚下构造措施采用铸铁喇叭管与螺旋筋。铸铁喇叭管是将承压垫板与喇叭管铸成整体，可解决混凝土承受大吨位局部压力及承压钢板垂直于预应力筋孔道的问题。

其各部分尺寸是按照钢绞线抗拉强度1860N/mm^2，张拉时锚固区混凝土强度不小于35N/mm^{2}设计的。当实际使用的钢绞线强度低于上述值时，垫板的平面尺寸可减小。张拉时混凝土强度偏低时，应对锚固区局部承压能力进行校核。

③QVM型锚固体系。QVM型锚固体系是在QM型锚固体系的基础上发展起来的，夹片改用二片式直开缝。

（3）无粘结预应力钢绞线及锚具的运输、存储。

1）根据现场需要分批进场，减少现场存储时间。

2）无粘结预应力筋在装卸、吊装时，保持成盘状态，吊装和搬运时不得摔砸、踩踏，严禁直接使用钢丝绳或其他坚硬吊具与外包层直接接触，吊运时使用套胶管的钢丝绳，避免破坏钢绞线外包层。

3）露天堆放时放置在干燥通风处，用苫布覆盖防雨，下面垫方木，防止预应力筋的端头锈蚀，并采取防晒措施；锚夹具需涂油包封在室内存放。

（4）材料检验。

1）无粘结预应力钢绞线。

①外观检查：

A. 产品进场外包装完整。

B. 钢绞线塑料护套光滑、无裂纹、无明显褶皱、无破损，壁厚为0.8～1.2mm。

②质量证明材料：检查产品合格证、出场检验证明、进场复试报告。

③力学性能检验：

A. 组批规则：预应力钢绞线应成批验收，每批由同一牌号、同一规格、同一生产工艺制度的钢绞线组成，每批重量不大于60t。

B. 检验数量：从每批钢绞线中任取3盘，进行表面质量、直径偏差、捻距和力学性能试验。如每批少于3盘则应逐盘进行上述检验。

C. 复验与判定规则：从每盘所选的钢绞线端部正常部位截取一根试样进行上述试验。试验结果，如有一项不合格时则不合格盘报废。再从未试验过的钢绞线中取双倍数量的试样进行该不合格项的复验。如仍有一项不合格，则该批判为不合格品。

D. 试验方法：最大负荷：整根钢绞线的最大负荷试验按 GB 228 的规定执行。用公称截面积算强度级别。

伸长率：测定钢绞线伸长率时，1×7 结构钢绞线的标距不小于500mm；1×2 和1×3 结构钢绞线的标距不小于400mm。在测定总伸长为1%时的负荷后，卸下引伸计，标明试验机上下工作台之间的距离 L_1，然后继续加荷直到钢绞线的一根或几根钢丝破坏，此时标明上、下工作台的最终距离 L_2，L_2-L_1 的值与 L_1 比值的百分数，加上引伸计测得的1.0%即为钢绞线的伸长率。如果任何一根钢丝破坏之前，钢绞线的伸长率已达到所规定的要求，此时可以不继续测定最后伸长率的值。如因夹具原因产生剪切断裂，所得最大负荷及延伸未满足标准要求，试验是无效的。

屈服试验：按照 GB/T 5224—2003 要求进行。

松弛试验：按照 GB/T 5224—2003 要求进行。

尺寸测量：用精度为0.02mm 的卡尺测量钢绞线的尺寸和捻距。1×7 钢绞线的直径测量应以横穿直径方向的相对两根外层钢丝为准，在同一截面不同方向上测量两次。

2）锚具。

①质量证明材料：检查产品合格证、出场检验证明、进场复试报告。

②外观检查：表面无污物、锈蚀、机械损伤和裂纹。全数观察。

③硬度检查：从每批中抽取5%且不少于5套，检查其硬度。每个零件测试三点，如有一个不合格，取双倍数量重做检查。如仍有一个零件不合格，逐个检验，合格者方可使用。

④静载锚固性能试验：经上述两项检验合格后，从同一批中抽取6套锚具，组装成3个预应力筋锚具组装件进行静载锚固性能试验；如有一个不合格，取双倍数量重做试验如仍有一个套不合格，则该批锚具判为不合格品。

（5）设备标定。

1）材料设备除要求具有出厂合格证外，进厂后还需要进行检验与评定。

2）千斤顶、油泵、压力表等设备配套进行使用、标定，给定张拉作用力与压力表之间的关系曲线。标定期不超过六个月。

3）无粘结预应力筋张拉机具及仪表由专人使用和管理。校验时千斤顶活塞运行方向，与实际张拉工作状态一致；压力表的精度不低于1.5级。

4）使用过程中出现反常现象时，或在千斤顶检修后，重新进行标定。

5）每池每次张拉前，对设备进行检查，避免发生意外。

（6）预应力筋铺放。

1）施工工艺流程。内模板→铺设非预应力筋→安装托架筋、承压板、螺旋筋→铺设无粘结预应力筋→外模板→混凝土浇筑→混凝土养护→拆模及锚固肋混凝土凿毛→割断外露塑料套管并清理抽脂→安装锚具→安装千斤顶→同步加压→量测一回油撤泵→锁定→切断无粘结筋（留100mm）→锚具及钢绞线防腐→封锚混凝土。

2）预应力筋下料。

①下料长度：无粘结预应力张拉采用前卡式内置千斤顶进行张拉作业，其每端夹持工作长度不小于400mm，锚具长度45mm 及其他影响因素需要留的余量，故每端应增加约

1m，所以其每个张拉段下料长度应为理论计算长度加 2m 左右。

②无粘结筋的下料作业在平整的场地上进行，定出下料长度，两端设置固定标志，每端有专人负责。每次下料时将预应力筋拉直后，用砂轮锯切割。严禁使用电弧切割，避免造成高强钢材制成的钢绞线局部加热和急骤冷却，引起脆性变态，在小于允许张拉力的荷载下脆断。

③使用放线盘放料，减少放料时预应力筋与地面摩擦，有效保护预应力筋的护套。

④下料完成后，逐根对预应力筋护套进行外观检查，凡破损处用塑料胶带缠绕修补，胶带的搭接长度不小于 1/2 胶带宽度。

3）预应力筋的铺设与固定。

①预应力筋铺设时由池壁底部向顶部逐圈进行，上下相邻两圈锚固位置错开二分之一张拉段。预应力筋铺设时保证位置准确、平顺、绑扎牢固。为保证预应力筋的位置准确，在池壁竖向非预应力筋之间，按照设计要求环向每隔 0.5m 架一道钢筋托架，与池壁竖向非预应力筋绑扎牢固。托架筋高程为：预应力筋设计高程减预应力筋半径。托架筋与预应力筋用绑丝绑扎牢固。

②在遇到工艺管线位置，预应力筋平缓绕过，将预应力筋升到管顶（底），弯起点均设置，高程、曲线长度及间距按设计要求。在与普通钢筋位置发生矛盾时，适当调整普通钢筋位置。

③保证承压板面与预应力筋张拉作用线垂直，因此要求按设计的角度制作端模板，同时，端模板要与承压板用铁钉钉牢固。

④人工穿入预应力筋。预应力筋穿入后。每根预应力筋端部留出工作长度，然后从该端部开始依次用绑丝将其绑扎在钢筋托架上，绑扎时用力适度，注意保护预应力筋护套，以防破损、漏油。每圈预应力筋绑扎就位后，再次检查每根预应力筋护套，及时修补破损部位，如有严重破坏，重新进行更换。

(7）混凝土浇筑。

1）设专人检查无粘结预应力筋位置、高程、预留长度、承压板及螺旋加固筋是否按要求施工完毕。

2）无粘结筋及其组装件（承压板、螺旋筋）铺装完毕后，进行隐蔽验收，确认合格后方可浇筑混凝土。

3）混凝土浇筑过程中，严禁踩踏或用振捣棒触动托架筋、无粘结预应力筋及承压板，确保无粘结筋和锚具系统位置的准确。

4）张拉端部要求认真振捣，严禁漏振，同时避免混凝土在此处产生离析状态，保证其密实度，做好养护工作。

5）质控人员做好同期试块，及时测定混凝土强度值，为预应力筋张拉提供依据。

(8）预应力筋张拉。

1）混凝土达到设计强度的 75%后方可进行张拉。混凝土强度的确定以同条件养护试块的试验报告为依据。

2）张拉方式：多采用单根两端张拉。张拉顺序：自上而下，跳圈张拉；同一圈无粘结预应力筋对称部位同时张拉。

3）锚具安装程序：

A. 切断无粘结预应力钢的塑料套管；

B. 套入锚环；

C. 打入夹片。夹片间距要求均匀、表面平整。施工时多使用直径为 20mm 的钢管作为打入工具。

4）安装张拉设备时，张拉力的作用线与无粘结预应力筋中心线末端的切线重合。张拉前清理承压板面，检查承压板后面的混凝土质量。如果千斤顶不能放进锚固穴，需设置变角器，将千斤顶延伸至锚固穴以外。

5）采用双向控制。张拉应力以油泵的压力表读数对应值进行控制；理论计算伸长值是实测伸长值的校核依据，实际伸长值与理论计算伸长值的相对允许偏差为±6%。

6）预应力张拉程序：张拉程序为：0→预张 $0.1\sigma_{con}$→$0.45\sigma_{con}$→$1.03\sigma_{con}$→锚固。

张拉过程中要求进行量测，读数人员在 $0.1\sigma_{con}$ 时读取一次，在 $0.45\sigma_{con}$ 时读取一次，$1.03\sigma_{con}$ 时读取一次，两端累加后与理论伸长值进行比较，实测伸长值在理论伸长值±6%范围内为合格，否则停止张拉，分析原因，采取措施予以纠正后方可继续张拉。

（9）封锚。

1）张拉工作完成后，用砂轮锯切割无粘结预应力外露的多余部分，留下的长度不大于 100mm。

2）用环氧煤沥青涂刷留下的无粘结预应力筋。

3）涂刷完毕，用 120mm 长的柔性塑料管套在无粘结预应力筋上，柔性塑料管直径略大于 7ϕ5 钢绞线直径。端部向内折叠，用绑丝绑扎牢固。

4）支搭模板，使用比池壁强度等级高一级的混凝土对锚具及外露的无粘结预应力筋进行封锚浇筑。

（10）无粘结预应力施工安全。

1）无粘结预应力筋进场后应有序码放，其下部要用方木垫平，每盘无粘结预应力筋下必须有两根以上方木做受力点。

2）张拉人员必须经过专门培训，掌握预应力张拉的安全技术知识并经考试合格后方可上岗。

3）张拉必须按照检测机构检验、编号的配套组使用张拉机具。

4）张拉作业区域应设明显警示牌，非作业人员不得进入作业区。作业前必须在张拉端设置 50mm 以上厚的防护木板。

5）张拉时必须服从统一指挥，两端或分段张拉时，作业人员应明确联系信号，协调配合。

6）严格按照安全技术交底要求读表，油压不得超过规定值。发现油压异常等情况时，必须立即停机。

7）作业前应检查高压油泵与千斤顶之间的连接件，连接件必须完好、紧固，确认安全后方可作业。高压油泵操作人员应戴护目镜。

8）高处张拉时，作业人员应在牢固、有防护栏的平台上作业，上下平台必须走安全梯或坡道。

9）操作千斤顶和测量伸长值的人员应站在千斤顶侧面操作。千斤顶顶力作用线方向不得有人。千斤顶行程不得超过规定值。

10）钢筋张拉时，严禁敲击钢筋、调整施力装置。

11）张拉完成后应及时封锚，浇注锚固肋或锚固穴混凝土。

（11）张拉理论计算伸长值计算举例。

1）基本情况。某沉淀池外径 48.7m，高 4.7m，池壁厚 350mm，共有宽 1500mm 锚固肋 8 个。采用 7ϕ5 低松弛型钢绞线作无粘结预应力筋，钢绞线布置于距池外壁 120mm 处，标准抗拉强度 $f_{ptk}=1860N/mm^2$，张拉控制应力。$\sigma_{con}=0.7f_{ptk}=1302N/mm^2$。

2）确定无粘结预应力筋计算长度。

直线段 L_{PBM}。L_{PBM} 近似等于锚固肋宽，即 $L_{PMN}=1500mm=1.5m$，$\theta_{MN}=0$。

曲线段 L_{PBM}，这里钢绞线布置位置为 $R=48.7/2-0.12=24.23m$

$$L_{PBM}=2\pi R/8-L_{PMN}/2=2\times3.14\times24.23/8-1.5/2=18.27m$$

求 a_{CM} 及 θ_{BM}

$$a_{CM}=2\arctan L_{PMN}=\text{arctg}(0.5\times1.5/24.23)=1.776°$$

$$\theta_{BM}=\pi/4-a_{BM}=45°-1.776°=43.224°=0.754\text{rad}$$

3）计算拉应力。

$K=0.004$（每米无粘结预应力筋壁局部偏差对摩擦的影响系数）

$\mu=0.12$（无粘结预应力筋与壁之间的摩擦系数）

直线段摩阻损失

$$X_{MN}=L_{PMN}=1.5m\quad\theta_{MN}=0$$

$$\sigma_{MN}=\sigma_{con}(1-1/e^{kx+\mu\theta})=1302(1-1/e^{0.004\times1.5+0.12\times0})=7.79N/mm^2$$

M 点的拉应力

$$\sigma_M=\sigma_{con}-\sigma_{MN}=1302-7.79=1294.21N/mm^2$$

曲线段摩阻损失 σ_{MB}

$$X_{MB}=L_{PBM}=18.27m\quad\theta_{MB}=0.754$$

$$\sigma_{MB}=\sigma_M(1-1/e^{kx+\mu\theta})=1294.21(1-1/e^{0.004\times18.27+0.12\times0.754})=195.28N/mm^2$$

B 点拉应力

$$\sigma_B=\sigma_m-\sigma_{MB}=1294.21-195.28=1098.93N/mm^2$$

4）计算张拉力。

各截面拉力（A_P 为无粘结预应力筋的截面面积，这里取 $A_P=137.4mm^2$）

$$F_N=\sigma_{con}A_P=1302\times137.4=178895N=178.90kN$$

$$F_M=\sigma_M A_P=1294.21\times137.4=177824N=177.82kN$$

$$F_B=\sigma_B A_P=1098.93\times137.4=150993N=150.99kN$$

平均张拉力

$$F_{PM(MN)}=(F_N+F_M)/2=(178.90+177.82)/2=178.36kN$$

$$F_{PM(MB)}=(F_M+F_B)/2=(177.82+150.99)/2=164.41kN$$

5）计算理论伸长值。

这里 $E_P=1.95\times10^5N/mm^2$

MN 段

$\Delta L_{MN}=F_{PM(MN)}L_{PMN}/A_PE_P=178.36\times10^3\times1500/(137.4\times1.95\times10^5)=9.99mm$

MB 段

$\Delta L_{MB}=F_{PM(MB)}L_{PMB}/A_PE_P=164.41\times10^3\times18270/(137.4\times1.95\times10^5)=112.11mm$

累计伸长值

$$L_P^C=2(\Delta L_{MN}+\Delta L_{MB})=2(9.99+112.11)=244.20mm$$

理论伸长值

$$\Delta L_{103}^C=1.03\times244.20=251.53mm$$

伸长值变化范围（按±6%计）

$$\Delta L_{103}^{小}=0.94\times251.53=236.44mm$$

$$\Delta L_{103}^{大}=1.06\times251.53=266.62mm$$

4.2.4.2 构筑物预应力缠丝施工

（1）预应力钢丝技术要求。

1）尺寸、重量及允许偏差。光面钢丝的尺寸和允许偏差应符合规范规定。

2）力学性能。钢丝的力学性能指标应符合规范规定。

3）牌号及化学成分。制造钢丝用钢由供方根据钢丝直径和力学性能确定，其化学成分应符合国家标准的规定，也可采用其他相应牌号制造，成分不作为交货条件。

4）生产方法。

①制造钢丝用盘条应符合GB/T 4354的规定，盘条须经索氏体化处理后，冷拉加工制成钢丝。

②成品钢丝不得存在电焊接头，在生产时为了连续作业而焊接的电焊接头，应切除掉。

5）表面质量。

①钢丝表面不得有裂纹、小刺、机械损伤、氧化铁皮和油污。

②钢丝表面没有目视可见的麻坑，表面不应有过多的浮锈。

③取弦长为1m的钢丝，其弦与弧的最大自然矢高不大于20mm。

6）钢丝进货。

钢丝的进货必须取得出厂证明及合格证书。为防止和减少钢丝的锈蚀，钢丝需分批量进货，进货后需入库保存，如露天存放需严密覆盖。

7）钢丝检测。

①钢丝使用前，必须抽样，送有检测资格的试验室进行检测。

②组批规则：钢丝的检验规则应按GB 2103的规定执行。在每盘钢丝的两端取样进行抗拉强度、弯曲和伸长率的试验。每批由同一牌号、同一规格、同一生产工艺制度的钢丝组成，每批重量不大于60t。

③拉伸试验：钢丝的拉伸试验按GB 228的规定进行。钢丝横截面积按公称直径计算，其结果修约到四位有效数字。

④弯曲试验：钢丝弯曲试验应按GB 238的规定进行。

⑤屈服强度：按GB/T 5223—1995的规定进行。

⑥松弛试验：按GB/T 5223—1995的规定进行。

（2）预应力钢丝缠绕用锚具。

1）锚具的尺寸及形状。锚具的尺寸及形状根据钢丝的直径及锚固槽的尺寸而定。

2）锚具制造。锚具需用45号高强度钢制造，加工出厂时需有专项检测数据。锚具的锚固力，不得低于预应力钢丝标准抗拉强度的 90%。

3）锚具检验。锚具在使用前，必须抽样，经有检测资格的试验室进行检测，检测内容包括：

①外观检查：表面无污物、锈蚀、机械损伤和裂纹。全数观察。

②硬度检查：从每批中抽取 5%且不少于 5 套，检查其硬度。每个零件测试三点，如有一个不合格，取双倍数量重做检查。如仍有一个零件不合格，逐个检验，合格者方可使用。

③静载锚固性能试验：经上述两项检验合格后，从同一批中抽取 6 套锚具，组装成 3 个预应力筋锚具组装件进行静载锚固性能试验；如有一个不合格，取双倍数量重做试验。如仍有一个套不合格，则该批锚具判为不合格品。

（3）预应力缠丝原理。

1）按设计的要求，在池壁外侧，设置若干道竖向卡具锚固槽，穿池壁套管处设加固钢板及卡具锚固槽。锚固槽及加固钢板，必须设置在现浇混凝土中。

2）池壁缠丝用高强度钢丝，利用专制的缠丝机进行绕丝，使用频率仪测试缠绕后的钢丝应力值。

（4）施工机具。

1）圆形池壁外侧预应力钢丝的缠绕施工，需使用专制的缠丝机进行。一般需要根据构筑物的构造形式及直径大小设计制造缠丝机。缠丝机一般由电力驱动、机械传动缠丝。

2）预应力钢丝缠丝机由绕丝小车（下车）、四转吊车（上车）、回转臂杆、中心柱、导向链条和电气部分组成。

3）缠丝机的工作原理：高强钢丝通过绕丝小车，被紧紧的箍于圆形池壁。绕丝小车由摆线针轮减速器独立驱动，当电机转动时带动减速器并通过减速器带动大链轮转动，该大链轮沿着箍于池壁的链条做圆周行走。为能适应池壁的微小变化，并控制链条松紧在大链轮与池壁链条的中间，设置了链条张紧装置。在大链轮同一中心轴上装有绕丝盘，由钢丝圆盘送出的高强钢丝通过牵制器并在绕丝盘上绕 2～3 圈后，再用楔形锚具固定在池壁的锚具槽内。当绕丝机工作时，大链轮在转动的同时，一面收进链条，一面放出同样长度的链条，同时也释放出长度大致相等的钢丝。由于链轮的节圆直径略大于绕丝盘直径，因此钢丝将被拉长约 6‰，就产生了预应力。

（5）缠丝施工工艺。

1）构筑物预应力缠丝施工工艺流程。见图 4.18。

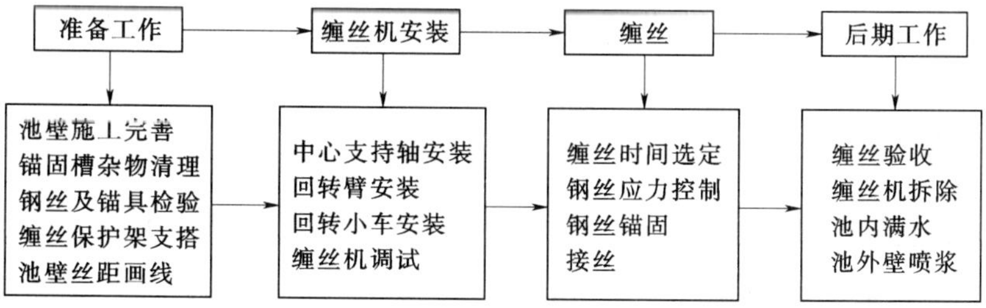

图 4.18　缠丝程序

2）池壁基层处理。

①现浇钢筋混凝土池壁和预制壁板后浇缝以及池顶圈梁混凝土的强度达到设计强度的75%以上时可进行缠丝施工。

②剔净池外壁的混凝土飞刺，清理附着在池壁上的杂物，保证外壁平整光滑。

③将池壁卡具锚固槽内外完全清理干净。

3）缠丝机的安装。

①中心柱的安装。中心柱底盘，是用钢板制成，尺寸为60mm×60mm×24mm，与中心底座用4根螺栓牢固连接，连接前，要调整中心柱底盘中心与圆池中心相吻合，并调整底盘四角的水平，用仪器校测。

②环形跑道设置。环形跑道位于池顶，宽度不小于跑轮宽度的2倍。使用前用1∶3水泥砂浆抹平、压光，表面高程必须一致。

③回转臂杆的连接。回转臂杆一端与回转吊车端面铰接。在臂杆安装的同时调整调节螺栓，使回转吊车下面与池壁垂直。另一端的伸缩套筒为调整臂杆长度使用，可调长度视传动轴伸缩节调整量而定。

④回转吊车和绕丝小车的安装。回转臂杆与回转吊车接好后，须在环形跑道上试行1～2圈，检查回转吊车与跑道、池壁的距离是否适当，必要时，进行微小的调整再与绕丝小车连接。绕丝小车安装前先置于池壁最低处，摆好位置。将回转吊车的钢丝绳穿过绕丝小车的滑轮并卡紧，两根钢丝绳必须拉紧一致，绕丝小车吊起后并保持水平。

⑤回转链条的安装：

A. 将链条沿圆池周长围放一圈，用短木板垫平在同一高度，一般距池壁400～500mm，然后将绕丝小车用方木垫平、稳好，小车上的两个支撑轮紧靠池壁，即可穿过大链条与小链条紧密啮合。

B. 用2t手摇葫芦钩住链条两端，扳动手葫芦，将链条拉紧。

C. 为了达到预定拉紧程度，还必须采用两项措施：

a. 利用壁板上的锚具槽，用撬棍往葫芦的方向拨紧链条，同时配合扳动葫芦，如此反复几次，将链条拉紧；

b. 最后，要用特制的拉紧器拉紧链条两端，穿进销轴，完成链条的安装。

⑥试运行：

A. 上述工作完成后再进行一次细微检查，即可接通电源。

B. 试运行时，先试每个电机的旋转方向。绕丝机要求电机只能顺时针旋转，不允许逆时针旋转。

C. 各电机试转完毕后，整机试转，此时只要求水平回转，不升不降。空转几圈后若链条松紧适当，再开始正常运行，即先螺旋上升，到池顶后，即可绕丝下行。

4）预应力钢丝的缠绕。

①缠丝过程中人员安排。缠丝过程中单班施工时人员安排如下（共7人）：缠丝操作2人（操作缠丝机、上丝、缠丝、锚固）；钢丝盘二次倒运2人（钢丝盘由库房运至现场）；电工1人（现场用电保障）；安全监督1人（对缠丝人员安全检查、防止无关人员进入缠丝现场）；现场管理1人（材料供应、进度安排、工人生产保障）。

②缠丝机到位。缠丝机的工作程序是由池壁顶向池壁底进行绕丝，所以必须首先将绕

丝小车空车提升至壁顶。空车进行 1～2 圈试运转。检查各部件连接是否可靠并调整链条的松紧（链条过松时有下垂，链条过紧电机电流过大）。链条的受力情况可以根据张紧装置大弹簧的压缩量测定。一般控制在 20kN 左右。然后挂上螺距调节箱倒档，将绕丝小车提升至池壁顶的设计位置。

③绕丝前准备。开动钢丝倒盘机，将大盘钢丝倒在小钢丝盘上，倒好的小盘应有 5～6 个储备，以便及时更换，不影响绕丝。

围绕池壁外 2～3m 的位置埋设防护栏一圈，防止绕丝时因断丝弹出伤人。

④绕丝程序：

A. 用小吊车将事先运到绕丝机下面倒好的钢丝圆盘，吊至绕丝小车钢丝圆盘架上，稳好。

B. 将钢丝从钢丝圆盘上抽出，穿过牵制器，到绕丝盘上，按顺时针方向自上而下绕 2～3 圈，最后将这一头用楔形锚具锚固于池壁预留锚具槽内。

C. 根据结构设计要求的螺距挂好档位及链轮。

D. 开车前必须鸣响信号，各就各位，非有关人员退出防护栏以外，以免钢丝折断造成伤亡事故。

E. 操作人员要随时注意钢丝应力变化情况，及时调整牵制器的松紧，每绕完一盘钢丝，要及时测定应力值，以保证绕丝质量。

F. 计算好每一盘钢丝可绕的圈数，当钢丝圆盘剩余的钢丝数量，不足以满足下一个锚具槽时，应及时停车，用楔形锚具把钢丝固定在最近的锚固槽内。

G. 开车将钢线圆盘上剩余的钢丝拉出后停车。此段无应力的钢丝，要用小木条卡于链条与池壁之间，加以固定。

H. 用小吊车将空钢丝圆盘吊出，换以新盘。将新盘钢丝头与上一盘钢丝尾部搭接后，用绑扎机绑牢。其绑扎长度小于 250mm，绑扎后，继续行车，直至池底。

⑤预应力钢丝缠绕前的要求：

A. 设计应确定张拉控制应力值，一般为标准抗拉强度的 65%。

B. 确定单根预应力钢丝的控制拉力值。计算方法为钢丝张拉控制应力乘以钢丝截面积值。

C. 钢丝的进货必须取得出厂证明及合格证书。为防止和减少钢丝的锈蚀，钢丝需分批量进货，进货后需入库保存，如露天存放需严密覆盖。

D. 缠绕钢丝时锚具的设置：

a. 绕丝的开端与收尾必须设一套锚具。

b. 钢丝接头的两侧的锚固槽须各设一套锚具。

c. 绕丝过程中，锚具的方向以一正一反为宜。相邻钢丝（预留洞口处）的锚具要分别锚固在两个锚固槽内。

d. 经过预留洞的钢丝除在预留洞的两侧的锚固槽内各设一个锚具，再在相邻的锚固槽内再增加一个锚具，其锚固方向与预留洞两侧的锚具的方向相同。

经过预留孔处的钢丝除在预留孔两侧的锚固槽内各设一个锚具外，于与相邻的锚固槽内增加一个锚具，其锚固方向与预留孔两侧的锚固方向相同。

e. 锚固锚具时，锚具的正面必须卡在锚固槽内，与槽边缘靠紧。锚具的锚固采用

ϕ5mm 的圆钉。在锚具锚固过程中，严禁碰撞绕完的钢丝。

E. 绕丝接头钢丝的测试：

a. 接头的抽检率为 3%。

b. 接头的抗拉强度须达到钢丝的标准抗拉强度。

c. 预应力钢丝绕制完成后，对钢丝预应力进行全面跟踪测试，同时实现对接头的全面检测。

F. 缠丝过程中钢丝张拉应力的控制：

a. 三点仪找出三点仪的数值与张拉应力的关系（在张力试验室中进行）。

首先，通过对每批高强度钢丝试验，找出三点仪的数值与张拉应力的关系（在张力试验室中进行）。

其次，通过试绕或实际绕丝，找出三点仪与缠丝机自带拉力表的关系，对其进行控制（在绕丝现场进行）。

取得经验后，对缠丝工序进行随机检测，进行钢丝应力的控制。

b. 缠丝机自带压力表，可作为绕丝的钢丝张拉应力控制的主要手段之一，配合三点仪实施钢丝拉力的测试。

G. 缠丝质量的最终检测：

一个构筑物缠丝完成后，由有资质的检测部门对缠丝质量检测。

a. 选择测点及设点：

绕丝之前，在池体的正阳面和正阴面各设一处测点。

在池壁自上至下，敷设两根 ϕ5mm 的高强钢丝，其间距为 800mm。

绕丝时，缠绕的钢丝在测点处被两根钢丝架空离开池壁。

b. 利用频率测试仪分绕丝后及满水试验时两个阶段进行钢丝张拉应力的测试，并出具测试报告，测试报告内容包括：

根据设计要求，检测结果是否满足规定的拉力控制范围。

每个构筑物的绕丝总圈数，实际抽测的根数。

（6）缠丝的安全操作。

1）操作人员必须穿绝缘鞋、戴绝缘手套，防止触电。

2）绕丝小车操作台只允许两人操作，不准超载。

3）注意对机件各部的润滑，发现问题，在绕完一盘后应及时加润滑油。

4）绕线机应设置漏电保护装置。

5）第一次开车前，应松开绕丝小车上棘轮机构的棘爪，行车正常后再搬入，以防电机倒转，发生危险。

6）更换螺距前，应拉紧刹车系统，以避免因传动系统间隙所造成的溜车。

7）遇雨及下班后，应用防雨布把机器盖好。

8）每次接好钢丝再启动时，应松开牵制器，空车启动，正常运行后再及时压紧牵制器。

9）注意保护已绕好的钢丝，不得用坚硬、沉重物体撞击，以免断丝。

10）缠丝机每次使用前必须用 500V 兆欧表遥测其电气设备绝缘电阻（相间及对地），发现问题及时检修。

11）划分缠丝现场危险区域，并且设置明显的危险标志。

12）设置专人看管缠丝现场，佩带明显的标志，阻止闲杂人员进入缠丝现场。

13）沿池壁以外2.5～3m处，必须搭设钢管防护栏杆，高约4～5m，ϕ48单排钢管支架，上置警告标志，非工作人员严禁靠近防护栏杆。

（7）预应力钢丝保护层施工。

1）预应力钢丝保护层采用高强度水泥砂浆喷涂施工而成。该项施工在满水试验合格后的满水条件下进行。

2）喷涂施工前的准备工作：

a. 池壁清理、除污、去油。

b. 沿池壁搭设操作脚手架。脚手架的内侧距池壁2.5m、宽1.2m。

c. 喷涂施工的操作，须由培训过的专业人员担任。

d. 喷涂机具的准备。主要喷涂机具有：空气压缩机一台、砂浆搅拌机一台、砂浆运输车二台、多级泵一台、喷射泵一台、喷枪及高压橡胶管。

3）喷涂用料：

a. 预应力钢丝的保护层，一般设计厚度为45～50mm，水泥砂浆强度一般设计为M30；

b. 喷涂水泥砂浆的水灰比宜为0.4～0.45。水泥宜使用R42.5级普通硅酸盐水泥。喷涂水泥砂浆用砂的粒径不大于5mm，细度模量为2.3～3.7，最优含水率宜为1.5%～5.0%，喷涂水泥砂浆内需掺加速凝剂，其掺入量为拌合水泥量的5%～100%。

4）喷涂操作要求：

A. 水泥与砂的干料拌合应在搅拌机内进行，并要求拌合均匀，随拌随喷，存放时间不超过2h。

B. 喷浆机罐内压力宜为0.5MPa，供水压力需相适应，输料管的长度不得小于10m，管径不小于25mm。

C. 喷浆时需沿池壁的圆周方向，自池壁上端开始，喷口至受喷面的距离应以回弹物较少、喷层密实来确定。

D. 喷枪需与喷射面保持垂直，当受障碍物影响时，其喷枪的角度不要大于15°。

E. 喷浆时需连环旋设，出浆量应稳定连续，不能出现滞射或扫射，要保持厚度均匀密实。

F. 喷浆宜在气温高于+15℃时进行，当遇大风、降雨及气温低于0℃时，不能进行喷射作业。

G. 夏季喷浆作业应避开中午高温时间。

H. 喷浆后，严禁用抹平方法找平喷涂的水泥砂浆面层。

5）水泥砂浆保护层的养护：

喷完的水泥砂浆保护层，凝结后要及时加遮盖（于向阳面），防止曝晒，保持湿润养护不少于14d。

采用长流水方法养护，在池壁顶部外侧，安装沿池周长的环状管道，管道内侧开孔，孔距30mm，并沿环形管每隔15m左右安装阀门一个，以便按照喷浆的进度，分段进行养护。

6）喷浆的质量要求：

A. 水泥砂浆保护层的表面厚度均匀圆滑，厚度允许偏差为15mm。

B. 水泥砂浆保护层必须坚实牢固。

C. 在进行下一道工序前，须对水泥砂浆保护层进行外观和粘结情况的检查，当有空鼓情况时，必须凿开补修。

D. 水泥砂浆保护层的施工及质量检查应做记录。

7）水泥砂浆喷涂施工的安全：

A. 喷浆前要采取先试喷的方法，从而达到熟练掌握操作要领和确定喷涂的安全距离。

B. 操作喷枪的人员，必须佩带安全防护用品（如防护眼镜、手套、防护衣帽）。

C. 用电设备必须安装漏电保护装置。

D. 操作现场要设专人看守，闲杂人员禁止入内。

E. 脚手架使用前要先检查是否牢固，安全防护栏要连接牢固，防止倾倒。

F. 喷射开始前，枪口的前方严禁有人。

4.2.5 污水处理厂站构筑物混凝土浇筑方案

4.2.5.1 制定浇筑方案原则

污水处理厂站构筑物各部位的混凝土施工与模板、钢筋、脚手架工序互相联系、相辅相成。因此，在制订污水处理厂站构筑物混凝土浇筑方案时，必须充分考虑模板、钢筋、脚手架的影响。

（1）考虑模板及其加固体系本身强度的影响。在污水处理厂站构筑物混凝土浇筑方案的制定中，浇筑速度是考虑的重要内容，影响和制约着浇筑速度的内在因素就是与之相关的模板及其支撑加固体系本身的强度。例如，某大型污水处理厂曝气池中隔墙高达7.1m，而宽仅有0.4m，由于断面混凝土用量不足2.9m^3，这就极可能造成混凝土浇筑速度过快，究竟采取多大的浇筑速度，主要取决于当时施工单位所采用的SZ系列模板及其支撑体系本身所能承受的压力。经计算后得出如下结论：采用SZ系列模板及支撑体系冬期施工时，混凝土浇筑速度不得大于0.64m/h，其他时间施工时，混凝土浇筑速度不得大于1.15m/h，由于浇筑混凝土时一般为0.5m一层。因此，考虑到一定的安全系数，在制订混凝土浇筑方案时要求，冬期施工时浇筑速度控制为0.5m/h，其他时间控制为1.0m/h，施工时严格按上述浇筑速度控制，保证了混凝土浇筑安全和浇筑质量。

（2）应与钢筋施工一同考虑。在污水处理厂站混凝土构筑物施工过程中，钢筋工程繁琐而复杂，其施工常受到支模方式、混凝土浇筑方式的影响。在制定混凝土浇筑方案时，必须考虑到混凝土施工对钢筋施工方式影响，否则轻者无法保证钢筋位置准确，重者造成结构缺钢筋断钢筋，影响设计强度，甚至使构筑物无法正常使用，而混凝土浇筑方案制定合理，则能有效地避免上述可能的出现。例如：某污水处理厂二沉池配水井为高7.5m、外径14.6m的圆形池，它由四圈（ϕ5000，ϕ8000，ϕ11000，ϕ14000）同心圆组成，隔墙厚均为300mm，相邻隔墙间距仅为1.2m。整个配水井钢筋密集，而且除ϕ5000圆周隔墙外，其余各圈预留洞（每圈均有ϕ900～ϕ1600预留洞3～5个）加固钢筋繁多。在制定其侧墙混凝土浇筑方案时，原计划总高7m的外侧墙及各圈隔墙混凝土由底至顶一次浇筑到位，墙体模板开600mm×600mm窗口，窗口处水平钢筋先吊于窗口上部，待混凝土浇筑至窗口时再绑扎就位，经有关钢筋、木工、操作工人一同讨论认为，由于最佳开窗口部位正是钢筋最密集处，如采用上述施工方法很可能难以准确及时将窗口处钢筋绑扎就位，既影响混凝土浇筑质量，又影响钢筋施工质量，故最后决定，由一次浇筑到顶为两次浇筑到顶，不再开振捣窗口，钢筋、木工操作工人均表示认同，从实际施工来看效果不错。

（3）应与脚手架施工一同考虑。在制定经排水构筑物混凝土浇筑方案时，如对施工脚手架考虑不周全，一方面可能出现脚手架不能满足混凝土浇筑操作要求，混凝土浇筑过程中操作者感到不方便或不安全；另一方面，又可能由于反复支拆脚手架增加了脚手架工程量，针对混凝土浇筑混凝土用脚手架与绑钢筋、支模板所用脚手架一起考虑，在绑扎钢筋、支模板结束后而混凝土浇筑工作尚未开始之前，适当改变脚手架高度或做局部加固，以确保混凝土浇筑过程中操作者的安全。

4.2.5.2　混凝土浇筑关键问题的解决方案

（1）垂直高耸形式的构筑物。对于垂直高耸形的构筑物来说，在制定混凝土浇筑方案时，应重点解决垂直方向混凝土的输送方式这个关键问题。

随着商品混凝土使用范围的日益广泛和机械制造业的高速发展，使建筑施工混凝土垂直输送方式不断增多，如何确定某一具体构筑物混凝土垂直输送方式，主要取决于该构筑物本身所具有的特点。

对于垂直高耸形的污水处理厂站构筑物，一般认为：当构筑物高度小于 10m 时，应尽可能考虑直接用混凝土泵车一次输送到位；当构筑物高度大于 10m 时，以考虑混凝土泵车和拖式泵共同配合使用将混凝土输送到位为宜。如采用吊车（包括塔式吊车）垂直输送混凝土，由于其单位时间输送量较小，中间环节多，故应检验其能否满足确保混凝土在初凝前浇筑到位，不出现人为造成施工缝现象。

（2）多单元矩形构筑物。

1）对于多单元矩形排水构筑物来说，在制定混凝土浇筑方案时，应解决的关键问题是各单元（仓）间前后施工顺序的确定，因为如果施工顺序选择不当，常会出现施工过程中，有的单元成为“孤岛”，一般混凝土输送设备（如泵车）无法一次将混凝土输送到位，不得不采取其他措施，应用特殊设备，造成耽误工期，提高工程造价，而如果施工顺序选择得合理，可以很好的组织流水施工，有利于简化程序，缩短工期。

2）同时，多单元矩形污水处理厂站构筑物制定混凝土浇筑方案时，还必须注意有关墙体的单位时间混凝土浇筑速度问题。因为对于多单元矩形构筑物来说，其侧墙高厚比一般在 15∶1 以上，如此高而薄的墙体极易造成单元时间的浇筑速度过快，其后果轻者模板变形，墙体几何尺寸达不到设计要求，重者模板及其支撑体系失稳，因跑模而出现质量事故。因此，在制定混凝土浇筑方案时，必须考虑墙体的浇筑速度。例如，采用 SZ 系列模板其支撑体系时，冬期施工墙体混凝土浇筑速度应控制在 0.5m/h 之内，其他时间应控制在 1.0m/h 之内，不得超过控制值。

（3）平面大面积形状构筑物。平面大面积形状污水处理厂站构筑物混凝土施工，基础部分是重点，在制定混凝土浇筑方案时，针对该类型构筑物基础多需一次浇筑完毕，应解决混凝土浇筑时，同一位置前后两次布放混凝土间隔不超过初凝时间（1.5～2h）。如果施工时，同一位置前后两次布放混凝土间隔时间超过混凝土本身的初凝时间，对于抗渗漏要求很严格的污水处理厂站构筑物来讲，极易造成出现裂缝，使构筑物本身的强度和抗渗漏能力达不到设计要求，后果不堪设想。

某污水处理厂 ϕ52m 二沉池基础浇筑方案制定时，为了使同一位置前后两次布放混凝土间隔时间不小于 2h，先后考虑了三种浇筑顺序：

1）由池中心向四周环形交圈浇筑；

2）从池边一点开始沿半径方向采用扇形展开法浇筑；

3）从池一点开始采用平行阶梯推进法浇筑。经比较后发现，前两种顺序皆存在着难以保证同一位置前后两次布放混凝土间隔时间不大于 2h 的要求，顺序 3 虽然操作有一定的难度，但可以有效的满足布放混凝土间隔时间要求，故最后选择了这一顺序。

（4）组合形构筑物。组合形构筑物由于其组合形式的多样性，决定其混凝土浇筑方案制定的复杂性，要认真分析找出组合型构筑物的主要特点，抓住混凝土浇筑方案制定所要解决的关键问题。

某污水处理厂总进水泵房由东西两部分组成，中间被伸缩缝隔开，深 15.2m，集泥池处墙厚 650mm、泵房间墙厚 800mm，侧墙混凝土浇筑以伸缩缝为分界线东西两区分开进行，在制定侧墙混凝土浇筑方案时发现，每一区侧墙混凝土量均很大，且作业面积大，施工场地相对狭小，根据侧墙总高度，决定分两次浇筑到顶。经过认真分析，认为每一次浇筑时主要矛盾有两个：一个是如何保证混凝土相邻次布放时均不超过初凝时间；一个是如何保证混凝土一次输送到位，因侧墙水平总截面积为 79.3m^2，搅拌站供应能力按 40m^3/h 计，如每小时布放一层，每层可布放 542mm。在浇筑方案制订时，为便于操作，决定每小时布放一层，每层布放 500mm，经现场实际勘察，泵房每次东西分区进行侧墙混凝土浇筑时，仅能停放两台泵车，在使用 17.7m 臂长泵车条件下（另加 7m 软管），经模拟演示，泵车仅能停放于图 4.19 所示位置下，才可做到所有位置混凝土一次输送到位。由于较好解决了上述两个主要矛盾，该泵房侧墙混凝土浇筑实施得很顺利。

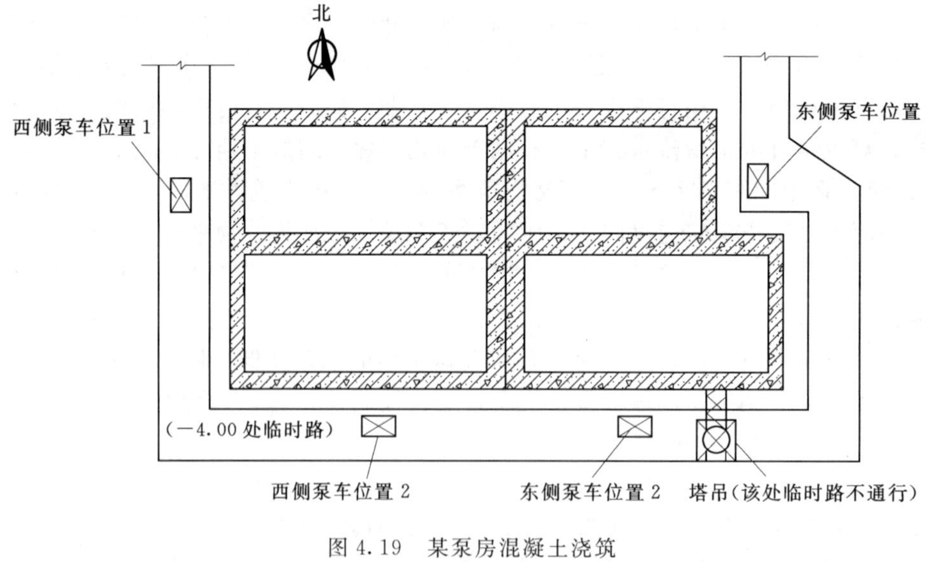

图 4.19　某泵房混凝土浇筑

4.2.5.3　混凝土浇筑准备工作

污水处理厂站构筑物混凝土浇筑前的准备工作，头绪多而繁杂。如某一方面协调不好就有可能影响到浇筑工作的顺利进行。因此必须在混凝土浇筑方案的制定中，要明确各项准备工作。

(1) 外围准备工作。外围准备工作一方面指约请相关单位检查有关紧前工序的钢筋、模板是否满足要求；另一方面是指与合同搅拌站接洽，确定混凝土的具体浇筑时间，混凝土运输车及混凝土泵车数量，最好请有关搅拌站负责人到现场亲自查看一下行车路线，泵车停放位置是否满足要求。

(2) 现场准备工作。现场准备工作主要是指混凝土浇筑前，浇筑部位应进行的准备工作，主要有：

1) 操作脚手架的准备：进行混凝土浇筑，特别是构筑物侧墙及顶板混凝土浇筑，操作用脚手架准备工作很重要。操作用脚手架可根据现场情况搭置，做到既经济又安全。某污水处理厂各构筑物浇筑方案制定时，根据构筑物不同特点，并结合钢筋模板施工要求，选择了不同形式的操作脚手架，消化池采用了钢管脚手架；曝气池中隔墙采用了外挂脚手架；总进水泵房采用了SZ系列脚手架。均满足了施工要求。

2) 基础混凝土浇筑时找平装置的准备：不同类型的构筑物，其基础形式差异很大，为了满足工艺要求，往往对基础的高程、平整度控制很严格，为保证基础高程或平整度满足设计要求，必须设置各种形式的刮平装置。例如，在污水处理厂各构筑物基础浇筑时，根据构筑物的具体形式，设置了几种类型的刮平装置。初沉池为多仓矩形结构，其基础由南向北渐低，为了方便施工，采用了东西方向纵向加刮平导轨的施工形式。

二沉池基础面积达2058m^2，整个基础需一次浇筑完毕，考虑到其由四周向池中有2%纵向坡，沿半径方向加刮平导轨操作将很不方便，因此采用了环向加刮平导轨的施工形式。

3) 施工机具及材料准备：施工机具主要包括振捣设备（如表面式振动器、插入式振动器、附着式振动器等），找平及压光工具（木抹子、铁抹子、电动压光机等）及照明设备，养护材料（塑料布、草帘、胶管、养护剂等）。

(3) 人员组织。在构筑物混凝土浇筑方案实施时，人员组织工作应认真周密合理地配备好混凝土的布放、振捣、找平、压光及指挥泵车人员，适当地安排保驾人员（如木工、电工、电焊工、测工等），并结合施工时间的长短、劳动强度的大小确定采用何种交接班形式。

4.2.5.4 混凝土的供应能力及运输方式

1) 混凝土供应能力，主要是指两方面，一方面指混凝土搅拌站提供的混凝土是否满足设计技术指标要求；另一方面指所使用的合同混凝土搅拌站单位时间生产混凝土能力是否满足现场需要。

2) 混凝土的运输包括两个部分：一部分是指从搅拌站到施工现场的混凝土运输，该工作主要是由搅拌站提供的混凝土运输车（罐车）完成。在制定混凝土浇筑方案时，主要根据现场单位时间混凝土用量确定出运输车台数。另一部分是指混凝土到达现场后，从运输车到浇筑位置点的输送。由于污水处理厂站构筑物的形式不同，决定了该部分工作输送方式的各异，在制定浇筑方案时，既要考虑到现场的实际情况，又必须考虑到搅拌站及自己所能提供的输送设备。

例如：某污水处理厂二沉池基础半径达25.6m、混凝土厚0.6m、属于典型的平面大面积形构筑物，制定浇筑方案时，在确定混凝土从运输车到浇筑点的输送方式过程中，主要考虑了当时现场仅有三台臂长17.7m的混凝土输送泵车而外租泵车又相当困难这一具体情况，决定采用2台泵车同时工作，1台泵车备用，工作时各泵车布料管上再加一条7m柔管，浇筑过程中布料时，泵车大臂平伸，保证混凝土一次输送到位。

又例，某污水处理厂消化池总高达27.0m，在制定其侧墙混凝土浇筑方案时，曾考虑了采用混凝土泵车、塔吊、拖式泵车等多种将混凝土从地面到具体浇筑点的运输机械及几种运输形式，经比较后确定为：每座消化池侧墙分8.5m，5.5m，5m，4.5m四层浇筑到顶。第一层采用3台臂长17.7m的泵车沿消化池四周呈120°角放置，使混凝土输送到位。

从第二层到第四层采用混凝土泵车与拖式泵车相配合的输送方式，即拖式泵车放置于池内脚手架上，地面处泵车将混凝土用泵管输送至拖式泵上，再由拖式泵将混凝土输送到欲浇筑侧墙的指定位置，实际使用效果良好。

4.2.5.5　施工质量目标及质量控制措施

在制定污水处理厂站构筑物混凝土浇筑方案时，明确浇筑完毕后应达到的质量目标，使具体负责施工的技术人员及现场操作人员心中有数。混凝土浇筑质量目标的内容主要应包括如下三个方面：

（1）混凝土材料要求。混凝土中水泥、砂、碎石、外掺剂质量标准必须符合国家规范或标准要求，用量应满足设计要求的强度、抗渗、抗冻等条件。

（2）污水处理厂站构筑物外观要求。主要有构筑物表面不得有露钢筋、蜂窝、麻面、跑浆现象；接茬紧密，保证整个构筑物满水试验时不洇水、不渗水。

（3）现场操作要求。污水处理厂站各种构筑物质量标准和检验方法应符合《城市污水处理厂工程质量验收规范》（GB 50334—2002）的规定。在进行污水处理厂站构筑物混凝土浇筑时，现场管理的好坏直接关系到混凝土浇筑质量及构筑物成本的质量，因此在制定浇筑方案时，必须明确浇筑过程应控制的内容及具体方法。

（4）坍落度测试。在制定混凝土浇筑方案时应强调，在浇筑混凝土时，每一工作班最少测坍落度两次。实测混凝土坍落度与要求值之差应在表4.7之内。

表4.7　　实测混凝土坍落度与要求值允许偏差

序　号	要求坍落度（mm）	允许偏差（mm）	序　号	要求坍落度（mm）	允许偏差（mm）
1	<50	±10	3	>90	±30
2	50～90	±20			

（5）试块制作。在制定污水处理厂站构筑物混凝土浇筑方案时必须强调，试块制作能代表整个混凝土浇筑情况，按浇筑进行的具体情况分批制作，严禁一次制作，试件数量和制作频率必须符合《给水排水构筑物施工及验收规范》（GBJ 141—90）的要求。

1）强度试块。

①标准养护试块：

A. 每工作班不应少于一组，每组三块；

B. 每拌制100m^3混凝土不应少于一组，每组三块。

②与结构同条件养护的试块。根据施工设计规定按拆模、施加预应力和施工期间临时荷载等需要的数量留置。

2）抗渗试块。每个构筑物按底板、池壁和顶板留置，每一部位不应少于一组，每组六块。

3）抗冻试块。根据设计要求的抗冻等级，按下列规定留置：

①冻融循环25次及50次：留置三组，每组三块；

②冻融循环100次及100次以上：留置五组，每组三块。

4）冬期施工增加试块。冬期施工增置强度试块两组与构筑物同条件养护，一组用以检验混凝土受冻前的强度，另一组用以检验解冻后转入标准养护28d的强度；增置抗渗试块一组，用以检验解冻后转入标准养护28d的抗渗情况。

（6）现场测温。

①夏季现场测温主要控制混凝土的最高浇筑温度，目前国内污水处理厂站混凝土的最高浇筑温度按不高于28℃控制。

②冬期现场测温主要控制混凝土的最低浇筑温度，目前国内污水处理厂站混凝土的浇筑温度按不低于5℃控制。

4.2.5.6　混凝土冬期、夏季养护方式的确定

（1）混凝土保水养护。夏季天气炎热，春、秋季空气干燥，混凝土浇筑后，如不及时采取措施进行保水养护，其内部水分将蒸发过快，会出现脱水现象，使已经形成凝胶体的水泥颗粒不能充分水化，难以转化为稳定的结晶，缺乏足够的粘结力，从而会在混凝土表面出现片状或粉状剥落，影响结构的强度。此外，在混凝土尚未具备足够的强度时，其中水分过早的蒸发还会产生较大的收缩变形，出现干缩现象，产生裂缝，影响混凝土的整体性和耐久性，降低污水处理厂站构筑物的抗渗漏、抗冻融能力。因此，在春、夏、秋季进行混凝土施工时，保水养护工作非常重要。

混凝土的保水养护主要有喷膜养护和洒水（或注水）养护两种形式，在确定采用养护形式时，主要考虑构筑物的具体形式和现场条件。一般说来，对于一部分已经浇筑完毕、尚有一部分正在浇筑过程中基础混凝土，对于已经浇筑完毕部分的混凝土多采用喷膜养护；对于已经浇筑完毕的基础混凝土多采用注水养护；对于墙体混凝土多采用洒水养护。

例如，在制定某污水处理厂二沉池基础混凝土浇筑方案时，考虑到一个二沉池基础的浇筑时间在18h左右，由于采用的是平行阶梯推进浇筑方式，极易出现水池一侧混凝土尚在浇筑，而另一侧已浇筑完部分已经出现失水干裂的现象，故需要在浇筑进行过程中对已成活的混凝土进行保水养护。由于整个二沉池基础四周高，中心低，如果采用洒水养护将给正在进行的混凝土浇筑工作带来困难，于是决定采用喷洒养护剂。当整个二沉池基础混凝土浇筑完毕后12h后，基础顶注水。水不能淹没处，覆盖草帘，并指派专人负责浇湿。时间不少于14d。

（2）混凝土的冬期保温养护。混凝土之所以可以凝结、硬化并获得强度，是由于水泥和水进行水化作用结果。水化作用的速度在一定温度下要取决于温度，温度越高，强度增长越快，反之则慢。当温度降到零度以下时，水化作用基本停止，温度继续降至－2℃时，混凝土内部开始结冰，形成冰晶应力，使强度尚很低的混凝土内部产生微裂纹，从而影响最后的强度。因此，北方地区污水处理厂站构筑物施工时，制定跨年度的混凝土浇筑方案必须考虑冬期措施。

混凝土的冬期保温养护型式在工地上有蓄热法、电热法等多种，对于大体积或大面积

的污水处理厂站构筑物来说，在混凝土冬期施工中，除搅拌混凝土时加防冻剂外，工地上主要采取蓄热法保温养护。蓄热法保温养护多采用覆盖、包裹草帘或岩棉被等办法，其覆盖或包裹草帘或岩棉被的层数须根据草帘或岩棉被的保温性能、气温情况、混凝土结构特点计算。

4.2.5.7　混凝土浇筑的几个技术细节

在制定构筑物混凝土浇筑方案时，有几个具体施工细节应特别强调，以利于施工前做好有关材料及人力准备，施工过程中按章操作。具体地说，有如下几项：

（1）混凝土浇筑前施工缝的湿润和铺水泥砂浆。混凝土施工缝由于较长时间暴露于自然环境中，一般都很干燥，如果混凝土浇筑前不进行湿润，将造成新浇筑的混凝土中水分被吸附，从而改变水灰比，影响施工缝处混凝土的质量。故在混凝土浇筑前，施工缝处混凝土接触面必须用水润湿。由于该位置经凿毛后凹凸不平，在湿润过程中极易局部存水，出现这种情况时，应该用压缩空气或其他形式清除，以保证润湿效果。

实践证明，混凝土浇筑前，在施工缝处铺30～50mm厚与混凝土内成分相同的水泥砂浆，将明显提高新旧混凝土的结合能力，有效地减少该施工缝处渗漏水现象的发生，因此，在制定浇筑方案时，必须明确提出进行该步工作。

（2）混凝土的振捣。振捣设备的使用：在进行污水处理厂站构筑物混凝土浇筑时，多采用插入式振捣棒进行振捣，在制订混凝土浇筑方案时，需对于下棒方式、下棒间距、振捣深度等做特别强调。

1）下棒方式：对于基础或顶板混凝土以选择交错式（也称梅花式）下棒为宜；对于侧墙混凝土以选择一字式（也称行列式）下棒为宜。

2）下棒间距：根据不同规格的振捣棒本身性能确定，原则上应不大于振捣作用半径的1.5倍（一般为400～600mm）。

3）振捣深度：采用分层浇筑时，在振捣上一层时，振捣棒必须至少深入下层50mm，振捣时，应一直振到混凝土不再下沉无明显气泡，顶面平坦一致后，振捣棒方可拔出；拔出时应缓慢进行，以免过急在混凝土内部形成棒窝，影响结构质量。

4）混凝土的二次振捣：对于各种类型的污水处理厂站构筑物在浇筑混凝土时实施二次振捣，能够使用已振捣过的混凝土充分下沉，减少气泡、增加密实度，有利于提高抗渗漏、抗冻性能。因此进行该工作很有必要，在制定混凝土浇筑方案时，应强调该工作进行时间的掌握。一般来说在第一次振捣完毕后1h左右下一层混凝土浇筑前进行为宜。

（3）基础混凝土的集中摊铺。由于污水处理厂站构筑物基础一般暴露于大气中，阳光可直接照射，在进行基础混凝土浇筑时，如果结构厚度较大分几层摊铺，在进行下层混凝土摊铺时，基础的顶层钢筋不可避免地将粘着混凝土，如果不能立即被混凝土覆盖，将使粘在钢筋上的混凝土薄层因干燥而失水，从而影响钢筋的握裹力，这一情况在夏季施工中尤为明显。所以，为减少这一现象的发生，应能将混凝土小面积集中摊铺，及时覆盖上层结构钢筋。在制订混凝土浇筑方案时，应明确提出这一问题。

（4）真空吸水的应用。混凝土真空吸水工艺时借助于真空负压，将水从刚成型的混凝土中吸出，同时使混凝土密实的施工方法。采用真空吸水工艺可缩短混凝土凝结时间，消除收缩裂缝，故在制订浇筑方案时应根据条件考虑使用这一工艺。在方案中要明确使用方法，使用注意事项。

4.2.6　污水处理厂站构筑物防止渗漏措施

在污水处理厂站工程中，如何避免构筑物渗漏是一个施工难点。为了防止构筑物渗漏，要对渗漏情况具体分析，制定有针对性的技术措施，只要技术措施得当，“水池不渗不漏”是完全能做到的。

4.2.6.1　避免穿墙螺栓孔渗漏

穿墙螺栓是在池体侧墙模板支搭过程中放置的防止混凝土浇筑时模板位置移动的限位件，它一般采用 $\phi16\sim\phi20$ Ⅰ级钢筋，两端各加工出 30～50mm 螺纹制成，分比墙厚短 50～60mm 型（短型）和比墙厚长 300～500mm 型（长型）两种，使用短型穿墙螺栓支模板时，在其两端外加工具螺杆。浇筑完混凝土后，拆模时将工具螺杆卸下，螺栓孔用纤维水泥或膨胀水泥封堵；使用长型穿墙螺栓支模板时，螺栓两端露出墙体，浇筑完混凝土、模板拆除后，在墙上螺栓四周人工凿出或用水钻旋出深 25～35mm 的穴坑，然后沿坑底平面割断螺栓，用纤维水泥或膨胀水泥将穴坑填平。采用上述两种穿墙螺栓，有时因螺栓横断面下半部混凝土在凝结过程中塌落而出现缝隙。有时因拆模板螺栓时本身发生转动，造成穿墙螺栓与混凝土之间出现间隙。这些缝隙和间隙常常造成水池贮水后出现渗漏。为此，有人提出了将穿墙螺栓中间锻扁、加止水环等措施，但这些措施常因本身加工操作不简便或给支模过程中穿墙螺栓安装带来困难等原因，在施工过程中工人不愿采用。

实践证明，施工时穿墙螺栓外套软塑料管是避免穿墙螺栓孔渗漏的有效方法，具体介绍如下：

(1) 穿墙螺栓加工。穿墙螺栓采用比墙宽长 500～750mm 的长型螺栓，螺栓采用 $\phi16\sim\phi20$ Ⅰ级钢筋两端各刻出 40～50mm 丝扣制成。

(2) 加套塑料管。将 $\phi25$ 软塑料管（流体管）截成比穿墙螺栓短 100mm 的短节，套在穿墙螺栓上。支模板时将套有软塑料管的穿墙螺栓安装就位。混凝土浇筑完毕，拆除模板后，先轻轻敲击穿墙螺栓一端，使之移动，接着用力将穿墙螺栓拔出，然后转动塑料管一端 2～3 圈，使之拧成麻花状后拔出。

(3) 封堵螺栓孔。软塑料管拔出后，形成的通孔采用纤维水泥封堵。纤维水泥配比为，纤维料 25%、水泥 60%、水 15%～20%（重量比），其中水泥强度等级不低于 32.5 级，优选普通硅酸盐水泥。封堵时由两人一组，分别站于墙体内外两侧，同时向螺栓孔内填入配制好的纤维水泥，随填随用手锤击打 $\phi18$ 圆钢制成的专用錾子予以密实，螺栓孔填满后，用铁抹子将孔口与墙面压平。

4.2.6.2　避免墙体施工缝渗漏

(1) 施工缝渗漏原因。污水处理厂站构筑物施工缝部位是前后两次混凝土浇筑的交汇点，由于如下原因，造成在施工缝处出现渗漏的频率较高.

1) 施工缝处凿毛不彻底或清理不干净，当水池贮水后，水从施工缝处的混凝土浆层表面或残存杂物处渗流而出；

2) 支模板时，由于施工缝处模板与前次浇筑的混凝土墙体夹持不严，造成混凝土中浆液流失形成“流泪”现象，使骨料之间形成孔隙，当水池内贮水时，水从施工缝处的混凝土骨料孔隙间渗出；

3) 浇筑混凝土时由于混凝土自由下落高度过大或施工缝处铺放的水泥砂浆不足，使粗骨料过多地集中在施工缝处，当水池内贮水时，水从粗骨料间隙之间渗漏出来。

（2）预防渗漏措施。要避免墙体施工缝处渗漏，施工时宜从止水材料选择、界面处理、防止漏浆、混凝土布放等方面，采取必要的措施。

1）使用止水材料。目前可选用的施工缝止水材料较多，如遇水膨胀止水条、橡胶止水条、止水钢板等。由于给排水厂站工程中绝大多数水池采用拼模施工，与房建工程大量采用的滑模施工相比施工周期较长。故使用遇水膨胀止水条时，常因在支模过程中止水带因降雨等原因事先膨胀，而失去了其在混凝土浇筑完毕再膨胀的作用，使应用效果大打折扣；而普通橡胶止水带一方面由于放置于施工缝基面后固定困难，常出现浇筑混凝土时移位现象。另一方面由于其无膨胀作用，仅靠止水条断面的圆弧部分增加水流路线长度来实现止水目的。而所增加的水流路线又相当有限，故止水效果并不十分明显。实践证明，止水钢板无论从经济上还是从操作方便程度上，是目前较理想的止水材料。在上一次浇筑混凝土前，将厚2mm左右的钢板切成宽150mm的窄条，将其沿墙长方向用点焊分式固定于拟留施工缝处钢筋上。固定时应保证在浇筑混凝土后钢板露出施工缝平面70～80mm。钢板接茬处应对接单面满焊。

2）界面凿毛处理。在前一次混凝土浇筑完毕，其抗压强度不小于2.5N/mm^{2}时，对施工缝混凝土界面进行凿毛。凿毛依据“两凿两吹”的操作步骤进行：即先用錾子将施工缝混凝土界面通凿一遍，凿掉浆皮，露出新茬，用空压机将凿下的混凝土渣吹净，然后再将漏凿的地方仔细补凿，在模板合拢前将整个混凝土界面认真吹干净。

3）贴堵浆条。下一次支模板前，在施工缝下部（水平施工缝）或外部（竖向施工缝）30mm处用胶粘剂粘贴海绵条或厚度不大于3mm的聚苯乙烯板条。防止浇筑混凝土时出现漏浆现象。

4）界面润湿和铺水泥砂浆。在浇筑下次混凝土前1～2h，施工缝界面采用清水润湿，当润湿过程发现局部积水时，要用空压机吹清干净。

在浇筑下次混凝土时，施工缝界面先均匀铺撒15～30mm厚一层与欲浇混凝土内成分相同的水泥砂浆，为防止铺撒最后水泥砂浆量不够情况出现，在计算水泥砂浆用量时应做出20%～30%的余量。

5）混凝土布放。为防止混凝土布放时产生离析现象，当混凝土自由下落高度大于2m时，必须每隔2.5～3m设置溜管，溜管宜采用1mm厚薄钢板制成，其上端最好呈喇叭口形。溜管管身直径以120～180mm为好。布放第一层混凝土时，沿墙长方向由一端向另一端顺序进行。

布放厚度以150～200mm为好。过薄不易使混凝土中骨料与砂浆充分融合，进而造成局部骨料不足，易使施工缝附近形成裂缝；过厚使振捣操作困难，难以让工人掌握振捣手感，造成过振或漏振。

4.2.6.3　避免变形缝渗漏

（1）渗漏原因。国内污水处理厂站构筑物变形缝多采用在混凝土内加橡胶止水带，在与水接触面填塞阻水材料的设计方法。由于施工及操作原因，在变形缝处多形成渗漏多发点，总结归纳起来渗漏原因主要有如下几点：

1）橡胶止水带本身存在裂缝或孔洞，水池贮水后水从裂缝或孔洞渗出。

2）橡胶止水带安装固定不牢，浇筑混凝土时出现移位，造成含在变形缝某一侧混凝土中止水带有效断面过小或止水带根本未含于混凝土中。水池贮水后，水从该处析出。

3）与水接触面填塞的阻水材料本身抗拉强度不足或与混凝土基面粘接不好，出现开裂或脱落，又恰有上述第一、第二中的某条原因存在，进而造成变形缝渗漏。

（2）预防措施。要有效地避免变形缝渗漏，施工需从止水带的采购和安装、混凝土浇筑、阻水材料填放等方面采取措施。

1）止水带采购。橡胶止水带应符合 CECS 117：2000 标准，宽度不小于 330mm，厚度不小于 8mm，其物理力学性能应达到相应要求。采购橡胶止水带前必须实地考察，优选证照齐全、管理制度完善、试验设施良好的厂家订货。每一批止水带到工地后，必须取样到权威检验部门复试。硬度、拉伸强度、撕裂强度等各项技术指标均合格者方可使用。

2）止水带安装。

①在止水带安装前，质控员必须对要使用的止水带进行检查，发现有裂缝、孔洞者不得使用。

②止水带安装时采取专人操作。

③支模板时，变形缝混凝土与水接触面埋置 30mm×25mm 硬橡胶条，以确保在混凝土浇筑完毕，取出硬橡胶条在该处形成规则的凹槽，为阻水材料施工创造条件。

④在安装止水带时严禁在带面任何部位钉钉子或穿钢丝。

⑤基础变形缝模板支完后，将预留的墙体部分止水带卷起，用绑绳吊挂于距地面至少 2m 以上位置，以防止被钢筋扎坏或过往车辆、施工设备轧坏。

3）混凝土浇筑。

①基础止水带处混凝土浇筑时，布放止水带下侧混凝土时，先轻轻将带面向上翻起，让混凝土铺至比止水带底平面高出 30mm 左右后，再用插入式振捣器认真振捣。振捣完毕，以混凝土面略高出止水带底 5mm 为宜，然后将带面向下翻转铺平，布放上面的混凝土。

②侧墙止水带处混凝土浇筑时，布放的混凝土每层不宜大于 400mm，不得直接砸在止水带上。振捣由两人分别站在带面内外侧同时进行，随振捣随观察止水带是否有移位，如有移位要及时调正。

③基础止水带处混凝土浇筑完毕模板拆除后，外露的止水带带面钉专用木盒加以保护，以防止被人踩坏或模板等砸坏。

4）填塞阻水材料。目前，用于伸缩缝与水接触面处理的阻水材料多为膏状物质，如聚硫密封膏、聚氨酯密封膏等，在出厂时多将其各组分单独包装，按比例运到工地。在工地随用随组合配制。

聚硫密封膏是由聚硫橡胶、增塑剂、填料、触变剂、固化剂及其他助剂组成的高性能密封材料，该产品具有操作简便、成膜后无接头、延伸性好、抗渗、无毒、无污染等特点。

①施工基面的清理。将变形缝与水接触面施工后残留的垃圾杂物清除干净，再用吹风器或吸尘器将浮灰处理干净，如遇有油污等物质则必须用溶剂（如甲苯、丙酮等）清洗；如基面有起砂或高低不平等现象，应重新抹上水泥砂浆进行修整并达到规定的水泥砂浆强度等级；如基面潮湿应用喷灯烤干施工界面后，用钢丝刷刷一遍，以清除烘烤后掉下的水泥屑及尘土。基层表面达到清洁、干燥、无尘、无油污、无潮湿方可施胶。

②聚硫密封膏的配制。将聚硫密封膏 A 组分和固化剂 B 组分以 10：1～1.2（重量比）

的比例严格计量，将两个组分充分搅拌混合均匀，人工搅拌时间不少于8min。用手提电钻或手枪钻搅拌不少于5min，以采用机械搅拌方法为宜，搅拌时间只能多不能少，否则搅拌不均匀造成局部固化不完全而达不到密封防水效果，B组分应根据气温作适量调整，一般夏季用1份，冬季用1.2份，春秋季用1.1份，配制好的材料应在2h内用完，否则，慢慢固化变稠造成施工困难和降低性能。

③施工界面的防护。为了使施工面周围整齐美观及防止污染周边，可在变形缝两侧粘贴隔离带，材料可用牛皮纸、玻璃胶带等。

④施胶。用油灰刀将配制好的聚硫密封膏在变形缝两侧先涂刷一层，然后将聚硫密封膏嵌入缝中到规定厚度，对于狭窄的缝和特殊部位用油灰刀难以施工时，可将搅拌好的聚硫密封膏用施胶挤出枪打入施工部位内。操作时，应尽量防止夹带进气泡。

⑤保护。施工完毕后应对接缝进行全面检查，及时修补孔洞，将界面隔离带揭去。应特别注意聚硫密封膏固化前的保护，避免在充分固化前遇水或受其他损坏。聚硫密封膏表干时间为24h内，但80%强度要在7d后达到，因此试水必须在7d后才能进行。

4.2.6.4 避免穿墙管四周渗漏

（1）渗漏原因。由于功能的需要，污水处理厂站构筑物常设置有不同规格的穿墙管。穿墙管施工一般分两步进行，首先，混凝土施工时在穿墙管位置预埋比穿墙管外径大50～100mm的套管；其次，让穿墙管从套管穿过，在穿墙管和套管间填放止水材料。而穿墙管四周渗漏主要有以下三种原因：

1）套管外周壁四周没加止水环或虽加止水环但止水环与套管外周壁没满焊，当水池内注水后，水沿着套管外周壁渗出。

2）混凝土浇筑时，布放的混凝土直接砸在套管上造成离析，使骨料大量溅落在套管下部并聚集在一起，而套管下部又因钢筋过密振捣困难，造成该处混凝土有蜂窝现象，水池内贮水后，水在该处渗流而出。

3）套管与穿墙管之间填放的止水材料品种不合适或操作方法不当，造成套管与穿墙管之间存在一定量缝隙，水池内注水后，水沿这些缝隙漏出。

（2）预防措施。要避免上述三种渗漏情况出现，穿墙管施工应从以下几方面采取措施：

1）套管加工。所有套管必须加钢制止水环，止水环要由管工严格根据套管外周壁的弧度放样切割。焊止水环由专业电焊工操作，止水环与套管外周壁相接处两侧必须满焊。如止水环由两块以上拼接而成时，其块与块间必须焊接紧密。

2）混凝土浇筑。布放混凝土的起始点和结束点要躲开套管位置。在套管处布放混凝土时，首先让混凝土从套管两侧流入。当浇筑至套管下部300mm时，一边从套管一侧布放混凝土，一边由两名工人在套管两侧用插入式振捣器同时振捣混凝土，直至混凝土从套管另一侧翻出。

3）套管与穿墙管之间填止水材料。套管与穿墙管之间填放的止水材料既不宜是水泥砂浆类刚性物质，也不宜是密封膏类柔性物质。这是因为，由于气温变化原因，套管与穿墙管之间常存在着伸缩位移，如采用刚性止水材料，极易因套管与穿墙管之间的伸缩位移被拉碎；如采用柔性止水材料，因其与钢制品粘结强度有限，当套管与穿墙管之间出现伸缩位移时易与套管和穿墙管脱开。实践证明，套管与穿墙管之间填放纤维水泥做止水材料是比较理想的。

填放纤维水泥像填堵穿墙螺栓孔一样，二人分别站在套管两侧，首先用木楔将穿墙管按设计位置固定于套管内，然后向套管与穿墙管之间填放配置好的纤维水泥（纤维料、水泥、水的重量比为25：60：15），边填放边用錾子击打使之密实，先取出套管两侧的木楔，再取出套管上下的木楔，将木楔孔用纤维水泥填充并使之密实。用铁抹子将纤维水泥面抹平，最后用湿麻袋片叠成数层将外露的纤维水泥面紧密包裹养护7d以上。

4.2.7　污水处理厂站构筑物耐久性保证

由于污水处理厂站在使用上的特殊性（大部分构筑物长期浸泡在含有大量有机污染物，无机污染物的水内），其构筑物施工所使用的混凝土不仅有抗压要求，而且有严格的耐久性要求，它包括防裂、防碱骨料、抗渗、抗冻、抗腐蚀等多方面指标，这就给污水处理厂站构筑物带来了很多与一般构筑物施工的不同，这里重点介绍污水处理厂站构筑物防裂、防碱骨料反应施工措施。

4.2.7.1　污水处理厂站构筑物裂缝概述

近年来，构筑物大量裂缝的出现，并非都与荷载作用有直接关系，通过大量的调查与实测研究证明，这种裂缝是由于变形作用引起，包括温度变形（水泥水化热、环境温度变化）、收缩变形（自收缩、塑性收缩、干燥收缩、碳化收缩）及地基不均匀沉降变形等等。由于这些变形受到约束引起的应力超过混凝土的抗拉强度导致裂缝，统称变形作用引起的裂缝。

污水处理厂站混凝土结构中出现的裂缝主要归结为“大体积混凝土变形裂缝”。过去大体积混凝土的定义是根据几何尺寸，主要是根据厚度定义的，国际上一般采用0.8～1m作为界限。自20世纪80年代以后，大体积混凝土的定义有了改变，比如美国混凝土协会的定义是：“任意体积的混凝土，其尺寸大到足以必须采取措施减小由于体积变形引起的裂缝，统称为大体积混凝土。”由此可见，即使是污水处理厂水池这种很薄的结构，虽然混凝土强度要求较低，水化热不很高，但是其收缩很大，控制收缩裂缝的要求比过去任何时候都显得重要。特别是环境气温变化与收缩共同作用对于薄壁结构尤为不利。

4.2.7.2　塑性裂缝防治

（1）裂缝特征和产生原因。塑性裂缝又分为塑性沉降裂缝和早期干缩裂缝。在泵送施工的污水处理厂站混凝土结构中，特别是底板、墙等表面系数大的结构之中，经常出现这种裂缝。裂缝为断续的水平裂缝，裂缝中部较宽、两端较窄、呈梭状。经常发生在底板结构上表面、池壁上表面、结构变截面等地方。

塑性沉降裂缝产生的主要原因：混凝土在初凝前，处于一种自由状态，虽经振捣密实，里面的大部分空隙被排除，但混凝土内部骨料在自重作用下仍会缓慢下沉，特别当流动性过大和流动性不足或者不均匀，在凝结硬化前没有沉实或者沉实不够，当混凝土沉陷时受到钢筋、模板抑制以及模板移动、基础沉陷等。裂缝在混凝土浇筑后1～3h出现，裂缝的深度通常达到钢筋上表面。

早期干缩裂缝大多出现在较薄的结构、大风天或夏季炎热施工的底板结构表面。这种裂缝出现较早，一般在混凝土初凝之前就已经开始发生，若不加以处理和养护，局部裂缝将会贯穿整个结构。

（2）防止措施。

1）要严格控制混凝土单位用水量在175kg/m³以下，在满足泵送和浇筑要求时，宜尽可能减少坍落度，一般坍落度控制在120mm；

2）掺加适量、质量良好的泵送剂和掺合料，必须采用Ⅱ级以上粉煤灰，尽可能使用Ⅰ级粉煤灰；

3）混凝土浇筑时，下料不宜太快，防止堆积或振捣不充分；

4）混凝土应振捣密实，时间以10～15s/次为宜，在变截面处宜分层浇筑、振捣。在混凝土浇筑1～1.5h后，混凝土尚未凝结之前，对混凝土进行两次振捣，表面要压实抹光；

5）在炎热的夏季和大风天气，为防止水分激烈蒸发，形成内外硬化不均和异常收缩引起裂缝，应采取缓凝措施和覆盖。

4.2.7.3 温度裂缝防治

（1）温度裂缝特征和产生原因。温度裂缝主要出现在大体积混凝土底板和池壁施工中，夏季炎热天气和冬期施工容易出现。这种裂缝表现为内部裂缝和表面裂缝，裂缝出现在混凝土浇筑后的3～5d，初期出现的裂缝很细，随着时间的发展而继续扩大，甚至达到贯穿的情况，其宽度最大可达1～3mm。

水泥水化过程中产生大量的热量，使混凝土内部温度升高，水泥水化热在1～3d可放出热量的50%。根据实测，混凝土内部的最高温度大约发生在浇筑后的1～3d，墙体结构内部最高温度55～70℃，厚大基础内部最高温度可达80℃以上。因为混凝土内部和表面的散热条件不同，形成内外温差，造成温度变形和温度应力。温度应力和内外温差成正比。当这种温度应力超过混凝土的抗拉强度时，就会产生裂缝。

（2）防治措施。混凝土内部的温度与混凝土厚度及水泥品种、用量有关。混凝土越厚，水泥用量越大，水化热越高的水泥，其内部温度越高，形成温度应力越大，产生裂缝的可能性越大。

对于大体积混凝土，其形成的温度应力与其结构尺寸相关，在一定尺寸范围内，混凝土结构尺寸越大，温度应力也越大，因而引起裂缝的危险性也越大，这就是大体积混凝土易产生温度裂缝的主要原因。因此防止大体积混凝土出现温度裂缝最根本的措施就是控制混凝土内部和表面的温度差。

1）混凝土原材料和配合比的选用。

①水泥品种选择和水泥用量控制。大体积钢筋混凝土引起裂缝的主要原因是水泥水化热的大量积聚，使混凝土出现早期升温和后期降温，产生内部和表面的温差。减少温差的措施是选用低热矿渣硅酸盐水泥或掺用混合材较多的普通硅酸盐水泥。再有，可充分利用混凝土后期强度，以减少水泥用量。根据大量试验研究和工程实践表明，每立方米混凝土的水泥用量增减10kg，其水化热将使混凝土的温度相应升高或降低1℃。

②掺加掺合料。混凝土中掺入一定数量优质的粉煤灰后，不但能代替部分水泥，而且由于粉煤灰颗粒呈球状具有滚珠效应，起到润滑作用，可改善混凝土拌合物的流动性、黏聚性和保水性，并且能够补充泵送混凝土中粒径在0.315mm以下的细集料达到占15%的要求，从而改善可泵性。同时，依照大体积混凝土所具有的强度特点，初期处于较高温度条件下，强度增长较快、较高，但是后期强度增长缓慢。掺加粉煤灰后，其中的活性

Al_2O_3、SiO_2 与水泥水化析出的 CaO 作用，形成新的水化产物，填充孔隙、增加密实度，从而改善了混凝土的后期强度。

特别重要的效果是掺加粉煤灰之后，可以降低混凝土中水泥水化热，减少绝热条件下的温度升高。掺加粉煤灰的水泥混凝土的温度和水化热，在 1～28d 龄期内，大致为：掺入粉煤灰的百分数就是温度和水化热降低的百分数，即掺加 20%粉煤灰的水泥混凝土，其温升和水化热约为未掺粉煤灰的水泥混凝土的 80%，可见掺加粉煤灰对降低混凝土的水化热和温升的效果是非常显著的。

③掺加外加剂。掺加具有减水、增塑、缓凝、引气的泵送剂，可以改善混凝土拌合物的流动性、黏聚性和保水性。由于其减水作用和分散作用，在降低用水量和提高强度的同时，还可以降低水化热，推迟放热峰值出现的时间，因而减少温度裂缝。

④选用质量优良的粗细集料。粗集料：要优先选用天然连续级配的石子、使混凝土具有较好的可泵性，减少用水量、水泥用量，进而减少水化热。

细集料：以采用级配良好的中砂为宜。实践证明，采用细度模数 2.8 的中砂比采用细度模数 2.3 的中砂，可减少用水量 20～25kg/m³，可降低水泥用量 28～5kg/m³，因而降低了水泥水化热、混凝土温升和收缩。

2）泵送混凝土施工工艺改进

①控制混凝土浇筑温度。为了降低混凝土的总温升，减少大体积工程结构的内外温差，控制混凝土的浇筑温度也是一个重要措施。一般认为，混凝土结构工程施工浇筑温度不得超过 28℃。

为了降低混凝土的浇筑温度。最有效的方法是降低原料温度，混凝土中石子比热较小，但每立方米混凝土中石子所占重量最大，所以最直接的办法是降低石子温度。在气温较高时，为了防止太阳直接照射，可以在砂石堆场搭设简易遮阳棚，必要时可向集料喷淋雾状水，或者在使用前用冷水冲洗集料，混凝土时加冰块冷却。除此之外，搅拌运输车罐体、泵送管道保温、冷却也是必要的措施。

②改进工艺：

A. 振动工艺：对已浇筑的混凝土，在终凝前进行二次振动，可排除混凝土因泌水，在石子、水平钢筋下部形成的空隙和水分，提高粘结力和抗拉强度，并减少内部裂缝与气孔，提高抗裂性。

B. 养护工艺：为了严格控制大体积混凝土的内外温差，确保混凝土质量，减少裂缝，养护是一个十分重要和关键的工序，必须切实做好。混凝土养护主要是保持适当的温度和湿度条件。保温能减少混凝土表面的热扩散，降低混凝土表层的温差，防止表面裂缝。由于散热时间延长，混凝土强度和松弛作用得到充分发挥，使混凝土总温差产生的拉应力小于混凝土的抗拉强度，防止了贯穿裂缝的产生。浇筑时间不长的混凝土，仍然处于凝结、硬化过程，水泥水化速度较快，适宜的潮湿条件可防止混凝土表面脱水而产生收缩裂缝。同时在潮湿条件下，可使水泥的水化充分、完全，从而提高混凝土抗拉强度。

4.2.7.4　收缩裂缝防治

（1）产生原因。包括水泥水化后的自收缩和混凝土随时间的失水引起的收缩，这是引起有害裂缝（贯通裂缝）的主要原因。混凝土的收缩主要发生在浇筑完毕 90d 内，多数在

14～28d内收缩超过极限拉伸值时就发生开裂。

(2) 防治措施。利用膨胀混凝土的膨胀可以起到有效地补偿收缩作用，十余年来在我国得到了很快地发展，在污水处理厂钢筋混凝土结构施工中得到广泛应用。

1) 膨胀剂的质量问题。目前，市场上的膨胀剂的质量参差不齐，存在一些不合格的产品，甚至有伪劣产品和假冒产品。在合格的膨胀剂中，产品的性能也不稳定，有的膨胀率高一些，有的膨胀率低一些。有的膨胀剂虽然膨胀率不低，但干空中的收缩率很大，即存在膨胀和收缩“落差”太大的现象。总之，膨胀剂的质量及其稳定性问题有待于进一步提高。设计混凝土配合比时，对产品的质量应充分了解。

2) 膨胀剂的掺量和掺加方法。从各种膨胀剂的抗裂原理上讲，基本上都是在水泥的水化、硬化过程中产生大量的钙矾石晶体，使混凝土产生体积膨胀，从而使混凝土产生微膨胀性。其实，当掺量不足或膨胀剂的膨胀率偏低时，所产生的少量的钙矾石晶体仅仅起填充混凝土的毛细孔的作用，即提高了混凝土的抗渗性，所产生的微膨胀非常小，补偿混凝土收缩的能力远远不够，混凝土剩余的收缩变形远大于混凝土的极限延伸率。只有生成较多的钙矾石晶体等产物时，混凝土才会产生良好的微膨胀性。因此，应根据所配制的混凝土的限制膨胀率的大小来确定膨胀剂的掺量，在国标《混凝土外加剂应用技术规范》(GBJ 119—88)中，对补偿收缩混凝土应达到的限制膨胀率作了规定，即水中14d的限制膨胀率大于1.5×10^{-4}。

3) 不同工程部位混凝土限制膨胀率大小的设计。基础混凝土的厚度在1m以下的，配制的混凝土的限制膨胀率应达到1.5×10^{-4}以上，1m厚以上的大体积混凝土，限制膨胀率应在1.8×10^{-4}以上，这一限制膨胀率不可能完全抵消混凝土的干缩和温差收缩，但由于底板混凝土受到的外约束较小，收缩应力能得到部分释放，在徐变等因素的作用下，混凝土的收缩值不会超过混凝土的极限延伸率，混凝土不易开裂。

墙体、顶板等混凝土受到的外约束较大，整体的收缩性受到临位的限制，其收缩应力无法自由释放，因此，墙体易产生竖向裂缝。宜采用限制膨胀率在2×10^{-4}左右的补偿收缩混凝土。

4) 补偿收缩混凝土的养护。补偿收缩混凝土的养护工作是很重要的。养护不好，混凝土与普通混凝土一样会产生裂缝。对于基础和顶板混凝土采用洒水、蓄水或覆盖养护即可。对于墙体混凝土采用延长模板的留置时间养护效果不错，模板的留置时间一般要求不得低于7d。采用延长模板的留置时间养护方式，既能减少混凝土本身的水分的散失速度，又保证了墙体混凝土在早期处于一个相对地较稳定的温度、湿度环境，避免了风吹、太阳暴晒等引起混凝土急剧干缩的因素。

4.2.7.5 构筑物碱骨料反应防治

(1) 碱骨料反应及其分类。碱集料反应是指混凝土中的碱和环境中可能渗入的碱与混凝土集料（砂、石）中的碱活性矿物成分，在混凝土固化后缓慢发生化学反应，产生胶凝物质，因吸收水分后发生膨胀，最终导致混凝土从内向外延伸开裂和损坏的现象。碱集料反应一般包括碱—硅酸盐反应和碱—碳酸盐反应两种形式。

碱—硅酸盐反应是指水泥中或其他来源的碱与骨料中的活性SiO_2发生化学反应并导致砂浆或混凝土产生异常膨胀，代号为ASR。

碱—碳酸盐反应是指水泥中或其他来源的碱与活性白云质骨料中白云石晶体发生化学

反应并导致砂浆或混凝土产生异常膨胀，代号为ACR。

混凝土碱含量是指混凝土中等当量氧化钠的含量，以kg/m^3计；混凝土原材料的碱含量是指原材料中等当量氧化钠的含量，以重量百分率计。等当量氧化钠含量是指氧化钠与0.658倍的氧化钾之和。

在过去相当长一段时间内，由于人们对我国部分地区混凝土骨料所含活性矿物成分认识不足，造成了部分混凝土构筑物在使用十几年以至几十年以后出现明显的碱集料反应的后果，不但使构筑物使用功能大受影响，而且使其使用寿命大幅度缩减，给国家财产造成了很大的浪费。近十年来，随着人们对我国部分地区混凝土骨料所含活性矿物成分的深入研究，逐渐对碱集料本身的特点及其造成的后果有了深刻认识。

（2）污水处理厂站构筑物碱骨料反应控制。

1）在污水处理厂工程中，构筑物混凝土综合碱量严格按有潮湿环境重要工程结构控制，每立方米混凝土最大碱含量不得大于3kg。

2）无论是预拌混凝土搅拌站，还是现场搅拌站，所用砂、石优先选择A种非碱活性集料（膨胀量小于或等于0.02%），控制使用低碱活性集料（膨胀量大于0.02%，小于或等于。0.06%），不使用碱活性集料（膨胀量大于0.06%，小于或等于0.10%）和高碱活性集料（膨胀量大于0.10%）。采用低碱水泥（水泥中碱含量不大于0.60%）。

3）委托法定检测单位对配制混凝土所用的水泥、外加剂、掺合料进行碱含量检测，对砂石进行集料活性检测，对混凝土进行单方碱含量检测，不符合要求的材料不得用于污水处理厂构筑物工程中。

4）严格要求预拌混凝土生产单位及时提供水泥、外加剂、掺合料碱含量报告，砂、石碱活性检测报告，单方混凝土碱含量评估报告。

（3）混凝土原材料碱含量检测。

1）骨料碱活性：

①骨料的ASR活性：按有关行业标准或CECS48：93进行。

②骨料的ACR活性：按有关行业标准进行。

2）水泥碱含量：按GB 176进行。

3）化学外加剂中碱金属盐含量：

①硫酸盐（Na_2SO_4，K_2SO_4）含量按GB 8077进行。

②碳酸盐（Na_2CO_3，K_2CO_3）含量按GB 8077进行。

③硝酸盐、亚硝酸盐（$NaNO_3$，$NaNO_2$，KNO_3）含量按GB 8077进行。

4）掺和料的碱含量：按GB 176进行。

5）骨料和拌合水中氯离子含量：按GB 8077进行。

6）含混合材的水泥和掺和料对ASR的抑制作用：按SD 105进行。

（4）混凝土碱含量计算。

1）水泥。水泥的碱含量以实测平均碱含量计，每立方米混凝土水泥用量以实际用量计，水泥提供的碱可按下式计算：

$$A_c = W_c K_c (kg/m^3)$$

式中：W_c为水泥用量，kg/m^3；K_c为水泥平均碱含量，%。

2）化学外加剂。在化学外加剂掺量以水泥重量的百分数表示时，外加剂引入混凝土的碱可按下式计算：

$$A_{ca}=\alpha W_c W_a K_{ca}\ (\mathrm{kg/m^3})$$

式中：α 为将钠或钾盐的重量折算成等当量 Na_2O 重量的系数；W_a 为外加剂掺量，%；K_{ca} 为外加剂中钠（钾）盐含量，%。

常用钾或钠盐的折算系数按手册取用。

3）掺合料。掺合料提供的碱可按下式计算：

$$A_{ma}=\beta\gamma W_c K_{ma}\ (\mathrm{kg/m^3})$$

式中：β 为掺合料有效碱含量占掺和料碱含量的百分率，%；γ 为掺合料对水泥的重量置换率，%；K_{ma} 为掺合料碱含量，%。

对于矿渣、粉煤灰和硅灰，月值分别为 50%，15%和 50%。

4）骨料和拌合水。如果骨料为受到海水作用的砂石和拌合水为海水，则由骨料和拌合水引入混凝土的碱可按下式计算：

$$A_{aw}=0.76(W_a P_{ac}+W_w P_{wc})\ (\mathrm{kg/m^3})$$

式中：P_{ac} 为骨料的氯离子含量，%；P_{wc} 为拌合水的氯离子含量，%；W_a 为骨料用量，kg/m^3；W_w 为拌合水用量，kg/m^3。

5）混凝土。混凝土的碱含量 A 按下式计算：

$$A=A_c+A_{ca}+A_{ma}+A_{aw}\ (\mathrm{kg/m^3})$$

4.2.8　污水处理厂站构筑物及其连接管线防腐

污水处理厂站部分构筑物和各构筑物间的连接管线由于其工艺要求，须进行防腐处理，最常用的处理方法是涂刷防腐材料。

4.2.8.1　沉淀池出水槽仿瓷涂料施工

沉淀池出水槽及堰板一般需进行涂料表面处理。涂料的性能需满足耐化学侵蚀性、耐冲击性、无毒性和硬度高、附着力强和表面光滑的要求。目前多采用仿瓷涂料。

（1）仿瓷涂料的特点。

1）仿瓷涂料的品性为双组分徐料，使用方便，常温下自然干燥，涂层丰满、细腻、坚硬、光亮，胜似搪瓷。

2）FG－101 仿瓷涂料的主要技术指标略。

（2）仿瓷涂料施工。

1）施工配比（配比均为重量比）略。

2）施工工具。50～75mm 宽的漆刷，5kg 台秤，调漆桶，调腻盘，油灰刀，硬橡刮板，0.2mm 厚弹簧钢片刮板，粗铁砂布（2 号或 3 号），细砂布（0 号），水砂纸（24 号以上）。

3）施工方法：

①表面处理：

A. 金属表面必须将铁锈清除干净。

B. 水泥表面必须干透、打磨平整，冲洗干净后，用 2%稀盐酸或 5%草酸进行中和处理，用清水冲洗干净待干。

②漆膜涂刷：将处理好的表面先涂刷一道底漆。待八成干后，如表面有砂眼或细纹，刮一道底漆腻子；待腻子干硬后，用砂纸打磨平整，再涂刷一道底漆；待八成干后，涂刷一至数道面漆即可（面漆涂刷间隔必须在七成干后再进行下一道，不粘手为准）。

A. 严格掌握层间干燥度，层间施工间隔必须遵守前道漆膜七至八成干后，再进行下一道施工的原则。否则，干燥程度低，易造成前道漆膜受热起泡或漆膜皱皮；干燥过干，易发生层间脱离。

B. 面漆 A、B 组分均匀混合后，必须静置熟化 0.5h 后涂刷。如混合后立即涂刷，漆膜中产生微气泡，影响质量。配成的涂料一次用完，放置时间不超过 4h。

③严格按工序施工，切勿与其他漆类及溶剂混用。

④底漆、面漆使用的漆刷及容器，必须底、面分开专用。勿用带有铁锈及其他漆类的容器，切忌水分及油类物质。

4）涂料的储存。仿瓷涂料的化学、物理性能是通过 A、B 两个组分发生交联反应而表现出来，并达到固化。在储存与使用过程中切忌水分，否则将产生严重的质量事故。

5）参考用量。每平方米 400g 左右，每公斤可涂 2～3m^2。

4.2.8.2　消化池内壁环氧煤沥青防腐

消化池防腐防水涂料的品种很多，现介绍曾用在某污水处理厂一期工程中的环氧煤沥青。

（1）厚浆型 GH2 型防腐防水涂料的主要技术性能略。

（2）施工方法。

1）表面处理。表面处理对涂膜的寿命影响很大，为了增加涂层寿命，必须进行严格的表面处理。水泥表面必须干透，打磨平整，清刷干净。

2）主要材料：

①GH2 型环氧煤沥青面漆，含溶剂量 8%～12%，常温固化，25℃时，4h 表干，20h 实干。

②GH2 型环氧煤沥青底漆，含有多种防腐剂和缓蚀剂，干燥快，粘结力强。

③固化剂与底漆配套使用，可在低温、潮湿环境中固化。

④稀释剂稀释漆料用。主要成分：甲苯：二甲苯：环己酮＝45：30：25（重量比）。

3）操作方法：

①环氧煤沥青漆为双组分装，使用时按重量比配制。漆料：固化剂＝100：7～10。

施工环境温度 15℃以下，固化剂用量在 10 以上。0℃以下需加促进剂，经充分搅拌，混合均匀，熟化 10～30min 后涂刷。

②涂料配制后，15℃以上时，应在 8h 内使用完，否则，黏度增加，不易施工。

③环境温度较低时，漆料黏度增大，可适当加入稀释剂，一般不超过漆料的 5%。

④涂底漆要均匀，不要漏涂，表干后即可涂面漆。贴玻璃布与面漆同时进行，使玻璃布浸透面漆。

⑤根据设计的要求，涂层的结构分为：一层底漆、两层面漆，漆膜厚度 0.2～0.32mm；一层底漆、三层面漆，漆膜厚度 0.4～0.5mm；一层底漆、两层玻璃布、四层面漆，漆膜厚度 0.6～0.8mm。

（3）涂料的质量检查。

1）外观检查：涂层要饱满、均匀，表面呈黑亮的漆膜，对皱折、鼓包要进行修复。

2）粘结力检查：涂层完全固化后，用小刀割舌形切口，用力撕开，破坏处的混凝土表面仍为漆层覆盖，不得露水泥面。

（4）参考用量。每平方米耗用量（kg）略。

4.2.8.3　污水处理厂站构筑物连接管线**881**防腐

（1）881系列涂料的特点。

1）881长寿命重防腐涂层体系：有内壁、外壁防腐两种情况。内壁防腐由881－X环氧富锌底漆（无机富锌、热浸锌）、881－Z01环氧云铁中间漆（881－D底漆）、881－H01面漆。外壁防腐由881－X环氧富锌底漆（无机富锌、热浸锌）、881－Z01环氧云铁中间漆（881－D底漆）、881－Y01面漆。

2）881系列涂料适用的温度范围：空气中－50～120℃，短期150℃，介质中－30～60℃。适用范围：污水、污泥、空气、腐蚀性气体的管道及储罐的内外壁防腐。主要特性：涂层耐湿热、耐盐雾、耐碱、盐、污水、油等介质，并且耐弱酸。同时具有极佳的耐老化、抗粉化、抗裂纹性能。

（2）881系列涂料的施工方法。

1）涂覆前的表面处理。表面处理对涂层的寿命影响极大，为提高涂层使用寿命，必须对表面进行严格地处理。

钢铁表面进行除油、除锈处理，涂覆881－X环氧富锌底漆的基面必须进行喷砂处理，达到Sa2.5级，以保证涂层与基面有效接触，才能发挥电化学保护作用。

2）涂装环境及涂装方法。

①涂装现场的温度湿度等环境因素直接影响到涂料的涂装效果，温度要求不低于12℃，不高于40℃，较佳的涂装温度在20～30℃之间。如果在低于5℃下涂装时，应该选用低温固化剂（881涂料有低温固化剂供应），相对湿度不宜大于80%（881－S除外）。室外涂装时，应无风砂、灰尘、下雨等不利环境。

②被涂表面温度必须高于2～3℃，低于40℃，表面温度过低时，表面容易结霜，影响涂层质量；温度过高时，溶剂挥发太快，形成气孔等弊病，同时影响涂层附着力。

③881系列涂料可以采用常用的刷涂、滚涂、喷涂方法涂装，用高压无气喷涂施工更佳，采用浸涂、淋涂施工时，要注意涂料的活性期。剩料容易胶凝造成浪费。

④不同的涂料，选用相应的涂装方法。881－X富锌底漆由于锌粉比重大，容易分布不均匀，尽量避免刷涂和滚涂，喷涂或高压无气喷涂更佳。881－Z环氧云铁中间漆黏度大，一次成膜厚，用高压无气喷涂较好。

3）涂料配制。

①881系列涂料多为双组分涂料，现配现用，将涂料组分一充分搅拌均匀，按包装桶上提供的重量配比准确称量，并在搅拌的情况下，将组分二加入组分一中，然后充分搅拌均匀，并在室温条件下放置0.5h后进行施工。

②混合后的漆料可用相应的稀释剂调节黏度，一般尽量少加稀释剂，以保证涂层厚度。

③配制的漆料应在活性期内用完，活期性是指多组分涂料在使用前按规定的比例混合

后，不发生胶化，能正常施工的时间，常温时（20～25℃）为 8h，活性期随温度升高而缩短。

4）涂覆工艺。涂料的施工方法很多，正确的涂装方法是获得良好涂层的关键之一，881 涂料常用刷涂和喷涂，对于大面积施工应选用高压无气喷涂，提高效率，减少溶剂用量。

①金属表面应在表面处理后 4h 内涂装底漆，若表面返锈，必须重新处理。

②涂料涂装间隔往往直接影响涂装效果，同一型号涂料表干以后即可重涂，表干可以用手指压不粘手判断，一般为 4～8h，两种型号涂料的重涂应在实干后进行，一般为 24h，有时两道面漆可以采用湿碰湿的施工工艺。

③两道漆涂装间隔过长，前一道漆完全固化，下一道漆难以抓住而影响层间附着力，可用砂布打磨后再涂下一道涂料。

④最后一道涂层完工后 7d 可投入使用，温度低于 25℃时，要适当延长固化时间。加热固化可以提高涂层的防腐性能，缩短固化时间，加热温度不得高于 120℃。

⑤涂装程序及漆膜厚度略。

（3）防腐的检查方法。

1）涂装前首先检查所用涂料必须与设计要求相符，表面处理按照 GB 8923 检查达到要求，每道施工后，均应进行外观检查，用肉眼或 5 倍放大镜观察，发现针孔、裂纹、脱落、漏涂时，必须修整或补涂，允许少量流挂存在。

2）附着力检查可以在不同施工工序间进行，一般在第一遍底漆后多检查点数。面漆施工后尽量不要再检查，以免留下划痕，影响防腐质量。

3）检查方法可用粘贴法，用锋利的专用刀，在膜上画一个叉，交叉角为 60°，刀痕划到钢板，然后贴上指定胶带，使胶带贴紧漆膜，接着迅速将胶带拉起，干漆膜厚度小于 120μm 时，刀痕两边漆膜被粘下的总宽度最大不超过 2mm，即合格，干漆膜厚度大于 120μm 时不超过 3mm 为合格，超过者为不合格。

4）每涂完一层漆后，检查厚度，全部涂完后必须检查漆膜总厚度，一般要求测定点的 90%（或 80%）要达到规定厚度值；未达到规定值点的厚度，不得低于规定值的 90%，否则必须重涂一道油漆。对于埋地管线应进行电火花检查漏点。

（4）施工安全。

1）施工现场应通风，在空气流动较差的环境施工时，强制通风。

2）施工现场，禁止明火、撞击火花、电气火花、静电等，以免引起燃烧、爆炸。

3）若不小心涂料溅入眼中，立即用水冲洗，再到医院治疗。

4.2.8.4　污水处理厂站构筑物连接管线 H87 防腐

（1）H87 耐温防腐涂料特点。

1）H87 的组成。H87 由甲组分、乙组分和辅助材料组成。甲组分包括 H87－1（红）、H87－2（白），底漆 H87－1 是含高效防腐颜料的底漆；面漆 H87－2 含隔热、耐温、耐腐蚀材料，具有优良的防腐性能。乙组分为固化剂，是由数种优良固化剂制成的复合固化剂。辅助材料 SAT 是中空无机粉料，它使涂层具有质轻、高强、导热系数低、耐热性能好、渗透率小等特性，从而提高了涂层的各项性能。

2）H87 的技术指标。略。

3）87的适用环境。H87适用于高温（100℃）原油、污水、清水、海水、工业水及各类成品或半成品油的储罐及其管道内壁的防腐。目前在污水处理厂内各类管道施工中应用较多。

（2）施工方法及注意事项。

1）基面处理：

①优先采用喷砂（丸）除锈，质量应达到国标Sa2.5级（GB 8923—88）。若采用手工除锈，质量应达到国标St3级（GB 8923—88）。

②未失效的旧漆膜，手工难以除掉，若确认旧漆膜是环氧、天然大漆、漆酚、聚氨醋、环氧沥青等类型，可经过打毛并用溶剂除去污物后直接涂刷本产品。对不良的旧漆膜应清除干净后再涂刷本产品。

③涂刷前彻底清除表面的油污和粉尘等杂质，处理干净的钢板应及时涂上第一道漆，以防重新生锈。

2）涂料配制：

①该涂料是两组分分装的环氧涂料。甲组分标有H87－1或H87－2字样，乙组分标有固化剂字样，SAT为袋装。

②开桶充分搅拌后，将甲、乙两组分按规定的比例倒入调漆桶，混合均匀，再加入一袋SAT（第一道底漆可不加），充分搅拌均匀方可使用。

③夏天施工，当气温高于35℃时，固化剂用量可适当减少1/5为宜。并尽量做到按需配料，随配随用，以防报废。

④使用时一般无需再加稀释剂，因为稀释剂过多会降低漆膜厚度，影响使用效果。如因储存时间太久或施工后期漆料增稠影响施工，可加入少量溶剂（甲苯：丁醇＝4：1）或X－7环氧稀释剂；若施工时温度较高，可加入少量酮类溶剂，以适当延缓固化时间。

3）涂料涂刷：

①可采用刷涂、喷涂（加入SAT时注意防止堵塞）等方法施工。要尽量做到涂层均匀、不漏涂、不流挂，并达到所要求的厚度。

②在常温情况下每天可涂一道。当气温高于25℃时，若想加快施工进度，涂装间隔可缩短至8h左右；当气温低于0℃时涂装间隔适当延长1d左右，手压无指纹（表干）后再进行下一道涂装。但必须注意：在低温施工后应给予充分干燥时间再投入使用。

③在H87－1和H87－2中加入SAT，性能明显提高，所以，本品通常涂刷四道就能满足使用要求。各道涂装漆膜厚度略。

4）施工注意事项：

①涂料应该用多少调配多少，调配好的涂料应当在固化前用完。

②每次涂漆完毕，要及时用溶剂清洗漆刷等施工用具（切忌将漆刷浸水存放）以备下次再用。若采用喷涂，要及时用溶剂将喷枪和软管洗净，防止隔夜固化后软管、喷嘴堵塞。

（3）施工安全。

1）工人每次作业时间不宜过长。要加强通风，使用防爆灯照明。

2）涂料中的溶剂都具有刺激性，作业时要戴防毒口罩，防毒口罩所用活性炭要符合要求，并随时更换。

3）不急用的涂料、溶剂等要及时移出罐外，尽量减少罐内空气污染。

4.2.9　污水处理厂站构筑物越冬保护和成品保护

4.2.9.1　冬施期间构筑物防冻保护

北方地区冬施期间，已施工完毕或正在施工的污水处理厂站构筑物，如果尚未进污水运行，必须采取可靠的防冻保护措施。否则，极易造成地基受冻胀，结构开裂，其后果相当严重。防冻保护措施有注水、覆盖（覆盖土或草帘等）、包裹、围挡等方法。

（1）构筑物基础保护。在冬期到来之前，应将构筑物基础外侧的肥槽回填，从槽底算起，回填厚度应不小于当地冬期自然冻土厚度的1.3倍。如果不能将肥槽回填，采取虚堆土保温，虚堆土厚度和高度应不小于当地冬期自然冻土厚度H的1.2倍及1倍。来年待冬期过去后将虚堆土移走，进行后续工序施工。

（2）构筑物内部保护。如果构筑物四周墙体已经施工完毕，应首先采取注水防冻。即在进入冬期之前将墙体上的预留孔、洞砌砖封死，进入冬期后构筑物内放入清水，放水深度一般不小于1.2m，但不宜高于构筑物设计使用水位。在冬施期间，要有专门的人员负责凿冰，防止水面结冰使池体内部受冰胀的推挤影响。如果有两个（两组）以上构筑物同时采取注水防冻措施，可在相邻两个（两组）构筑物设立水泵，在这两个构筑物间往复倒水，每天通过水面的高低变化，使构筑物内不能形成完整的冰面，这样也可起到防止池体内部冰胀的推挤影响。

如果构筑物四周墙体尚未施工完毕，可选择采取覆盖防冻。在进入冬期之前将构筑物内杂物清理干净，在构筑物基础顶面覆盖草帘、岩棉被、稻草、土等材料。为增加保温效果，在覆盖草帘、岩棉被、稻草、土等材料前，最好在构筑物基础顶面铺一层塑料布。如果覆盖材料为草帘、岩棉被、稻草，其压茬方向应与当地冬期主导风向一致，且宜用方木等较重东西压牢，防止被风吹起。

构筑物防冻保护应注意以下几点：

1）构筑物内部如采用注水防冻保护，在注水之前要把构筑物基础和墙体上预留的孔洞封堵。直径小于600mm的孔洞应采用1，2.5水泥砂浆砌砖封堵，直径大于600mm的孔洞除采用1：2.5水泥砂浆砌砖封堵外，其外侧还要做好支撑。

2）构筑物内部如采用注水防冻保护，倒水水泵要有一定的备用量，以确保一旦水泵出现故障能及时更换。

3）构筑物内部如采用注水防冻保护，倒水水泵泵管中间不要出现存水点，以防泵管存水造成冻结，影响第二天正常使用。

4）构筑物内部如采用注水防冻保护，破冰人员必须在构筑物顶部或外部进行，不得在水面操作，同时每组操作人员不得少于两人。

5）在构筑物内采取覆盖法防冻保护，一定要将草帘、岩棉被、稻草、土等材料将整个构筑物基础内部完全覆盖。

6）在构筑物内采取覆盖法防冻保护要防止草帘、岩棉被、稻草等遇火燃烧造成火灾。

7）无论构筑物采用何种防冻保护措施，必须安排测量人员对构筑物标高变化情况定期进行观测，观测间隔一般不大于3d。发现异常及时分析原因，采取对策。

4.2.9.2　构筑物成品保护

为了避免因管理不善或施工人员操作不当而造成成品损坏，影响工程整体质量，以致交验后使用效果，在施工过程中及施工完成后对构筑物成品进行合理保护是十分必要的。

污水处理厂站工程构筑物成品保护范围主要是保护墙体、基面及棱角等。对于墙体、基面可采取做围挡、做隔离、做包裹、做保护棚、立警示牌及现场专人值班巡逻等保护措施。对于棱角可采取做临时包角、做围挡等保护措施。成品保护应注意以下几点：

（1）成品保护应在构筑物施工同时进行，做到构筑物施工完成一部分，该部分立即保护起来。

（2）成品保护时，固定保护材料不宜在构筑物墙体、基面及棱角处打孔、涂胶粘合剂，以免对构筑物造成人为破坏。

（3）成品保护材料最好与构筑物本身颜色有较大的反差，使人员、车辆在较远的距离外就能发现，以起到很好的提示和警示作用。

（4）围挡材料、隔离材料、包裹材料、保护棚、警示牌应有较好的牢固性，避免倾倒造成人员伤害。

（5）要有专人对成品保护情况进行检查，发现保护材料损坏及时修复。

学习情境4.3　水处理构筑物的功能性试验

4.3.1　满水试验

4.3.1.1　水池满水试验的前提条件

（1）池体结构混凝土的抗压强度、抗渗强度等级或砖砌水池的砌体水泥砂浆强度达到设计要求；

（2）现浇钢筋混凝土水池的防水层、水池外部防腐层施工以及池外回填土以前；

（3）装配式预应力混凝土水池施加预应力以后，水泥砂浆保护层喷涂之前；

（4）砖砌水池的内外防水水泥砂浆完成之后；

（5）进水、出水、排空、溢流、连通管道的安装及其穿墙管口的填塞已经完成；

（6）水池抗浮稳定性，满足设计要求；

（7）满足设计图纸中的其他特殊要求。

4.3.1.2　水池满水试验前的准备工作

（1）池体混凝土的缺陷修补。局部蜂窝、麻面、螺栓孔、预埋筋需在满水前修补、剔除处理。

（2）池体结构检查。有无开裂、变形缝嵌缝处理等应经过检查。如有开裂和不均匀沉降等情况发生，应经设计等有关部门鉴定后再作处理。

（3）临时封堵管口。

（4）检查闸阀，不得渗漏。

（5）清扫池内杂物。

（6）注水的水应采用清水，并作好注水和排空管路系统的准备工作。

（7）清水池顶部的通气孔、人孔盖应装备完毕。必要的安全防护设施和照明等标志应配备齐全。

（8）设置水位观测标尺、标定水池最高水位，安装水位测针。

（9）准备现场测定蒸发量的设备。

（10）对水池有观测沉降要求时，应事先布置观测点，至测量记录水池各观测点的初始高程值。

4.3.1.3　满水试验步骤及检查测定方法

1. 注水

向池内注水分三次进行，每次注入为设计水深的 1/3。注水水位上升速度不宜超过 2m/24h，相邻两次充水的间隔时间，不少于 24h，以便混凝土吸收水分后，有利于混凝土微裂缝的愈合。

每次注水后宜测读 24h 的水位下降值。同时应仔细检查池体外部结构混凝土和穿墙管道的填塞质量情况。

如果池体外壁混凝土表面和管道填塞有渗漏的情况，同时水位降的测读渗水量较大时，应停止注水。待经过检查、分析处理后，再继续注水。

即使水位降（渗水量）符合标准要求，只池壁外表面出现渗漏的迹象，也被认为结构混凝土不符合规范要求。

2. 水位观测

（1）注水时的水位用水位标尺观测。

（2）注水至设计深度进行渗水量测定时，应用水位测针测定水位降。水位测针的读数精度为 1/10mm。将水位测针安装在入孔内的横木上。

（3）池内水位注水至设计深度 24h 以后，开始测读水位测针的初读数。

（4）测读水位的末读数与初读数的时间间隔，应不少于 24h。

（5）水池水位降的测读时间，可依实际情况而定。如水池外观无渗漏，且渗水量符合标准，可继续测读一天；如前次渗水量超过允许渗水量标准，可继续测读水位降，并记录其延长的测读时间。同时查找水位降超过标准的原因，直至作出合理的解释。

3. 蒸发量的测定

（1）有盖水池的满水试验，对蒸发量可忽略不计。

（2）无盖水池的满水试验的蒸发量，按国家标准《给水排水构筑物施工及验收规范》（GBJ 141—90）附录一 水池满水试验（三）蒸发量测定一节的规定方法进行。

1）现场测定蒸发量的设备，可采用直径约为 50cm，高约 30cm 的敞口钢板水箱，并设有测定水位的测针。水箱应检验，不得渗漏。

2）水箱固定在水池中，水箱中充水深度可在 20cm 左右。

3）测定水池中水位的同时，测定水箱中的水位。

4. 水池渗水量的计算

水池的渗水量按下式计算：

$$q=\frac{A_1}{A_2}[(E_1-E_2)-(e_1-e_2)]$$

式中：q 为渗水量，$L/(m^2 \cdot d)$；A_1 为水池的水面面积，m^2；A_2 为水池的浸湿总面积，m^2；E_1 为水池中水位测针的初读数，即初读数，mm；E_2 为测读 E_1 后 24h 水池中水位测针的末读数，即末读数，mm；e_1 为测读 E_1 时水箱中水位测针的读数，mm；e_2 为测读

E_2 时水箱中水位测针的读数，mm。

注：①当连续观测时，前次的 E_2 及 e_2 即为下次的 E_1 及 e_1。

②雨天时，不做满水试验渗水量的测定。

③按上式计算结果，渗水量如超过规定标准，应经检查，处理后重新进行测定。

4.3.1.4　满水试验标准

水池施工完毕必须进行满水试验。在满水试验中，应进行外观检查，不得有漏水现象。水池渗水量按池壁（不包括内隔墙）和池底的浸湿面积计算，钢筋混凝土水池不得超过 2L/(m^2 · d)；砖石砌体水池不得超过 3L/(m^2 · d)。

4.3.2　水池渗漏处理

常见的混凝土渗漏和损坏有如下几类：

施工缝渗漏（水平、垂直）；

构筑物局部混凝土抗渗强度等级低；

局部穿墙孔、管、埋铁渗漏；

变形缝渗漏；

混凝土裂缝渗漏。

4.3.2.1　施工缝渗漏的处理

1. 渗漏的原因

(1) 施工缝未作糙化处理，直接浇混凝土；

(2) 施工缝混凝土强度不足时（应达到 2.5N/mm^2），即开始对混凝土凿毛、用工具刮、锤子砸，破坏了水泥砂浆和松动了石子；

(3) 施工缝未清理干净或积水；

(4) 施工缝干燥或砂浆不足、振捣不实、浇筑混凝土过厚而漏振。

上述几种原因，使施工缝形成孔隙而造成渗漏。

2. 修补与处理方法

应采取降水与内外同时修补的作法。仅仅由背水面单侧修补，虽然可以堵住大部渗漏，但解决不了钢筋锈蚀和混凝土的耐久性问题。

具体的修补方法是：

(1) 将渗漏的施工缝部位（视具体情况），剔成 3～5cm 深，2～3cm 宽的沟槽，用钢丝刷和压力水将槽内浮渣清除干净，不积水。

(2) 用水泥砂浆修补。

1) 所用水泥为出厂不超过三个月的 32.5 级普通硅酸盐水泥。

2) 洁净的过筛的中粗砂，最大颗粒不超 3mm。

3) 水泥砂浆配合比为 1∶2∶(0.55～0.60)（水泥∶砂∶水灰比）。所拌制砂浆应注意掌握稠度，随用随拌，不应放置时间过长。

4) 修补时，基层应湿润不流淌。沟槽全深应分层填实（2～3 次），特别有露筋的部位要仔细填塞。分层修补时间间隔不少于 8h，分层填塞前，底层刷水泥素浆。每层的水泥砂浆要压实，但不要过多往返压光，以免砂浆水分集中后砂浆与混凝土基层脱落。

(3) 施工缝位于墙与底板的角部时，角部抹三角水泥砂浆加固层。

平接的施工缝渗水部位修补后，可加水泥砂浆加强带，以增强其防水抗渗的能力。

4.3.2.2 构筑物局部混凝土抗渗强度等级低

1. 渗漏情况及原因

局部混凝土由于浇筑时，浇筑层厚、漏振或混凝土的和易性差等原因造成渗漏。渗漏的形式表现为表面呈现潮湿而未见渗流，有的成细微可见的渗流，严重的形成较大的渗漏（成流）。

2. 修补方法

（1）较轻的渗流部位可将表面凿毛、刷净，按防水水泥砂浆五层作法，作表面处理。

（2）较为严重的渗流部位，应视情况剔掉松散的混凝土，然后分层按水泥砂浆防水层作法，补平后再加抹10～15mm厚的加强防水层。

4.3.2.3 局部穿墙孔、管、埋铁部位的渗漏的修补火

将渗漏部位适当扩大地剔除，清扫吹洗干净，然后按施工缝修补的作法补平。

4.3.2.4 变形缝渗漏

1. 渗漏的原因

止水带周围混凝土未捣实；

止水带破损或搭接（接头）；

止水带严重偏移。

2. 补救措施

（1）局部轻微渗漏：采取加深变形缝嵌缝密封腻子的深度和外贴防水材料的办法，来增强其抗渗能力。

将渗漏部位（范围）以外1m以内的缝板剔净（注意不要再损坏止水带），用热风机吹干。然后用密封腻子将内外缝分层填实，在池外部缝宽30cm范围内贴以抗拉强度高、延伸率大的三元乙丙一丁基橡胶或氯丁橡胶类的卷材防水层（2层）。

（2）如止水带部位混凝土严重漏振或止水带严重移位，则应局部剔凿修补混凝土后，再按上述作法修补内外缝。

4.3.2.5 混凝土裂缝渗漏

1. 正确分析混凝土裂缝的原因

确定混凝土裂缝修补前，应首先弄清造成裂缝的原因。

混凝土裂缝的形成及原因有多种：

（1）构筑物混凝土的池体长度较长、地基对上部结构有约束、温差大等原因，引起的结构混凝土的内应力，致使结构混凝土裂缝。

（2）地基不均匀沉降引发的结构性裂缝。

（3）混凝土早期养护不好，混凝土表面形成不规则的裂缝。

（4）混凝土施工管理不善，混凝土计量、配合比不准、坍落度大或随意加水以及浇筑速度过快与振捣不实引起的湿沉降等原因，致使较厚底板或较高池壁混凝土表面出现较多不规则的水平微裂缝。

（5）使用水泥不合格、安定性差或混凝土原材料有碱骨料反应，使混凝土体积发生膨胀，引起开裂。

上述裂缝有些是表面、局部、轻度性质的，有的则属于结构或是较为严重的内在性质的（如结构沉降、混凝土碱骨料等类型）。

2. 裂缝的修补

下述的修补方法，只限于轻度性质的裂缝修补范围。对较为严重的裂缝的修补，要根据具体情况与有关部门研究处理方法。

（1）表面密封法。对裂缝宽度小于0.2mm的稳定性裂缝以及多而集中的微裂缝，可采取表面的密封方法。

所用的材料应是无毒、耐水、耐碱、耐候性的材料。常用的材料为无毒环氧树脂胶泥。

密封前应将混凝土裂缝表面5cm宽范围内用钢丝刷刷毛、清理干净，用热风烘干后直接涂刷环氧树脂胶泥2～3道，每道间隔12h。

（2）注浆法。当裂缝大于0.2mm，裂缝较深时，采用注浆法。将环氧树脂浆液或丙凝注浆材料用气动灌浆装置或电动灌浆装置，按试验规定的配合比压入裂缝中。注浆前应在裂缝处预先粘接注浆嘴（间距50～100cm），并在裂缝表面涂刮密封带（用环氧胶泥）。注浆时应由一端开始（由低向高），待临近多个注浆嘴出浆后，即封闭已满的注浆嘴。然后将注浆管移向下段继续注浆，直至全部注满。

4.3.3　消化池的闭气试验

消化池满水试验合格后，即可进行闭气试验。

4.3.3.1　准备工作

（1）完成工艺测温孔的加堵封闭。

（2）完成池顶盖板的封闭，安装测温仪、测压仪及充气截门。

（3）采用U形水银压力计，用于测量池内气压。

（4）使用温度计，测量池内气温，刻度精确至1℃。

（5）使用大气压力计，测量池外的大气压力，刻度精确至10Pa。

（6）使用空气压缩机往池内充气。

4.3.3.2　测读气压

（1）池内充气至试验压力，稳定后，测读池内气压值，即为初读数，间隔24h，测读末读数。

（2）在测读池内气压的同时，测读池内的气温和池外大气压力，并将大气压力换算成同于池内气压的单位。

（3）池内气压降按下式计算

$$\Delta P=(P_{d1}+P_{a1})-(P_{d2}+P_{a2})\frac{273+t_1}{273+t_2}$$

式中：ΔP为池内气压降，10Pa；P_{d1}为池内气压初读数，10Pa；P_{d2}为池内气压末读数，10Pa；P_{a1}为测量P_{d1}时的相应大气压力，10Pa；P_{a2}为测量P_{d2}时的相应大气压力，10Pa；t_1为测量P_{d1}时的相应池内气温，℃；t_2为测量P_{d2}时的相应池内气温，℃。

（4）闭气试验的压力降须满足在设计试验压力降的允许范围之内。

4.3.4　满水及闭气试验的安全

（1）使用的照明设施及水泵等的电源线，应加装漏电保护装置。

（2）电闸箱等电气设施需做好防雨措施，防止漏电。

（3）搭设的安全道或安全梯，须经安全部门检查合格后，才能使用。

（4）设专人看守场地，严禁非工作人员进入满水试验场地。

（5）进入池内观测水位，必须搭设安全梯道。

（6）进入池内观测人员，必须系好安全绳。

学习情境 4.4　水处理工厂设备安装

4.4.1　安装前的防护

1. 防护前的处置

（1）金属表面处理。净水厂与污水处理厂的机械设备进行防护（以避免有害气体、液体的侵蚀）之前，必须进行表面上的污物、油脂及锈蚀的处理。先经过碱液清洗、溶剂清洗和机械除锈及滚筒和振动的精整程序，使之表面光洁、无污、无油脂，而后进行电镀、热喷涂、表面合金化、化学涂膜等防护工艺。

（2）防护涂料。此种防锈蚀工艺最简单，是将机件裸露表面用涂料屏蔽起来，隔绝有害气体与液体，并阻止长锈的电化学作用。也有将缓蚀剂与涂料结合使用，达到防护目的。

1）涂料选用（表 4.8）。

表 4.8

产品使用的环境条件和性能要求	油性漆	脂胶漆	沥青漆	酚醛漆	醇酸漆	胺基漆
在一般大气条件下使用，对防腐和装饰性要求不高	✓	✓		✓		
在一般大气条件下使用，但要求耐候性好，装饰性好	✓				✓	
在一般大气条件下使用，但要求防潮、耐水性好			✓	✓		
在湿热条件下使用，有三防要求				✓		✓
在化工大气条件下使用，或耐化学腐蚀性较好			✓	✓		
要求在高温条件下使用						
在一般大气条件下使用，对防腐和装饰性要求不高						
产品使用的环境条件和性能要求	油性漆	脂胶漆	沥青漆	酚醛漆	醇酸漆	胺基漆
在一般大气条件下使用，但要求耐候性好，装饰性好						✓
在一般大气条件下使用，但要求防潮、耐水性好	✓				✓	
在湿热条件下使用，有三防要求	✓		✓	✓	✓	
在化工大气条件下使用，或耐化学防腐蚀性较好	✓		✓		✓	
要求在高温条件下使用		✓				

注　表中的“✓”号表示可选用。

2）防锈方法、特点和适用范围（表 4.9）。

表 4.9

特　征	水剂防锈	油料防锈	气相防锈	可剥性塑料防锈	干燥空气封存	充氮封存
对机械制品大小的限制	一般不适用于很大的工件	不限	不限	一般不适用于很大的工件	不限	不限
对机械制品结构的限制	不适用于结构很复杂，特别是有深孔的制件	硬膜油料不适用于结构很复杂的制件	不限	不适用于结构很复杂，特别是有深孔的制件	不限	不限
对机械制品材质的限制	应注意对非铁金属的适应性	应注意对非铁金属及非金属的适应性，不能用于忌油产品	应注意对非铁金属及非金属的适应性	应注意对非铁金属的适应性	不限	不限
机械制品表面预处理的要求	水剂清洗液洗净，表面亲水	清洁干燥	清洁干燥	清洁干燥	清洁干燥，施用或不施用防锈材料	清洁干燥，施用或不施用防锈材料
需要的包装	防锈纸或塑料薄膜包装，或采用一定容器作全浸式包装	耐油纸、塑料薄膜包装或采用一定容器作全浸式包装	直接气相纸包、加或不加密封包装，其他气相防锈材料应予一定密封	一般可省去内包装	金属容器或气密性封套	金属容器或气密性封套
施用工艺是否复杂	简单	简单	简单	较麻烦	简单	较复杂
需要的特殊装备	可使用清涂、涂覆、包装的联合装置	可使用清涂、涂覆、包装的联合装置	可使用清洗、涂覆、包装的联合装置	可不需要	封焊金属容器或封套的工具	充氮装置及封焊工具
启封是否方便	方便	用厚油时不便	方便	方便	方便	方便
封存费用	低	视所用材料而不同	视所用材料而不同	材料较贵	低	低
封存材料能否回收	不能	不能	不能	可回收几次	容器及干燥剂可回收	容器及干燥剂可回收
启封后易否生锈	留有一定防锈材料层	留有防锈油层	易生锈	留有防锈油层	如未施用防锈材料，易生锈	如未施用防锈材料，易生锈

2. 水下防护（防腐）

给水排水专用设备处在水下，与干湿交替和受流速及水质的酸碱度的侵蚀，腐蚀速度加速。因此要选用防锈蚀的高防锈不锈钢，铝合金与铜及青铜合金。高分子合成化工防锈蚀产品（酚醛、环氧、聚酯）、树脂、聚乙烯、聚丙烯，聚氯乙烯、聚四氟乙烯、尼龙、橡胶及氯丁橡胶、石棉、沥青、XCA高分子涂料用来作水下防腐是很有效的。

4.4.2　各类污水处理机械安装

1. 一般的安装要求

（1）依照设计要求和图纸规定浇筑机械基础。

（2）基础的混凝土强度等级、基面位置高程应符合说明书和技术文件规定。

（3）依照混凝土规程、强度应符合龄期后的规定，即使赶工安装，其强度也不应低于设计强度 75%。

（4）地脚螺栓依照原机的出厂说明书要求预埋，有关参数应符合规定要求。保证安装后机械的稳固性。

（5）安装好机械应严格符合外形尺寸的公称允许偏差，不允许超差。

（6）基础施工后要求平整坚实，并有隔离吸振的措施，防止运转中产生谐振现象。

（7）污水或清水池预埋件水平度及平整度要符合设计规范。

（8）地脚螺栓位置应准确，螺纹、长度、垫圈螺母都要合格，少量位置尺寸与标高可以调整，其调整和加垫铁方法如下。

2. 地脚螺栓对少量尺寸（包括标高）的调整

（1）标高处理法（图 4.20、图 4.21）。

（2）位置偏差处理方法（图 4.22）。

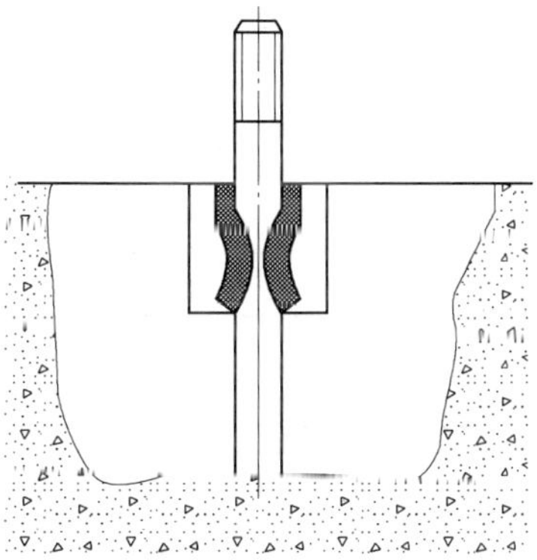

图 4.20　地脚螺栓标高偏差处理方法（一）

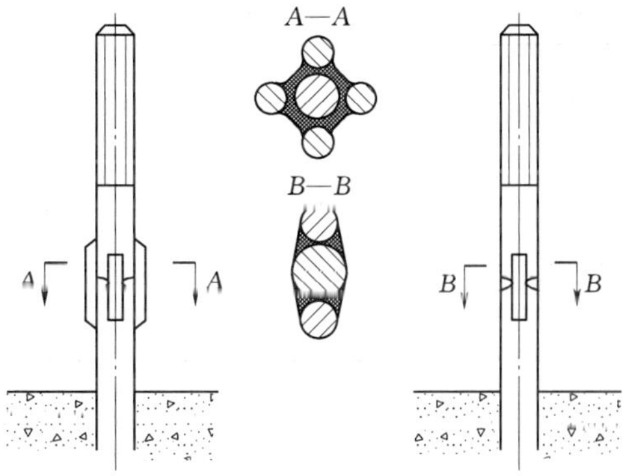

图 4.21　地脚螺栓标高处理方法（二）

3. 垫铁的应用与方法

为提高设备的稳定性，二次灌注混凝土，可应用厚 0.3～20mm 垫铁，其形状、尺寸与放置方法如下。

斜垫铁使用必须成双配用。

（1）垫铁种类，尺寸与放置方法（图 4.23、图 4.24、表 4.10、表 4.11）。

（2）垫铁与地脚螺栓的距离（图 4.25）。

4.4.3　各种机械设备安装后试车运转要求

（1）启动运转要平稳，运转中无振动和异常声响。启动时注意依照有标注箭头方向旋转。

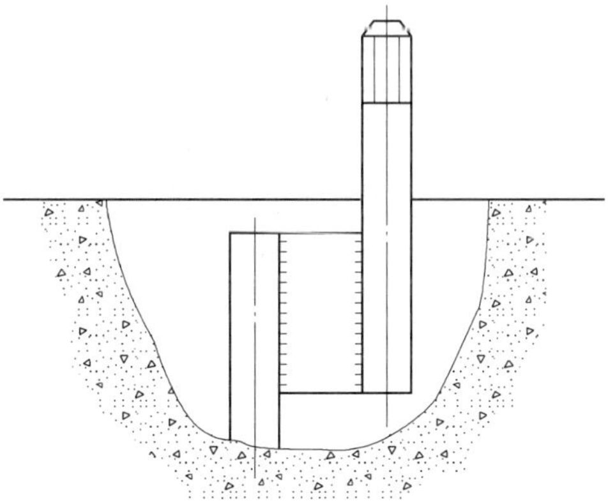

图 4.22　地脚螺栓偏差处理方法

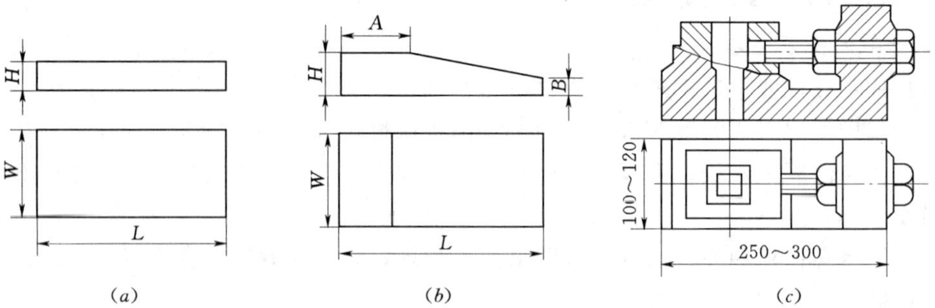

图 4.23　垫铁的形式

(a) 平垫铁；(b) 斜垫铁；(c) 调节垫铁

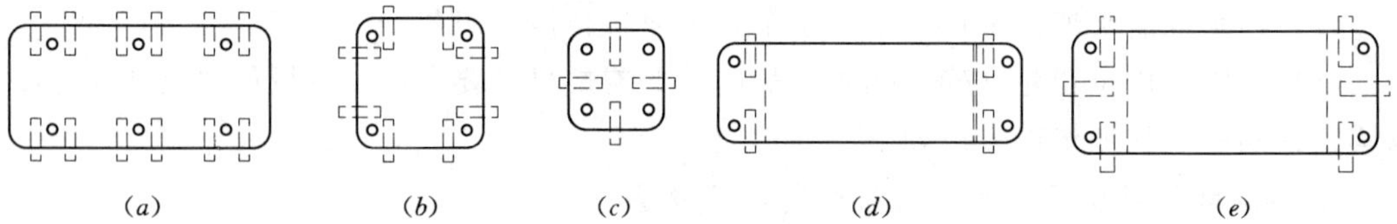

图 4.24　垫铁的放置方法

(a) 标准垫法；(b) 井字垫法；(c) 十字垫法；(d) 单侧垫法；(e) 三角垫法

表 4.10　　**平垫铁的尺寸表**　　单位：mm

L	W	H	使用说明
110	70	3、6、9、12、15、25、40	5t 以下的机器及设备，20～35mm 直径的地脚螺栓
135	80	3、6、9、12、15、25、40	5t 以上的机器及设备，35～50mm 直径的地脚螺栓
150	100	25、40	5t 以上的机器及设备，35～50mm 直径的地脚螺栓

表 4.11　　**斜垫铁的尺寸表**　　单位：mm

L	W	H	B	A	使用说明
100	60	13	5	5	5t 以下的机器、设备，20～30mm 直径的地脚螺栓
120	75	15	6	10	5t 以上的机器、设备，30～35mm 直径的地脚螺栓

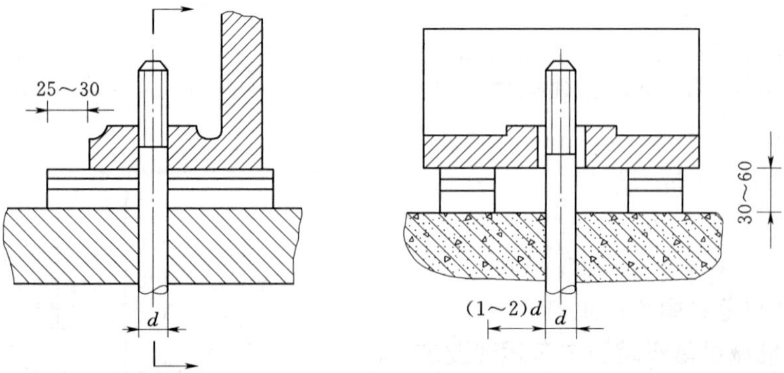

图 4.25　垫铁与地脚螺栓的距离

(2) 各运转啮合与差动机构运转要依照规定同步运行，并且没有阻塞碰撞现象。

(3) 在运转中保持动态所应有的间隙，无抖动晃摆现象。

(4) 各传动件运行灵活（包括链条与钢丝绳等柔质机件不碰不卡、不缠、不跳槽），并保持紧张状态。

(5) 在试运转之前或后，以手动或自动操作，全程动作各 5 次以上，动作准确无误，不卡、不抖不碰。

(6) 各限位开关运转中动作及时，安全可靠。

(7) 电机运转中温升在正常值内。

(8) 在滚动轮与导向槽轨，各自啮合运转，无卡齿、发热现象。

(9) 一般空车运转 2h，带负荷运转 4h，保证运转正常，不振颤，不抖动，无噪异声、不卡塞，各传动灵活可靠。

(10) 各部轴承注加规定润滑油，应不漏、不发热。升温小于 60℃。

(11) 运转中要测定转速、功率及其他电压电流等参数，并应符合设计规定，并填登记录表格。

4.4.4 各种污水处理机械安装的允许偏差

(1) 格栅除污机的允许偏差见表 4.12～表 4.14。

表 4.12　格栅除污机安装时定位允许偏差

项目	允许偏差		
	平面位置偏差 (mm)	标高偏差 (mm)	安装要求
格栅除污机安装后与设计要求	≤20	≤30	
格栅除污机安装在混凝土支架			连接牢固、垫块数<3 块
格栅除污机安装在工字钢支架		<5	两工字钢平行度<2mm；焊接牢固

表 4.13　移动式格栅除污机轨道重合度、轨距和倾斜度允许偏差

序号	项目	允许偏差
1	轨道实际中心线与安装基线的重合度	3mm
2	轨距	±2mm
3	轨道纵向倾斜度	1/1000
4	两根轨道的相对标高	5mm
5	行车轨道与格栅片平面的平行度	0.5/1000

表 4.14　格栅除污机安装允许偏差

项目	允许偏差					
	角度偏差 (°)	错落偏差 (mm)	中心线平行度 (mm)	水平度 (mm)	不直度 (mm)	平行度 (mm)
格栅除污机与格栅井	符合设计要求		<1/1000			
格栅、栅片组合		<4				
机架				<1/1000		
导轨					0.5/1000	两导轨间≤3
导轨与栅片组合						≤3

（2）刮泥刮砂机安装允许偏差。

1）链条刮砂机安装允许偏差见表4.15、表4.16。

2）中心传动刮泥砂机允许偏差见表4.17。

3）提板式刮泥砂机对池子土建要求见表4.18。

4）螺旋排泥机安装机件允许偏差。

a. 机壳中心线和机座中心线不重合度偏差见表4.19。

b. 吊轴承端面与连接轴法兰表面间隙偏差见表4.20。

（3）消化池搅拌机安装允许偏差见表4.21。

表4.15　池底预埋导轨安装允许偏差

项　目	允许偏差	
	水平度（mm/m）	全长不平整度（mm）
导轨	≤2	<1/1000

表4.16　链条刮砂机安装允许偏差　单位：mm

项　目	允许偏差			
	平行度	重合度	间　隙	标高偏差
主动轴与各从动轴	<1/1000			
主动轮与各从动轮		<±2		
刮板与托架及池底			刮板与托架接触良好，与池底间隙3～5	
初沉池链条刮泥机撇渣机构与液面				≤20；刮板与池壁弹性接触良好，无明显漏缝

注　1. 回程中，在托架上的刮板和链条有足够的悬空部分，以保证链条始终处于紧张状态；
2. 试车前必须打开清水润滑开关，空载连续试车时间为2h，带负荷运行4h。机组在运行时应平稳，无异常跳动和噪声。

表4.17　机座及主要部件安装允许偏差　单位：mm

项　目	允许偏差				
	径向	垂直度	水平度	同轴度	间　隙
中心柱管与设计定位中心	<20				
中心柱管		≤1/1000			
中心转盘与调整机座			<0.5/1000		
中心竖架		<0.5/1000			
中心柱管上的轴承环与中心转盘				<1/1000*d*轴	
轴瓦与水下轴承环					间隙均匀单边调整在5～8之间
刮臂			对称水平：<1/1000；两刮臂高差<20		

表 4.18　　提板式刮泥砂机对池子土建要求

名　称	偏差及规定	名　称	偏差及规定
池宽（全程范围）	±10mm	池壁侧壁直线度（全程范围）	10mm
池壁侧壁平行度（全程范围）	10mm	滚轮运行的轨道表面	平整无凹陷

表 4.19　　机壳中心对两端机座不重合度偏差

排泥机长度（m）	3～15	>15～30	>30～50	>50～70
不重合度（mm）	≤4	≤6	≤8	≤10

表 4.20　　吊轴承端面与连接轴法兰内表面间隙

螺旋公称直径（mm）	150～250	300～600
间隙（mm）	≥1.5	≥2

表 4.21　　消化池搅拌机安装允许偏差

项　目	允许偏差（mm）	项　目	允许偏差（mm）
搅拌轴中心与设计的孔口中心	≤±10	叶片下端摆动量	≤2
叶片外径与导流筒内径的间距	>20		

（4）撇油与撇渣设备安装允许偏差。

1）桁架与运行机构允许偏差见表 4.22。

表 4.22　　桁架和运行机构允许偏差

名称及代号	偏差（mm）	简　图
主梁上拱度 F（应为 $L/1000$）的偏差	$+0.3F$ $-0.1F$	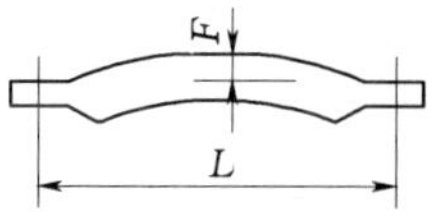
对角线 L_3、L_4 的相对差： 箱形梁 单腹板和桁架梁	 5 10	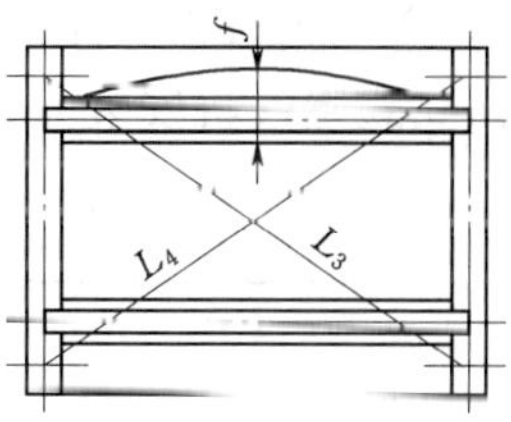
箱形梁旁弯度 f： 单腹板和桁架梁 $L \leq 16.5$mm $L > 16.5$m	 ±5 $\pm L/3000$	
跨度 L 的偏差	±5	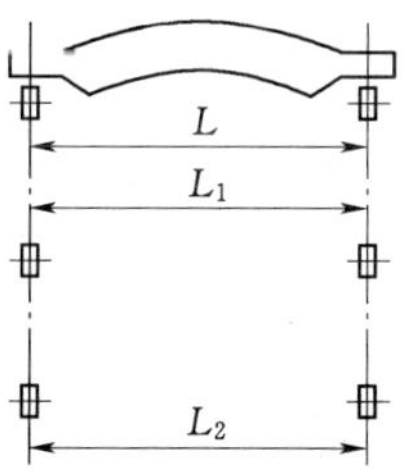
跨度 L_1、L_2 的相对差	5	

续表

名称及代号	偏差（mm）	简图
车轮垂直偏差 Δh（只允许下轮缘向内偏斜）	$h/400$	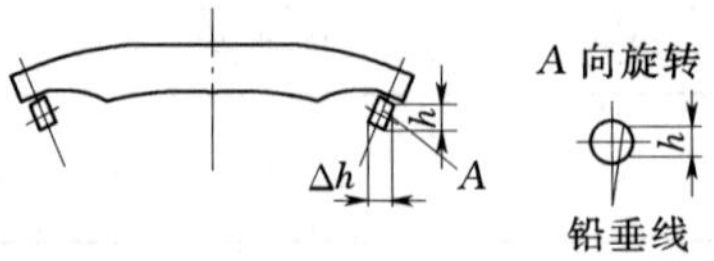
对两条平行基准线，每个车轮水平偏斜 x_1-x_2；x_3-x_4 y_1-y_2；y_3-y_4	$l/1000$	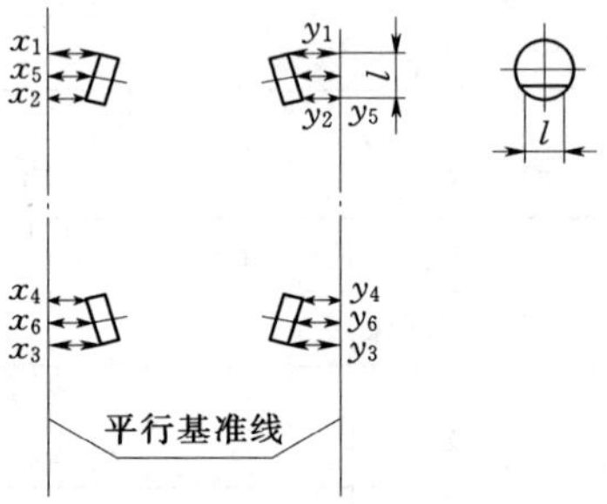
同一端梁上车轮同位差 $m_1=x_5-x_6$ $m_2=y_5-y_6$	3	

注　此表为大车行走机构析架的允许偏差所通用。

2）其他机件安装允许偏差见表4.23。

表4.23　其他机件允许偏差（安装后）

名称或项目	偏差范围	备注
车轮与轨道接触面	不允悬空，主动从动两轮在同一平面重合度＜±2mm	
导向轮与张紧轮中心线	一致　重合度＜0.2mm	
主动轴的水平	＜0.5/1000	
主动轴垂直度、平行度	1/1000	指链条传动撇油撇渣机
主动轴与从动轴相对标高	±2mm	

（5）曝气设备安装允许偏差。

1）立式曝气机安装允许偏差见表4.24。

表4.24　立式曝气机安装允许偏差

项目	允许偏差（mm）		
	水平度	径向跳动	上下跳动
机座	1/1000		
叶片与上、下罩进水圈		1～5	
导流锥顶		4～8	
整体		3～6	3～8

注　1. 叶轮的浸没深度应符合设计要求；

2. 叶轮的旋转方向应按设计要求定向，不允许反向运转。

2）水平式曝气机安装允许偏差见表 4.25。

表 4.25　水平曝气机安装允许偏差

项　　目	允　许　偏　差 (mm)		
	水平度	前后偏移	同轴度
两端轴承座	5/1000	5/1000	
两端轴承中心与减速机出轴中心同心线			5/1000

表 4.26　旋转滤网安装的允许偏差

名　　称	允　许　偏　差 (mm)
轨道中心线在任何 1m 长度内，其直线度	≤1mm，全长应小于全长的 0.5/1000
同一水平高度左右两侧的轨道中心线平行度	≤2
轨道中心线的垂直度	≤全长的 1/1000
链轮轴水平度	≤两轴承距离的 0.5/1000
传动轴中心线对旋转滤网中心线的垂直度	≤2/1000
两链轮中心距	≤±1

（6）滤清池冲洗设备安装允许偏差。

1）旋转式表面冲洗设备安装允许偏差见表 4.27。

表 4.27　旋转式表面冲洗设备安装允许偏差

项　　目	允　许　偏　差				
	距离 (mm)	夹角 (°)	水平度	垂直度	压　力 (MPa)
布水管在滤层上	50				
喷嘴与滤层表面	10～15	25			
旋转布水管			2/1000		
布水管与轴承座				2/1000	
进水压力					0.5

2）移动罩式冲洗设备安装允许偏差见表 4.28。

表 4.28　移动罩式冲洗设备安装允许偏差

项　　目	允许偏差范围	备　　注
分格 T 形顶面宽度	20～30cm	
单向定位	取惯性小值	双向定位则取最大惯性值
引水压力管道坡度	3%～5%	
罩体安装封水橡胶离顶面	50mm	
虹吸管排水口没入排水槽面	<0.2m	

(7) 螺旋提升(输送)泵安装允许偏差见表4.29～表4.30。

表4.29　　螺旋提升泵允许的定位偏差

项目	允许偏差	
	中心偏差(mm)	标高偏差(mm)
上下轴承与设计定位中心	<10	
上下轴承与设计标高		+30～-10

注　上下轴承座下的调整垫铁每组不超过三块,同设备接触部位应用斜垫块。垫块放置平稳,焊接牢固。

表4.30　　螺旋提升泵允许的安装偏差

项目	偏差(mm)		
	中心线偏差	直线度	轴向间隙
上下轴承与泵体	<2/1000		
砂浆粉抹后的螺旋槽		<1/1000 全长≯5	
二半联轴器平面			2～4
泵体与砂浆粉抹后的螺旋槽			2～4

参 考 文 献

[1] 给水排水管道工程施工及验收规范．GB 50268—2008.
[2] 室外给水设计规范．GB 50013—2006.
[3] 室外排水设计规范．GB 50014—2006.
[4] 孙连溪主编．实用给水排水工程施工手册．第二版．北京：中国建筑工业出版社，2006.
[5] 刘灿生主编．给水排水工程施工手册．第二版．北京：中国建筑工业出版社，2002.
[6] 工程测量规范．GB 50026—2007.
[7] 建筑地基处理技术规范．JGJ 79—2002.
[8] 湿陷性黄土地区建筑规范．GB 50025—2004.
[9] 建筑基桩检测技术规范．JGJ 106—2003.
[10] 建筑基坑支护技术规程．JGJ 120—99.
[11] 既有建筑地基基础加固技术规范．JGJ 123—2000.
[12] 混凝土结构工程施工质量验收规范．GB 50204—2002.
[13] 冷拔钢丝预应力混凝土构件设计与施工规程．JGJ 19—92.
[14] 冷轧带肋钢筋混凝土结构技术规程．JGJ 95—2003.
[15] 钢筋焊接网混凝土结构技术规程．JGJ 114—2003.
[16] 型钢混凝土组合结构技术规程．JGJ 138—2001.
[17] 砌体工程施工质量验收规范．GB 50203—2002.